清华科史哲

纪念哥白尼诞辰550周年

吴国盛　主编

TSINGHUA JOURNAL OF

HISTORY AND PHILOSOPHY

OF SCIENCE

U0361113

清华大学出版社
北京

图书在版编目（CIP）数据

清华科史哲：纪念哥白尼诞辰 550 周年 / 吴国盛主编 .

北京：清华大学出版社，2024.11. -- ISBN 978-7-302-67598-3

Ⅰ. N091；N02

中国国家版本馆 CIP 数据核字第 20245UK117 号

责任编辑：王如月
装帧设计：文化·邱特聪
责任校对：王荣静
责任印制：宋　林

出版发行：清华大学出版社
　　　　网　　　址：https://www.tup.com.cn, https://www.wqxuetang.com
　　　　地　　　址：北京清华大学学研大厦 A 座　　邮　　编：100084
　　　　社 总 机：010-83470000　　　　　　　　邮　　购：010-62786544
　　　　投稿与读者服务：010-62776969, c-service@tup.tsinghua.edu.cn
　　　　质量反馈：010-62772015, zhiliang@tup.tsinghua.edu.cn
印 装 者：小森印刷霸州有限公司
经　　销：全国新华书店
开　　本：170mm×240mm　　**印　　张：**22　　**字　　数：**372 千字
版　　次：2024 年 11 月第 1 版　　　　　**印　　次：**2024 年 11 月第 1 次印刷
定　　价：99.00 元

产品编号：105330-01

目　　录

中国的过去有没有未来

——设想中国科技史的新叙事 [①]

孙小淳 [②]

一、引言

德国历史学家和哲学家卡尔·雅斯贝斯说："人类 5000 年的历史，之前是这几百倍时长的史前时代，之后是不知道多少时长的未来。历史在史前和未来两个方向都是开放的，不在任何一个方向受到限制，不能被认为是一个完整的、自成一体的结构。"[③]我们生活在其中的现在处于历史之中，同时也隐含着未来。我们的现在正是通过历史的积淀和对未来的憧憬而获得内涵。过去、现在和未来是相互纠缠的。

所有国家都构建历史叙事和神话，以确定其对未来的目标和愿望。中国深厚的科学历史可以作为指导国家未来科技创新的文化基础。中国人在将自然知识应用于实际目的方面尤其有效，最重要的是应用于国家治理。在科学在社会中占据主导地位的时代，中国过去的经验和实践有助于建立健康的科学与社会关系。这使得对中国科学与文化、科学与社会、科学与政治、科学与个人意识的历史研究与中国科学的未来息息相关。

关于中国科技史的旧的叙事主要还是集中在李约瑟问题上：为什么科学

① 本文是根据作者本人在 2023 年 9 月 29 日国际科技史与科技哲学联盟 / 科技史分会（IUHPST/DHST）主办的"国际科技史节 2023"（DHST Global History of Science and Technology Festival 2023）（线上）的邀请发言整理并稍作补充而成。感谢吴国盛教授的盛情邀请，在此发表。

② 孙小淳，中国科学院大学人文学院院长、教授。

③ Karl Jaspers, *The Origin and Goal of History*. trans. Michael Bullock, New Haven and London: Yale University Press, 1953, Foreword.

革命没有在中国发生？[①] 然而，从本质上讲，李约瑟问题是"欧洲中心论"的，是基于对科学的一些假设。这些假设包括：科学革命是每个文明都应该经历的；科学是普遍的、客观的、无价值的；具有发生科学革命潜力的文明，在其中就应该发生西方那样的科学革命；等等。然而，重新讨论和仔细审查这些假设，发现它们有的根本不成立，有的至少是要重新界定的。[②]

我们需要对中国科学史进行新的叙述。中国古代科学的特点是什么？中国古代科学在当下仍然与科学思维相关吗？如何开采中国科学的过去，以构建关照未来科技发展的新历史叙事的基石。换言之，我们如何从过去中学习，以指导和支持未来？

二、中国科学的内涵、性质与特征

要在中国这样一个历史悠久、传统文化深厚的国家建立现代科学文化，正确认识传统与现代的关系至关重要。中国传统文化具有求真务实的人文精神和丰富的科学思维与科学精神，使传统文化与现代科学文明相联系成为可能。在讲述中国的科学故事时，至少可以考察以下几个方面。

1. 天人合一的思想

中国科学的整体性，强调宇宙的有机统一，人与环境的和谐共生。这与机械主义的世界观形成了鲜明对比，有利于树立科学的环保观，有利于科学与社会的可持续发展。

2. 世界图式与科学论证

在科学思维上，中国古代并不缺乏逻辑推理。先秦诸子的论述和辩论中都闪耀着逻辑说理的光辉。中国古代数学中逻辑思维更是清晰，三国时期刘徽对《九章算术》的注解，其中包括三段论、关系推理、假言推理、选言推理、联言推理、二难推理、归纳法的雏形等演绎逻辑推理。但是这些并不是科学

---

① 关于李约瑟问题的表述及各家研究的汇编，见刘钝、王扬宗：《中国科学与科学革命——李约瑟难题及其相关问题研究论著选》，沈阳，辽宁教育出版社，2002 年。

② Nathan Sivin. "Why the Scientific Revolution Did not Take Place in China—Or Didn't It", *Chinese Science*, 1982, 5: 45–66.

思维的唯一方式。中国古代更强调世界图式的关联思维，即把事物放在一个基于阴阳、五行、四季、八卦、二十四节气等概念的包罗万象的宇宙图式之中，事物的功能、事物的变化及其与其他事物之间的关系等，都由该事物在世界图式中的位置而得到说明。这是一种宇宙论式的科学推理，具有直观性、联想性和关联性，可以说是一种具有诗性的思维。[①]

3. 科学理论和数字宇宙学模型

中国古代科学理论的构建最突出地表现在天文历法的制定中。中国古代天文历法不仅仅是历日的安排，而是一个推算日月五星运动，乃至推演人类社会历史变迁的宇宙学模型。这是个数值模型，由三个常数系统（统母、纪母和五步）和一系列算法（统术、纪术和岁术）构成，好比现代的计算机程序运算。关键问题是，这些常数是如何确定的？显然不是来自直接的测量，而是基于某种基本思维的构建，这个基本思维就是"象数易"的思维，天文常数都可以从"河图""洛书"和易数中推演出来。人们习惯于把这种数字构建贬为"数字神秘主义的迷信"，其实这也是科学思维不可或缺的部分。科学理论的构建离不开联想、类比和比附。古希腊的柏拉图用基本的几何形状代表基本元素，而物质就是各种几何形状的组合。中国数字宇宙模型中的常数，就是要把它们说成是天地之数、易数的组合。两者在思维上是一致的。古希腊用"本轮－均轮"的几何模型推算日月五星运动，中国用数值模型推算，两者所达到的精度是相当的，甚至在中国11世纪的宋代就已经达到了欧洲16世纪的水平。特别是在真实性问题上，我们不能说几何模型一定比数值模型更可靠，而是反过来，几何形状是直觉，数字才更真实。也就是说，中国科学的求真态度体现在数字宇宙模型的构建中。

4. 科学观察和实验

中国古代对自然界事物的观察是十分仔细和成系统的。中国古代讲"格物致知"，就是通过观察对事物进行分类，从而获得认识。这与近代科学方法是一致的。比如汉帛书《彗星图》中，就描绘了29种彗星的形态，可见当

---

① 孙小淳、刘未沫：《中国古代科学的"诗性"与"礼性"》，《科学文化评论》，2017年第1期，第5—14页。

时观察之仔细。中国古代也不缺乏科学实验。《墨子》中的"小孔成像"，不仅是现象的观察，而且是证明光是直线传播的科学实验。11 世纪的炼丹著作《丹房须知》中，包括了各种形式的火炉、器皿和烧杯，丹房颇似现代的化学实验室。中国古代有高超的冶金技术，能生产出精美的瓷器，没有实验的支撑是不可想象的。比如，在景德镇的古瓷窑遗址中发现大量的带有标识成分、染料、工匠姓名、编号的烧制过的小样品，显然就是当年实验的痕迹。更进一步，中国古代还有基于气的宇宙理论的"候气"实验，其构建实验的思路可以说与现代物理学测定以太的"迈克尔逊–莫雷实验"如出一辙。[①]也就是说，中国古代也有为探究终极宇宙理论而设计的实验。如此看来，实验并不是西方近代科学所独有的特征。中国古代并不缺乏实验精神和科学实践。

三、 设想与未来科学技术相关的中国科学、技术和医学史新叙事

此前的中国科技史研究并没有显示，21 世纪的中国不仅是一个经济大国，而且在科学技术方面也走在世界前列。那些关于中国古代有没有科学的古老争论，已经不适合中国当代科技发展的现状。中国科学史的任务应该是重新评估中国的过去及其数千年的创新和发现，以与中国目前在世界上的科学地位相适应。

我们应该加强历史学家、哲学家、社会学家、经济学家、科学家和工程师之间的开放性的对话，以将中国科学史推向一个新的方向。例如，我们可以从弗兰克（Andre Gunder Frank）的《再定向》[②]中获得关于中国与世界经济和科技地位重新定位的启示，以考察中国古代科技与世界科技的关系。也可以从杜维明（Tu Weiming）关于儒家人文主义哲学的研究中获得启示，作为指导中国科技史研究的哲学基础。我们也可以像彭慕兰（Kenneth Pomeranz）探讨中西方经济社会的"大分流"一样，探讨是什么物质和文化因素使西方和东方走上了不同的科学和社会发展道路。[③]

---

① 孙小淳：《候气：中国古代的迈克尔逊–莫雷实验？》，《中国国家天文》，2009 年第 9 期，第 2–7 页。

② Andre Gunder Frank, *ReOrient: Global Economy in the Asian Age*, Berkeley: University of California Press, 1998.

③ Kenneth Pomeranz, *The Great Divergence: China, Europe, and the Making of the Modern World Economy*, Princeton: Princeton University Press, 2000.

新的历史叙事至少可以探讨下面一些主题。

1. 重新评价天人合一

中国天文学、宇宙学和哲学史上有很多关于人在宇宙中的角色的讨论，人在天地之间，是天地之间的媒介，天地人是和谐的统一体系。比如，中国的科技现在已经进入"太空时代"，中国过去的哪些历史智慧可以帮助指导人类对太空的探索和对自然资源的利用？再如，关于人与其他生物的关系，英国学者胡司德（Roel Sterckx）的《早期中国的动物与魔鬼》[①]一书从文化史的角度入手，将动物视为调查早期中国人世界观的窗口，并探索早期中国人试图解释人与动物关系的方式。这样的研究把对动物的感知与对人类自我感知的探究联系起来，并将中国早期关于动物的论述与人类社会、政治和知识权威形式的创造联系起来，值得借鉴。

2. 中医的身体、感觉和未来

CRISPR 基因编辑技术、合成生物学、人工智能和脑机接口的最新发展将使人们越来越难以定义什么是人、有知觉和有生命。德国哲学家、汉学家和作家多林（Ole Doering）等人将中医史视为当代生物伦理学的指南。[②]在20世纪之前，中国医生和其他治疗师在历史上一直对身体、疾病和健康有不同的概念主张，以此来定义人的意义，以符合特定的社会规范。西方医学传入后，中医不得不适应新的人文健康观的挑战。传统的医生今天仍然灵活地借鉴历史医学经典来应对病人的诊断和治疗。中国医学史如何为生物技术的最新发展和新疾病提供参考？随着所谓的自然与工程、人类与机器之间的界限越来越模糊，中国科学和哲学史如何帮助我们重新定义人类和智能的含义？

[①] Roel Sterckx, *The Animal and the Daemon in Early China*. Albany: State University of New York Press, 2002.

[②] Ole Doering. "Chinese Researchers Promote Biomedical Regulations: What Are the Motives of the Biopolitical Dawn in China and Where Are They Heading?", *Kennedy Institute of Ethics Journal*, 14.1 (2004): 39–46.

3. 环境、气候变化和美好生活

环境科学史是科学史的一个新方向。伊懋可（Mark Elvin）[①]、濮德培（Peter C. Purdue）[②]、罗伯特·马克斯（Robert B. Marks）[③] 和尤金·安德森（Eugene N. Anderson）[④] 等人把环境本身看成是一个"行动者"（actor）因素，影响了中国朝代的兴衰、瘟疫的流行、外族的入侵、资源的争夺等。这种把环境看作是影响社会的行动者的历史叙事与把人类看作环境变化的主要驱动力的看法是互相补充的对立体。在中国科学哲学史上，人与自然环境的关系是复杂的。中国的天文星占、风水和农业等生产和文化实践都试图平衡社会对经济发展的需求，使其与自然和谐相处。

四、结论

中国的过去，凭借其丰富的科学经验和实践，仍然是塑造科学技术未来的独特而宝贵的灵感来源。它不仅关系到科学创新，而且关系到建立科学与社会的健康关系。在一个技术进步似乎超过我们理解和控制能力的时代，回顾中国的科学遗产，反思我们当前的科学技术状况，可以为未来带来有价值的见解。通过开拓包含中国传统科学思想的整体性、环境意识和丰富文化等方面的新叙事，我们可以更好地应对 21 世纪的复杂挑战和机遇。最终，中国的过去为科学技术如何与社会和自然和谐相处托起一个令人信服的愿景，引导我们走向一个更可持续、更繁荣的未来。在这一努力中，中国的过去确实有着光明的未来。

[①] Mark Elvin. *The Retreat of the Elephant: An Environmental History of China*, New Haven: Yale University Press, 2004.

[②] Peter C. Purdue. *Exhausting the Earth: State and Peasant in Hunan, 1500–1800*, Cambridge: Harvard University Press, 1987.

[③] Robert B. Marks. *Origins of the Moden World: A Global and Ecological Narrative from the Fifteenth to the Twenty-First Century*. Lanham: Rowman & Littlefield Publishers, 2007.

[④] Eugene N. Anderson. *Food and Environment in Early and Medieval China*. Philadelphia: University of Pennsylvania Press, 2014.

区域史视野中的世界天文学史研究

——从《天文学历史与遗产期刊》的学术理念说起

石云里 ①

《天文学历史与遗产期刊》（*Journal of Astronomical History and Heritage*，*JAHH* 或 *JAH²*）由澳大利亚维多利亚天文学会前主席 John Perdrix（1926—2005 年）同澳大利亚天文学家 Wayne Orchiston 共同创办于 1998 年，以英文出版，主要发表天文学史和天文学遗产方面的学术论文、综述、短评、书评和天文学组织的工作报告，注重探讨不同历史时期和地区天文学的特点及其同所处社会政治、经济和社会文化诸要素之间的互动，目的是推动天文学史研究在世界范围内的发展和知识传播。其所关注的天文学遗产主要是指那些作为天文学历史组成部分的物质遗产，包括历史上留传下来的天文遗迹、天文台址、天文仪器和天文图像。期刊最初采取纸质形式，每年出版两期。2006 年开始每年出版三期，2012 年改成电子刊形式，2021 年开始每年出版四期。该期刊自创立之初就被哈佛大学"史密森天文台 – 国家航空航天局天体物理数据系统"（SAO-NASA Astrophysics Data System，ADS）全文收录，2020 年开始被 ESCI 收录，2022 年开始被 Scopus 收录。2022 年 8 月，期刊的所有权和主办权被转让给中国科学技术大学，期刊的出版平台也随之转到科学出版社旗下的 SciEngine 3.0 科技期刊全流程数字出版与知识服务平台（https://www.sciengine.com/JAHH/home 或者 https://jahh.ustc.edu.cn）。

同现在的其他天文学史和科技史期刊相比，*JAHH* 有几个明显的特点。首先，发文量大，每期发表论文 10 ~ 15 篇、书评 6 ~ 10 篇。其次，可发长篇论文，最长的论文可达 100 多页。再次，在电子出版的情况下仍然竭力保持纸质刊所具备的优势，注重版面设计的吸引力与亲和力，采用彩色版面，大量使用图片，每期都有封面图片，并且在电子出版平台上也不采用 XML 版式，从四封到每篇文章，都直接采用模仿纸质版的 PDF 文档，以保持期刊自己独有的版式风格（House Style）。最后，除了研究论文（Research Article）和书评（Book

---

① 石云里，中国科学技术大学科技史与科技考古系讲席教授，兼人文与社会科学学院执行院长。

Review），还发表工作报告（Reports）和长篇的回忆录（Reminiscence）、档案献珍（From The Archives）等类文章，形式独特。

更加重要的是，*JAHH* 所秉持的学术理念也与一般的科学技术史期刊不太相同，其办刊目标中所强调的"世界天文学史"是一种区域史（包括国别史）意义上的世界天文学史。同这样的学术取向相对应，它所采用的就不单纯是那种实证主义的进步史观，所关注的也就不光是那些"天选"的、代表进步的重要天文学中心、天文学机构、天文学器物、天文学家、天文学工作，等等；而是会借鉴人类学、民族学和文化学的视角，更多地关注天文学在不同区域、不同国别中的发展、作用和影响；除了科学意义外，那些具有人类学、民族学和文化学意义的天文学机构、人物、工作和器物等也被纳入关注范围。

之所以会形成这样的学术理念，第一个原因是两位创刊人所处的国家和他们的投稿经历。他们都来自大洋洲，身处当时人们所认为的天文中心之外。当他们就天文学在大洋洲的发展史，向一些主流的天文学史期刊投稿时，常常会遭到拒稿，理由往往是：这些地方从来就不是天文学的中心。面对这种情况，再加上当时一些天文学期刊决定停止发表天文学史文章，所以两人才决定创办这份专门的天文学史期刊，聚焦区域史和国别史视角的天文学史研究。

形成这种学术理念的另一个原因，是 Wayne Orchiston 的教育经历。Wayne 自小酷爱天文学，在高中毕业后就进入澳大利亚的国家科学与工业研究组织（Commonwealth Scientific and Industrial Research Organisation）无线电物理学研究部担任技术助理，从事射电天文学和光学天文学工作，并继续求学。他本科和博士均毕业于悉尼大学人类学系，博士论文研究的是史前环境和民族史问题，博士后阶段则开始将民族学同天文学史的研究结合起来，因此他对历史上天文学发展的看法自然与纯粹的天文学家和科学史家们的观点不太一样，而更多地带有人类学、民族学的洞察。当然，这种学术取向也同区域史的视野不谋而合。

正是因为具有这样的理念，Wayne 在办刊的同时也开始组织亚太地区和东南亚天文学史的研究，不仅通过本刊组织和发表了大量的学术论文，还先后领衔主编出版了《亚太地区天文学史的亮点》[①] 和《东南亚天文学史探

---

① *Highlighting the History of Astronomy in the Asia-Pacific Region*, Springer New York，NY，2011.

索》①等著作。由于他的工作，澳大利亚和新西兰在早期射电天文学中的贡献也终于得到国际天文学界的承认。

这种学术理念从一开始就受到国际天文学联合会（IAU）历史天文学委员会的天文学家们的支持，使本刊从第一期就被 ADS 全文收录，Wayne 也因为创立和主编本刊以及在区域天文学史方面的成就而屡获殊荣。2013 年，国际天文学联合会以他的名字为第 48471 号小行星命名。2023 年，他当选皇家新西兰天文学会（RASNZ）荣誉会员。同年，美国天文学会（AAS）历史天文学分会（HAD）决定把 2024 年度的勒罗伊·道杰历史天文学奖（Le Roy E. Doggett Prize for Historical Astronomy）颁发给他。这些荣誉都可以看成是对这种区域天文学史研究纲领的肯定。

从很大意义上来说，只有通过区域天文学史研究才可能真正揭示天文学在世界范围内历史发展的真实情况，从而形成真正的世界天文学史研究。而这种区域史研究的取向也与 21 世纪以来国际科技史界出现的一种"去精英化"的编史学趋势相合。这种编史学把注意力更多地放在参与科技活动的广大基层群体上，而不再集中在极少数位于塔尖的科技精英身上，以便更加真切地揭示出当时当地科学技术发展的主导性状态和趋势。Clifford D. Conner 的《科学的人民史：矿工、助产士和低级机师》（*A People's History of Science: Miners, Midwives, and Low Mechanicks*, New York: Nation Books, 2005）就是其中的一个例子。该书的焦点不是那些因改变时代而高高在上的少数大人物，而是参与科学知识创造的大多数普通人，所探讨的问题是科学发展对这些人的影响以及这些人对科学发展的看法，以及这些人对科学发展的推动方式。

另一个例子，是德国马普学会科学史研究所第一部门主任 Matteo Valleriani 围绕 Sacrobosco 的《天球论》（*De Sphaera*）所开展的工作。这部《天球论》是一套十分普通的天文学教科书，里面既没有多少惊世骇俗的新天文学知识，其编纂者也不是什么出色的天文学家。但它在中世纪和近代早期的大学中却极为流行，在很长时间内甚至成为天文学知识的代表，不但被反复出版，还出现了许多注释本，俨然一部天文学经典。以 Valleriani 为首的团队恰恰就是要通过这样一部内容上普通得不能再普通的天文学著作的出版、流传以及教师和学生们对它的反应，探索那个时期普通科学知识的生产和传播方式，以及这种知识在一般知识群体中所产生的各种影响和所处的社会地位。

---

① *Exploring the History of Southeast Asian Astronomy*，Springer Cham，2021.

从推动天文科学的创新和进步的角度来看，该书并不重要。但从上述角度来看，该书就显得十分重要了。到目前为止，Valleriani 已经领衔出版编纂了两部相关著作，即《约翰内斯·萨克罗伯斯科〈天球论〉在近代早期：注释本的作者们》①和《萨克罗伯斯科〈天球论〉在近代早期欧洲的出版》②，为这种"去精英化"的编史学纲领做出了很好的示范。

这种区域史的视野，也更容易使每个国家的天文学史融入世界天文学史之中。以中国天文学史为例，我们的老祖宗留下了世界上起始极早、数量极大、连续性极好的各种天文学材料。过去，我们通过这些古代材料与现代天文学的比附，使中国天文学史成为一门世界显学。经过近一个世纪的发展，这门显学如今好像已经差不多走到了尽头。但是，从区域史角度来看，在恢复天文学在古代社会文化中的真实地位、影响和运作方式等方面，显然仍然有许多工作要做。

至于近代以后的中国天文学史，如果按照以前处理古代天文学史的那种方式，似乎也没有太多值得特别研究的东西。但是，如果从区域史的角度来看，则可研究的问题视野就一下子打开了——一个人物、一个事件、一件仪器、一座天文台、一次天文观测、一个天文机构等，他／她／它们在天文科学上并不需要有多优秀、多突出，只要在近代以来的中国天文学发展中发挥过作用，那其本身就足以成为研究对象，而无须再去找什么别的、更加高大上的理由。

不过，令人可惜的是，目前，像这样的工作我们做得还是太少了。

---

① *De sphaera of Johannes de Sacrobosco in the Early Modern Period: The Authors of the Commentaries*，Springer Cham，2020.

② *Publishing Sacrobosco's De sphaera in Early Modern Europe: Modes of Material and Scientific Exchange*, Springer Cham，2022.

科学技术史学科二级学科设置的
历史及一些思考

科学技术史学科具有自然科学与人文社会科学交叉的学科属性，自然应由多个分支学科或学科方向组成，但在现行学位授予的学科目录中，只设一级学科而无二级学科，可授理、工、农、医学位。

2021年4月13日，国务院学位委员会发布《关于编制二级学科和专业领域指导性目录的通知》（学位〔2021〕7号），委托各学科评议组编制二级学科目录，要求在各单位自主探索的基础上，进一步将学科建设的成果科学化、规范化，引导有关单位依据指导性目录设置二级学科，强化人才培养质量，从而构建自主设置与引导设置相结合的学科专业建设新机制，为国家开展人才培养统计工作提供依据，为社会用人部门提供参考。这份文件出台，标志着一度推行的以一级学科管理为主的模式向鼓励二级学科的更精细的管理模式转变了。

根据《学位授予和人才培养学科目录设置与管理办法》（学位〔2009〕10号），学科目录适用于学士、硕士、博士的学位授予与人才培养，并用于学科建设和教育统计分类等工作。学科目录分为学科门类、一级学科和二级学科三级。学科门类和一级学科是国家进行学位授权审核与学科管理、学位授予单位开展学位授予与人才培养工作的基本依据，二级学科是学位授予单位实施人才培养的参考依据。二级学科是组成一级学科的基本单元，设置应符合以下基本条件：与所属一级学科下的其他二级学科有相近的理论基础，或是所属一级学科研究对象的不同方面；具有相对独立的专业知识体系，已形成若干明确的研究方向；社会对该学科人才有一定规模的需求。

那么，科学技术史要不要设立二级学科？如果要设立，如何设立呢？这值得我们深入思考讨论。

---

① 潜伟，北京科技大学科技史与文化遗产研究院院长、教授。

一、历史回顾

科学技术史学科的建制化过程经历了曲折的过程，20 世纪 50 年代已开始有研究生教育，1981 年首次设立博士、硕士学位授予点时已有一级学科、二级学科的设置。1997 年后，全国的学位授予开始转向以一级学科为主，科学技术史学科主要按照一级学科进行管理，不设二级学科。这个过程值得梳理一下。

1954 年，为了整理与研究我国数千年来的科学成就，以发扬我国优良的文化传统，加强爱国主义的思想教育，在竺可桢等先生的倡导下，中国科学院成立了中国自然科学史研究委员会。时值国家讨论科学和技术发展的十二年远景规划，科学技术史也作为一个独立的分支参与其中。1956 年，由叶企孙先生执笔的《中国自然科学与技术史研究十二年远景规划草案》中，已经有学科的概念，对现状和未来进行了分析讨论，并且对人才培养也有布局。文中强调"由于自然科学及技术史的各部门的性质有所不同，各门科技史的研究工作者应具备的条件也是有所不同，有的需要对本门科技达到精通的程度，有的对本门学科不需要很高的修养，但须对于相关学科有一定程度的知识，因此在高等学校里培养各门科技史工作者也应该采取不同的途径"，并且指出"为了培养数学、物理、化学、天文、地理、生物等史的研究工作者，可先在一个综合大学的历史专业下设立科学技术史专门化""为了培养农学、医学、水利工程、建筑工程等史的研究工作者应在若干农、医、工科高等学校中设立若干各该学科史的讲座""工艺史研究工作者的培养，可由综合大学中的考古专业负责"。[①]1957 年 1 月，中国科学院自然科学史研究室成立，开启了科学技术史学科建制化的重要一步。由研究室起草的另一份重要文件《1958—1967 年自然科学史研究发展纲要（草案）》，也表达了分科研究的思想，鼓励做科学技术专史、通史和断代史的编写工作的同时，需要加强世界科学史研究。[②]随后，中国科学院自然科学史研究室即开始招收研究生，开启了科学技术史研究生教育的尝试。

1980 年 2 月，全国人大常委会通过了《中华人民共和国学位条例》。与

---

① 张柏春：《20 世纪 50 年代的两个科学技术史学科发展规划》，《中国科技史料》，2002 年第 4 期，第 351–361 页。

② 同 ①。

此同时，国务院成立了学位委员会，并制定了《中华人民共和国学位条例暂行实施办法》和《国务院学位委员会关于审定学位授予单位的原则和办法》。1981 年 3 月，各培养单位开始申报"博士、硕士学位授予单位"，最终形成了 63 个一级学科。其中有属于理学的"自然科学史"和属于工学的"技术科学史"两个一级学科。此外，医学类医学一级学科下还有"医学史"和"中医学史"两个二级学科，工学建筑学一级学科下有"建筑历史与理论"二级学科。中国科学院自然科学史研究所的"自然科学史（数学史）"和中国科学技术大学申报的"自然科学史（物理学史）"博士学位授权点顺利获批。按二级学科获批硕士点的还有自然科学史所的化学史、造船史和建筑历史与理论，北京天文台天文学史，北京师范大学、内蒙古师范大学、辽宁师范学院和华东师范大学的数学史，杭州大学的物理学史等。当时不分科的唯有中国科学技术大学的自然科学史硕士点获批，但此后直至 1997 年"科学技术史"成为一级学科，国务院学位委员会未再批准不分科的一级学科"自然科学史"或"技术科学史"的学位授权点。专业、学科目录中也不再单独出现"自然科学史""技术科学史"专业，而是以"自然科学史（分学科史）""技术科学史（分学科史）"的形式出现，并要求相关学位授权单位以二级学科的形式招收和培养研究生。①

1981 年至 1996 年前六批科学技术史学科的博士、硕士学位授予学科按二级学科设置，包括理学：自然科学史（数学史）、自然科学史（物理学史）、自然科学史（化学史）、自然科学史（天文学史）、自然科学史（地理学史）、自然科学史（地质学史）、自然科学史（生物学史）；工学：技术科学史（冶金史）、技术科学史（造船史）、技术科学史（水利史）、建筑学（建筑历史与理论）；农学：农学（农业史）；医学：基础医学（医学史）、中医学（中医医史文献）。已有一级学科包括自然科学史、技术科学史，以及二级学科建筑历史与理论、农业史、医学史、中医医史文献等。

1997 年的学科目录调整，对科学技术史一级学科和二级学科都是一个重大的变化。在众多先生的努力下，分设在理学门类的自然科学史、工学门类的技术科学史一级学科和分设在农学的农业史、医学的医学史等二级学科合并成立新的科学技术史一级学科，而建筑历史和理论、中医医史文献二级学

---

① 翟淑婷：《我国科学技术史一级学科的确立过程》，《中国科技史杂志》，2011 年第 1 期，第 23–37 页。

科仍保留在原一级学科内。在 1997 版的学科目录中，出现了代码为 0712 的列于理学门类的一级学科"科学技术史"，并特别带有括号写明"（分学科，可设理、工、农、医学位）"，使之成为横跨学科门类最多的一级学科。此外还注明"本一级学科不设二级学科"，在当时 100 余个一级学科中，仅有科学技术史（0712）、光学工程（0803）、生物医学工程（0831）、中药学（1003）、管理科学与工程（1201）等少数学科不设二级学科。这种学科设置表明了科学技术史学科的交叉学科属性。不设二级学科的影响还没有来得及消化，就被随之而来的全国各一级学科淡化二级学科管理的风潮所掩盖。这实际上停止了各二级学科的自主权，与当时整体全国各学科按一级学科招生培养的趋势是一致的。这样做的一个好处是加强了综合科技史的研究和力量，但是忽略了分科史的特点，造成了一定程度的混乱。实际上，各学科点根据自身发展需求、按照二级学科或方向培养的传统仍然被坚持着，形成了各具特色的学科发展方向。

1998 年 1 月，在南京农业大学举行"科学技术史一级学科简介和学科（专业）目录编写会议"，中国科学院自然科学史研究所、中国科学技术大学、华东师范大学、北京科技大学、北京医科大学、南京农业大学等培养单位的代表参加。会议在交流各研究单位和高校培养科学技术史博士、硕士学位研究生的情况和经验的基础上，对各参编单位预先拟定的科学技术史（包括自然科学史、技术科学史、农学史、医学史）分学科专业简介进行了认真的讨论，按照国务院学位办的要求，逐项逐条修改定稿送审。[①]这次会议基本确定了科学技术史学科至少可以按照原来四个学科门类划分的四个二级学科进行设置，也进一步强化了此四个二级学科的基本地位。这里没有更细地将自然科学史分成天文学史、数学史、物理学史等，也没有将技术史分成冶金史、水利史、造船史等，反映了科学技术史二级学科设置的一种更大融合的趋势。但是，在最终公布的一级学科简介中，科学技术史一级学科并未按照二级学科设置，依然是不设二级学科。可是在一些研究生培养单位，允许自行设立二级学科进行招生培养，比如中国科学院研究生院招生曾按照科学史、技术史、医学与生命科学史、科技与社会、科技考古五个二级学科进行。

---

① 晓峰：《科学技术史一级学科简介和学科（专业）目录编写会议在南京举行》，《自然科学史研究》，1998 年第 2 期，第 187 页。

2011 年，国务院学位委员会再次修订学科目录，科学技术史一级学科依然保持不设二级学科，可授理、工、农、医学位，并未有任何改变。2011 年 6 月，在中国科学技术大学召开"科学技术史二级学科设置暨《科学技术史博士、硕士学位授予基本要求》研讨会"，与会代表建议在科学技术史一级学科下设六个二级学科：科学史、技术史、农学史、医学史、科技考古与遗产保护、科学技术与社会。前四个二级学科是按照习惯性的理、工、农、医四个门类划分的，增加的科技考古与遗产保护、科学技术与社会等二级学科都是根据各学科点当时实际情况、旺盛社会需求及未来发展趋势所进行的扩充。2013 年由国务院学位委员会第六届学科评议组编的《学位授予和人才培养一级学科简介》中，为了淡化二级学科，强化一级学科培养的思路，全部一级学科都未列出二级学科设置，而是将原来的二级学科改为了学科方向。科学技术史一级学科也变成了以上六个学科方向，仅将"科技考古与遗产保护"改名为"科技考古与文化遗产保护"。当时本来有机会考虑设置二级学科，但是参会的各培养单位代表认为，设立二级学科不利于申请一级学科学位点，也不利于一级学科学位点评估和升级，因为按当时规定，一级学科学位点的申请至少需要 2/3 以上二级学科才能满足学位点设置要求。这无形中增加了学科点申请的难度，本着扩大学科点范围的美好初衷，且受制于 2011 版学科目录中存在科学技术史一级学科不设二级学科的规定，因此科学技术史依然保持不设置二级学科的状态。

与此同时，国务院学位办鼓励自设二级学科。截至 2022 年 6 月，各培养单位在科学技术史一级学科下自设的二级学科包括：中国科学院大学的科学史、技术史，广西民族大学的材料分析与古代文明，云南农业大学的中国地方农业科学技术史、少数民族科学技术史、农村科学技术发展。此外，还有自设交叉学科包括：东北大学的冶金工程科技史，东华大学的纺织科技史。

2015 年，国务院学位委员会成立第七届学科评议组，首次独立设立了科学技术史学科评议组，科学技术史学科建制化又掀开了新的一页。2020 年，第八届学科评议组成立，科学技术史学科评议组继续保留，学科发展的相关事宜主要由自己的评议组来进行讨论了。2021 年 6 月，第八届学科评议组（科学技术史）在西北大学召开会议，听取了中国科学院大学介绍《科学技术史一级学科指导性二级学科目录》征求意见的情况，进行了充分的讨论，认为在目前形势下宜保持学科稳定发展，决定科学技术史一级学科依然暂不设二级学科，仍授理、工、农、医学位。但是，紧接着的 2021 年 7 月在广西民族大学召开的第三届科学技术史学科点联席会议，韩启德院士在与学科评议组成员座谈会上提出科学技术史应设置二级学科的想法，认为可以抢先占领学科发展的新方向、新领域。学科评议组成员经过认真讨论，在得知一级学科学位点至少设置几个二级学科才能满足学位点申请要求，可由学科评议组自行考虑取值后，遂重新向国务院学位办提出设置二级学科的设想，也得到了相关领导的支持。

2022 年 12 月，国务院学位办发布《关于开展研究生教育学科专业简介及其学位基本要求编写修订工作的通知》，要求列出可归属于本一级学科的二级学科并给予介绍，介绍应系统完整，反映学科特色，突出学科前沿。经与国务院学位办沟通，科学技术史学科评议组重新考虑将二级学科设置问题提到议事日程。2023 年初，学科评议组多次开会讨论，特别对二级学科问题进行了广泛的探讨，经征求部分科学技术史学科负责人的意见，形成《科学技术史一级学科简介及学位授予要求》的初稿，提出了设置八个二级学科的构想。

二、学科内涵和定位

若要讨论科学技术史二级学科设置问题，还需要先搞清楚一级学科的内涵和定位。

根据 2013 版《学位授予和人才培养一级学科简介》，科学技术史是研究人类科学技术活动发展历史及其与政治、经济、社会、军事、宗教及文化之间互动关系的一门交叉性学科。它综合运用自然科学和人文社会科学的方法，以文献资料和实物遗存为研究依据，揭示科学技术发展的规律性。

由于科学技术史研究对象的多样性及复杂性，其理论基础亦呈现多元性。作为一门文理交叉的综合性学科，科学技术史学科从理论上借鉴自然科学和历史学等人文社会科学的基本理论与概念，并在此基础上逐渐形成关于科学技术普遍发展规律的历史理论，从有机的、整体的、综合的、系统的角度探讨科学技术对人类文明发展的促进作用。

科学技术史学科研究对象的多样性及复杂性决定了从事这方面的研究工作需要综合运用多种方法，例如文献整理考证、文本和概念分析、文化谱系分析、统计分析、口述历史研究、模拟实验研究、理化检测分析、田野调查研究、工艺复原仿真、考古发掘与研究、数据挖掘与分析等方法。

回顾中国科学技术史学科发展历史，可以清楚地看见：最初的科学技术史学科是由一批具有爱国主义（民族主义）情操的科学家，继承乾嘉考据的传统，依照文献考察和文物考古证据来开展科学技术的历史学研究；发展到20世纪80年代以后，在广泛吸收国外科学技术史研究的成果后，逐渐成长起来了以人文社科学者为主体的综合科学技术史研究，追随历史哲学、新人文主义、结构功能主义等思潮，开展科学史的定量研究等，且这种趋势越来越明显。事实上，这两种研究进路在中国都各自有很好的发展，轻视任何一种传统都不能很好地理解中国科学技术史的学科发展，并且我们可以清晰地看见两种传统逐渐结合并形成合力的趋势。

关于科学技术史学科的定位，到底是理学还是历史学，曾引起一些争论。其实这种定位不仅要考虑学理上的合理性，也取决于学术发展和外部形势的变化。"科学技术史"是个偏正词组，重心当然在"史"上，因此科学技术史与教育史、文化史、社会史、经济史等一样，本质上是历史学的一部分。这就决定了科学技术史学科共同的研究方法应该是历史学的基本研究方法，即搜集和考证材料的方法，这是最基本的研究方法；其他方法，如统计分析、比较分析、口述史等也是重要的研究方法。同时，"科学技术史"的修饰词是"科学技术"，无论是研究目的，还是研究对象、研究方法，都离不开自然科学和工程技术，这恰恰是科学技术史区别于其他各门历史学的独到之处。考虑学科的历史渊源和发展独立性，现阶段不应放弃科学技术史学科的自然科学属性。

科学技术史与其他学科之间需要存在着相互交融、共同进步的关系。科学技术史是沟通人文学科和自然科学的重要桥梁，处于交叉科学的核心地位。科学技术史定位于历史学，是自然科学与历史学的交叉。科技考古之于科学技术史，相当于考古学与历史学的关系，应当属于广义的科学技术史范畴。科学技术史能广泛吸收各种学科的研究方法，形成新的交叉学科（方法科技史）。同时，科学技术史具有自然科学总论的性质，应能起到促进和引导自然科学发展的作用；自然科学的新理论和新方法，为科学技术史吸收采用，促进科学技术史学科的发展。

三、机遇与挑战

2015 年以来，科学技术史一级学科面临巨大的挑战，特别是学科评估对高校学科设置和动态调整起到了很大作用。一批重点大学的科学技术史学科博士点、硕士点纷纷被撤销。当然，也有一些新的学科点成立，如清华大学设立科学技术史学科博士点，标志着一流大学更高的追求。目前科学技术史学科培养单位从原来的接近 40 个减少到只有 26 个学科点，其中 13 所高校具有科学技术史博士学位点和硕士点，13 所高校只有硕士点。科学技术史学科发展仍然存在许多共同的问题，比如：学位点普遍规模小、师资力量短缺，科研项目申请没有合适的对应学科组，相对缺乏统一的学科范式、理论与方法，存在与其他学科边界模糊的现象，学科评估造成被撤销整合的风险依然很大。

党的二十大报告指出："把马克思主义基本原理同中国具体实际相结合、同中华优秀传统文化相结合。""两个结合"是中国未来发展道路的必然选择。习近平总书记于 2023 年 6 月 2 日在文化传承发展座谈会上的讲话中指出，只有全面深入了解中华文明的历史，才能更有效地推动中华优秀传统文化创造性转化、创新性发展，更有力地推进中国特色社会主义文化建设，建设中华民族现代文明。科学技术史学科揭示中华科技文明从传统到现代的发展道路，传承中华优秀传统文化，为中华民族现代文明服务，学科发展大有可为。

党的十八大以来，党中央多次召开文物考古方面的讨论，提出了"要认真贯彻落实党中央关于坚持保护第一、加强管理、挖掘价值、有效利用、让文物活起来的工作要求，全面提升文物保护利用和文化遗产保护传承水平"。科学技术史学科一直致力于科技考古与文化遗产保护，应发挥其主动作用，顺势而为。

科学技术史学科是倡导科学文化、科学精神，弘扬科学家精神的重要力量。"弘扬科学家精神"多次被写入党中央、国务院及各部门的重要文件。2023 年 7 月 23 日，教育部印发《关于实施国家优秀中小学教师培养计划的意见》，提出"国优计划"培养高校通过自主培养或者与师范院校联合培养的方式，为"国优计划"研究生系统开设教师教育模块课程，包括不少于 18 学分的教育学、心理学、中小学课程教学和科学技术史等内容。其中科学技术史成为必修课程，无疑将扩大科学技术史学科的就业前景和应用场景。

根据历史和现实的考虑，科学技术史学科本身就具有多学科交叉的特色，目前很难用整齐划一的理论和方法来统筹。科学技术史学科设置二级学科，有助于针对不同行业需求，有助于形成各自相对统一的理论基础和研究方法，有利于更精细地进行人才培养和服务管理，有利于同其他一级学科进行交叉融合，有利于学术交流和传播，最终有利于发出共同声音形成社会影响。

应该说，机遇与调整并存。我们更要重视这种蓬勃而来的需求，对文明探索方面的需求，对科学教育方面的需求，对文物考古方面的需求，等等，还应抓住运用新一代信息技术改造"新文科"建设的机遇。因此，在统筹考虑科学技术史二级学科设置问题的时候，应充分考虑事物的多样性和社会需求，将格局放大，思考得更长远一些。

四、遵循的原则

科学技术史二级学科设置，应该考虑以下原则：

1. 延续性与创新性统一

保持历史上形成的科学史、技术史、农学史、医学史的分科史，关注数字化时代的新思想、新技术、新方法，围绕中华优秀传统文化的保护传承和创新发展，弘扬科学精神，讲好中国故事，建设中华民族现代文明。

2. 学术性与应用性统一

促进科学技术史的中国传统与西方传统的深度融合，形成中国特色的科学技术史理论体系，同时在科技考古与文物保护、科技传播与教育、科技促进社会发展等方面着力，大力推动科学技术史的广泛应用。

3. 系统性与扩展性统一

科学技术史学科有自己的内涵和定位，不宜照搬历史学的断代和国别分类方法，各二级学科应界限清晰且互不兼容，但同时应允许与其他相关学科存在部分方向交叉融合，以保证在未来竞争中有足够的发展空间。

五、二级学科设置

经过第八届学科评议组（科学技术史）成员的充分讨论，并经科学技术史学科主要培养单位代表修改，初步确定了科学技术史一级学科设八个二级学科，包括理论层面的分科史，如科学史、技术史、农学史、医学史，也包括应用层面的综合史，如科学技术与社会、科技传播与教育、科技考古与文物保护、科技遗产与数字人文。各二级学科的简介和研究方向分别如下：

1. 科学史

研究科学知识的起源及其演变过程，探讨影响科学发展的各种历史因素，揭示科学发展的规律性。主要研究方向包括天文学史、数学史、物理学史、化学史、生物学史、地理学史、地质学史、海洋科学史、气象科学史、环境科学史、科学思想史、科学交流史、比较科学史、科学编史学等。

2. 技术史

研究人类技术和工程活动的起源、演变及其发展规律，探讨影响技术发展的各种历史因素及其对人类文明进程所产生的影响。主要研究方向包括矿业史、冶金史、陶瓷史、纺织史、机械史、建筑史、车辆与交通运输史、造船与航海史、造纸与印刷史、能源与动力史、化工史、电工史、水利工程史、电子与信息技术史、航空航天史、军事技术史等。

3. 农学史

研究农业科学技术的起源、演变及其发展规律的学科，重点探讨农、林、牧、副、渔等各生产部门的科学技术历史演变，农业科技发展与经济、社会和生态环境之间的互动关系，以及农业科技对整个社会文明进程的影响。主要研究方向包括农业科技史、林业科技史、畜牧兽医史、渔业科技史、园艺科技史、农产品加工贮藏史、农业生态环境史、农田水利史、农业遗产、农业历史文献、中外农业交流、农业科技发展战略等。

4. 医学史

研究人类对疾病与健康的认识过程以及关于疾病治疗的历史，探讨医学发展的规律及医学与人文的关系。主要研究方向包括医学技术史、疾病史、药物史、医学思想史、医学社会文化史、公共卫生史、护理史、卫生政策与制度史、民族医学史、全球卫生史、中外医学交流与比较等。

5. 科学技术与社会

以科学技术与社会之间的历史互动进程为主要研究对象，探讨科学技术进步与社会发展之间的内在关联及其作用机制，并在此基础上探讨科技发展战略、科技政策等现实问题。主要研究方向包括科技社会史、科技文化史、科技制度史、科技发展战略、科技与创新政策等。

6. 科技传播与教育

以科技史为依托，研究科技传播与科技教育的理论和实践，探讨其与科技创新、经济发展、社会进步、文化建设之间的互动关系，以及科技史在当代科技传播和科技教育中的价值与应用，为国家科技传播与科技教育体系建设提供服务。主要研究方向包括科技普及历史与实践、科技新闻历史与实践、科技出版历史与实践、科技教育历史与实践、公众科技史、科技博物馆、科技与文学、科技与艺术、科技写作等。

7. 科技考古与文物保护

以古代物质材料特别是文物为研究对象，通过科技分析检测，探讨科学知识和技术创造的起源、演变及发展规律，并在对文物的历史、艺术和科学价值认知的基础上进行有效的科学保护。主要研究方向包括古资源工程、古生态环境、古代材料研究、文物保存科学、文物保护技术与工程、实验科技史等。

8. 科技遗产与数字人文

以科技史料、文物与非物质文化遗产等科技遗产为研究对象，开展调查研究，借助信息技术手段，通过数据采集与数学建模，对其中所蕴含的科学思想或技术方法进行复原研究。主要研究方向包括科学遗产调查、传统工艺研究、工业遗产研究、科技遗产数字化、文物设计理念复原、数字人文在科技史研究中的应用等。

六、结语

分久必合，合久必分。科学技术史二级学科经历了从有到无再到有的过程，其设置也是个复杂的系统工程，目前的方案严格来说仅是权宜之计，在未来还是可动态调整的。

我们应放眼世界，从人类史、文化史、文明史等多角度开展研究，要围绕国家战略需求，面向应用层面，重构科学技术史的理论体系。我们要团结一切可团结的力量，吸收一切可吸收的资源，做大做强。相信在大家的努力下，科学技术史学科设置若干二级学科后，可以目标更加明确，力量更加集中，更多更好地为社会服务。

哥白尼的阿基米德革命

艾 博 [①]

摘　要： 2023 年是波兰学者尼古拉·哥白尼诞辰 550 周年。哥白尼在 1543 年提出的日心说是科学革命和范式转变理论最具意义的例子之一，几个世纪以来哲学家和历史学家们从未停止对其进行思考。最近，越来越多的人关注影响哥白尼创造性的可能来源。结果表明，关于范式转变的主张并不可靠，因为哥白尼有意与古希腊和阿拉伯作者对话，而他的《天球运行论》则刻意模仿托勒密的《至大论》。从这个意义上说，科学革命的本质更多的是试图重现与古代作者的辩论，而不是打破他们的范式。本文对哥白尼日心理论的早期版本《要释》（Commentariolus，约 1510—1515 年）进行了更深入的研究，认为日心说的诞生最初是试图写一篇模仿阿基米德文风的论文，而在后期的工作中才开始对托勒密进行模仿。因此，早期的哥白尼可以被认为是一个阿基米德主义者。这就需要对科学革命进行进一步的编史学反思。

关键词： 哥白尼；《要释》；《天球运行论》；阿基米德；科学革命

引言

2023 年是波兰学者尼古拉·哥白尼诞辰 550 周年，借此机会，本文对哥白尼的工作做进一步的研究，对如何解读日心说的诞生提出了一种新的解释，

---

① 艾博（Alberto Bardi），清华大学科学史系助理教授。本文原作首发于 *Transversal: International Journal for the Historiography fo Science*，2023 年第 14 期，第 1–11 页。本文已根据知识共享署名 4.0 国际许可协议获得许可。于丹妮（清华大学科学史系 2023 级博士研究生）译。

从而向这一重大人物表示敬意。众所周知，哥白尼的主要著作《天球运行论》模仿的是他的重要榜样，即托勒密的《至大论》。[①]在拉丁语《圣经》中提到的日心理论与 1543 年出版的《天球运行论》相一致，但仔细分析哥白尼的作品，就会发现一个更复杂的场景值得进一步探索。事实上，如果哥白尼提出的日心说被一致认为是科学史和更广泛的文化意义上的重大突破，那么究竟是什么引发了哥白尼的创新？这一创新的本质和过程几世纪以来依然困扰着学者。[②]

哥白尼的《天球运行论》无疑标志着科学史和文化史的重大变化，哥白尼通常被认为是编史学意义上"科学革命"的主要人物之一。值得注意的是，哲学家亚历山大·柯瓦雷和托马斯·库恩认为他是古代科学和现代科学之间的分水岭，是第一个打破中世纪亚里士多德和托勒密宇宙论范式的人。[③]但哥白尼理论的诞生不仅仅是历史中的一个时间点，也是一个创造的过程，这一过程的起点远早于 1543 年《天球运行论》的出版，它最早出现在哥白尼本人一部未发表的文本，即《要释》（*Commentariolus*，约 1510—1515 年）中。此外，鉴于哥白尼与科学编史学问题之间的联系，近年来对科学革命的思考也值得关注。例如，内茨（Reviel Netz）认为，哥白尼的著作应该被理解为 16 世纪学者与古人对话的结果，他的创新性问题应该根据这一文本类型的事实重新考虑。[④]这一观点具有一定的可靠性。众所周知，《天球运行论》模仿的是托勒密《至大论》的文本类型，并且它的提出得益于伊斯兰天文学家的天文模型（无论日心说是否为一个"独立的"发现——该问题仍存在争议——这个

① 最新相关研究包括 R. Netz, *A New History of Greek Mathematics*. Cambridge: Cambridge University Press; R. Netz, The Place of Archimedes in World History. *Interdisciplinary Science Reviews*, 47 (3–4): 301–330; F. J. Ragep, Mathematics, the mathematical sciences, and historical contingency: Some thoughts on reading Netz. *Interdisciplinary Science Reviews*, 47 (3–4): 464–477.

② 最新相关研究包括 B.Goldstein, Copernicus and the Origins of the Heliocentric System. *Journal for the History of Astronomy,* (33): 219–235；A.Goddu, *Copernicus and the Aristotelian Tradition.* Leiden-Boston: Brill；R.Westman, *The Copernican Question: Prognostication, Skepticism, and Celestial Order.* Berkeley: University of California Press. P. D.Omodeo, *Copernicus in the Cultural Debates of the Renaissance: Reception, Legacy, Transformation.* Leiden: Brill; M.Vesel, *Copernicus: Platonist astronomer-philosopher.* O.Gingerich, *Copernicus. A Very Short Introduction.* Frankfurt am Main: Peter Lang GmbH Internationaler Verlag der Wissenschaften.

③ A.Koyré, *From the Closed World to the Infinite Universe.* Baltimore, MD: Johns Hopkins Press; T.Kuhn, *The Structure of Scientific Revolutions.* Chicago: University of Chicago Press.

④ R.Netz, A New History of Greek Mathematics; R.Netz, The Place of Archimedes in World History.

问题并不在本文的讨论范围）。无论如何，《天球运行论》并不是哥白尼日心说的起点。哥白尼日心理论的初稿究竟模仿了哪种文本风格？本文将对这一尚未得到解答的问题进行回应。

此外，内茨的观点也十分可信，他认为在 15、16 世纪的意大利，对阿基米德文本的重新发现为科学革命铺平了道路，而科学革命的本质是再现了与古希腊数学家的对话和他们在科学与哲学问题上的辩论。[①]

本文认为，将哥白尼对日心说的首次提出看作是为了再现阿基米德的文本是合理的：哥白尼可以被认为在《天球运行论》出版之前就与古代学者进行关于天文问题的对话。虽然没有证据表明哥白尼读过阿基米德的作品，但《要释》一书的体裁表明，他创作的意图是撰写一篇阿基米德风格的数学文本。因此，有理由将阿基米德作品的重新发现视为早期哥白尼创作日心理论和寻找可模仿的文本类型的理想智识环境。

哥白尼和阿基米德之间的联系：初步问题

这篇关于哥白尼的研究，其主题灵感来自内茨的一篇关于阿基米德和他在世界历史上地位的文章。值得引用的是内茨的一段话：

> 关于哥白尼需要强调的是，首先，他把大部分的精力花在研究和模仿托勒密上；其次，他并没有将日心说看作是从古代向现代转变，而是复兴了古代的辩论；最后，他是正确的。我说他是正确的，并不是指在古代的确有一些日心说的作者，这在很大程度上超出了重点。我的意思是，哥白尼正确地意识到，通过将自己的天文学作为古代天文学的优越替代品，他是在复兴而不是放弃古代科学的论辩实践（agonistic practice）。这就是为什么需要注意，柯瓦雷和库恩将亚里士多德范式归为古代是错误的；以及为什么要注意哥白尼是文艺复兴时期的人。[②]

众所周知，哥白尼在《天球运行论》中展示了他与过去的天文学大师的对话，我认同哥白尼复兴了古代的科学论辩精神。这种论辩精神体现在通过选择模型和撰写论著来模仿古代。哥白尼的《天球运行论》就是这样的工作，

[①]　R.Netz, The Place of Archimedes in World History.

[②]　Ibid., p. 318.

这是一篇很长的数学天文学论文，参照托勒密的几何模型和结构以及伊斯兰天文学家的创新模型而塑造。[①] 此外，争论精神是通过博学来发挥的，这不是一种自我指向的态度，而是文艺复兴时期贵族之间富有成效的交流方式，以便在 16 世纪的欧洲展示他们的学术才能。[②] 正如内茨所指出的那样，"哥白尼本可能仅作为西奥菲勒斯（Theophylact）的译者而被铭记，这不是一个玩笑。他关心这一点确实显明了当时真实的文化，也意味着有其他潜在的可能"。[③]

在这种背景下，值得一问的是，哥白尼在写《要释》时的文本风格是什么？尽管他并没有明确提到阿基米德，但他是否会模仿阿基米德的方式？除此之外，还有可能模仿了谁？鉴于《要释》与日心说的诞生以及科学革命的相关性，这些都是重要的问题。最近，内茨 [④] 在科学革命的编史学中形成了一种对哥白尼的新观点：它首先从广泛的意义上指出阿基米德的工作在数学科学史和全球史上的杰出相关性。根据内茨的说法，托勒密代表了阿基米德一代成就的顶峰。之后，得益于印刷术和拜占庭的手稿，欧洲文艺复兴时期的人们重读了阿基米德，延续了与中世纪权威的辩论、争论和不墨守成规的传统。从这个意义上说，哥白尼的革命是对这种争论精神的重新创造，是伊斯兰对托勒密数学的批评和欧洲对《至大论》重新发现的结果。对哥白尼来说，现代就是成为古代。因此，在这个知识框架下，哥白尼能否被认为是一个阿基米德主义者？

我们首先对《要释》进行一个回顾。

哥白尼的《要释》：概述

哥白尼日心说的第一次出现是在一篇简短的论文中，题目是《由尼古拉·哥白尼建立的天界运动假说要释》（*Nicolai Copernici De Hypothesibus Motuum Caelestium A Se Constitutis Commentariolus*），简称《要释》（*Commentariolus*），

---

① F. J.Ragep, Copernicus and His Islamic Predecessors: Some Historical Remarks. *History of Science,* (45): 65–81; F. J.Ragep, Islamic Reactions to Ptolemy's Imprecisions. In Jones A (ed) *Ptolemy in Perspective*. Dordrecht: Springer-Verlag, pp. 121–134; F. J.Ragep, Mathematics, the mathematical sciences, and historical contingency: Some thoughts on reading Netz.

② P. D.Omodeo, op. cit.

③ R.Netz, The Place of Archimedes in World History. p. 324.

④ R.Netz, A New History of Greek Mathematics; R.Netz, The Place of Archimedes in World History.

可能创作于 1510 年至 1515 年。①《要释》已经引起了 20 世纪天文学史家们的注意。然而它与天文学的相关性在哥白尼死后立即被承认。实际上，雷蒂库斯（Joachim Rheticus）、利德尔（Duncan Liddel）和第谷（Tycho Brahe）都拥有《要释》的文本。②特别值得注意的是阿伯丁（Aberdeen）的版本，因为它根据相近的内容进行了《要释》和《天球运行论》的对比，表明哥白尼之后的一代认为这两部作品是互补的，而不是相互排斥的。③

《要释》是哥白尼与古代天文学学者对话的第一个证据。它确实开始于回顾过去的天文学大师及其理论。让我们读一下哥白尼的文本。

> 我知道，我们的前辈假设大量的天球主要是为了用匀速圆周运动来解释行星的视运动，因为天界物体不做完美的匀速圆周运动，似乎是非常不合理的。他们发现，通过以不同方式进行的匀速运动的排列和组合，可以使任何天体出现在任何位置。

> 卡利普斯（Calippus）和欧多克斯（Eudoxus）试图使用同心圆来实现这个目的，但同心圆模型并不能解释一切的行星运动，也就是说，我们看到的视运动不仅仅是行星的运转，还包括行星升起和下降时的纬度，同心圆模型无法给出准确的数据。出于这个原因，大多数天文学家最终更倾向于通过偏心圆和本轮来构造的理论。

> 然而，关于这些问题的理论已经由托勒密和其他人提出和广泛使用，尽管它们在数值上【与视运动】相符，但这个理论似乎也值得怀疑，因为它能够相符的前提设想一个带有偏心匀速点（equant）的圆，然而这就使得行星无论是在均轮上还是相对于它的真正的中心都不再做匀速运动。因此，这种理论似乎既不够完美，也不太符合理性。④

① N.Swerdlow, The Derivation and First Draft of Copernicus's Planetary Theory. *Proceedings of the American Philosophical Society*, (117): 423–512; E.Rosen, *Three Copernican Treatises*. New York: Octagon Books; M.Folkerts, S.Kirschner and A.Kühne, *Nicolaus Copernicus Gesamtausgabe, Band IV, Opera minora: Die kleinen mathematisch-naturwissenschaftlichen Schriften. Editionen, Kommentare und deutsche Übersetzungen*. With assistance from Uwe Lück and translations by Fritz Krafft. Berlin: Walter de Gruyter Oldenburg.

② J.Dobrzycki and L.Szczucki, On the Transmission of Copernicus's Commentariolus in the Sixteenth Century. *Journal for the History of Astronomy*, 20 (1): 25–28.

③ J.Dobrzycki, The Aberdeen Copy of Copernicus's Commentariolus. *Journal for the History of Astronomy*, 4 (2): 124–127.

④ 译文来自 N.Swerdlow, op. cit. pp. 433–434.

这里可以明显地看出哥白尼与古代天文学学者对话的意愿。此外，日心说理论是通过七个公设引入的，这些公理如下：

因此，当我注意到这些【困难】时，我经常思考是否可以找到一个更合理的由圆组成的模型，可以解释每一种不规则运动，同时还可以自身保持匀速运动，就像完美运动的原理所要求的那样。在我开始触及这个极其困难和几乎无法解决的问题之后，我终于想到，如果我们将一些公设（postulates），也就是公理（axioms）看作必然的，那么便可以使用更少且比过去更合适的装置来解决这个问题，这些公设如下：

公设一：所有的天球（orbium/sphaerarum）并没有一个共同的中心。

公设二：地球的中心并不是宇宙的中心，它只是重物下落所朝向的中心和月亮天球的中心。

公设三：所有的行星天球都围绕太阳运动，仿佛它是所有天球的中心，因此宇宙的中心靠近太阳。

公设四：太阳和地球之间的距离与地球和恒星天球之间的距离的比值远小于地球半径与太阳距离的比值，因此太阳和地球之间的距离相比于恒星天球的高度是微不足道的。

公设五：无论恒星天球产生何种视运动，都不属于恒星天球本身，而应归因于地球。因此，整个地球携带着地球附近的元素围绕地轴做周日旋转，而恒星天球和最外层天则保持不动。

公设六：无论我们看到太阳产生何种视运动，都并非太阳本身【的运动】，而是由于地球和其所在天球【的运动】导致的，我们和其他行星一样围绕太阳转动。因此，地球有不止一种运动。

公设七：行星的逆行和视运动也并非由于它们自身，而是因为地球【的运动】。因此，地球自身的运动产生了一系列天界表观上的不规则运动。[①]

关于这些公设（axioms），著名的科学史家诺埃尔·斯韦德洛（Swerdlow）认为，它们"被错误地称为公设（axioms），因为它们并非不言而喻，在《至大论》《〈至大论〉概要》（Epitome）[②] 和后来的《天球运行论》的开头章节中

[①] 译文来自 N.Swerdlow, op. cit. pp. 433–434.

[②] 指雷吉奥蒙塔努斯撰写的《〈至大论〉概要》。——译者注

对宇宙的一般描述【……】没有理由怀疑，他也相信这些假设是真实的"①。反对斯韦尔德洛的学者们认为，哥白尼并没有把公理称为不证自明的真理。②此外，不证自明并不是数学家认为的公理的唯一特征，公理具有多种功能，在数学中可以以不同的方式应用。③可以肯定的是，哥白尼认为他的假设是正确的，因为他肯定不是一个"工具主义者"。然而，是否将哥白尼假设解释为不证自明的公理，取决于在数学原理上是否区分公设（postulate）和公理（axiom）的概念。这种区别起源于关于欧几里得《几何原本》的辩论。④那么，如果哥白尼所指的不是这个辩论，那么他所使用的"公理"（axioms, axiomata）一词来自哪个他所掌握的文献呢？他究竟受到哪些来源的影响？

我们再次回到哥白尼的文本：

> 【……】我终于想到，如果我们将一些公设（postulates），也就是公理（axioms）看作必然的，那么便可以使用更少且比过去更合适的装置来解决这个问题，这些公理如下。⑤

拉丁语原文是 petitiones quas axiomata vocant，这里 petitio 可以有很多种理解，包括条件（requirement）、陈述（statement）、假设（assumption）、公理（axiom）、公设（postulate）。

毫无疑问，斯韦尔德洛指的是公理和假设的精确内涵，其中公理（axiom）完全解释为不证自明。这种区别不是现代的；它可以追溯到关于欧几里得《几何原本》的争论，更准确地说，可以追溯到古希腊哲学家盖米诺斯（Geminus）（公元前 1 世纪），这在普罗克洛斯（Proclus）《关于欧几里得〈几何原本〉第一卷的评注》中得到了证实。根据盖米诺斯 – 普罗克洛斯理论，欧几里得《几何原本》中的公设（postulate）可以分为两类，反映了它们的不同性

---

① N.Swerdlow, op. cit. p. 437.

② A.Goddu, op. cit.; A.Bardi, Copernicus and Axiomatics.In: Sriraman B (ed.) *Handbook of the History and Philosophy of Mathematical Practice*. Cham: Springer (https://doi.org/10.1007/978–3–030–19071–2_110–1).

③ D.Schlimm, Axioms in Mathematical Practice. *Philosophia Mathematica*, 3 (21): 37–92; A.Bardi, op. cit.

④ V.De Risi, The development of Euclidean axiomatics.The systems of principles and the foundations of mathematics in editions of the Elements in the Early Modern Age. *Archive for History of Exact Sciences*, (70): 591–676.

⑤ N.Swerdlow, op. cit. p. 435.

质：公设 1~3 需要作图，而公设 4~5 表述了特定几何物体的性质。至于公理（axiom）（或共同的概念），它们通常被认为是传达不言而喻的真理的假设，因此不需要证明。然而，并非所有数学文本的作者都适用欧几里得的原则。例如，阿基米德将公理（axiom）看作描述了物理世界的真实状态，例如：阿基米德的《论球面和圆柱体》的开篇就使用了公理（axiom）。[①]更多例子如下。

爱德华·罗森（Edward Rosen）[②]指出，有理由认为，哥白尼并没有参与"希尔伯特计划"。[③]之后，戈杜（André Goddu）对哥白尼宇宙论的形成和它可能的来源进行了细致的研究，探寻了他的逻辑和哲学背景，推测他在设定公理的时候使用了苏格拉底–辩证法逻辑中似真的推理方法（可见于柏拉图《巴门尼德篇》）。[④]戈杜认为，公理被看作理所应当的共识或假设，并不需要不证自明。[⑤]

无论如何，在欧几里得主义的传统中，并没有出现 *petitio* 一词与公理（*axioma*）同义的情况（De Risi，2016）。因此，哥白尼很可能知道公理（axiom）并非对每个人都是不言而喻的，这也就解释了为何他将自己的原理解释为公理。此外，1515 年前后，也就是哥白尼撰写《要释》的年代，axioma 一词极少在拉丁语中出现。实际上，唯一出现的一次是在瓦拉（Giorgio Valla）一本科学与工艺百科全书式的著作《追寻与规避》（*De expetendis et fugiendis rebus*）中。[⑥]瓦拉是一个人文主义者，热衷于将古希腊的文本翻译为拉丁文。[⑦]

总而言之，将哥白尼的假设看作公理（axiom）是合理且有精确历史可考的，值得注意的是，阿基米德可能是哥白尼在使用公理时的模型之一。既然如此，有必要对此来源详细分析以便得到更清晰的图景（下一节）。

---

① R.Netz, *The works of Archimedes.Translated into English, together with Eutocius' commentaries, with commentary, and critical edition of the diagrams. Volume I. The two books on the sphere and the cylinder.* Cambridge: Cambridge University Press. pp. 34–36.

② E.Rosen, Copernicus' Axioms.*Centaurus,* (20): 44–49.

③ 由大卫·希尔伯特（David Hilbert，1862—1943）在 1920 年提出的数学计划，旨在保卫古典数学，为全部的数学提供一个安全的理论基础。——译者注

④ A.Goddu, op. cit.

⑤ Ibid., p. 243.

⑥ G.Valla, *De expetendis et fugiendis rebus opus.*Book 10, ch. 110, fol. oiii verso.Venice: Aldus Manutius. 感谢戈杜帮助我找到这部分资源。

⑦ V.De Risi, op. cit. p.643; A.Goddu, op. cit. pp. 229–236.

在探讨完公理（axioms）之后，《要释》接下来的章节处理了以下其他主题：天球的排列；地球的运动（即太阳的视运动）；根据恒星来假设匀速运动而不是根据二分点来假设；古代天文学中月亮和五个行星，即土星、木星、火星、金星和水星的运动。按照哥白尼的意愿，《要释》中没有引理（lemmas）、定理（theorems）、证明和图表，作者明确表示，所有这些都将在更大的工作，也就是在《天球运行论》中体现。

> 现在已经明确了这些公设，我想要简单地展示一下运动的均匀性是如何仔细地保留下来的。然而我决定，出于简洁的考虑，数学证明的部分将在更大的一部书中完成。然而，天球的半径长度将在这里体现，便于对各天球进行解释，对精通数学的人而言可以很容易理解天球如此排列是与计算和观察精确相符的。
>
> 同样，如果有人沿着毕达哥拉斯主义的思路认为没有理由将运动赋予地球，他也将在对天球的解释中获得【对此问题的】充足的证据。事实上，自然哲学家非常努力尝试确认地球静止的【证据】大部分依赖于现象。所有的【证据】在这里首先会被打破，因为我们同样根据现象抛弃了地球静止的观念。[1]

寻找《要释》的文本模型

可以肯定的是，哥白尼将古代天文学家看作他的同时代人，并与他们进行辩论。这在前一章中看到的简短的引言和他使用公理的方式中都有所体现。公理式的方法的确是我们尝试寻找哥白尼文本所模仿的模型的基础。实际上，他很可能指向古代希腊数理科学的传统，这一传统热衷于使用公理的方式。例如，一些古希腊数理科学文本经常采取六个或七个未经证明的假设作为开头，比如阿基米德的《论平面图形的平衡》（ *On the Equilibrium of Planes* [2] ）。很可能哥白尼在他的文本中使用七个公理正是参考了这一传统，这很可能是他的一个模型。阿基米德《论平面图形的平衡》在意大利的传播得益于穆

---

[1] 英文来自 N.Swerdlow, op. cit. pp. 438–439.

[2] T. L. Heath, *The works of Archimedes*. New York: Dover. pp. 189–190.

尔贝克的威廉（William of Moerbecke）的拉丁文翻译，这个文本以 petimus 一词开头（这个词汇的意思与 petitio 有关联，意思是"我们需要""我们陈述一些原理"），随后便是七个原理（principles）[①]。此外，约尔丹（Jordan of Nemore）的《力学原理》（*Elementa Jordani*）也给出了七个初始的未经证明的假设。[②]

戈杜认为，根据柏拉图的《巴门尼德篇》所讲，公理很可能是一系列苏格拉底式提问过程的结果。[③] 在苏格拉底式风格的文本、波莱修斯（Blasius of Parma）的《关于重量问题的讨论》（*Questiones super tractatum de ponderibus*[④]）的开篇就有五个提问，因此，在意大利接受教育的哥白尼也可能以相似的方式构造他的文本。然而，他却选择直接将公理在开篇表述出来。既然哥白尼选择了直接陈述他的假设，它就更接近阿基米德的风格而非苏格拉底风格。而如果他在这一章中提供这些假设的证明，他就完全是阿基米德风格。

很明显，我们所知道的第一个日心理论的出处，也就是阿里斯塔克（Aristarchus of Samos）的《论尺寸和距离》（*On Sizes and Distances*），就是由六个公理开篇。这六个公理如下：

（1）月亮的光来自太阳。

（2）地球相比于月亮运动的天球相当于一个点和中心。

（3）当我们看到月亮的一半时，将月亮的明面和暗面分开的大圈正好在我们眼睛的方向。

（4）当我们看到月亮的一半时，它和太阳的距离比一个象限小它的1/30。

（5）地球阴影的宽度等于两个月亮。

（6）月亮占据黄道一宫的1/5。[⑤]

---

① M. Clagett, *Archimedes in the Middle Ages*. Volume two. The translations from Greek by William of Moerbecke. Philadelphia: The American Philosophical Society. p. 116.

② M. Clagett and E. A.Moody, *The medieval science of weights (Scientia de Ponderibus) treatises ascribed to Euclid, Archimedes, Thabit ibn Qurra, Jordanus de Nemore and Blasius of Parma*. Madison: The University of Wisconsin Press.

③ A.Goddu, op. cit.

④ M. Clagett and E. A.Moody, op. cit. p. 232.

⑤ T. L. Heath, *Aristarchus of Samos. The Ancient Copernicus*. p. 353. Oxford: Clarendon Press.

阿基米德在《数沙者》(*The Sand-Reckoner*)中批判了阿里斯塔克的理论，认为他设定了数学上不可能的比例，然而阿里斯塔克是第一个表明可靠的天文学理论可以根据一些观察数据结合纯数学推理来建立的天文学家，因此他强调数学结构而非经验数据。[①]换句话说，阿里斯塔克与欧几里得和阿基米德类似，提供了严密的、合乎逻辑的几何证明。《论尺寸与距离》可以看作根据一系列假设，用数学演绎的方式确定天文学上的距离和尺寸的首次尝试。[②]

哥白尼采用了阿基米德的模式再次提出了曾被阿基米德批评在数学上难以站住脚的日心理论。尽管这很有趣，但很遗憾，由于缺乏证据，这也只是一个猜测。哥白尼没有读过《数沙者》，但在《天球运行论》的初稿的某个段落中提到了阿里斯塔克。然而，这个段落在最终出版的版本中被删掉了。[③]对哥白尼这样的学者而言，这种博学的引用是轻而易举的，这也是他和他的同行们在著作中面对他们的古代前辈时所惯用的风格特征。

无论如何，阿基米德都是激发欧洲重新发现古希腊科学工作热情的作者之一。最早的文本证据是 15 世纪天文学家雷吉奥蒙塔努斯（Regiomontanus）于 1464 年在帕多瓦大学的演讲。[④]在这次演讲中，雷吉奥蒙塔努斯对这位叙

---

① O. Neugebauer, *A History of Ancient Mathematical Astronomy*. Vol. 2. New York: Springer. pp. 634–642.

② 关于为何日心说没有进一步在古希腊发展的问题依然悬而未决。很可能一个足够维持日心说作为一个物理假说的数学还没有发展起来。首先，日心说无疑是在阿波罗尼乌斯（Apollonius of Perga）、希帕恰斯（Hipparchus）和托勒密的几何模型、证明和计算之前形成的，他们的工作都基于一种地心理论。其次，亚里士多德关于自然位置的学说长期保持着它的影响，这使得地球在宇宙中心的观念难以撼动。

③ B.Goldstein, op. cit.

④ Regiomontanus (1537), *Oratio Johannis de Monteregio, habita in Patavij in praelectione Alfragani*; F. Schmeidler (ed.), *Johanni Regiomontani Opera Collectanea*. In Rudimenta astronomica Alfragrani. Nuremberg: Johannes Petreius. pp. 43–53; N. Swerdlow, An Inaugural Oration by Johannes Regiomontanus on all the Mathematical Sciences, Delivered in Padua When He Publicly Lectured on al-Farghani. In P. Horwich ed., *World Changes. Thomas Kuhn and the Nature of Science*, 131–168; Cambridge, MA: MIT Press; J. S. Byrne, A Humanist History of Mathematics? Regiomontanus's Padua Oration in Context. *Journal of the History of Ideas*, 67 (1): 41–61; M. Malpangotto, *Regiomontano e il rinnovamento del sapere matematico e astronomico nel Quattrocento*. Bari: Caucci.pp. 133–146; R. Goulding, *Defending Hypatia. Ramus, Saville, and the Renaissance Rediscovery of Mathematical History*. Dordrecht: Springer. pp.8–10; P. D.Omodeo, Johannes Regiomontanus and Erasmus Reinhold. Shifting Perspectives on the History of Astronomy.In S. Brentjes and A. Fidora (eds), *Premodern translation: Comparative approaches to cross-cultural transformations*, pp. 165–186, Turnhout: Brepols.

拉古学者给予了很高的评价："对阿基米德的重新发现为我们带来的钦佩和喜悦不亚于对数千代之后的未来人类。"①

受到彼得拉克（Petrarch）②精湛的修辞学技巧的触动，对阿基米德的重新发现也是人文主义的主要特征之一，并在哥白尼之前和之后的年代取得了成功。③我们指出一些关于阿基米德的重新发现在哥白尼所在的年代的事实，穆尔贝克的威廉和克雷莫内西斯（Jacopo da San Cassiano Cremonensis）对阿基米德文本的翻译在16世纪的意大利广泛流传，④卡尔达诺（Girolamo Cardano）于1535年在米兰 Academia Platina 出版的《几何学概述》（*Encomium geometriae*）中称赞阿基米德是最伟大的天才。⑤此外，阿基米德著作最早的印刷本于1544年在 Basel 出版，仅比《天球运行论》⑥晚一年，更不用说那些有有影响力的意大利阿基米德主义学者，例如毛罗利科（Francesco Maurolico）、蒙特（Guidobaldo del Monte）、科曼蒂诺（Federico Commandino）和巴尔迪（Bernardino Baldi）。⑦瓦拉本人也是拥有威廉所使用的写本的学者

---

① *Inventa Archimedis post mille secula venturis hominibus non minorem inducent admirationem quam legentibus nobis iucunditatem* . M. Malpangotto, op. cit. 英文由作者本人翻译。

② 彼得拉克撰写了一些阿基米德的短篇传记，引自 M.Clagett, *Archimedes in the Middle Ages*. Volume III, The Fate of the Medieval Archimedes 1300–1565. Part IV: Appendices, Bibliography, Diagrams and Indexes. Philadelphia: The American Philosophical Society. pp. 1336–1341.

③ J. Høyrup, Archimedism, not Platonism: On a Malleable Ideology of Renaissance Mathematicians (1400 to 1600), and on its Role in the Formation of Seventeenth Century Philosophies of Science. In C. Dollo (ed.), *Atti del convegno "Archimede, mito tradizione scienza"*. Syracusa and Catania, 9–12 ottobre 1989. Firenze: Olschki. pp. 81–110；J. Høyrup, The formation of a Myth: Greek Mathematics—Our Mathematics. In *L'Europe mathematique. Mathematical Europe*, ed. by C. Goldstein, J. Gray, J. Ritter. Paris: Editions de la Maison des sciences de l'homme; J. Høyrup, Archimedes—Knowledge and Lore from Latin Antiquity to the Outgoing European Renaissance. *Ganita Bhāratī*, 39 (1): 1–22.

④ P. D'Alessandro and P. D. Napolitani (ed., trans.), *Archimede latino: Iacopo da San Cassiano e il corpus archimedeo alla metà del quattrocento*.Paris: Les Belles Lettres.

⑤ J. Høyrup, Archimedes—Knowledge and Lore from Latin Antiquity to the Outgoing European Renaissance.

⑥ T.Venatorius (ed.)，*Archimedis Syracusani philosophi ac geometrae excellentissimi Opera quae quidem extant omnia*. Basel: Hervagius.

⑦ J. Høyrup, Archimedes—Knowledge and Lore from Latin Antiquity to the Outgoing European Renaissance.

之一，他在《追寻》(*De expetendis*[①]) 中提到阿基米德（数学或生活片段）并非偶然。他在意大利居留期间，哥白尼很可能通过阅读瓦拉的书而了解到阿基米德。

结论

哥白尼于 1543 年提出的日心理论通常被认为是"科学革命"和科学史上范式转变最有代表性的范例，长久以来引发哲学家和历史学家们的思考。近年来，更多的注意力被放在识别可能影响了哥白尼创造性的文本来源这一问题上。结果表明，范式转变这种观念是不可靠的，因为哥白尼有意识地与古希腊（和阿拉伯）的学者们进行对话，他的《天球运行论》也模仿了托勒密的《至大论》。在这个意义上，科学革命的精髓更多地在于尝试重新创造与古代作者的辩论，而非打破旧的范式。本研究通过进一步探寻哥白尼的《要释》来支持这一观念，并得出以下结论。第一，日心理论的诞生，最初的构想是尝试撰写一种阿基米德式的文本，而模仿托勒密和整个阿拉伯学者的创新内容是随后的事情。第二，《要释》的行文风格是阿基米德式的，因为哥白尼采用了公理（axioms）（作为描述物理世界的真实的陈述）并且模仿阿基米德的数学文本处理天文学问题，在 16 世纪的意大利出现了这些文本的拉丁语译本，哥白尼正是在这里接受教育。第三，根据内茨的观点，站在更宽泛的编史学视角，托勒密是阿基米德那一代古希腊数学科学成就的巅峰，哥白尼成功地重读了托勒密并根据托勒密自己的方法对它进行了革新。[②]因此，在思想史的框架中，哥白尼的日心理论在最初构想的时候是阿基米德式的。在这个意义上，不同于先前的研究将哥白尼的工作看作对占星术危机的应对，[③]单纯对古希腊的重新发现，[④]范式转变，[⑤]或是伊斯兰天文学发展的顶峰，[⑥]本文认为，哥白尼理论

[①] J. Høyrup, Archimedes——Knowledge and Lore from Latin Antiquity to the Outgoing European Renaissance. p. 11.

[②] R.Netz, A New History of Greek Mathematics; R.Netz, The Place of Archimedes in World History.

[③] R.Westman, op. cit.

[④] A.Koyré，op. cit.

[⑤] T.Kuhn, op. cit.

[⑥] F. J.Ragep, Copernicus and His Islamic Predecessors: Some Historical Remarks; F. J.Ragep, Islamic Reactions to Ptolemy's Imprecisions; F. J.Ragep, Mathematics, the mathematical sciences, and historical contingency: Some thoughts on reading Netz.

的首次出现更应该被理解为是尝试撰写一种阿基米德式的文本。哥白尼的创作过程可以看作在模仿阿基米德，这也涉及了对托勒密的模仿，将阿拉伯的创新整合进《至大论》中。在这个意义上，可以说哥白尼的革命是阿基米德式的。

哥白尼天文学在中国的传播

吴国盛 [①]

摘　要： 中国传统天文学的主要动机是观天象以确立人间秩序，主要任务是制定历法，天文观测与宇宙论脱节。明末时期耶稣会士来华传教，正逢明朝政府酝酿改历，精通西方数理天文学的传教士在徐光启等中国学人的支持下运用西方天文学参与改历。在1635年编就的《崇祯历书》中，哥白尼作为西方四大天文学家之一以"歌白泥"之名为中国学人所知晓，但他的日心地动学说被传教士刻意回避，只有少数中国学人略有耳闻。有清一朝，官修历法均采纳第谷天文体系，哥白尼日心说在民间被有限传播，但并未获得认可。直到1859年，李善兰才明确主张哥白尼日心学说。罗马天主教会于1616年将哥白尼的《天球运行论》列为禁书，直接影响了哥白尼学说在中国的起始传播。传统中国学人对天文学的实用主义态度，以及对宇宙学理论抱持的"天道渊微，非人力所能窥测"的不可知论态度，导致对哥白尼学说或视为奇谈，或不置可否。直到19世纪中期遭遇千年未有之大变局，需要整体引进西方科学时，作为现代科学世界图景之基础的哥白尼学说才得以被完全接受。

关键词： 哥白尼；天文学；中国；传播

1543 年，尼古拉·哥白尼（Nicolaus Copernicus，1473—1543 年）出版《天球运行论》（*On the Revolutions of the Celestial Spheres*，*De revolutionibus orbium coelestium*），提出地动日心的天文学体系。1588 年，第谷·布拉赫（Tycho Brahe，1546—1601 年）出版《天文学导论》（*Introduction to the New Astronomy*）第 2 卷（专论彗星），书中提出了第谷特有的地心—日心天文学（geo-heliocentric astronomy）。1609 年，开普勒出版《新天文学》（*The New Astronomy*），提出了行星运动的第一定律（椭圆定律）和第二定律（面积定

① 吴国盛，清华大学科学史系主任、教授。

律）。1627 年，开普勒发布《鲁道夫星表》（*Rudolphine Tables*）。按照库恩的说法，天文学意义上的哥白尼革命就此完成了。[①]

1583 年，耶稣会士利玛窦（Matteo Ricci，1552—1610 年）到达中国；1600 年获准进入明朝首都北京，次年向万历皇帝"贡献方物"，继而获准在中国传教并久居北京；1607 年与徐光启（1562—1633 年）合译《几何原本》前六卷，开启了通过传播科学而传教的利玛窦路线。1629 年，因为使用传统历法推算日食有误，崇祯皇帝委托徐光启负责修历，编纂《崇祯历书》。耶稣会士邓玉函（Johann Terrenz，1576—1630 年）和汤若望（Johannes Adam Schall von Bell，1592—1666 年）等精通西洋天文历法的传教士等相继加入历法改革，从此，西方天文学被引入中国。1635 年，由耶稣会士参与制定的《崇祯历书》完成，哥白尼作为西方四大天文学家之一在书中以"歌白泥"之名始为中国人所知晓。新历采纳第谷宇宙模型而不是哥白尼体系，中国学者虽然知道哥白尼是知名的天文观测家，但并不知道哥白尼的革命性学说。

17 世纪 50 年代，波兰传教士穆尼阁（Nicolas Smogolenski，1611—1655 年）向中国学者薛凤祚、方以智等人介绍了哥白尼的日心地动说。1742 年，清朝政府再次改历推出《历象考成后编》，继续基于第谷体系，但以地球作为一个焦点，颠倒地运用了开普勒定律。1759 年，成书的《皇朝礼器图式》记载，有铜镀金七政仪、铜镀金浑天仪合七政仪两件演示日心体系的太阳系仪被带进清宫。[②] 1760 年，耶稣会士蒋友仁（P. Michael Benoist，1715—1774 年）向乾隆献《坤舆全图》，图中绘出哥白尼宇宙模型，并明确宣布哥白尼体系是正确的，但此图长期深藏宫中，不为中国学人所知。1799 年，蒋友仁的中国助手钱大昕（1728—1804 年）出版《地球图说》，介绍《坤舆全图》中有关地理学和天文学的说明文字，但由当时知名学者阮元（1764—1849 年）所作的序言对哥白尼日心地动说不置可否、存而不论。

1859 年，中国著名数学家、天文学家李善兰（1811—1882 年）为约翰·赫歇耳（John Herschel，1738—1822 年）的《谈天》（*Outlines of Astronomy*）一书作序，首先明确主张哥白尼的日心说。

[①] 库恩：《哥白尼革命》，吴国盛等译，北京，北京大学出版社，2020 年，第 279 页。

[②] 郭福祥：《清宫藏太阳系仪与哥白尼学说在中国的传播》，《中国历史文献》，2004 年第 3 期。

中国人从《崇祯历书》中知道哥白尼的名字，到 1859 年认同他的理论，花了 220 多年。哥白尼学说在中国的传播为何如此缓慢和艰难？本文将探讨这一问题。

一、中国的天文学传统

中国是一个古老的国家，有历史悠久、发达的天文学传统。尽管面对的是同一个北半球的星空，中国的天文学传统与西方的天文学传统差别很大。

1. 研究天象的动机

原始人对于天象观测和天象解释都有强烈的原始冲动，这些冲动后来沉淀为各自特有的文化动机。希腊人认同天地有别，天界高贵、永恒、不变，是纯粹知识的恰当认识对象。按照柏拉图的说法，天是可见世界中最接近理念世界的，因而是现实世界中最完美的事物。关注天空、凝视天空，有助于领悟理念世界永恒的逻辑。正是基于这样的哲学原则，希腊人认为日、月、金、木、水、火、土这七星的黄道不规则运动为一严重问题，它们（包括日月）均被称为"行星"（planetes，漫游者），而希腊天文学以处理行星表面上的不规则运动为主要任务：通过圆周叠加的方式，再现行星表面不规则运动背后的规则。正是这种"拯救现象"的动机，使得希腊天文学本质上是行星方位天文学、应用球面几何学。预测和计算行星（包括太阳和月亮）位置，是希腊数理天文学的主要任务。[①]

中国天文学基于完全不同的哲学。中国人把世界分成天、地、人三个部分，并且在存在论地位上递减，即天的法则支配地的法则，地的法则支配人的法则，所以从最早的一批文字文献开始，中国文化中就形成了敬天、畏天以及天人相感相通、天人合一的传统。中国人的"天"不是希腊人的"自然"，也不是基督教的"上帝"，而是一个有感情、有意志的巨大生命体。人虽然不能完全认识天，但必须遵循天的指令，人通过与天感应获得这些指令。追随天道是中国文化的基础，是人各项行为准则的最终根据。与柏拉图的理念世界不同，中国人的所谓天，指的就是繁星密布的这个可见的天界。天道并不隐

---

① 吴国盛：《希腊天文学的起源》，《中国科技史杂志》，2020 年第 3 期。

蔽自己，就在人人能见的天上。因此，认真观察和研究天象，破解天象之中所包含的指令、法则，以指导人间各项事务，成为中国人自古以来奉为头等重要的事情。

中文"天文"的意思与"天象"相同，指天界星体组合所显示的有意味的图像。中国天文学把天空（实际上大部分是北半天空）分成 3 个特区（三垣）28 个星座（二十八宿），与地面上的区域相对应。日月五星在这些星座之间穿行，形成不同的天界图像，被认为具有不同的含义。认真观察、记录、解释这些天文现象，是中国天文学的主要任务。希腊天文学也解释天的运动，但不同的是，中国天文学需要解释更多的东西，不只需要解释日、月和行星的黄道周期运动，以制定历法，还要解释更多天界细微的变化，比如太阳表面的颜色与亮度变化、日食时太阳所在的星座、月食时月亮所在的星座、月亮表面颜色与亮度的变化、月亮运动速度的变化、月亮对所在星座恒星的遮掩、行星颜色与亮度的变化、行星所在的星座、行星的运动状况、诸行星的相互位置关系、恒星颜色与亮度、新星（客星）的出现、彗星的颜色与形状、彗星与日月行星恒星的位置关系等。与希腊人不同，中国人相信天始终处在变化之中，因此留下了大量关于太阳黑子、新星超新星、彗星、流星的记录。与希腊天文学作为数理天文学不同，中国天文学更多的是一种天空博物学。

只有能够理解天的人才可以为王。汉代思想家董仲舒指出，汉字"王"这个字的意思就是能够连通天地人三界。[①] 几乎所有中国传说中的远古帝王都必有一项重大业绩，那就是懂得天文学。[②] 中国是一个有着发达的历史写作传统的国家，每朝皇帝都非常重视修史，而官修正统历史往往给予天文学较大的篇幅和突出的位置。在中国传统的知识体系中，天文学总是放在第一位，各种百科全书均以天文学为第一卷。[③]

2. 皇家垄断天文学

中国人均相信帝王的统治合法性来自天，所谓君权天授。皇帝又称天子。王朝兴衰、王朝更替，都有来自上天的依据。通过天文学可以知道上天的意图，

[①] "古之造文者，三画而连其中，谓之王。三画者，天地与人也；而连其中者，通其道也。取天地与人之中以为贯而参通之，非王者孰能当是？"（《春秋繁露·王道通三》）

[②] 比如传说中的第一位帝王伏羲，"古者包羲氏之王天下也，仰则观象于天，俯则观法于地"（《易·系辞下》）。又如《尚书》中关于尧帝和舜帝的记载，都是如此。

[③] 不无巧合的是，现代的《中国大百科全书》第一个出版的也是天文学卷。

因此自有史记载以来，中国天文学就一直为朝廷所垄断，民间不得私习。私立天文研究机构，被认为自己想当皇帝，属于谋反篡逆之举。禁止私习天文的禁令直到明代中期才逐渐放松，清代完全开放。

与禁止民间私习天文相对应的是，天文学在国家事务中保持一个稳定而崇高的地位。历朝历代都设有皇家天文机构，皇家天文学家都是政府官员。李约瑟在他的《中国科学技术史》一书中的"天文学"一章开篇就说："在希腊人中，天文学家是隐士、哲人和热爱真理的人〔这是托勒密谈到喜帕恰斯时所说的话〕，他和本地的祭司一般没有固定的关系；在中国则正好相反，他和至尊的天子有着密切的关系，是政府官员之一，并依照礼仪被留在宫廷高墙之内。"①

皇家天文台始终保持数十到数百人的规模。正因为有制度上的保障，中国天文学从未中断。对中国天文学家来说，天空中出现的每一个现象都以天人相感相通的方式对人事有影响，因而都很重要，都值得认真细致地观察并忠实地记录下来，不可忽视、遗漏。来华耶稣会士李明（Louis le Comte，1655—1728年）在其《中国近事报道》中对中国皇家天文学家的活动有生动的记录："五位术数家每夜守候在台上，仔细观察经过头顶的一切；他们一人注视天顶，其余四人分别注视东西南北四方。这样，天地四极每个角落所发生的事情，都逃不过他们辛勤的观测。"②正是中国历代天文学家几千年来从未间断的持续观察和记载，中国人贡献了世界上最丰富、最系统的天象记录。从公元前214年（秦始皇七年）到1910年（宣统二年）哈雷彗星共29次回归，中国史书都有记录。从汉初到公元1785年，中国天文学家共记录有日食925次，月食574次；从公元前28年到明代末年，共有100多次太阳黑子记录。

3. 星占与历法

《易经》中说："观乎天文，以察时变，观乎人文，以化成天下。"这里所谓的"察时变"并不是单纯地确定物理时间。在中国文化中，时间负载着浓郁的文化意义和伦理意义。"时"首先是"时机"，"察时变"要害在道出"时机"。每一种"天象"都代表着一种特定的"时"，包含着丰富的含义。③天文

---

① 李约瑟：《中国科学技术史》（第3卷），梅荣照等译，北京，科学出版社，2018年，第157页。
② 同①，第447页。
③ 参见吴国盛《时间的观念》，第一章"中国传统时间观"，北京：商务印书馆，2019年。

学家的任务就是破译这些含义。在系统地天文观测和记录基础之上，中国天文学家的工作可以划分为两项：一是占星，二是历法。它们都是在解读天象中包含着的"时变"。

占星术有许多类别。中国天文学家所从事的占星术，主要针对战争胜负、王朝兴衰、帝王安危等政治大事，或可称为政治占星术。诸星所组成的各式各样的"星相"被认为包含着预示人间吉凶的重大信息，天文学家的任务就是及时破解这些信息，上报皇帝。日食是公认的不吉天象，是上天对君王的严重警告，皇家天文学家要提前预报，以便朝廷组织相关祭天救日仪式。能否精确预报日月食，是对天文学家水平的一个考验，也是衡量优劣天文学的一个突出重要的标准。"五星聚舍"（五大行星同时出现在一个星宿中）被认为是"明君将出"的征兆，寓意是要"改朝换代"。"荧惑守心"即火星在心宿（一个中国星座，在天蝎座与豺狼座之间）逆行，被认为代表着非常凶险的征兆，君主应格外小心。所有这些在今天看来颇为奇怪的说法，却构成了中国古代几千年天文学的主要内容。利玛窦在他的《中国札记》中说："他们把注意力全集中于我们的科学家称之为占星学的那种天文学方面；他们相信我们地球上所发生的一切事情都取决于星象。"①

中国历法研究日月和五大行星的周期运动规律，一方面为政治占星术服务（比如预报日食月食），另一方面制定日月年的时间标度体系，服务于日常的社会生活。中国历法自殷商时期即采取阴阳合历，一直延续到今天。阴阳合历以月亮的亏盈周期规定月的周期，以太阳在黄道上的周期规定年的周期，通过置闰使得平均年长度等于回归年长度。公元前 589 年，中国天文学家已经掌握了 19 年 7 闰的置闰规则。公元前 5 世纪确认回归年长度为 365.25 日。准确的预报日月食以及制定精确的历法，都依赖于对日月运行规律的准确掌握。这部分工作与西方自希腊以来的行星方位天文学类似。17 世纪以来西方天文学之所以能够被引进中国，并取代中国传统的历法计算方法，就是因为在寻求对日月五星方位的预测方面，西方天文学更胜一筹。

中国的历书并不单纯是关于日、月、年的时间标度体系，而是包含了大量关于"时机"的识别。历书通常花很大的篇幅标明，某日适合做某一种事情（即所谓的"宜"），而不适合做另一种事情（即所谓的"忌"）。中国的普

---

① 利玛窦：《中国札记》，何高济等译，桂林，广西师范大学出版社，2001 年，第 24 页。

通人在其日常生活中经常要参照历书办重要的事情，因为古代中国人相信，一件事情能否成功取决于"天时、地利、人和"三要素，其中"天时"主要由皇家天文学家编制的历书提供。历法不只是单纯的时间体系，也是中国人的日常伦理指南。

4. 经验方法论

与希腊天文学不同，中国天文学缺乏球面几何模型，采取的是对大量数据的代数运算方法进行经验总结，以探求日月行星的运动规律。北齐张子信（生卒年不详）第一次发现"日行盈缩"（约公元565年），即太阳周年运动是不均匀的，以后的历法中都增加了一个太阳周年运动不均匀性的修正表，称为"日躔表"。东汉李梵、苏统（生卒年均不详）第一次提出"月行有迟疾"（公元86年），即月亮的视运动也是不均匀的，以后的历法都增加一个校正表称为"月离表"。中国天文学家还发现了月亮运行的几个不同周期：基于月相的朔望月、基于恒星背景的恒星月、基于月亮运行最速点（疾处，今天称为近地点）的近点月、基于白道黄道交点的交点月。其中对交点月的认识直接关系着日月食的推算。隋代刘焯（544—610年）在《皇极历》（604年发布）中发明了内插法，处理对太阳和月亮运动双重不均匀性的双重校正。唐代天文学家一行（683—727年）发明了二次差内插公式，对刘焯的内插法进行了改进和优化。元代天文学家郭守敬（1231—1316年）发明了招差法。内插法假定日月的变速运动是匀变速的，而招差法假定日月的变速运动不是匀变速的，因此更为精确。

公元前8世纪，中国天文学家已经知道日食必定发生在新月之日（朔日）、月食必定发生在满月之日（望日）。到了汉代（公元前202—公元220年），中国天文学家已经基本认识到日食的原因是月亮影响了（不一定是挡住）日光，月食的原因是地球影响了（不一定是挡住）日光。但由于月亮运动非常复杂，中国天文学家一直不能够精确预测日月食。明末著名天文学家徐光启曾经对史书所记载的日食做过统计，发现："诸史……所载日食；自汉至隋凡二百九十三，而食于晦日者七十七，晦前一日者三，初二日者三，其疏如此。唐至五代凡一百一十，而食于晦日者一，初二日者一，初三日者一，稍密矣。宋凡一百四十八，则无晦食，更密矣；犹有推食而不食者十三。元凡四十五，亦无晦食，更密矣；犹有推食而不食者一，食而失推者一，夜食而书昼者一。"①
虽然推算精度越来越高，但仍然百密一疏。

行星运动被认为有重要的占星意义，因此中国天文学家对于行星的运动
规律也很重视。预测行星位置的基本方法仍然是，先根据大量经验数据给出
平均周期，然后根据行星运动的不均匀性进行校正。

5. 宇宙论与天文学脱节

库恩在评论埃及宇宙论时说："原始宇宙论仅仅是示意性的草图，自然的
大戏以之为背景上演；演出不会体现在宇宙论中。太阳神拉乘着他的船每天
穿越天空，但在埃及宇宙论里既没有解释他这种旅行的规则重复，也没有解
释此船航程的季节变化。只有我们的西方文明才把这些细节的解释作为宇宙
论的一个功能。其他任何文明，古代或近代，都没有提出类似的要求。"②中国
的情况与之类似，宇宙论与天文学是脱节的。

中国历史上有两个影响比较大的宇宙论体系，一个称为盖天说，另一个
称为浑天说。盖天说流行较早，基本要点是天圆地方、天上地下、天与地均
为平行平面或平行曲面。浑天说流传也很早，但由东汉张衡（78—139 年）
正式提出，基本要点是浑天是一个圆球，包裹着地球，有如鸡蛋包着蛋黄。
表面上看，浑天说与希腊人的天球颇为类似，但实际上有许多根本的不同：
第一，浑天说认为虽然天大于地，但它们的尺寸却在同一量级，不像希腊人
的天球远远大于地球。由于天地尺寸相当，实际上地球远远大于太阳和月
亮。第二，浑天说中的地球并不是一个球体，而是浮在水或气之上的一个平
板，与盖天说一样，仍然存在绝对的上下方向。第三，由于飘浮在水或气之
上，地球并不是稳定不动的，而是可以有一定程度的飘移运动。第四，浑天
说并不认为天外无天，天并不是宇宙的边界。浑天说与盖天说的支持者之间
有过争论，但由于中国的天文（占星）历法工作并不依赖也不会影响宇宙论，
因此天文历法的研究最终并未帮助选择一个更合理的宇宙论。多数天文学家
采纳浑天说，只是因为一种主要的传统天文仪器浑天仪是与浑天说相符合的，
是一种工具主义的态度。盖天说仍然在学界流传。总的来看，中国的天文（占

---

① 徐光启：《徐光启集》，王重民辑校，北京，中华书局，2014 年，第 414–415 页。
② 库恩：《哥白尼革命》，吴国盛等译，北京，北京大学出版社，2020 年，第 8 页。

星）工作与历法（预测日月五星的位置）工作都不要求预设一个特定的宇宙论，中国天文学家对宇宙论体系并不较真。

二、耶稣会士带来西方天文学

16 世纪中期开始，耶稣会士陆续来到中国传教，开始了时间长久、规模宏大、影响深远的中西文化交流。

在新教改革的压力下，天主教精英尝试内部改革。1534 年，罗耀拉（St. Ignatius of Loyola，1491—1556 年）等人成立耶稣会，致力于培养学术精英、扩大传教事业。罗耀拉的好友沙勿略（Francis Xavier，1506—1552 年）于 1549 年到达日本传教，认识到中国文化在东亚地区的巨大影响，决定到中国传教。但是当时的明朝政府实行闭关锁国政策，禁止海上贸易。沙勿略于 1552 年 8 月到达了中国广东省的上川岛，计划偷渡入境，但未能成功，当年 12 月病逝于该岛。1579 年 7 月，意大利耶稣会士罗明坚（Michele Ruggieri，1543—1607 年）到达澳门，1580 年到达广州，成为第一位进入中国大陆的西方传教士。

明清之际西学东渐过程中影响最大的是意大利人利玛窦。利玛窦于 1571 年在罗马加入耶稣会，师从著名数学家克拉维斯（Christopher Clavius，1538—1612 年）[1]学习天文学与数学。1582 年到达澳门，次年随罗明坚进驻两广总督的驻地肇庆。1601 年成功到达北京，向万历皇帝朝贡（但并未见到久不上朝的万历皇帝），并获准居留首都。利玛窦采纳适应中国文化的传教策略，取得成功。他学习讲汉语、读中国书籍、穿中式衣服、遵从汉人风俗，很快取得中国读书人的好感。他向中国学人传授西方的科学（包括地理学、天文学、几何学）和技术制品（包括天球仪、地球仪、星盘、自鸣钟、三棱镜），吸引中国知识分子和上流社会入教。同时，他还把中国的经典文献译成拉丁文，推动了中学的西传。这种尊重中国文化习俗、通过文化交流进行传教的"学术传教"模式，被康熙皇帝称为"利玛窦规矩"，获得了中国统治者的认可。1610 年，利玛窦去世，明万历皇帝破例钦赐墓地在北京安葬。

利玛窦在中国居住了 28 年，吸引了一批中国知识分子入教，其中最有名的是徐光启和李之藻（1571—1630 年）。这些学者不仅成为天主教徒，而且

---

[1] 当时中国人称为"丁先生"，因为 Clavius 在拉丁文中意指"钉子"，利玛窦称其著作为"丁氏"所著，时人多从之。

认真学习西方科学，与传教士合作将西方科学著作译成中文。徐光启与利玛窦合作翻译了《几何原本》前六卷（1607 年出版），李之藻与利玛窦合作编译了《乾坤体义》（天地理论，1605 出版）、《浑盖通宪图说》（图说星盘制作原理，1605 年出版）、《同文算指》（中外算术概要，1614 年出版），介绍西方的数学与天文学。

利玛窦很快发现，最能吸引中国统治者和知识分子兴趣的莫过于西方的天文学，因为天文学在中国文化中享有特殊重要的地位。1605 年 5 月 12 日，他给罗马耶稣会总会阿尔瓦列兹（Joao Alvares）神父写信说：

> 在这封信的最后，我想恳求您一件事，此事我已向您请求多年了，可一直没有回音，这或许是您那里能为我们这里所做的最有益的事之一，即派一些懂占星学的神父或修士来。我之所以需要占星学者，是因为有关几何、日晷表和星盘等方面的知识我都比较了解，而我手头的书籍也足以应付，但是中国人对这些却不够重视，他们更看重的是天体的运行轨迹和正确的位置，以及对日食和月食的计算。总之，中国人更需要的是一个能制出星历表的人。……我在这里制作并传授的世界地图、日晷、天球仪和地球仪等东西为我赢得了"世界上最伟大数学家"的声誉。虽然我在这里没有占星术的书籍，但我还是用一些星历表和葡萄牙人的序列表，多次预测了日食和月食，比中国人预测的要准确得多。因此，每当我说我没有什么书籍，也无意修订他们的运算法则时，很少有人会相信我。所以我要说，如果这里能来一位我所说的那种数学家，我们便能把西方的运算表译成中文，这对我来说轻而易举，我们也可以接受修订中国历法的任务，这会给我们带来巨大的声誉，从而进一步打开中国传教工作的局面，我们在这里也将更加稳定、自由。[①]

耶稣总会收到信之后，陆续派出了熊三拔（Sabbathinus Ursis，1575—1620 年，1606 年来华）、阳玛诺（Emmanuel Diaz，1574—1659 年，1610 年来华）、金尼阁（Nicolas Trigault，1577—1628 年，1611 年来华）等有较好天文学造诣的人来华。1613 年，金尼阁奉命回罗马向教皇汇报教务工作，1618 年后返华时，携带 7000 多部图书，其中有大量天文书籍和天文仪器，包括

---

① 利玛窦：《利玛窦书信集》，文铮译，北京，商务印书馆，2018 年，第 248–249 页。

一架望远镜。同时，精通天文历算的邓玉函（Jean Terrenz，1576—1630 年）、傅汎际（Francois Furtado，1578—1653 年）、罗雅谷（P. Jacobus Rho，1590—1638 年）、汤若望（Johann Adam Schall von Bell，1592—1666 年）等奉命随行。在金尼阁携来的精装西学书中，有许多天文学著作，包括两本哥白尼的《天球运行论》、开普勒的《哥白尼天文学概要》。这是哥白尼的著作第一次来到中国。

金尼阁带来的这些书籍并没有对中国学者直接产生影响，因为中国人不能直接阅读西文书籍。那个时候中国人若想了解西方天文学，都必须借助传教士的译作，虽然这些译作无一例外是与中国士人合作的产物。除了前述利玛窦的《乾坤体义》和《浑盖通宪图说》之外，有重要影响的西方天文学译著还有：阳玛诺的《天问略》（1615 年出版），对托勒密天文学进行了系统介绍，还提到了伽利略利用望远镜作出的最新天文发现；汤若望的《远镜说》（1629 年出版），主要介绍伽利略望远镜的原理与构造；傅汎际的《寰有诠》（1628 年出版），是亚里士多德《论天》一书一个注释本的摘译。

一些中国学人包括皇家天文台官员对耶稣会士带来的西方天文学非常佩服，上书朝廷，推荐他们参与修历工作。1610 年，钦天监官员周子愚上书推荐庞迪我（Didacus de Pantoja，1571—1618 年）、熊三拔等人参与修历，说他们"携有彼国历法，多中国典籍所未备者"。1613 年，李之藻又上书皇帝，推荐庞、熊以及阳玛诺和龙华民（Nicolas Longobardi，1559—1654 年）："其所论天文历数，有中国昔贤所未及者。不徒论其度数，又能明其所以然之理。其所制窥天、窥日之器，种种精绝。"（《明史·历志一》）不幸的是，两次上书意见均未被万历皇帝接受。

三、第谷而非哥白尼被钦定

整个明朝，中国官方天文学处在持续的衰退之中，所延用的元代《大统历》，误差日益严重。改历之议由来已久。钦天监根据传统方法对 1629 年 6 月 21 日（崇祯二年）的日食预报完全错误，而徐光启依据西方天文学方法所做的预报却很准确。于是，崇祯皇帝批准礼部建议，开设历局，由徐光启负责依照西方天文学理论编制新历。徐光启召集耶稣会士龙华民、邓玉函、汤若望、罗雅谷四人以及李之藻、李天经等 50 余中国学人参与历局工作。从

1629 年 11 月到 1635 年 1 月，完成了 137 卷《崇祯历书》的编制工作。1633年徐光启去世后，编历工作由李天经负责。

《崇祯历书》是完全运用西方天文学编制的第一部中国历法，涉及 6 项历法内容：一、太阳运动（日躔历）；二、恒星（恒星历）；三、月亮运动（月离历）；四、日月交会问题（日月交会历）；五、五大行星运动（五纬星历）；六、五大行星交会问题（五星交会历）。每项历法内容都讨论 5 个方面：一、原理（法原）；二、数据（法数）；三、计算方法（法算）；四、天文仪器与星图（法器）；五、度量单位换算（会通）。《崇祯历书》的完成，标志着西方天文学总体上进入了中国天文学家的视野。

《崇祯历书》上报之后，崇祯皇帝一直没有批准实施。当时关于修改历法的争论非常激烈。除了官方传统的天文台和穆斯林天文台外，徐光启—李天经代表的是西洋派，加上来自河北的民间天文学家魏文魁自成一派，一共四家①。尽管在修历之间以及历成之后，传统派与西洋派每年都在日月食和行星位置问题上进行预测和验核，结果均表明西洋新历最为准确，但崇祯还是下不了决心。中国历法所负载的巨大的政治和文化功能，使得任何一次改历都不是单纯的推算方法的变更，而注定是一次重大的政治行为。西历固然最精确，但要彻底废除延用了几千年的传统方法，需要克服巨大的文化心理障碍。直到 1643 年，李天经又一次预测日食取胜，崇祯皇帝终于下决心改历。然而，明王朝此时正处在严重的政治和军事危机之中，新历还没有来得及正式颁布，明朝就于 1644 年 4 月灭亡了。

清朝军队进入北京之后，耶稣会士汤若望率领历局成员以及新编历法效忠新皇帝，并且在当年 8 月的日食预测中成功地击败了前明的两个钦天监。顺治皇帝作为入主中原的外族统治者，没有沉重的文化包袱，当即决定采纳西洋新法，将依新法编制的历法命名为"时宪历"正式颁行天下，并且任命汤若望为钦天监监正。次年，汤若望把 137 卷的《崇祯历书》删改成 100 卷的《西洋新法历书》献给顺治皇帝，受到皇帝的赞扬，并亲笔题写书名。汤若望在《崇祯历书》的编译过程中贡献最多，又决定性地赢得了顺治皇帝的信任和尊敬，为西方天文学引入中国作出了最大的贡献。

顺治于 1661 年去世，年仅 6 岁的幼子康熙继位。康熙四年（1665 年），

---

① "是时言历者四家，大统（历）、回回（历）外，别立西洋为西局，（魏）文魁为东局。言人人殊，纷若聚讼焉。"（《明史·历志一》）

汉人学者杨光先（1597—1669 年）上书激烈反对由传教士主持皇家天文台以及以西洋历法为皇家正统，获得了鳌拜等辅政大臣的赞同。杨光先被任命为钦天监监正。汤若望被判处死刑，但在执行死刑之前北京发生地震并出现彗星。康熙的祖母孝庄太皇太后认为此事大有蹊跷，阻止了死刑的执行，并赦免了他的死刑。汤若望于次年（1666 年）病死于狱中。杨光先实际上根本不懂历法，上任后采用传统的穆斯林历。1669 年，康熙智擒鳌拜，开始亲政。耶稣会士南怀仁（Ferdinand Verbiest，1623—1688 年）向皇帝控告杨光先陷害汤若望，请求为汤平反。少年天子对西学有着浓厚的兴趣，下功夫学习过西方科学包括几何学、天文学，因此相信西历胜过传统中历，于是为汤若望平反，将杨光先罢官。钦天监重新采用"时宪历"，南怀仁被任命为钦天监监正。《西洋新法历书》成为皇家奉为正统的天文学，"时宪历"成为正统历法。经过利玛窦、徐光启、李之藻、李天经、汤若望等人数十年的艰苦努力，终于完成了西方天文学的传入工作。

完成于 1635 年的《崇祯历书》全面介绍引进了自希腊以来的球面方位天文学体系，抛弃了中国传统的代数方法，完全采用几何学方法进行日月行星位置的计算。徐光启在编历之前提出了"镕彼方之材质，入大统之型模"的编历原则，即以西方天文学为工具，编制符合中国文化需求的历法。然而，饶有兴趣的是，它既没有采纳传统的托勒密体系，也没有采纳新兴的哥白尼体系，而是采纳了折中的第谷体系。

《历书》把托勒密、阿尔方索（Alphonso X，1221—1284 年）、哥白尼和第谷称为西方四大天文学家："为后学首所推重，则有四门：曰多禄某、曰亚而封所、曰歌白泥、曰第谷。此四家著述既繁，测验愈密，立法致用，靡不精详。至今言天者皆不出其范围，共相师法之。"[①]书中对他们的著作进行了译介，还介绍了开普勒、伽利略等人的最新理论。

汤若望在 1640 年前后撰写的《历法西传》中对托勒密评价很高，认为"西洋之于天学，历数千年、经数百手而成，非徒凭一人一时之意见，贸贸为之者，日久弥精，后出者益奇，要不越多禄某范围也"[②]，认为他的《至大论》"可为历算之纲维，推步之宗祖也"[③]。书中每处理一个历法问题，必从引介托勒密开

---

① 《崇祯历书》，石云里等校注，合肥，中国科学技术大学出版社，2017 年，第 185 页。
② 《古今图书集成·历象汇编·历法典》第 77 卷，《历法总部》第 32 册，第 13 页。
③ 同 ②，第 12 页。

始，介绍他的观测数据和计算方法。但是，介绍完托勒密之后，他会继续介绍哥白尼以及第谷的方法，最后以第谷的数据和方法为主要依据处理问题。

《崇祯历书》认同哥白尼为西方四大天文学家之一，采用了哥白尼发表的27项观测记录的17项，基本上全文译出了《天球运行论》的第4卷（论月亮运动）之第5、9、24、26章，第5卷（论行星运动）之第6、7、11、16章共8章内容。[①]但是，《历书》没有介绍哥白尼的日心地动宇宙体系。虽然偶尔也提及地动学说，比如《法原部·五纬历指》中说："今在地面以上，见诸星左行，亦非星之本行。盖星无昼夜一周之行，而地及气、火通为一球，自西徂东，日一周耳。如人行船，见岸树等，不觉己行，而觉岸行。地上人见诸星西行，理亦如此。是则以地之一行，免天上之多行，以地之小周，免天上之大周也。"但很快指出："然古今诸士又以为实非正解。"[②]而且在转述这一地动观点时没有提到哥白尼的名字。

《崇祯历书》虽然由中国学者徐光启主持编纂，但对于西方天文学的介绍和采纳完全取决于传教士。传教士一方面要把最能准确解决历法问题的天文学理论和方法介绍到中国，以取得在历法问题上的话语权，另一方面也有自身必须遵循的原则和立场。这两方面的因素都注定了他们必然会采纳第谷而非哥白尼体系。

首先，1616年罗马教会将《天球运行论》列入禁书目录，这使得传教士即使认可或同情哥白尼学说，也不能直接传播日心地动学说。这是导致哥白尼学说不能光明正大、清楚明白传入中国的根本原因。由于传教士们的语焉不详，中国天文学们多以为哥白尼学说与托勒密学说并没有什么根本的不同。实际上，耶稣会的罗马学院很重视伽利略望远镜里的新发现，对托勒密体系不再坚信。汤若望和罗雅谷都在罗马学院接受过天文学训练，他们均不再相信托勒密体系，但在不能主张哥白尼体系的情况下，选择采纳第谷体系势在必行。

其次，第谷本人积累了更精确更丰富的天文观测数据，在预测方面实际上优于哥白尼体系。再者，第谷体系与哥白尼体系在数学上是等价的，在预测日月行星运动方面哥白尼体系胜过托勒密体系的所有可能的优长之处，全都能够由第谷体系继承体现。

---

① 席泽宗等：《日心地动说在中国——纪念哥白尼诞生五百周年》，《中国科学》，1973年第3期。
② 《崇祯历书》，石云里等校注，第647–648页。

最后，中国天文学家对日心说与地心说的宇宙论以及宗教含义完全不敏感，甚至根本不在乎。他们只关心对天象的测算是否准确应验，对宇宙论采取一种完全实用主义、工具主义的态度，因此既不能理解也不在乎哥白尼日心地动说的革命性意义。没有采纳哥白尼学说，对当时的中国天文学而言，一点损失都谈不上。

康熙皇帝本人非常喜欢历算。康熙五十年（1711 年），他发现钦天监用时宪历推算的夏至时刻与实测不完全符合，又从新来的耶稣会士那里得知，西方天文学有新的进展，数据和理论方法均更胜一筹，便下令传教士继续翻译西方天文学著作。康熙五十二年（1713 年），康熙下令设立蒙养斋，仿照法国科学院模式，召集全国精通历算、音乐人才。康熙六十一年（1722 年），蒙养斋编成了一套新的天文学著作《历象考成》共 42 卷，取代《西洋新法历书》成为官方正统历法。《历象考成》仍然延用第谷体系，但改进了天文数据和部分计算方法，使日月食预测更加精确。

1730 年，钦天监使用《历象考成》预报日月食等天象有误，于是请求重修历书获得批准。1742 年，《历象考成后编》10 卷完成，并以此为基础颁布了新的时宪历。《后编》引入了开普勒（刻白尔）的椭圆运动理论、卡西尼（噶西尼）的天文测量数据及蒙气差理论，而且提到了牛顿（奈端）对回归年长度的新计算以及月亮运动的新理论。这是牛顿的名字第一次出现在中文著作中。然而，令人惊奇的是，《后编》仍然延用第谷体系。开普勒行星运动定律被颠倒地使用，即以地球为焦点，让太阳做椭圆运动。这可能是因为，传教士在编纂《后编》的时候，主要参考的是卡西尼（Jacques Cassini，1677—1756 年）的《天文学基础》（*Elements d'Astronomie*，1740 年），而卡西尼在书中采纳的是地心学说，并且以颠倒的方式使用开普勒定律。

由于基于《后编》制定的新时宪历一直延用到清朝结束（1911 年），因此，有清一朝，第谷宇宙体系一直是官方正统宇宙论。

四、哥白尼学说在民间传播

哥白尼的名字以及《天球运行论》的部分章节和数据都出现在《崇祯历书》中，但哥白尼的日心说并未被系统引进和介绍。书中偶尔出现的关于地动说的片断介绍，也很快予以驳斥和否定。《历象考成》不再像《崇祯历书》那样，讨论每一个历法问题都历数托勒密、哥白尼和第谷的处理方法，而是基本只引第谷一人的数据和方法。《历象考成后编》中，经常提及第谷、开普勒、卡西尼甚至牛顿的名字，但哥白尼的名字只有偶尔被提及。[①]

很长时间，中国科学史界相信，直到1760年法国耶稣会士蒋友仁（Michel Benoist，1715—1774年）向乾隆皇帝进献《坤舆全图》，哥白尼学说一直没有出现在中文著作中。自20世纪80年代以来，科学史家陆续发现，哥白尼学说虽然在官方的天文学著作中未被引介，但是在民间却有传播。

传播线索来自耶稣会士穆尼阁。这位波兰籍传教士一直被怀疑是一个哥白尼主义者，[②]因为在同时代中国学者方以智（1611—1671年）的《物理小识》（1664年出版）一书中有三处提到穆尼阁主张地球也可以运动。[③]人们相信，穆尼阁至少口头上向中国学者讲述过哥白尼的日心说。

1992年，中国科学史家胡铁珠注意到，清代学者薛凤祚（1600—1680年）的《历学会通》（1664年）实际上采纳了一种略有变动的哥白尼日心体系，虽然太阳与地球的位置被人为地调换。由于日地位置属于人为调换，使得计算方法显得有些古怪。[④]《历学会通》的主要部分辑自穆尼阁和薛凤祚于1653年[⑤]合作共同翻译的《天步真原》一书，但胡铁珠仍不知道此书的西文原书是哪一本书。胡铁珠认为，《天步真原》之所以将日地位置人为调换，一来是因为哥白尼学说被罗马教会所禁，二来是因为第谷体系已经成为清朝官方正统。

2000年，中国科学史家石云里发现，[⑥]《天步真原》的西文原书应该是比利时天文学家兰斯玻治（Philip von Lansberge，1561—1632年）的《永恒天体运行表》（*Tabulae motuum coelestium perpetuae*，1632年）。兰斯玻治是当时著

---

① 如第1卷中称"据歌白尼、第谷测得火星距地甲壬与太阳距地甲丑之经如一百与二百六十六"。

② Nathan Sivin, Copernicus in China, *Studia Copernicana*, 1973, VI (62): 117.

③ 方以智在《物理小识》中共三处提到地动：第一处，卷一《历类·岁差》一节"穆公曰：地亦有游"；第二处，卷二《地类·地游地动》一节，方以智之子方中通（1634—1698）注说"穆先生亦有地游之说"；第三处，卷一《历类·九重》一节，在介绍托勒密之后说"其金、水附日一周，穆公曰：'道未（指汤若望）未精也。我国有一生明得水星者，金、水附日，如日晕之小轮乎，则九重不可定矣'"。

④ 胡铁珠：《〈历学会通〉中的宇宙模式》，《自然科学史研究》，1992年第3期。

⑤ "癸巳予从穆尼阁先生著有《天步真原》，于其法多所更订，始称全璧。此西历之源流始末也。"（薛凤祚"考验序"）

⑥ 石云里：《〈天步真原〉与哥白尼天文学在中国的传播》，《中国科技史料》，2000年第1期。

名的哥白尼主义者，因此基于他的天文表和天文理论译出的《天步真原》无疑亦是一部哥白尼主义作品。石云里认为，正如兰斯玻治明确挑战第谷体系，穆尼阁本人也有意以《天步真原》挑战当时已成为中国正统的《崇祯历书》（穆尼阁的确说过，《崇祯历书》所采纳的第谷体系并不是最优理论①），所以，《历学会通》中将日地位置的人为调换不是《天步真原》原书所为，而是薛凤祚重辑时的手笔。由于《天步真原》原书已经失传，目前传世的只是《历学会通》中的辑本，究竟何人调换日地位置，仍可存疑。

1980 年日本科学史家小川晴久发现了另一个传播线索。②他在清代学者黄百家（1643—1709 年）的《宋元学案·横渠学案上》的注释中发现了对哥白尼日心说的系统介绍。黄百家是清代大学者黄宗羲（1610—1695 年）的小儿子。该注释作于 1700—1709 年，案文如下："百家谨案：地转之说，西人歌白泥立法最奇。太阳居天地之正中，永古不动。地球循环转旋。太阴又附地球而行。依法以推薄食陵犯，不爽纤毫。盖彼国历有三家，一多禄茂，一歌白泥，一第谷。三家立法，迥然不同，而所推之验不异。究竟地转之法难信。"黄百家虽然介绍了哥白尼的日心说，但最后一句表示该学说难以置信。

1995 年，中国科学史家杨小明又发现黄百家的另一本著作《黄竹农家耳逆草》之《天旋篇》亦有关于哥白尼学说的介绍③。该书是黄百家的一部文集，作于 1691—1700 年，其中《天旋篇》作于 1697—1700 年。介绍哥白尼学说的两段文字如下：

> 至万历年间，西洋之法入，而言天之事更详矣。顾稽彼历之源流，亦是增华者愈密。意罢阁④以前，虽崇历学，诸法尚疏。自多禄某（又名多茂，汉顺帝时人）用曲线、三角形量天，而后能以圆齐圆，而所求诸曜之度分更准。设不同心圈及诸小轮以齐七曜之行，著书十三卷，立法三百余条，为历算推步之祖宗，无能出其术者。至明正德间，而有歌白泥别创新图，自外而内作圈重作：外第一重为恒星，各系原处，永古不动，即天亦不动；第二重为填星道；三重岁星道；四重荧惑道；五重地球道。

---

① 薛凤祚在《历学会通·考验部·新西法选要·序》中说："今西法（《崇祯历书》）传自第谷，本庸师，且入中土未有全本。"
② 小川青久：《东亚地动说的形成》，《科学史译丛》，1984 年第 1 期。
③ 杨小明：《哥白尼日心地动说在中国的最早介绍》，《中国科技史料》，1999 年第 1 期。
④ 应为古希腊天文学家希帕克斯（Hipparchus）。——引者注

地球日东旋于本道一周，地球之旁别作一小圈为月道（附地球之本体，其圈在八重之外），月绕地球周围而行；六重为太白道；七重辰星道；中为太阳，如枢旋转不移他所。至万历间，第谷又创新图，自内而外作圈七重：第一重为地球，居中不动；第二重为月道；第三重为日道。日体旁别作二图，内层为辰星道，外层为太白道（另附日体在七重之外）；其第四、第五、第六重，荧惑、岁星、填星道；第七重则恒星也（今历宗之）。三家立法，判然如冰炭。然以之推日月之交食、五星之凌犯，时刻分秒，三术相符，而第谷加密焉。

于天旋之法，其立说亦至纷不一。即如西人古法，分天十二层，以各天之体坚硬如玻璃，中函岁轮，不相侵入而能彻照；又有以地、水、气、火通为一球向右旋转，左旋之天不动。歌白泥则以太阳居中，而地球循旋于外。又未叶大（嘉靖时人）[①]更造蛋形图，以解天行根本。第谷则以地为恒星日月之心，以日为五星之心。

这两段文字对托勒密、哥白尼和第谷的三大宇宙体系做了简明扼要但不失准确的介绍，应该是目前已知关于哥白尼学说的最早中文文献。

黄百家从何处得知哥白尼学说的呢？石云里认为，黄百家是从穆尼阁的《天步真原》那里知道的。杨小明则认为，有三种可能的来源。一是穆尼阁。黄百家在《天旋篇》中提到了穆尼阁："至顺治间，则又有博乐尼亚人穆如德尼阁作《历学汇能》《天步真原》。又私取新法书补苴而删定之，较前又加密焉。"二是罗雅谷和汤若望。这两人与黄百家的父亲黄宗羲有交往，目前国家图书馆中所藏哥白尼《天球运行论》第二版封面上即有罗雅谷（Jacobus Rhaudensis）字样。《天旋篇》中也有关于罗、汤二人的介绍。三是南怀仁、徐日昇（Thomas Pereira，1645—1708年）、安多（Antonius Thomas，1644—1709年）、毕嘉（G. Gabiani，1623—1694年）、白晋（Joachim Bouvet，1656—1730年）。1687—1690年，黄百家在北京参加编纂明史时，与这五位传教士都有来往。

哥白尼学说虽然在民间为人所知，但并未引起人们的重视。方以智、方中通对日心说偶有转述，但未置可否。薛凤祚、黄百家虽有系统介绍，但明确表示不认同。

---

① 应为近代法国数学家、天文学家韦达（Francois Vieta，1540—1603年）。——引者注

五、哥白尼学说在官方的传播

乾隆年间（18世纪前半叶），有两台太阳系仪（Orrery，Planetarium）作为贡品传入中国。《皇朝礼器图式》（1759年）记载说，一个名叫"七政仪"，另一个名叫"浑天合七政仪"，均为英国科学仪器制造商里奇·格里尼（Richard Glynne，1681—1755年）制作，时间为1705—1755年。两件仪器目前均保存在北京故宫博物院。这两件本为演示日心理论的仪器进入皇宫并且被皇家收录造册，意味着哥白尼学说第一次正式进入了中国官方的视野。但是，没有任何迹象表明，这两件太阳系仪的出现影响了官方对宇宙体系的看法。

1760年和1767年，法国耶稣会士蒋友仁两次向乾隆皇帝进献《坤舆全图》，并附《图说》一卷，对相关地理和天文问题进行解说。蒋友仁在《图说》中，以赞同的态度完整介绍了哥白尼日心地动说。此前1757年，罗马教会解除了对《天球运行论》的禁令，蒋友仁因而可以公开宣讲日心说而无所顾忌。他在《图说》中明确表示，西方宇宙体系中以哥白尼体系最佳。不清楚乾隆和皇家天文学家对其中日心说的态度。今天能看到的蒋友仁谈及此事的信中提到"人们请来了钦天监的数学家们，但最初他们几乎所有的人都与我唱反调"[①]，但不清楚钦天监的中国学者反对的是日心说还是反对蒋友仁在地理上的新发现，抑或二者兼而有之。此后两图深藏宫中，未能在学界产生影响。

1799年，当年帮助蒋友仁修饰译文的中国学者钱大昕把当年的润色稿以《地球图说》为名公开出版。书中介绍了多禄宙（托勒密）、的谷（第谷）、玛尔象（Martianus Capella，365—440年）和歌白尼（哥白尼）四种宇宙体系。认为托勒密体系"不足以明七政运行之诸理，今人无从之者"，认为第谷和玛尔象的体系"虽有可取，皆不如歌白尼之密"。书中介绍哥白尼体系如下："置太阳于宇宙中心，太阳最近者水星，次金星，次地，次火星，次木星，次土星。太阴之本轮绕地球。土星旁有五小星绕之，木星旁有四小星绕之，各有本轮绕本星而行。距斯诸轮最远者，乃为恒星天，常静不动。"[②]

钱大昕虽然公开出版此书，但并不表示他就相信了哥白尼的宇宙体系。事实上，像一切传统的中国天文历算家一样，钱大昕完全信奉实用主义方法

---

① 杜赫德编：《耶稣会士中国书简集》下卷，吕一民等译，郑州，大象出版社，2005年，第135页。
② 蒋友仁：《地球图说》，北京，商务印书馆，1937年，第7页。

论，对各家宇宙论体系之差别漠不关心。他说："新法之本轮、均轮、次轮，皆巧算，非真象也。……本轮均轮本是假象，今已置之不用，而别创椭圆之率。椭圆亦假象也。但使躔离交食，推算与测验相准，则言大小轮可，言椭圆亦可。"[①]

阮元在《地球图说》序中花了大部分篇幅论证地圆说的合理性，最后认为其中的日心理论源自中国古代，大家不必惊奇："是说也，乃周公、商高、孔子、曾子之旧说也。学者不必喜其新而宗之，亦不必疑其奇而辟之，可也。"他在《畴人传·凡例》中说："西洋新法累经改易，派别支分，师传各异。汤若望专主小轮，穆尼阁则用不同心天，戴进贤所译设本天为椭圆，蒋友仁所说又以为太阳静而地球动，议论纷如，难可合一，兹汇而录之，用资博考。"[②] 对西方诸种宇宙论体系采纳一种旁观者看热闹的态度，存而不论。

钱大昕的学生李锐（1769—1817年）是《畴人传·蒋友仁传》一篇的作者，在该文的最后一段，对西方的行星天文学特别是哥白尼－开普勒日心理论提出了批评：

> 良以天道渊微，非人力所能窥测，故但言其所当然，而不复强求其所以然，此古人立言之慎也。自欧罗向化远来，译其步天之术，于是有本轮、均轮、次轮之算，此盖假设形象以明均数之加减而已。而无识之徒以其能言盈缩、迟疾、顺留伏逆之所以然，遂误认苍苍者天果有如是诸轮者，斯真大惑矣。乃未几，而向所谓诸轮者，又易为椭圆面积之术，且以为地球动而太阳静，是西人亦不能坚守其前说也。夫第假象以明算，则谓为椭圆面积可，谓为地球动而太阳静，亦何所不可？然其为说至于上下易位，动静倒置，则离经叛道不可为训，固未有若是甚焉者也。……但言其当然，而不言其所以然者之终古无弊哉。[③]

李锐认为日心地动说"上下易位、动静倒置，不可为训"，是对该理论的明确否定；提出"天道渊微，非人力所能窥测，故但言其所当然，而不复强求其所以然"，实则表达了传统中国天文历算的实用主义方法论，即天可知，但不可全知。

---

① 冯立昇主编：《畴人传合编校注》，郑州，中州古籍出版社，2012年，第440页。
② 同①，第17页。
③ 同①，第419页。

钱大昕、阮元、李锐都是当时有名望的历算名家、朝廷里的重要官员，他们对待哥白尼学说的态度代表了当时中国天文学界的一般态度。

从 18 世纪中期开始，清政府实行闭关锁国政策。1773 年，罗马教会宣布解散耶稣会，以学术传教的耶稣会士于是从中国消失。中西科学交流的渠道受阻，中国人对西方科学日新月异的变化基本无知。

六、哥白尼被接受

1840 年鸦片战争之后，中国国门被打开，西方最新的科学技术陆续传入。生于澳门并长居澳门的葡萄牙人玛吉士（Jose Martins-Marquez，1810—1867 年）于 1847 年编译出版 10 卷本《新释地理备考全书》，介绍世界各国地理。其中第 1 卷介绍地球与太阳系知识，以哥白尼日心说为基础，并且提到了 1781 年发现的天王星。1839 年来华的英国传教士合信（Benjamin Hobson，1816—1873 年）于 1849 年编译出版 3 卷本《博物新编》，通俗介绍西方科学。其中第 2 卷讲天文学，亦以哥白尼日心说为基础，提到 1846 年发现的海王星。

纵观整个西学东渐史，只有当西方的学问能够成为为我所用的工具时，才有可能被引进。明清之际，西方天文学可以成为历法编制的工具，所以被大规模翻译介绍。一旦脱离了"为我所用"这一目标，西方的学术就不能引起中国人的兴趣。如果第谷体系能够很好地满足编制历法、预测日月交食和五星运动的要求，就没有人关注哥白尼宇宙体系。

1840 年国门打开以后，中国人强烈地感受到自己的生存危机和文化危机。为了拯救民族的危难，必须整体上学习和引进西方学术特别是西方科学。学习的范围由单纯的日月行星方位天文学，一下子扩展到整个西方学术。哥白尼体系只是在这个背景之下，才有可能被正面接受，因为到了 19 世纪，哥白尼体系已经成了现代科学世界观的基础。

作为第一批"睁眼看世界"的著名学者魏源（1794—1857 年）最早关注哥白尼学说。他在编辑的《海国图志》（1842 年 50 卷初版，1852 年 100 卷扩展版）的第 96 卷，收录了前述玛吉士关于地理天文的著作。他引玛吉士的《地球循环论》说："前明嘉靖二十年间，有伯罢尼亚国人，哥伯尼各者，深悉天文地理，言地球与各政相类，日则居中，地与各政，皆循环于日球外，川流不息，周而复始。并非如昔人所云静而不动，日月各星，循环于其外者也。

以后各精习天文中人，多方推算，屡屡考验，方知地球之理。哥伯尼各所言者不谬矣。"①在引述哥白尼日心地动说之后，魏源加注说："此即西地动太阳静之创说。但地球既运转不停，则人视北极亦当变动而不能止其所矣。姑存备一说。"②对哥白尼学说似乎并不完全认可。

晚清著名数学家李善兰对哥白尼学说的接受最具意义，标志着中国权威学者对哥白尼学说的正式认可。1859年，他与英国传教士伟烈亚力（Alexander Wylie，1815—1887年）合作翻译了英国天文学家约翰·赫歇尔（John Herschel, 1792—1871年）的《天文学纲要》（*Outlines of Astronomy*，1851年）（中文名《谈天》）。李善兰在译序中说："西士言天者曰：恒星与日不动，地与五星俱绕日而行。故一岁者地球绕日一周也，一昼夜者地球自转一周也。议者曰：以天为静，以地为动，动静倒置，违经畔道，不可信也。西士又曰：地与五星及月之道，俱系椭圆，而历时等，则所过面积亦等。议者曰：此假象也，以本轮均轮推之而合，则舍其象为本轮、均轮，以椭圆面积推之而合，则设其象为椭圆面积，其实不过假以推步，非真有此象也。窃谓议者未尝精心考察，而拘牵经义，妄生议论，甚无谓也。"③虽然没有提及阮元和李锐的名字，但明显批评的是他们的观点。该书介绍了法国物理学家傅科（Foucault, 1819—1868年）于1851年发明的傅科摆，以表明地球自转已经得到实验证明。

1862年，清政府设立京师同文馆，培养外语翻译人才。1866年，同文馆内设天文算学馆，除教授外语，还教授西方数学和天文学。1868年，李善兰出任天文算学馆总教习，聘请外国人担任教师。很可惜，天文算学馆招生不易，招来的学生学习半年后，即被淘汰大半。勉强坚持学习者，成就都不大。中国对于知识的实用主义传统太过强大，对纯粹学术很难产生兴趣，尤其难以吸引天资较高者投身于其中。

李善兰之后，正面传播哥白尼学说、产生重大影响的中国学者是王韬（1828—1897年）。王韬于1867年至1870年旅居英国，熟练掌握英文。1889年，他与伟烈亚力合作翻译的《西国天学源流》出版。这本关于西方天文学史的著作，强调现代科学的继承与发展特征："格致学中诸精妙理，非一人所能悟，必历代通人，互相研究始得也。始刻白尔（今译开普勒）测得诸行星之公理，

---

① 魏源：《海国图志》，陈华等点校，长沙，岳麓书社，1998年，第2189页。
② 同①，第2190页。
③ 侯失勒：《谈天》，伟烈亚力、李善兰译，北京，商务印书馆，1934年，序二。

其源由于第谷之精测，又赖若往讷白尔（今译纳皮尔）所造对数。故数月之功，数日可毕。刻白尔所止之地，为奈端（今译牛顿）可起之地，奈端所未就者，拉白拉瑟（今译拉普拉斯）成就之。"[①]针对阮元曾经以西方天文学家"不能坚守前说"为由，对西方天文学说的真实性置疑，王韬在庚申《中西通书》（1860 年）序中反驳说："法积久而益密，历以改而始精。"[②]不断改进更新是必然的。同年，他还独自撰写了《西学图说》，介绍太阳系理论。王韬自英国回国后，主要从事新闻出版工作，晚年在上海主持格致书院，在学界影响很大。

1897 年，叶澜作《天文歌略》，以四字句的方式通俗传播西方天文知识。其中提道："万球回薄，对地曰天。日体发光，遥摄大千。地与行星，绕日而旋。地体扁圆，亦一行星。绕日轨道，椭圆之形。同绕日者，测有八星。各行轨道，分列逐层。"本书发行量大，影响广泛。

19 世纪后期，中国学界掀起了一场思想启蒙运动。运动的宗旨是全面向西方学习，以改变中国贫穷落后的面貌。中国启蒙思想家均大力宣讲作为现代科学世界观之基础的哥白尼学说。康有为（1858—1927 年）有著作《诸天讲》（写作于 1885—1926 年），推崇哥白尼："吾之于哥白尼也，尸祝而馨香之，鼓歌而侑享之。后有伽呼厘路修正哥白尼说，益发明焉。康熙时，西 1686 年，英人奈端发明重力相引，游星公转互引，皆由吸拒力。自是天文益易明而有所入焉。奈端之功，以配享哥白尼可也。故吾最敬哥、奈二子。"

1911 年的辛亥革命推翻了清朝，新生的中华民国采用公元纪年法，以格里高利历为法定历法，宣告中国传统历法成为历史。自此，哥白尼体系成为官方正统。

七、小结

哥白尼的名字和天文学说于 1630 年即传入中国，为什么直到 1859 年才被正式接受和认可？首先是耶稣会传教士方面的原因。西方天文学均由耶稣会士传入中国。他们对于哥白尼学说的态度决定了哥白尼在中国的传播进程。由于 1616 年哥白尼《天球运行论》被教会列为禁书，传教士不能光明正大、

---

① 屈文生等编：《王韬卷》，杭州，浙江大学出版社，2022 年，第 79 页。
② 见王扬宗编校：《近代科学在中国的传播》，济南，山东教育出版社，2009 年，第 231 页。

清楚明白地介绍哥白尼日心地动学说，使得中国天文学家知哥白尼之名却不知其学说，或虽略知其学说，却不解其中深意。此外，就制定优质历法这个实用目标而言，哥白尼学说并不是必需的，相反，当时的第谷学说更为先进、更为合用。

其次是中国天文学家方面的原因。中国天文学的主要目标是制定实用历法，对宇宙学理论抱持"天道渊微，非人力所能窥测"的不可知论的态度，并不在意。哥白尼日心说非常反常识反传统，即便在欧洲也是经历了错综复杂的观念变革，最后借助牛顿力学的巨大成功而被普遍接受。在缺少哥白尼革命所依赖的诸多有利文化因素的中国，哥白尼学说注定不可能被接受。直到19世纪中期之后，中国社会开始整体接受西方科学以为救国强兵的工具，作为现代科学世界图景之基础的哥白尼学说才顺理成章地被接纳。

The Dissemination of Copernican Astronomy in China

Wu Guosheng

Abstract: The main motivation of traditional Chinese astronomy is to establish human order in the earthly world through the observation of celestial phenomena. The main task is to formulate calendars. Astronomy is disconnected from cosmology. When the Jesuits came to China to preach in the late Ming Dynasty, the Ming government was planning to modify the calendar. Missionaries who were proficient in Western mathematical astronomy participated in the calendar modification with the support of Chinese scholars such as Xu Guangqi. In the *Chongzhen Calendar* compiled in 1635, Copernicus, as one of the four great Western astronomers, was known to Chinese scholars as "Ge Bai Ni", but his heliocentric theory was deliberately avoided by missionaries. Only a few Chinese scholars had even heard of it. During the Qing Dynasty, all official calendars adopted the Tycho astronomical system, and Copernicus' heliocentric theory was spread to some extent among the folks, but not recognized. It was not until 1859 that Li Shanlan clearly advocated the Copernican heliocentric theory. In 1616, the Roman Catholic Church listed Copernicus' *On the Revolutions of the Celestial*

Spheres in the *Index*, which directly affected the initial spread of Copernican theory in China. Traditional Chinese scholars have a pragmatic attitude towards astronomy and an agnostic attitude towards cosmology theory that "the laws of heaven are too subtle to be discerned by human beings", which leads to the Copernican theory being either regarded as a strange theory or not commented. It was not until the mid-19th century that Chinese society encountered major changes unprecedented in a thousand years, which necessitated the introduction of Western science as a whole, and the Copernican theory, which was the basis of the modern scientific world picture, was fully accepted.

Keywords: Copernicus; Astronomy; China; Dissemination

洛夫乔伊观念史的先验现象学阐释

——以"单元观念"为核心

严弼宸 ①

摘 要: "单元观念"是洛夫乔伊观念史的核心概念。随着语境主义等新编史纲领对"单元观念"的批判,观念史日渐式微。在近二十年"全球史"兴起的背景下,观念史虽有复兴迹象,但"单元观念"的意涵却始终未得澄清。借用雅各布·克莱因对胡塞尔先验现象学的阐释,重新审视洛夫乔伊在《存在巨链》中对浪漫主义兴起的研究,以"单元观念"为核心特征的观念史便显现出鲜明的先验现象学意涵。"单元观念"并非反对者认为的稳固不变的实体,而是指向一种解析意义构造的动态运作,它从意义的沉淀中分解出那些持续存在的基本问题域,从而重新激活被遗忘的意向历史的构造过程。而被阐释为意向构造历史的观念史,本身就蕴含着接纳语境主义的可能。

关键词: 洛夫乔伊;单元观念;《存在巨链》;胡塞尔;雅各布·克莱因;先验现象学

一、洛夫乔伊观念史的争议与回归

阿瑟·洛夫乔伊(Arthur O. Lovejoy, 1873—1962 年)是美国观念史研究的重要奠基者。正是洛夫乔伊的不懈推动,使观念史被塑造成一门新学科,

---

① 严弼宸,1994 年生,清华大学科学史系博士研究生。

并成为 20 世纪上半叶北美人文研究中的显学。①洛夫乔伊观念史的基本特征，被认为是重视人类观念史中"那些基本的、持续不变的或重复出现的能动的单元"，这些基本要素被洛夫乔伊称为"单元观念"(unit-ideas)。②"单元观念"作为主要成分构成了各种思想和命题，观念史要研究的就是这些"单元观念"的产生、演变历程，观念史因而被视为一种追溯人类思想史中恒定不变的观念实体的研究范式。洛夫乔伊的代表作，也是观念史学科的奠基之作《存在巨链》(The Great Chain of Being，1936 年)一书，正是通过对"存在巨链"这一单元观念以及它赖以产生的几大基础原则的细致梳理，展现了从柏拉图到 18 世纪人类思想史的演变。

"单元观念"既是洛夫乔伊观念史的最典型特征，也成为这一研究进路最具争议性的焦点。围绕"单元观念"展开的对观念史研究的批评，从《存在巨链》出版后不久就未曾断绝。以斯皮策(Leo Spitzer)、曼德尔鲍姆(Maurice Mandelbaum)、明克(Louis O. Mink)等人为代表的批评者，质疑"单元观念"概念的实体性与稳固性，否认洛夫乔伊所谓"类似于分析化学"的观念分析方法，认为在观念史中追寻这种虚构的观念实体，最终将导致一种非历史性的"观念原子论"。③针对这类批评，洛夫乔伊及其支持者进行了一系列辩护，重申了"单元观念"背后的基本假定，进一步阐发了观念史的研究理念。这些辩护在《存在巨链》等研究作品以外，形成了观念史方法论的另一重要理论来源，本应为理解洛夫乔伊的编史学发挥更大作用。然而在通行的学术史叙事中，这些努力似乎都在斯金纳(Quentin Skinner)等学者倡导的"语境主义"(contextualism)兴起之后被遮蔽起来，还未来得及充分消化就与洛夫乔

---

① 对洛夫乔伊观念史的介绍，可参见姜静：《洛夫乔伊观念史思想探析》，《史学理论研究》，2013 年第 1 期；李宏图：《观念史研究的回归——观念史研究范式演进的考察》，《史学集刊》，2018 年第 1 期；张旭鹏：《观念史的过去与未来：价值与批判》，《武汉大学学报（哲学社会科学版）》，2018 年第 2 期。

② A. O. Lovejoy, *The Great Chain of Being: A Study of the History of an Idea*, Cambridge: Harvard University Press, 1936, p. 3. 中译本参见洛夫乔伊：《存在巨链》，张传有、高秉江译，北京，商务印书馆，2015 年，第 5 页。

③ D. J. Wilson, "Lovejoy's The Great Chain of Being after Fifty Years", *Journal of the History of Ideas*, 48. 2 (1987).

伊观念史一道淡出了学术研究视野。[1]

斯金纳于1969年发表的《观念史中的意涵与理解》一文，被视为对以往诸种批评意见的综合，是对洛夫乔伊观念史的总清算。[2]斯金纳认为，洛夫乔伊在观念变更的表面之下预设了一些经年不变的"单元观念"，这种试图追寻永恒问题和普遍真理的观念史必定是非历史性与去主体性的，不变的单元观念仅仅是研究者的构想而不是真实的历史，在这样的观念史中，真实的历史主体消失不见，剩下的只是"观念"间的格斗。[3]斯金纳认为思想史上只存在与不同社会语境相伴的诸观念，只存在观念在不同时期被不同的人所使用的特殊用途，因而他主张一种对作者的言说意图进行细致分析的语境研究，将旨在追寻文本背后观念的抽象化和逻辑化的研究转换为对文本本身以及言说主体意图的研究。[4]此后这种历史语境主义一时蔚为大观，而伴随着社会史、心态史、新文化史等新编史纲领的流行，思想史的研究范式在20世纪70年代发生了明显变革，洛夫乔伊式的观念史走向了衰落。[5]

近二十年来，全球史（global history）、大历史（big history）和深度历史（deep history）等研究范式异军突起，在这一背景下，具有不受语境限制、跨区域和跨学科特点的观念史似乎重新焕发生机，迎来回归。2014年出版的由麦克马洪（Darrin M. McMahon）等学者主编的文集《重思现代欧洲思想史》，对"回归观念史"发出了明确呼吁，鲜明地体现了这一时代趋势。在这些回归论者看来，洛夫乔伊在今天被不当地忽视了，他应该成为当下反思的富有成效的来源。[6]特雷西（John Tresch）认为，尽管洛夫乔伊貌似在理论上强调对原子式的"单元观念"的研究，但在编史实践中，他却十分擅长展现各

---

[1] 对这段学术史的梳理，可参见张继亮：《西方观念史上的"两个上帝"——读洛夫乔伊的〈存在巨链〉》，《甘肃行政学院学报》，2012年第4期；刘颖洁：《洛夫乔伊观念史的意义与局限——以其浪漫主义研究为考察对象》，《史学理论研究》，2018年第1期。

[2] 张旭鹏：《观念史的过去与未来：价值与批判》。

[3] Q. Skinner, "Meaning and Understanding in the History of Ideas", *History and Theory*, 8. 1 (1969).中译文参见昆汀·斯金纳：《观念史中的意涵与理解》，丁耘译，载《什么是思想史（思想史研究第1辑）》，丁耘编，上海，上海人民出版社，2006年，第102页。

[4] 昆汀·斯金纳：《言语行动的诠释与理解》，任军锋译，载《什么是思想史（思想史研究第1辑）》，丁耘编，第155–159页。

[5] D. J. Wilson, "Lovejoy's The Great Chain of Being after Fifty Years".

[6] D. M. McMahon, "The Return of the History of Ideas?", in *Rethinking Modern European Intellectual History*, ed. by D. M. McMahon, M. Samuel, 2014, pp. 7, 19–20.

种观念含义及其影响的变化、发展与更新，"单元观念"在他的实际研究中并不是一种固定不变的"原子"。① 因此"洛夫乔伊式的观念史"很大程度上是反对者强加的"污蔑"，洛夫乔伊本人并非洛夫乔伊式观念史的践行者，反倒与斯金纳等人更为接近。② 而另一方面，回归论者则在洛夫乔伊的观念史研究中看到了一种宏观把握人类思想整体变迁的气魄，正是这种精神反倒在解构主义流行的时代具有独特价值——这个时代中，碎片化的历史写作似乎已经丧失了建立宏大历史理解的可能，沦为"一项如私人花园营建一般的个人任务"。③ 在文集的最后，沃伦·布莱克曼（Warren Breckman）总结了洛夫乔伊观念史的可取之处，亦即其普世、包容的宏大视野，与不被材料的专业性所限的跨学科方法。④

然而上述回归论者的辩护存在一些明显的悖谬。"单元观念"概念并非反对者的捏造，而是洛夫乔伊本人大力倡导并再三为之申辩的史学理论。回归论者未再对"单元观念"进行具体辨析，却仅仅寻求将之与洛夫乔伊的治史实践割裂开来，以图保全后者的正当性。这一方面意味着他们实际上默认了斯金纳等反对者对"单元观念"概念非历史性的批评，另一方面不由得使人怀疑洛夫乔伊的理论表述能力甚至无法准确解释他本人的编史实践。因此，继续在"恢复名誉"了的洛夫乔伊学术实践中寻觅符合当今时代需求的编史理念加以弘扬，注定只能打捞出一些失去根基的可疑"优势"——洛夫乔伊之所以倡导那些被认为具有"大历史"视野的研究方法，恰恰是因为在他看来人类观念史上本就有一些连贯性的关键问题，"单元观念"就是指向这些问题的线索。因此，不对"单元观念"的价值进行重估，默认斯金纳等反对者对这一关键概念的批驳，"回归洛夫乔伊"就只是一句不够真诚的口号。⑤ 针

①   J. Tresch, "Cosmologies Materialized: History of Science and History of Ideas", in *Rethinking Modern European Intellectual History,* pp. 155–156.

②   D. M. McMahon, "The Return of the History of Ideas?", pp. 20–21.

③   D. M. McMahon, op. cit., p. 4.

④   W. Breckman, "Intellectual History and the Interdisciplinary Ideal", in *Rethinking Modern European Intellectual History*, pp. 276–277.

⑤   当前中国思想史学者通常对洛夫乔伊观念史持有"一分为二"的扬弃态度，认为其精华在于"那些长时段、跨语境和跨民族的方法和论述"，糟粕则是"像洛夫乔伊那样去分辨什么是不可分割的单元观念"，"认为观念与观念之间可以像化学元素那样进行组合"，这或许也受到了"观念史回归"思潮的影响。参见张继亮：《西方观念史上的"两个上帝"——读洛夫乔伊的〈存在巨链〉》；张旭鹏，前引文献；李宏图：《观念史研究的回归——观念史研究范式演进的考察》等文。

对《重思现代欧洲思想史》中的"观念史回归"思潮，历史学家赫尔斯特罗姆（Petter Hellström）不无讽刺地指出，洛夫乔伊在这场辩论中不过是一个象征逝去时代的"吉祥物"，被回归论者借以表达对当前思想史写作碎片化的不满，洛夫乔伊本人并未在其中为自己说话。[①]

而欲让洛夫乔伊本人为自己说话，首先就要将"语境主义"兴起以来对"单元观念"的普遍不信任态度悬置起来，把"观念原子论"等看似无可置疑的定论暂放一边。其后更需在洛夫乔伊运用"单元观念"概念进行具体观念史写作的实践语境下，辨析其编史旨趣，以求准确理解"单元观念"概念及其与洛夫乔伊观念史的内在关联。当前对《存在巨链》这部观念史奠基之作的关注，通常聚焦在"导言"对观念史方法论的阐述上，对实际研究案例中"单元观念"具体用法的分析反倒薄弱。因此，本文就将以洛夫乔伊在《存在巨链》中对浪漫主义兴起的具体研究为例，回到实践中理解"单元观念"的内涵。其后还将借用雅各布·克莱因对作为关于"意义构造"的普遍理论与主要关注起源问题的胡塞尔先验现象学的阐释，并结合洛夫乔伊及其支持者对观念史研究的辩护和阐发，尝试以先验现象学的"意义构造"过程和"意向历史"概念来重新理解以"单元观念"为核心和特征的洛夫乔伊观念史。

二、《存在巨链》：洛夫乔伊版本的"浪漫主义兴起"

洛夫乔伊在 20 世纪 20 年代对浪漫主义的早期研究被认为是建立观念史的真正基础。[②]事实上，《存在巨链》这部观念史奠基之作本身也是洛夫乔伊浪漫主义研究的集大成之作。尽管它的直接研究对象是"存在巨链"及"充实性""连续性""等级性"等观念群，但浪漫主义却作为这一系列观念演变历史的终点，潜在地规定了诸观念自身展开的朝向，构成了全书的隐含线索。有理由将《存在巨链》视为洛夫乔伊版本的"浪漫主义兴起"——正是通过将"浪漫主义"这一混杂的概念拆解成与"存在巨链"观念相关的诸思想原则，并借由分析它们的历史演变与更替，洛夫乔伊深刻揭示出导致这场思想变革的内在动因，展现了新旧两个世界在思想氛围上的巨大断裂，预言了浪漫主

---

① P. Hellström, "The Great Chain of Ideas: The Past and Future of the History of Ideas, or Why We Should Not Return to Lovejoy", *Lychnos*, 2016.

② 刘颖洁：《洛夫乔伊观念史的意义与局限》。

义的当代影响。本节将通过分析《存在巨链》中的"浪漫主义兴起"这一研究实例，展现洛夫乔伊究竟如何使用看似固定不变的"单元观念"，刻画各种观念含义的演变以及思想史上的断裂。

1."存在巨链"观念中的内在张力

柏拉图和亚里士多德最早提出了"充实性""连续性"和"等级性"这三项看待世界的思想原则，它们在新柏拉图主义者普罗提诺那里综合成最初的"存在巨链"观念：具有生育力且自身充盈的"太一"（相当于柏拉图的"善的理念"）居于首位，从"太一"中自上而下逐级流溢出努斯、诸灵魂、诸物质。[①] 然而这一观念隐含着两种植根于柏拉图学说的世界观：一种强调"善"的绝对超越，认为一切存在的本性存在于永恒同一的理念世界中，现实只是需要被超越和克服的虚妄；另一种强调尘世诸多存在的不可缺失，认为同一的理念通过诸存在者的差异而显现。洛夫乔伊认为这种内涵于"存在巨链"中的二元辩证法支配了其后两千多年的思想，不理解这一原初张力在中世纪和近代的不断显现就无法理解西方观念史的大部分重要内容。[②]

洛夫乔伊大致按时间顺序展示了这一张力在不同领域的显现。这两种世界观首先在中世纪神学家、经院学者与唯名论者之间逐渐显示其内在冲突（第三讲）。在中世纪晚期到现代早期，"存在巨链"所包含的形而上学先见则影响了人们对宇宙结构的理解，正是这种形而上学先见孕育了哥白尼新天文学与新宇宙观的诞生（第四讲）。这些形而上学先见还充分体现在17世纪到18世纪早期的哲学思想中（第五讲）。斯宾诺莎的哲学体系将"存在巨链"包含的诸原则彻底展开为一种强版本的宇宙决定论，使一个全能的存在必须按照"存在巨链"的自然理性来创造万物，这就与那个拥有自由意志且与被造者之间仅具偶然联系的自足完满的上帝产生难以调和的冲突。为了解决这个矛盾，渴望两全的莱布尼茨不得不将斯宾诺莎强调的逻辑必然性和充足理由替换成充实原则，并为之赋予价值学说的地位——使造物尽可能多和充实地存在成为了世界存在的充足理由和最大的善。充实的世界既是自然理性的必然展开，同时也是全善的上帝的自由意志，上帝的自由意志恰好就符合自然理性。[③]

---

① 洛夫乔伊：《存在巨链》，第76—78页。

② 同①，第61页。

③ 同①，第239—241、245—248、338页。

在莱布尼茨的努力下，两个截然相反的上帝在形式上被暂时统合到一起，形成了在 18 世纪被广泛传播的"存在巨链"观念的典型特征：全能的上帝在创世中规定了存在的每个等级和每种能力，一切能够设想的存在都现实存在；自然没有断层，所有断层都被杂多的被造物填满，以至于从一个物种到另一个物种的变迁难以察觉；整个创世蓝图从一开始就已给定，不再变化。莱布尼茨将存在者之充实同时等同于逻辑必然与上帝之善的策略，却意外地使上帝几乎不再能凭其自由意志对世界做任何更改。[①] 于是，本欲保全上帝超越地位的莱布尼茨，不经意地重申了斯宾诺莎否定上帝的神学后果，使"存在巨链"在过去两千余年的西方思想史中所积攒的内在张力喷薄而出，最终颠覆了它自身的结构。这也暗示，"单元观念"的真正指向，并非看似恒定不变的概念，而是源于概念内在展开所导致的根本变化。

2. 从存在巨链的变化到浪漫主义兴起

正是以上背景为 18 世纪晚期的"浪漫主义兴起"做好了铺垫。从第六讲开始到最后的第十一讲，洛夫乔伊细腻地勾勒出了这场思想剧变。它产生于"存在巨链"观念本身发生的两个变化——多样化成为善与存在巨链的时间化。而使这些变化得以发生的条件，恰恰都内涵于存在巨链自身。

崇尚多样性首先是因为存在巨链的充满与等级是神意的注定，擅自追求平等、超越等级都将留下空缺从而破坏存在巨链（第六讲）。多样化成为善的另一个原因则是乐观主义者对善的价值的重新解释（第七讲）。乐观主义者试图证明有恶存在的现实世界依然合于理性，他们不得不改变善的含义，通过援引充实性原则，使善仅仅成为存在物的充分多样与丰富，以此"多样之善"容纳恶之存在——古代哲学所追求的那种"理念之善"从根本上被瓦解，由此乐观主义者也被导向了与其本来意图（证明世界之合于一理）自相矛盾的多元主义。

而在充实性原则被充分阐释后，产生了两个使原本被视为静止秩序结构的存在巨链难再维系的困难，这最终导致"存在巨链"观念在 18 世纪的时间化。首先是宗教和道德的困境，人在存在巨链中的固定位置否决了一切上升的可能，而恶被视为存在巨链结构中的必然因而也永远无法消除。因此，不

---

① 洛夫乔伊，前引文献，第 245–248 页。

得不重新解释存在巨链，使之成为整体动态的链条才能容纳进步，固定的存在巨链因而转化成了永恒向上攀登的阶梯。[①]另一个困难则是连续充实的假定与事实的无法协调。古生物化石暗示曾经存有的物种会消失，一些能够设想的中间物种在现实中却不存在，在人之上的那个数量无限的精神存在物没有任何实证，这些事实都要求人们重新解释本应充实的存在巨链。只有通过设想存在巨链正在时间中趋向完满，才能解决矛盾。

对此，莱布尼茨这样表述："被造物的美和普遍完善性的累积增加，作为一个整体的宇宙的不断和无拘无束的进展，以致它朝着更高的有教养的状态进化……进步永远不会停止。"[②]于是在莱布尼茨一个人那里，就有两种截然相反的"存在巨链"——这再次提醒我们注意"单元观念"并非恒定不变者——一个是彻底理性、完全模仿神圣永恒秩序的不变的世界，它从至善向下流溢出不完满的现实；而另一个则是不断变化、在时间的展开中增进其价值的世界，它从不完满的现实向着至善进化。

在一切观念前提都准备就绪后，洛夫乔伊在第九章的末尾颇具深意地说道："在我们对一种观念的历史回顾的大致的编年史顺序中，我们已经到达在通常虽然有些不幸地、被叫做'浪漫主义'的先入之见和评价中的那意义深远重大而又复杂混乱的变化的开端。"[③]"浪漫主义"这一全篇的隐含线索终于在第十讲浮现。而洛夫乔伊对"浪漫主义"一词的使用如此克制的原因，也在这段话中找到了回答：真实含义复杂混乱的"浪漫主义"，不幸地被人们当作一种先入之见而过于通常地去使用，因此他宁愿将这一术语拆解成单元观念，通过"存在巨链"及其基本原则更细致地展现"浪漫主义"的具体内涵，也不愿过于宽泛地使用这个含混的术语。[④]这一点恰切地体现了洛夫乔伊使用单元观念的基本精神。

3. 浪漫主义蕴含的思想断裂

"存在巨链"原本意味着世界在本质上是合逻辑的，现实充满了条理和有序性，所有人都应遵循一致的、普遍的理性标准。然而对其本身包含着的"充

---

① 洛夫乔伊，前引文献，第 338 页。
② 同 ①，第 348 页。
③ 同 ①，第 387–388 页。
④ 刘颖洁在考察洛夫乔伊早期的浪漫主义研究后，同样指出了这一点，参见刘颖洁，前引文献。

实性""连续性""等级性""充足理由律"等原则进行彻底充分阐释，却引发了相反的倾向，最终导致深刻的思想断裂，孕育出一个全新的"浪漫主义"世界：这个世界的本质是不断创造和更新，它对普遍标准采取不信任的态度，愿意以混乱为代价来追求丰富和异质。

在最后一讲中，洛夫乔伊阐明了"浪漫主义兴起"为现代带来的两个深刻后果：历史主义与虚无主义。随着"存在巨链"的时间化，进化逐渐取代了流溢和创世，从而在逻辑的必然规则外引入了时间（历史）的生成法则。源自柏拉图的宇宙图式最终被翻转，不仅不变的"存在巨链"转变成了生成，而且生成之中再也没有任何超时间的理念，世界中的一切都成为历史性的存在，这就是现代历史主义的由来。[①] 对"存在巨链"的观念史梳理还揭示出另一后果。洛夫乔伊指出，在作为"单元观念"的充实性和连续性原则背后，还有一种使之得以可能的底层观念，即宇宙的合理性。[②] 可以说，两千余年来针对"存在巨链"内涵张力的所有调和努力都是被这一基本信念所激励："一个严格合乎理性的世界，一定是一个在最严格意义上的封闭的世界，一个彻底而一劳永逸地被必然性真理所决定的万物的图式。"[③] 然而，当"存在巨链"的诸原则被充分彻底展开时，它却表明宇宙之绝对合理性的底层信念是不可信的[④]——人们最终发现，一个在时间中无限变化和展开的宇宙，只能是在永恒必然逻辑以外的不可把握的偶然结果。[⑤] 一个理性可靠的世界瓦解了，只留下一片虚无。对"存在巨链"这一单元观念的历史追溯，所要揭示的正是浪漫主义兴起所造就的巨大而深刻的思想断裂——"整个思想史上几乎没有比那时所发生的更重大更深刻的价值标准转变了"[⑥]。

三、意义的构造与分解："单元观念"的先验现象学意涵

反对者对洛夫乔伊"单元观念"概念及其观念史的批判主要针对以下两点：单元观念是固定不变的观念实体，围绕单元观念展开的观念史缺乏对实

---

① 洛夫乔伊，前引文献，第 438–439 页。
② 同 ①，第 440 页。
③ 同 ①，第 441–442 页。
④ 同 ①，第 442 页。
⑤ 同 ①，第 443 页。
⑥ 同 ①，第 396 页。

际历史语境的具体分析因而也就缺乏历史性。通过分析《存在巨链》如何通过"单元观念"展现浪漫主义兴起这一思想剧变，便可大致看出这些批判与"单元观念"的实际意涵并不相符。而借用雅各布·克莱因对胡塞尔先验现象学的阐发，并结合洛夫乔伊及其支持者对观念史研究的辩护，"单元观念"这一概念显示出鲜明的现象学还原意涵，指向一种分解意义沉淀的动态运作。"单元观念"非但不是与洛夫乔伊的治史实践相脱离的错误假设，反倒是观念史的基本概念工具，借由此，洛夫乔伊才得以重新激活被遗忘的意义构造过程，从而刻画观念演变的内在历史。

1. 观念演变中的内在历史语境

从《存在巨链》中那些被称为"单元观念"的思想实例来看，它们显然不是固定不变的实体，其内涵从不稳定、单一。"存在巨链"及其所包含的充实性、连续性、等级性三原则，它们作为"单元观念"只是在历史中保持了形式、名称上的一致，其内涵与实质均发生了根本性的转变。这种转变并非由外在的社会环境所强加，而主要来源于观念内在张力的自身推演。洛夫乔伊借助"单元观念"这一概念屡屡向我们展示的，就是观念中隐含着怎样的巨大张力，它如何完成内在转变，从而产生出与其本义完全相反的结果，最终颠覆自身。

可见，观念史以看似稳固不变的单元观念为切入途径，目的是要在观念的演变历史中揭示变化得以发生的内在基础，而这一基础构成了观念内在的历史语境。这种关注具体历史事实之先验条件的内在历史，正是胡塞尔在《关于几何学的起源》（*Vom Ursprung der Geometrie*）一文中所强调的"真正的历史"——如果通常关于事实的一般历史学有某种意义的话，那么这种意义只能奠定在可被称为内在历史的东西的基础之上，奠定在普遍的、历史的先验性的基础上。[①]雅各布·克莱因用"意向历史"一词来概括胡塞尔所说的这种一般历史的基础，并提出一种以揭示观念的真正根源和原初明见性为核心任

---

① 胡塞尔这篇文章写于 1936 年，由 E. 芬克（Eugen Fink）于 1939 年发表于《国际哲学评论》（*Revue Internationale de Philosophie*）杂志。中译文收录于《欧洲科学的危机与超越论的现象学》的附录Ⅲ，参见胡塞尔：《欧洲科学的危机与超越论的现象学》，王炳文译，北京，商务印书馆，2017 年，第 447 页。

务的编史纲领。① 他在《现象学与科学史》一文中，更清楚地解释了胡塞尔对内时间和自然时间、意向历史和实际历史的区分，这一区分有助于理解观念内在演变中的历史性。② 在胡塞尔看来，实际历史往往采取一种自然主义心理学的态度来解释观念的形成，认为任何观念都来源于更早以前实际语境中的具体经验。这种解释忽略了观念作为心灵对象与自然对象的基本差异，它无视观念和意义本身的演变构成了一条只能由内在时间刻画的意向性的绝对之流，却误用外在的自然时间去衡量和排列心灵对象的发展。例如，只关注早期几何学家的具体历史事迹，仿佛这些事件构成了几何学的起源，却无视这门依赖于物的几何学的观念基础是对物的形状或可测量性这样一种本质特征的优先预设。③ 自然主义解释的后果就是把心灵对象当作自然对象，在自然时间中追溯它们的实际历史，而错过了对在观念演变的内时间意义上真正具有根源性的意向历史的追寻。正是意向历史所蕴含的历史性，使实际历史在自然时间中的可能性得以理解。

由此反观洛夫乔伊观念史的编史意图，便可看出观念史所要揭示的正是蕴含于观念演变中的内在历史性，它绝非如"语境主义"宣称的那样不关心历史语境。在观念史看来，那种在自然时间中产生的具体历史主体的话语和行为，那种充满偶然的实际历史发生顺序，并不是有着根本意义的历史语境，而只是更基本的观念内在演变历史的沉淀结果，它还有使其得以发生的先验条件。从洛夫乔伊对《存在巨链》编史目标的表述中，可以看到他对内在历史语境的自觉追求："它（存在巨链）的历史早先并没有人写过，而且它的意义和含义没有得到分析。对此，我想我所应该做的是，但显然却不是，历史的备忘录工作。如果它们不是历史的备忘录，我斗胆希望本书可能有助于使它们成为备忘录。"④ 显然洛夫乔伊不仅仅想呈现具体某一个思想发展到另一个思想，如从理性主义转变为浪漫主义的历史备忘录，不仅仅想写出一部单元观念发展的编年史，而是期望其作品能够使历史备忘录/编年史得以可能，使实际历史在自然时间之中的可能性得以被理解。这就呼唤一部通过剖析观念

---

① 参见张东林对雅各布·克莱因的"意向历史"的介绍，张东林：《数学史：从辉格史到思想史》，《科学文化评论》，2011 年第 6 期。

② 雅各布·克莱因：《现象学与科学史》，张卜天译，载《雅各布·克莱因思想史文集》，长沙，湖南科学技术出版社，2015 年，第 66–74 页。

③ 胡塞尔：《欧洲科学的危机与超越论的现象学》，第 473–474 页。

④ 洛夫乔伊，前引文献，第 2 页。

内涵演变揭示内在历史语境的观念史作品。"语境主义"对"单元观念"非历史性和去主体性的指责，恰恰只关注了自然时间的历史，而忽视了更为基本的内时间性的历史展开。

2."单元"的非对象性与意义构造的过程

在洛夫乔伊的实际使用中，"单元观念"不指向某类特定的对象，它不是某类观念的共相，而更接近一种临时使用的名称。一个观念被称为"单元观念"并不意味着它就本质上具有由"单元"一词所暗示的诸如"作为基础的""如原子般的""不可分割的""终极的"等性质。洛夫乔伊对"单元观念"概念的使用具有明显的相对性和临时性。如为了避免"浪漫主义"这一混杂的观念被误认为清楚明白、首尾一贯，洛夫乔伊从中分解出"存在巨链"这一单元观念，以对"存在巨链"观念演变的分析来取代对"浪漫主义"的直接探讨。这不是说"存在巨链"就具有稳固性和终极性，它只在对"浪漫主义"这一观念进行分解的过程中临时作为"单元"而已。[①] 于是，当需要对"存在巨链"这一观念的内部张力进行分析时，它又被"充实性""连续性""等级性"这三个单元观念所分解。而这三个原则也并不天然具有终极性，当"存在巨链"的命运展开到其终点之际，"宇宙合理性"这三个原则所基于的底层信念就显现出来。

对"单元"概念的使用方式，反映出洛夫乔伊对观念形成方式的特定理解。他使用了一个后来广受误解的化学成分类比来表达他的理解："任何哲学家或哲学学派的学说，它们在总体上几乎总是一个复杂的和不同来源的聚集体，并且常常是以哲学家自己并未意识到的各种方式聚集在一起。它不但是一个混合物，而且是一个不牢固的混合物，尽管一代跟着一代，每一个新的哲学家通常都忘掉了这个令人伤感的真理。"[②] 这里可以看出化学成分类比的重点并不在于单元的稳固性和实在性，而是强调任何学说都由更基础的单元组成，这一组成经过一代代积累，伴随着对意义构成过程本身的无意识和遗忘，最终形成一个个看似浑然一体的观念聚集体。而洛夫乔伊理想的观念史就是对这一观念聚集体的反向解析，分解出被遗忘了的构成单元，重现单元观念

---

① 雅各布·克莱因：《现象学与科学史》，第 67 页。

② 洛夫乔伊，前引文献，第 5 页。

渗入其中的构成过程："它的计划是在解析和综合之间居其一——一方面为某项研究而对一个观念进行临时的解析，另一方面则为某项研究从这一观念已经渗入的所有历史领域搜集材料。"①

这种对观念形成的理解方式和对一门观念史的构想，在胡塞尔那里有着更为系统和清晰的表述。在胡塞尔看来，一切具有明确意义的可能事物都具有其意义构造和沉淀的历史，都由它的意向单元（Intentionalen Einheit）构成。②而任何作为意向单元的对象，也依然是被构成的单元，隐含着关于其起源和构成的沉淀历史（sedimented history）。③原初的意义和心灵活动经过层层构造，伴随着必然的遮蔽和遗忘，以沉淀的形式隐藏在我们的理解背后。而我们所持有的各种表观观念以及对世界的实际解释，就堆积在所有复合的沉淀物的最上层。因此，胡塞尔意义上的历史，"不外就是原初的意义形成和意义沉淀的共存与交织的生动运动"。④他相信人们可以将意向单元视为分析意义构造过程的线索，通过一种严格的意向性阐释方法来发现这一历史。⑤在克莱因看来，胡塞尔赋予先验现象学的任务就是整体揭示这种"运作中的意向性"的构造工作，厘清意义构造过程中的所有沉淀地层，重新激活各种观念真正根底处的原初构造。⑥值得注意的是，无论是胡塞尔还是克莱因，他们对意义构造过程的阐释无不使用了"单元"（Unit, Einheit）这一概念。他们对"意向单元"的使用恰如洛夫乔伊的"单元观念"，具有明显的相对性和临时性——没有哪个意向单元是绝对的单元，它既作为单元参与意义构造，又是被单元构成的意义沉淀，归根结底它只是意义构造过程中的一个地层。

或许正因这种相对性、临时性，洛夫乔伊不愿对"思想史中的那些要素，那些基本的、持续不变的或重复出现的能动的单元""作出正式的界说"⑦，而

---

① 洛夫乔伊：《观念的历史编纂学》，吴相译，载《观念史论文集》，北京，商务印书馆，2018年，第10页。

② E. Husserl, *Formale und transzendentale Logik*, in *Husserliana XVII*, ed. by Paul Janssen, Hague: Martinus Nijhoff Publishers, 1974, p.185. 英译本参见 E. Husserl, *Formal and Transcendental Logic*, trans. Dorion Cairns, Hague: Martinus Nijhoff Publishers, 1969, p. 208.

③ E. Husserl, *Formal and Transcendental Logic*, p. 245.

④ 胡塞尔，前引文献，第468页。

⑤ E. Husserl, op. cit., p. 245.

⑥ 雅各布·克莱因，前引文献，第67–69、72–75、77–78、83页。

⑦ 洛夫乔伊：《存在巨链》，第9页。

只宽泛地提及了五种基本类型。这五种互相之间颇多重合的类型 ① 不能被视为单元观念作为一类对象所具有的五种特征，可以据此从茫茫观念中找出一类特别的"单元观念"来。与其说它们是五种"类型"，毋宁说它们是五种言说单元观念的方式。因此，所有关于"哪种观念是单元观念"的提问，都注定找不到标准答案。这不是因为"单元观念"是个模糊不清、界定不明的概念，而是因为抱有"概念必定指向某确定对象"的先见而提错了问题。有意突显"单元观念"概念的模糊性，利用"家族相似"的概念来增强单元观念的解释力，让它能够包含足够宽泛的对象，是一种在洛夫乔伊观念史支持者之中十分流行的辩护策略。② 其最终形态就是抛弃单元观念，干脆用"西方思想中密切相关的关键思想家族"这样的表述取代它。③ 这种削足适履式的策略，就是以错误的对象化的方式看待单元观念的结果。

3. 意义沉淀的分解与同一的问题域

"单元观念"这一概念并不指向某类作为"元素"的特定对象，而是指向一种解析的过程，一种动态的分解意义沉淀的运作。"单元观念"作为观念史用于解析复合观念的分析工具，这一点首先在明克对洛夫乔伊观念史的阐述，以及维纳（Philip P. Wiener）对明克的纠正中得到了初步澄清。明克首先在洛夫乔伊的观念史方法论中区分出了在他看来不相容的两种倾向，一种被称为"元素的学说"（doctrine of elements），另一种被称为"力的学说"（doctrine of forces）。④ 他认为，"元素的学说"使洛夫乔伊将单元观念看作稳固不变的化学元素，这最终导致他的观念史不可能有真正的历史。上文已澄清这种看法纯属误读，而真正重要却被忽视的恰是明克所指出的另一种倾向。在他看来，任何读过《存在巨链》的读者都能体会到，洛夫乔伊实际上是在阐述一个关于变化的故事，这种对变化的实际强调与"元素的学说"相矛盾，因此洛夫乔伊观念史中还有一种真正起作用的"力的学说"。明克认为洛夫乔伊展现了

---

① 五种类型分别是：1. 潜而未彰的思想观念；2. 明确的理论倾向和方法；3. 形而上学的偏好和激情；4. 某一时期的典型语词；5. 贯穿历史始终的紧密相连的观念和原则。参见洛夫乔伊，前引文献，第 9–19 页。

② 张继亮，前引文献。

③ Daniel J. Wilson, op. cit.

④ L. O. Mink, "Change and Causality in the History of Ideas", *Eighteenth-Century Studies*, 2. 1 (1968).

两类导致变化的力：一类是观念内部的逻辑压力，通过这种压力，（通常是与原初相反的）逻辑含义能被明确地作为推论而得出；另一类是个人感觉、品味和气质的倾向性，这种倾向性对思想和行动也有影响（如生性渴望两全的莱布尼茨对斯宾诺莎无神论的调和）。正是这两类力导致了《存在巨链》不断揭示的观念的内在推演。明克认同洛夫乔伊的这一倾向，认为无论具体历史的细节如何修正，通过这些动力所展现的历史演变都是可以理解的，但由于这种"大致正确"的倾向与"元素学说"相矛盾，明克建议干脆消除"元素学说"。维纳旋即反驳了这种认为"元素学说"与"力的学说"不相容的观点。维纳指出，"单元观念被错误地当作稳固不变的元素"这一批评是明克对整个观念史方法论产生误解的根源所在，因为单元观念是一种用来分析"经历历史发展和变化的复杂理念"的分析性工具，它所指向的不是物理实体般的对象，而是被它所分析的复合体在历史中的变化。[①]

接续着明克的"力的学说"与维纳对单元观念作为分析工具的理解，就能意识到，洛夫乔伊寄予单元观念的全部任务就是去分解一切意义含混却被未经反思就接受下来的观念，从而清晰展示其历史演变。[②]正如他所说，"如果我们要想发现在任一给定的情况中出现的真正的单元，真正起作用的观念，就必须走到其单一性和同一的表象背后，去打破把众多东西包容在其中的外壳。"[③]可见，单元观念的目的就在于将诸如"浪漫主义"这样经过多重意义沉淀的"语词"分解成它"各种各样的含意"，从而将隐藏在模糊性之下的"不知不觉的转化"清晰地揭露出来。参照克莱因对"意向历史"的理解，探究一个对象首先就意味着给它的客观性"加括号"，然后寻求其构成性的起源，再现其意义单元的沉淀历史。[④]这种现象学还原的做法与单元观念的分解运作如出一辙，洛夫乔伊的观念史因而也就具有了鲜明的现象学意味。

那么分解的依据又是什么？使用"单元观念"这一概念究竟需要将复合观念分解成什么？从这个问题就抵达了洛夫乔伊观念史的最根本信念。维纳

---

① P. P. Wiener, L. O. Mink, "Some Remarks on Professor Mink's Views of Methodology in the History of Ideas", *Eighteenth-Century Studies*, 2. 3 (1969).

② 洛夫乔伊对这种含义混杂的观念的警惕，在《存在巨链》的导论中随处可见，如："这些大量的运动和倾向，这些按惯例加上 -isms 的东西，通常不是观念史学家所关注的终极对象，它们仅仅是一些原始材料"；"这种在单一名称下，并被设想为构成一个真正的统一体的结合物，是一个非常复杂和古怪的东西的历史过程的结果。"参见洛夫乔伊，前引文献，第 6–10 页。

③ 洛夫乔伊，前引文献，第 9 页。

④ 雅各布·克莱因，前引文献，第 72–73 页。

在对明克的反驳中提到，"单元观念"所具有的那种"逻辑原子或分析单元的非时间性（timelessness），在逻辑上并不妨碍所分析的复合体历史的发展，并且他在所有的著作中都坚持思想的这种时间性发展。"① "逻辑原子或分析单元的非时间性"立刻就被明克视为与对观念的历史理解自相矛盾的证据，因为"我们对观念的巨大历史变化的理解，却建立在本身永远不发生任何变化的'单元观念'的组合之上，这是非常奇怪的"。② 但事实上，维纳并不是想要表明"单元观念"是一种具有永恒内容的不变原子，这里的非时间性不是指观念的具体内容，而是指在形式 / 逻辑上维持自身同一的问题域。这在洛夫乔伊本人对"单元观念"质疑者斯皮策的回应中，得到了更清晰的证明。洛夫乔伊指出"单元观念"这一概念完全基于"两个非常简单和无辜的工作假设"：

> （a）有某些可辨别的因素或"单元"，包括观念的和情感的，逻辑的和非逻辑的，它们可能且经常是在人类思想的历史表现中反复出现或持续存在的，亦即，它们中的一个或另一个，可能在不同的作家、体系或时期被发现，即使它们与其他因素的组合有很大不同；（b）某位作家或某一流派的思想，或某一时期的主流思想方式，可能而且通常也确实包含一些这样独特的观念和情感的成分。③

在洛夫乔伊看来，不同时期的人类思想包含了一些"反复出现或持续存在"的基本因素，这些因素的具体内容可以完全相反：既可以是观念的，也可以是情感的；既可以是逻辑的，也可以是非逻辑的。它们可能表现为完全相异的组合形态，但却可被辨认地持续存在于人类思想之中。正是基于这种对人类思想史在根本问题上具有连续和同一性的信念④，洛夫乔伊构造出了"单元观念"的概念。通过这一工具，从混杂的观念中分解出那些在人类思想

---

① P. P. Wiener, L. O. Mink, "Some Remarks on Professor Mink's Views of Methodology in the History of Ideas", p. 316.

② P. P. Wiener, L. O. Mink, op. cit., p. 320.

③ A. O. Lovejoy, "Reply to Professor Spitzer", *Journal of the History of Ideas*, 5, 2 (1944), p. 204.

④ 对于"同一性"的类似信念，也是胡塞尔追问起源的先验现象学的基础。这在《关于几何学的起源》中多有表述，如文章最后把"下面这一点作为某种充分确保的东西而当作基础，即人的周围世界从本质上讲，现在是同一的，并且始终是同一的，因此对于那种适合于原初创立与持久传承的东西也是同一的"，在同一性的基础上去探究意义的原初创立和构成问题。参见胡塞尔，前引文献，第 477 页。

中持续存在的基本问题域。洛夫乔伊的观念史就建立在对不同时代的历史主体如何回答这些基本问题的考察之上。由此也可看出，"单元观念"作为旨在解析意向构造历史的观念史的基本概念与方法，承载着洛夫乔伊对意义构成过程和历史同一性的根本信念。

四、同一与差异的综合：在语言中激活沉淀

孕育历史语境主义的思想土壤，正是 19 世纪以来兴起的历史主义传统。在这一传统看来，所有文化都发展于独一无二的自然、社会和历史条件之下，因而没有任何思想能够超越其历史局限性，人类思想中也就没有什么真正永恒持久同一的因素。[1]历史语境主义强调语境之间的差异，认为真正的思想史研究必须考察特定时刻中的特定言论与更广泛语境的关联，以揭示特定作者的意图。[2]它对洛夫乔伊观念史的批判，究其根本就在于"人类思想是否存在永恒持久的因素"这一基本立场的分歧。

同一与差异的分歧，将这场现代学术争论拉回洛夫乔伊在《存在巨链》最后所揭示的那个全新的世界图景。历史主义本身就蕴含于"浪漫主义兴起"的逻辑后果中，这是《存在巨链》的最终章所阐明的，也是洛夫乔伊在回应语境主义对"单元观念"的批判时所了然于心的。[3]他十分清楚，过分强调某一历史语境的特殊性和整体性，最终就只能走向一种相对主义，只能承认没有两个思想家能具有相同并可比较的思想，因为他们必定分属不同的语境，存在绝对的差异。[4]而他本人的立场实际上也在《存在巨链》最后有所表露。

---

[1] 彭刚：《历史地理解思想：对斯金纳有关思想史研究的理论反思的考察》，载《什么是思想史（思想史研究 第 1 辑）》，丁耘编，第 170 页。

[2] 昆汀·斯金纳：《观念史中的意涵与理解》，第 132 页。

[3] 洛夫乔伊于 1962 年去世，并没有看到斯金纳及之后的历史语境主义对观念史的批判。但斯皮策等早期反对者自 20 世纪 40 年代以来的批判，在一定程度上反映了语境主义的基本精神，因而从洛夫乔伊对他们的回应中也能一窥他对语境主义的可能态度。斯皮策反对洛夫乔伊观念史中"分解的方法"，认为某一观念与其历史语境中的其他要素构成了有机的整体，特定历史整体的各个要素间存在着不可分割的关系，不能被人为"分解"为脱离特定语境并互相比较的单元观念，参见 L. Spitzer, "Geistesgeschichte vs. History of Ideas as Applied to Hitlerism", *Journal of the History of Ideas*, 5, 2 (1944)。洛夫乔伊则在回应中清楚地指出，对"有机整体"观念的神圣化，恰好"有趣地说明了浪漫主义时期某些特色思想的持续影响"。参见 A. O. Lovejoy, "Reply to Professor Spitzer", p. 204.

[4] A. O. Lovejoy, op. cit., pp. 204–205.

"存在巨链"观念的历史虽然是"失败的历史"——因为人类思想两千余年来不懈地追问永恒同一的世界理性，结果却导向一个只在无限时间中纯粹偶然地显示自身的新世界——但洛夫乔伊却从中看到了一种"最为感伤的关怀"，看到了人们"对某种哲学思想的经久不衰的盼望"，以及这一历史对当下和今后时代的哲学反思所具有的"永恒教益"。①这暗示着洛夫乔伊对同一性的坚定信念，他所坚持的那种反对历史主义、追问人类思想中持续存在的基本问题域的观念史也印证了这一点。

然而正如《存在巨链》所表明的，强调绝对超越的同一与强调尘世诸存在的差异，是一对源于柏拉图并始终支配着西方思想的二元张力。思想史的连续性和同一性、断裂性和差异性，也同样始终互为前提和彼此蕴含。斯金纳尽管质疑思想史中的"永恒问题"，坚持只有诉诸具体语境才能澄清不同思想家话语的不同蕴意，却也无法将即便有所差异的问题和概念视为完全的不可通约，也无法断然否认思想史中依然存在着并非具体语境所能局限的连续和普遍性要素。②同样，洛夫乔伊的追寻同一性的观念史，也并没有忽视深入历史语境进行细致分析的重要性，更没有放弃理解和诠释具体历史主体之话语和行为本身的意义。他一方面指出观念史"充满危险""可能很容易堕入到一种仅仅是想象的历史概括中"③，作为对自己和读者的提醒；另一方面则建议观念史应该利用单元观念的分解作用打破语言、种族、专业领域、历史时段等看似自明的对研究对象的划分，去追随观念运动自身的脉络，考察观念与社会、文化、艺术等其他领域的相互作用，即便是那些看似最无关哲学的领域、二三流的小人物乃至偏离文明中心的异国他邦，也同样值得认真对待。④这无不表明洛夫乔伊的观念史并不缺乏进入外在历史语境的编史自觉。正因如此，前文所述的特雷西等观念史回归论者才会认为抛开单元观念的理论不谈，洛

---

① 洛夫乔伊，前引文献，第 447 页。

② 彭刚指出斯金纳在激烈批判基于连续性的思想史研究后，又在很大程度上承认了它们的合法性，他的一些表述似乎将思想史的连续性置于个别基本概念的连续性之上，这甚至和他一直批评的洛夫乔伊已经相去不远，参见彭刚：《历史地理解思想：对斯金纳有关思想史研究的理论反思的考察》，第 199–202 页。而在思想史家伊格尔斯看来，斯金纳、波考克等人的政治思想史研究，在许多方面都与洛夫乔伊等人的传统思想史密切近似，区别仅在于前者更"强调漫长时期所持续下来的文体结构"，参见格奥尔格·G. 伊格尔斯：《二十世纪的历史学》，何兆武译，北京，商务印书馆，2020 年，第 134–135 页。

③ 洛夫乔伊，前引文献，第 27 页。

④ 同 ③，第 20–25 页。

夫乔伊其实十分擅长在历史语境中展现观念含义的变化，他的编史实践与斯金纳等人并无明显不同。

但实际上，先验现象学的阐释能够更进一步地表明，以单元观念为理论基础的观念史本身就蕴含着接纳语境主义、综合同一与差异的可能——在语言、文字以及其他各种媒介中激活意义沉淀，本就是一门旨在揭示根源的意向构造历史的应有之义。

在胡塞尔看来，原初的意义产生于某一发明者主观的精神领域中，如果要获得理念的客观性，成为对每个人都客观存在的观念，就必须借助语言和文字这种维系着共同体的媒介。只有通过言说和书写，原初的自明性才能进入到他人的意识中，而这一过程必定伴随着原初存在样式的扭曲和变形。但胡塞尔相信，无论经过多少次表达，言说和书写的底层始终是同一个东西，它能够被读者再度唤醒，而先验现象学的主题就是重新激活那些处于底层的意义沉淀。[1] 如果说胡塞尔对同一性的信念使他仍然过于轻视语言的差异性——在他看来，被语言表达的同一的理念对象才是研究的主题，差异的语言本身终究是需要穿透的透明介质，它绝不是，也不可能成为主题[2]——克莱因则更为强调语言分析在思想史中的作用，它被视为意向历史与实际历史的必然连接，从具体的语言和文本分析入手才能真正展开对历史的刻画。[3] 克莱因据此发展出一种将追寻同一的认识论哲学与沉浸于差异的历史熔为一炉的思想史编史纲领。思想史既被看作历史的唯一正当形式，同时也是认识论的唯一正当形式。[4] 这一方面是因为，任何历史研究都不应仅停留在语言和文本中寻找实际的事实和关联，而应通过对语言和文本的考察，厘清沉淀其上的所有意义地层，重新激活意义的原初建立，揭示使任何观念得以可能的真正根源。另一方面则是因为，认识论的对象不能再被理解为悬于理念世界、超越时间的先验存在，它只有存在于实际的言说、书写和表达，亦即实际历史中的不断构造和沉淀之中才产生意义。因而认识论非但不与历史对立，反倒只有凭借这门在语言中激活意义沉淀的思想史才得以可能。

---

[1] 胡塞尔，前引文献，第 450–455 页。

[2] 同 [1]，第 450 页。

[3] 参见张东林对克莱因的编史纲领的分析，见张东林：《数学史：从辉格史到思想史》，第 35–37 页。

[4] 克莱因，前引文献，第 77–78 页。

如果延续着克莱因的思路继续推进，那么洛夫乔伊的观念史将能拓展出更为广阔的空间。将单元观念视为工具去拆解现成的沉淀结果，分析和追溯意义的构造过程，非但能够像洛夫乔伊设想的那样打破语言、国家、学科、时段这些对于研究对象的传统划分方式，还能进一步超越语言和文本，将用具、仪器、艺术品、技术物乃至身体等一切媒介，都视为原初意义的表达方式与意义沉淀的场所，从而将之纳入意向历史分析的对象。通过追问器物、制度、知识、行为习惯或文化风俗等沉淀结果是在何种媒介基础上才得以形成，通过激活被遮蔽和被遗忘的、决定了该种媒介之显现和作用方式的原初构造，观念史得以吸纳和统合来自科技史、技术哲学、艺术史、文化史乃至媒介理论等众多领域的思想资源，从而更整合地揭示我们当下所面临处境的历史根源。在这个意义上，观念史便完成了对语境主义的批判的超越，完成了同一和差异的综合，成为一项真正值得回归的事业。

致谢：晋世翔副教授与张东林博士对克莱因思想的相关研究和讨论给本文写作以极大的启发，吴国盛教授与胡翌霖副教授对本文提出了宝贵的意见，特此致谢！

The Transcendental Phenomenological Interpretation of Arthur Lovejoy's History of Ideas: Centering on the Concept of Unit-Ideas
Yan Bichen

Abstract: "Unit-idea" is a core concept of the history of ideas created by A. O. Lovejoy. Along with the general critique of "unit-ideas" by new historiography approaches such as contextualism in the late 1960s, the history of ideas declined gradually. Due to the rise of global history in the last two decades, there has been a revival of the history of ideas. However, the meaning of "unit-ideas" has never been clarified. Drawing on Jacob Klein's interpretation of Husserl's transcendental phenomenology and reviewing Lovejoy's study of the rise of Romanticism in his masterpiece *The Great Chain of Being*, the history of ideas can be seen to have a distinct connotation of transcendental phenomenology. "Unit-idea" is not a solid and unchanging entity, as its opponents claimed. It points to a dynamic operation that decomposes mixed ideas into those fundamental horizons of problems that persist in human thought and reactivates the forgotten process of the constitution of intentional history. The history of ideas interpreted as a history of the intentional constitution itself holds the possibility of embracing contextualism.

Keywords: Arthur Lovejoy; Unit-ideas; the Great Chain of Being; Husserl; Jacob Klein; transcendental phenomenology

库萨的尼古拉对无限球体隐喻的转移

聂润泽 ①

摘　要： 无限球体隐喻从上帝到宇宙的转移为新天文学的诞生铺设了道路，库萨的尼古拉在这一过程中发挥着重要作用。然而，现有研究常囿于库萨早期著作特别是《论有学识的无知》中对无限球体隐喻的讨论，认为该隐喻自身即蕴含着从上帝到宇宙之转移的可能，导致库萨工作的独创性并未得到应有的重视。本文试图通过考察库萨晚期著作《论球的游戏》中关涉无限球体隐喻的内容，澄清该隐喻得以转移的关键前提是库萨对上帝、人与宇宙关系的突破性重构。基于崭新的有别于赫尔墨斯传统与经院传统的神人关系，库萨高扬人的自由意志并以此突破了层级宇宙的桎梏，从而将无限球体隐喻从上帝转加给宇宙，论证了宇宙的无限性。

关键词： 库萨的尼古拉；无限球体；《论球的游戏》；自由意志

在《论有学识的无知》(*De docta ignorantia*, 1440)②第二卷第十二章"论地球状况"(De conditionibus terrae)中，库萨的尼古拉(Nicholas of Cusa, 1401—1464)首次将赫尔墨斯传统中用于描述上帝的无限球体(*sphaera infinita*)隐喻转加给宇宙："因此，世界机器(*machina mundi*)的中心无处不在，圆周处处不在；因为上帝的圆周与中心亦无处不在，处处存在。"③

然而，库萨在此处并未澄清这一转移发生的依据。第二卷中对"宇宙［世界机器］作为无限球体"的论断似乎仅是第一卷中"上帝作为无限球体"这一命题的推论，但这一推论何以可能在该书中自始至终都没有论及。一个可能的

① 聂润泽，2000 年生，陕西咸阳人，清华大学科学史系 2022 级硕士研究生。

② 本文所引库萨的尼古拉文本参照霍夫曼与克里班斯基受海德堡科学院委托所共同编辑的校勘版《库萨全集》(*Nicolai de Cusa Opera Omnia*)，由费利克斯·迈纳出版社(Felix Meiner)出版。在引用时遵循库萨研究学界惯例，采用"著作缩写，卷号，拉丁文编码"的方式。就本文关注的核心文本《论球的游戏》而言，该书已被译为德语(1952)、英语(1986; 2000)、法语(1985)、西班牙语(2015)等多个版本，其中英译本包括瓦茨(1986)与霍普金斯(2000)两个版本。中文译文主要依循瓦茨本译出。

③ *De docta ignorantia*, II, 12, 162: 14–16. In *Nicholas of Cusa On learned ignorance: a translation and an appraisal of De docta ignorantia*, .trans. J. Hopkins, The Arthur J. Banning Press, 1981.

原因是，作为库萨首部撰写的哲学作品，内容庞杂的《论有学识的无知》更像是诸多论题的汇编，各主题之间的系统性关联尚未建立。然而，当将视角移向库萨中后期著作时，不难发现他曾多次返回并扩充此前提出的论题。在其晚期著作《论球的游戏》（De ludo globi，1463年）中，库萨以高度复杂的论述方式再次探讨了无限球体隐喻，将上帝、宇宙与人均视作某一特定类型的球体，并通过对球体形状、运动方式与运动轨迹等主题的沉思系统地探讨三者的关系。①

当代库萨研究界在讨论无限球体隐喻时，多致力于讨论《论有学识的无知》中的相关段落，库萨的晚期著作却鲜有人关注。学界尚未试图去研究库萨思想的发展历程，亦未能通过对这一历程的研究去综合地评估作为独创性思想家的库萨，更遑论澄清库萨对赫尔墨斯传统中无限球体隐喻的创造性改造。因此，本文旨在以《论球的游戏》中关涉无限球体隐喻的部分为核心文本，考察库萨的三重宇宙论同神秘神学传统与经院哲学传统之间的显著差别，并说明是库萨对隐喻所扎根的背景的改写而非隐喻自身实现了将无限属性从上帝转加至宇宙的过程。第一部分考察以哈里斯教授为代表人物的学界对无限球体隐喻与库萨关系的相关讨论。第二部分返回到赫尔墨斯传统中，说明神秘学思潮中的宇宙论设想仍旧符合中世纪主流的宇宙论图景，无限属性从未也不可能被归属给宇宙。第三部分考察库萨在《论球的游戏》中对上帝、人与宇宙三者关系的重构，展示出无限球体隐喻的转移是库萨对神人关系即人如何认识、寻觅上帝这一问题重新解释的结果，而非源自隐喻自身的规定。

一、哈里斯论无限球体

在学界对于无限球体隐喻与库萨关系的讨论中②，最为重要的当属卡斯

---

① P. M. Watts, "Introduction", in *De Ludo Globi: The Game of Spheres*, trans. P. M. Watts, New York: Abaris Books, 1986.

② 学界对于库萨与无限球体隐喻之关系的讨论大致可分为三种情况：忽略库萨在无限球体隐喻历史演变中的地位，如 J. L. Borges, *Labyrinths: Selected Stories & Other Writings* (No. 186), New Directions Publishing, 1964；反对承认库萨引发了无限球体隐喻从上帝到宇宙的转变，认为这一转变早已见于 12 世纪学者的著作中，参见 E. J. Butterworth, "Form and Significance of the Sphere in Nicholas of Cusa's De Ludo Globi", in *Nicholas of Cusa. In Search of God and Wisdom*, ed. by G. Christianson, & T. M. Izbick, Brill, 1991；将库萨与无限球体隐喻的转变联系起来，如 A. Koyré, *From the Closed World to the Infinite Universe*, Johns Hopkins Press, 1957; K. Harries, *Infinity and perspective*, mit Press, 2001。

滕·哈里斯（Karsten Harries）的工作。1975 年，哈里斯发表《无限球体：对一则隐喻之历史的评述》（The Infinite Sphere: Comments on the History of a Metaphor）一文，批判了博尔赫斯（Jorge Luis Borges）对无限球体隐喻历史演变的看法，指出该隐喻先于新天文学的发现并为之铺设了道路，并借助这一隐喻勾勒出了其极富启发性的"视角原理"（principle of perspective）。[1] 本节试图重构哈里斯对库萨与无限球体隐喻之关系的论证，指出是库萨对隐喻所扎根的背景的改写而非隐喻自身实现了转移过程。

哈里斯对无限球体隐喻的讨论源自对博尔赫斯一篇短文的评述。博尔赫斯在《迷宫》（Labyrinths）勾勒出无限球体隐喻的演变史。他将源头追溯克塞诺芬尼（Xenophanes）的球状神处，并讨论了巴门尼德、恩培多克勒等前苏格拉底哲学家对无限球体的论述。他还指出，在柏拉图的《蒂迈欧篇》中，亦能发现球体被视作最完美的形状。紧接着，博尔赫斯转入对 12 世纪法国神学家里尔的阿兰（Alanus de Insulis, c. 1128—1202/03）与赫尔墨斯秘文集中关涉无限球体隐喻的讨论，并指出这则隐喻多次出现在中世纪的作品中。随后，博尔赫斯对布鲁诺与帕斯卡面对无限宇宙的两种态度略作比较。哈里斯赞同博尔赫斯对隐喻的重视，即"或许普遍的历史就是对少数隐喻做出不同诠释的历史"，但质疑他对于无限球体隐喻的概述。这一质疑包括两个层面：一方面，哈里斯认为博尔赫斯的简史暗示无限球体隐喻从上帝到宇宙的转移后于新天文学，这一观点符合柯瓦雷的叙述，即科学既是开创现代世界那场革命的成果，亦是其根源。但哈里斯并不认同柯瓦雷的说法，他指出该转移过程先于并催生出新天文学，进而说明科学无法作为革命的根源，而只能作为其中一个成果。另一方面，哈里斯指出博尔赫斯将功劳归于布鲁诺是错误的，后者只是在追随库萨的尼古拉。

在论及库萨时，哈里斯首先反驳了柯瓦雷对库萨的评论，即"我们不得不称赞库萨的尼古拉宇宙论思想的大胆和深刻，特别是，他竟然把上帝的伪赫尔墨斯主义（pseudo-Hermetic）特征转加给了宇宙：'一个中心无处不在、圆周处处不在的球体。'"。[2] 哈里斯认为，库萨对该隐喻的转移并不令人惊讶，而是由隐喻自身所暗示的："无限球体的隐喻预设了一种对上帝和人的理解，

① K. Harries, "The Infinite Sphere: Comments on the History of a Metaphor", *Journal of the History of Philosophy*, 13(1975).
② 柯瓦雷：《从封闭世界到无限宇宙》，张卜天译，北京，商务印书馆，2016 年，第 19 页。

这种理解必定会使反思超越于中世纪的宇宙。"①哈里斯此处意在强调中世纪神秘主义与新宇宙论的联系，以反对柯瓦雷对库萨的宇宙论作为天文学变革基础的拒斥态度。②然而，他似乎走得太远，以至于过度阐发了赫尔墨斯传统中无限球体隐喻的含义，同时削弱乃至忽略了库萨对隐喻所扎根的宇宙论背景所作的变革。

哈里斯明确意识到库萨对无限球体隐喻进行的转移，在第三章中他特别指出该隐喻从上帝转移到宇宙的根据需要得到进一步的讨论。③然而，在介绍完有学识的无知与"对立面相一致"后，哈里斯只是谈到，"我怀疑在库萨的尼古拉看来，这是显而易见的。"④他的论据来自库萨《论有学识的无知》第二卷第二章"受造物的存在以不可理知的方式衍生于第一存在"（Quod esse creaturae sit inintelligibiliter ab esse primi）对受造物与上帝关系的讨论。哈里斯引用的段落为："每一个受造物都仿佛是一个有限的无限（infinitas finita）或一个被创造的上帝（Deus creatus）"，进而他推导出，"库萨的尼古拉也把宇宙理解为一个有限的无限。……［因此］该隐喻从上帝转移到宇宙显得合理，而且由于该隐喻将广延与无限联系了起来，可以说相比于超越广延的上帝，它更适合于宇宙"。⑤哈里斯此处的论证颇令人费解，按照他的论述，包括宇宙在内的所有受造物均可被视作无限球体。而库萨原意并非如此，库萨在此实际上是以柏拉图主义的方式探讨多与一的关系："所有事物均是那个一，即无限形式（infinitae formae）的仿像（imago）……因为无限形式仅可被有限地接受，所以每一个受造物都仿佛是一个有限的无限或一个被创造的上帝，以便以最佳方式存在。"⑥

哈里斯意在指出，宇宙作为仿像分有了作为原型的上帝的无限属性，因此成为无限球体。然而，这一分有的前提条件亦即库萨的开创之处在于他从根本上改变了上帝、人与宇宙的概念⑦，并创造性地重构了三者的关系，进而

---

① K. Harries, The infinite sphere: Comments on the history of a metaphor.

② 柯瓦雷：《从封闭世界到无限宇宙》，第 19 页。

③ 哈里斯：《无限与视角》，张卜天译，北京，商务印书馆，2020 年，第 64 页。

④ 同 ③，第 82 页。

⑤ 同 ③，第 82–83 页。

⑥ De docta ignorantia, II, 2, 104.

⑦ E. Brient, "Transitions to a modern cosmology: Meister Eckhart and Nicholas of Cusa on the intensive infinite", Journal of the History of Philosophy, 37(1999).

将赫尔墨斯传统中只能用于描述上帝的无限球体隐喻转加给宇宙。而在《论有学识的无知》一书中，库萨只是规定了作为绝对极大的上帝、作为限定的极大的宇宙与既是绝对极大又是限定极大的耶稣，三者间的关系直到库萨思想的中后期才得以阐明。在讨论库萨之前，有必要对无限球体隐喻所扎根的赫尔墨斯传统中的宇宙论作一简要说明，以便彰显出库萨突破传统的开创性工作。

二、赫尔墨斯传统中的无限球体与有限宇宙

无限球体隐喻最早见于编纂于 12 世纪的伪赫尔墨斯著作《二十四位哲人之书》(*Liber XXIV philosophorum*)。[①]这部著作由 24 个关于上帝的格言或"定义"组成，记载了一个虚构的聚会上 24 位哲人对"何谓上帝？"(quid Deus?)这一问题的回答。库萨所引用的格言为第二则，完整表述为："上帝是一个中心无处不在，圆周处处不在的无限球体。"(Deus est sphaera infinita cuius centrum est ubique, circumferentia nusquam.)[②]这则格言在逻辑上并不有效，原因在于它违反了矛盾律：当称某物为球体时已然做出了限定，又如何可能说它是无限的。

此处涉及赫尔墨斯传统与以亚里士多德主义为核心的经院传统二者认识方式的不同。赫尔墨斯传统的核心为"灵知"(gnōsis)，即凭借个人努力获得精神智慧，认识到个体在本质上同至高存在的关联。经院传统中的认识是命题式的认识，即询问事物是什么，这一认识进路是通过论证、逻辑与经验观察所获得的，可笼统称为"理性"。灵知则是神秘的认识，是通往个体救赎之路的方法，它无法被独立检验，亦无法通过理性语言来交流。[③]《二十四位哲

---

① 该书最早见于一份现存于拉昂的 12 世纪法国手稿中，亦有学者认为它成书于公元 4 世纪。中世纪学者多将此书归于三重伟大的赫尔墨斯，亦有学者将之归于亚里士多德，或干脆直接匿名引用。当代学界对该文本的起源和作者仍无定论。法国学者 Françoise Hudry 主张将其归于公元 4 世纪的 Marius Victorinus。亦有学者认为该文本属于亚里士多德的一部失传作品《论哲学》(*De philosophia*)，中世纪欧洲通过托莱多学派的阿拉伯译者了解到该作品。

② C. Baeumker, *Das pseudo-hermetische "Buch der vierundzwanzig Meister": Ein Beitrag zur Geschichte des Neupythagoreismus und Neuplatonismus im Mittelalter*, Herdersche Verlagshandlung, 1913.

③ 哈内赫拉夫：《西方神秘学指津》，张卜天译，北京，商务印书馆，2019 年，第 111 页。

人之书》是灵知这一认识进路的典型例证，该进路旨在期待神的降临而非是沿着逻辑链条质询上帝。只有借助于"灵知"，才能理解库萨所引用的"上帝作为无限球体而存在"这则在"理性"领域内自相矛盾的格言。基于逻辑论证的理性认识永远无法理解"无限球体"这一概念，原因在于"无限"在亚里士多德的逻辑体系中没有位置。亚里士多德指出，"无限的真正含义与人们平常所说的恰好相反，它不是此外全无，而是此外永有"。①当人们谈论无限时，就已经规定了无限，并设立了一个界限，但这种无限并非是无规定的或无界限的，将无限属性赋予物体是自相矛盾的。②

需要强调的是，无限球体隐喻在赫尔墨斯传统中只能被用于描述上帝，宇宙在该传统中仍然符合中世纪主流的宇宙论，即作为和谐整体宇宙（cosmos）而存在。在《赫尔墨斯秘文集》（*Corpus Hermeticum*）第一卷《牧人者篇》（*Poemandres, the Shepherd of Men*）中，宇宙即被规定为是有限且封闭的：

> ［自然］接受了道（logos），凝视着完美的和谐宇宙。借由自身的元素与初生的灵魂，自然效仿它成为了一个和谐宇宙。上帝，即意志，是雌雄同体的，作为光和生命存在，诞生出另一个意志来赋予事物形式，与上帝一样是作为火与精神的。祂创造出七个统治者，他们将可感宇宙包围起来，人们称之为"命运"。③

此处上帝所创造的另一个意志与柏拉图《蒂迈欧篇》中"德穆格"即"匠神"的形象相似，而被称作"命运"的七位统治者则指七大行星，《蒂迈欧篇》中亦有极为类似的描述："太阳、月亮以及其他五个天体——所谓的行星——被创造出来，以确定和维持时间的数。"④

除了宇宙结构的有限特质之外，赫尔墨斯传统宇宙论中的命运概念也显示出上帝、宇宙与人三者间的关系。在第十卷《钥匙》（*The Key*）中，神、大宇宙与人的关系得到了系统的阐释：

---

① Aristotle, *Physics*, 207a 1, in *The complete works of Aristotle*, Princeton, NJ: Princeton University Press, 1984.
② 吴国盛：《论宇宙的有限无限》，载《科学前沿与哲学》，北京，求实出版社，1993 年。
③ Hermes Trismegistus, *Corpus Hermeticum*, trans. G. R. S. Mead, Global Grey, 2018, I, 8–9.
④ Plato, *Timaeus*, 38d, in *Timaeus and Critias*, trans. R. Waterfield & A. Gregory, Oxford University Press, 2008.

万事万物都来自同一个源头，而这个源头则来自唯一的一。源头将被推动着再次成为源头，而一却永恒不动。因此，存在着三重：作为父亲与至善的神，大宇宙与人。神包含着宇宙，宇宙则包含着人。宇宙是上帝的儿子，而人则是宇宙的儿子。[①]

神、大宇宙与人在等级上密不可分，构成了一个秩序井然且普遍联系的整体。基于这一整体，衍生出"上行下效"（as above, as [so] below，或译为"如其在上，如其在下"）这种占据统治地位的观念，月下界与月上界通过一种内在于万物本身的前定和谐彼此联应，且月上界支配着月下界："宇宙受上帝支配，人类受宇宙支配，非理性的事物受人类支配。但上帝支配着万事万物。"[②] 据此，可看出赫尔墨斯传统中的宇宙无论是从结构层面还是从同上帝与人的关系层面均未远离中世纪主流传统，宇宙始终是封闭的、有限的与异质的。在这种大背景下，无限球体隐喻只能用于描述上帝。只有当库萨从概念上创造性地改造了上帝、人与宇宙三者关系之后，无限宇宙隐喻方有可能实现从上帝到宇宙的转移。

三、作为无限球体的宇宙

库萨实现无限球体隐喻之转移的关键前提是重构了上帝、人与宇宙三者的关系，这一重构意味着库萨从本体论层面赋予三者崭新的含义，从而颠覆了传统的上帝支配大宇宙，大宇宙支配小宇宙的伟大的存在之链式的和谐整体宇宙，最终将其转化为无限球体。

库萨进行这一转化过程的根本原因是回应人如何寻觅上帝这一中世纪晚期愈加紧迫的时代问题，他的思辨根植于中世纪晚期经院哲学日益陷入窘境的背景之中。经院哲学家将理性引入神学带来的严重后果是将上帝理性化，这对于整个经院哲学无疑是饮鸩止渴：不仅使哲学由于依附神学而套上枷锁，而且也把神学束缚在本质上属于世俗学问的亚里士多德主义上。[③]

库萨力图借助对立面相一致的原则调和希腊传统与希伯来传统间的矛盾，

---

① Hermes Trismegistus, *Corpus Hermeticum*, X, 14.

② Ibid. , X, 22.

③ 李秋零：《上帝·宇宙·人》，北京，中国人民大学出版社，1992年，第12页。

使人得以寻觅上帝，这一过程以隐喻形式出现在《论球的游戏》中。在该书中，库萨构造出一种投掷球的游戏，并指出"这个关于球的令人愉悦的游戏将为我们展示出一种重要的哲学"[①]。这个游戏在一个画在地面上的九重同心圆中进行，所使用的球并非一个真正的圆球体，而更像一种椭球体（spheroid），即库萨所谓的"中间略微凹陷"的球体。由于其特殊的形状，玩家在投掷球时留下的轨迹往往是螺旋式的。游戏的目标是滚动这个椭球体，使之进入第九个同心圆的最外层并环绕每一个同心圆，随后沿着每一个逐渐变小的同心圆的圆周运行，直到其冲力（impetus）衰退，最终静止于九重同心圆共同的圆心。

这场看似简明的游戏背后却蕴含着极为复杂的意蕴，理解球的游戏的关键在于厘清库萨体系中崭新的宇宙论设想。哈里斯教授认为库萨在隐喻转移过程中所做的工作并不惊人，很大程度上源于他对库萨宇宙论之开创性的忽略。从典型的柯瓦雷式的理解出发，哈里斯将库萨置于从封闭世界到无限宇宙的这一大背景下，认为"圆的打破"来自隐喻自身的规定。然而，与站在无限宇宙的立场上回望无限球体隐喻的哈里斯不同，对库萨而言，宇宙的无限性远非自明，而是存在着巨大的困难。库萨的宇宙既不同于此前的链式封闭宇宙，亦不同于伴随着新天文学的诞生而产生的无限宇宙。仅从"仿像－原型"的关系出发，并不足以实现无限球体隐喻从上帝到宇宙的转移，宇宙由有限擢升为无限的关键前提在于库萨对宇宙的重新定义，这一定义建基于库萨崭新的神人关系。

通过强调理性灵魂的类神性，库萨使人得以突破为之所困的宇宙地位（cosmic status）[②]，并以与上帝创造世界相似的方式在心灵中构建出猜想世界（或称精神世界）。[③]对库萨而言，无限球体隐喻所转移的宇宙实际上指的是内在于人的猜想世界，受造世界（大宇宙）只有经过人类理智的揭示才拥有价值。可以看到，库萨变革了以往大小宇宙的关系，小宇宙即人不再为大宇宙所规定，人因具有理智灵魂而得以将大宇宙包容进自身。在库萨那里，人不再被视作小宇宙，而是第二上帝（secundus Deus）。基于《论球的游戏》，可大致将库萨的宇宙论重构如下图：

---

① *De ludo globi*, I, 2: 4–6.

② P. M. Watts, Introduction.

③ 李华：《尼古拉·库萨的内在性思想》，博士学位论文，复旦大学哲学系，2011 年，第 75 页。

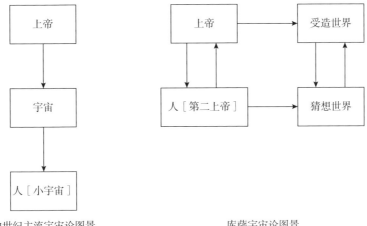

图 1　中世纪主流宇宙论图景（左）与库萨宇宙论图景（右）

库萨的论证肇始于对传统的大小宇宙论的批驳，他将"上帝—宇宙—人"的等级结构改写为"上帝—人—宇宙"：

> 人直接受制于统治他的国王，然后才以一种间接的方式受制于世界王国。……人自己即一个自由且崇高的王国。通过思考，人能认识到他自己，并能以美好的方式在一个纵使渺小但却是人自己的王国中找到所有无与伦比的事物。[①]

这一改写的根据是对理性灵魂与上帝关系的强调。库萨谈道，"灵魂的完美是因为有着比它更伟大无限的、最完美的上帝的光芒在灵魂力量中的闪耀。灵魂因上帝的永恒而永恒"。[②]拥有理性灵魂的人以自由意志突破了自然界的必然命令，即所谓作为"世界灵魂"（mundum animam）的命运："作为统治者的人类精神并不受自然结构制约，否则它将不会发明出任何事情，而只会被自然推动。"[③]至此，库萨将人从大宇宙的支配中解放出来，并更进一步将宇宙包容于人自身：

> 你能清楚地觉察到你是在何时以何种方式扔球的，即便天穹中的星象让球停滞在一个固定的点上，诸天也无法在你意愿的情况下阻止你扔

---

① *De ludo globi*, I, 43: 14–15; 20–24.

② Ibid. , I, 33: 1–4.

③ Ibid. , I, 35: 7–9.

球。因为每个人的王国都是自由的，包含诸天与群星的宇宙也是自由的。大宇宙亦被包含于更小的宇宙中并以人类的方式存在。①

库萨此处的论述已然颠倒了大宇宙与人的等级地位，需要澄清的是，人对大宇宙的"包含"不同于上帝对宇宙的包含，二者均作为统一体而存在，但人只能从概念上包容宇宙："理性灵魂的统一体被容纳于上帝的统一体中，以此理性灵魂得以成其所是，在它之中以概念的方式将一切事物都容纳进去。"②库萨并不关心外部宇宙即大宇宙的结构，而是转而关注人的内在世界。本节开头谈道，库萨一生欲解决的核心问题是如何寻觅上帝，但作为绝对无限的上帝无法为人类理智所认识，这个问题似乎又陷入窘境。然而，通过转向内在世界，库萨将耶稣基督置于生命王国的中心，人不再试图从地心出发突破层层天球与命运的桎梏以获得神的救赎，而是通过跨越内在世界的诸个圈层从而与神合一。

对库萨而言，寻觅上帝的前提条件是神向人显现，"上帝是生命的给予者，无人能看到他，除非圣子基督向他显现。之所以只有基督能显示上帝，是因为只有儿子才能显示出作为父亲的父亲"。③此外，"无人能居于生命王国中，除非他被赐福"。④然而，基督并非外在的显现于大宇宙中，而是以无限球体的方式居于人的生命王国的中心：

> 那个既是圆周又是圆心的圆［基督］能在瞬间绕行。因此，它的运动将是无限的。圆心是一个固定的点。它将是最大的或无限的运动，同样也是最小的运动，其圆心等同于圆周。我们称之为生命的生命，它将所有生命可能的运动都囊括在其固定的永恒的点之中。⑤

概言之，以球的游戏为喻，库萨将寻觅上帝的过程比作将球掷出并穿过诸多圈层直至抵达中心即耶稣基督的活动。这一过程不可被理解为发生于外部受造宇宙的事件，而是人转向自身内在世界的隐秘之处，以期蒙受神的赐福。球的游戏揭示出，人唯有通过跨越内在于人自身的宇宙圈层方能觅得居

---

① *De ludo globi*, I, 56: 8–12.

② Ibid. , II, 91: 6–8.

③ Ibid. , II, 71: 1–2.

④ Ibid. , II, 71: 1.

⑤ Ibid. , II, 69: 19–23.

于中心的上帝，即库萨所谓"人在自己身上体验到了从肉体性向精神性的上升"。①

回到无限球体隐喻，可看出库萨晚期更关注内在的人的世界而非外在的大宇宙。借助理性灵魂的力量，库萨将传统的大小宇宙观，变革为作为第二上帝的人将大宇宙包罗进自身，并在概念层面创造出内在宇宙的整体结构。无限球体隐喻显然更适用于描述后者，人不再作为被固定于伟大的存在之链上的一个节点，而是通过自由意志这一最与神相似的能力在自己心中觅得上帝："上帝的唯一的、永恒的、最简单的意图是所有事物持存与固定的原因。因此在理性灵魂中，存在着一个永恒的和最终的意图，那就是获得对上帝的认识，即在自己的概念中拥有这个为万有所期盼的善。"②

结语

库萨的尼古拉将无限球体隐喻从上帝转加给宇宙这一事件与新天文学的诞生乃至现代性的起源有着千丝万缕的联系。现代的正当性源自人对中世纪晚期基督教与世界的关系危机的回应，库萨正站在从中世纪晚期迈向现代世界的门槛之前。

在传统的科学思想史叙事中，现代世界的诞生被刻画为和谐整体宇宙的解体即圆的打破。然而，这一宏观层面的论述极易遮蔽微观层面库萨的工作。就无限球体隐喻而言，以哈里斯为代表的相关学者倾向于认为该隐喻自身即暗示着对中世纪宇宙论的突破，库萨的工作并不惊人。本文认为，这一观点出自哈里斯自身所在的现代视角，倘若返回到库萨的时代，无限球体概念远非自明，他所关心的宇宙也并非是外部世界，而是人内心隐秘幽深的国度。原因在于，只有转向人的内在世界，才能实现对神的寻觅。诚如布鲁门伯格（Hans Blumenberg，1920—1996 年）所言，库萨的基督论（Christology）并不试图寻求一条救赎之路，而是致力于实现宇宙与人的本质潜能，这使得耶稣的降临即道成肉身（Incarnation）成为了一个普遍的、宇宙性的事件。③

---

① *De ludo globi*, II, 105: 6–8.

② Ibid. , II, 99: 3–7.

③ H. Blumenberg, *The legitimacy of the modern age*, trans. R. M. Wallace, Cambridge, MA: MIT, 1985, p. 547.

对库萨而言，宇宙作为无限球体的根本原因在于破除层级宇宙对人的桎梏，使人得以自由地寻觅居于生命之圆中心的耶稣基督，进而与神合一。而当人背向上帝，迷失在最外层的令人困惑的混沌（confusum chaos）之中时 ①，宇宙旋即成了无位置的深渊，即帕斯卡所恐惧的永恒寂静的无限空间。面向无限的恐惧并非库萨的本意，但却与他有着根深蒂固的联系。库萨实际上是将无限球体隐喻由上帝转移到人内心的宇宙，从而导致了后世封闭世界的破裂。就这一层面而言，他的工作毋庸置疑是不容轻视的。

The Transformation of the Metaphor of the Infinite Sphere
by Nicholas of Cusa

Nie Runze

Abstract: The transformation of the metaphor of the infinite sphere from God to the universe paved the way for the birth of the new astronomy, in which Nicholas of Cusa played an important role. However, available research is often confined to the discussion of the metaphor of the infinite sphere in Cusa's early works, especially based on *De docta ignorantia*, which suggests that the metaphor itself implies the possibility of a transformation from God to the universe, resulting in the originality of Cusa's work not being given the attention it deserves. Through examining the content of the metaphor of the infinite sphere in Cusa's later work *De ludo globi*, this paper attempts to clarify that the key prerequisite for the transformation of the metaphor of the infinite sphere is Cusa's groundbreaking reconstruction of the relationship between God, man, and the universe. Based on a new relationship between God and man which is different from the Hermetic tradition and scholastic tradition, Cusa exalts man's free will and breaks the shackles of the hierarchical universe, thus transferring the metaphor of the infinite sphere from God to the universe and arguing for the infinity of the universe.

Keywords: Nicholas of Cusa; Infinite Sphere; *De Ludo Globi*; Free Will

---

① *De ludo globi*, II, 104: 15.

波义耳与斯宾诺莎之争 ①

黄河云 ②

摘　要：硝石复原实验是波义耳与斯宾诺莎之争的核心。以霍尔夫妇为代表的传统解释将这场争论视为经验主义与理性主义之争，但这种解读不能成立。原因有二：①理性在波义耳的实验哲学中同样占据着重要地位；②斯宾诺莎并不否认实验的重要性。波义耳与斯宾诺莎的共识体现在两者都同意用机械论取代质形论，并且都对部分性质进行机械解释，但在能否对硝石与硝石精在可燃性、味道和酸碱性方面的差异进行机械解释方面存在分歧。波义耳致力于提升化学学科地位以及捍卫化学相对于物理学的独立性的努力是理解这场争论的关键，这不仅揭示了双方之间最根本的分歧，还为理解当今化学哲学中的还原论与反还原论之争等重要问题提供了启发意义。

关键词：波义耳；斯宾诺莎；硝石复原实验；经验主义与理性主义之争；机械论哲学 / 微粒哲学

引言

波义耳与斯宾诺莎之间围绕硝石复原实验所展开的争论是 17 世纪一场重要的争论。本文由四部分构成：第一部分简单介绍这场争论及其传统解释，即经验主义与理性主义之争；第二部分基于波义耳与斯宾诺莎各自对经验和理性的态度来反驳传统解释；第三部分揭示这场争论背后隐含的共识，即机械论哲学，以此凸显他们之间的真正分歧；第四部分表明波义耳致力于维护化学独立学科的地位以及他对彻底还原论的抗拒才是阐明这场争论的关键。

① 基金项目：国家社科基金重大项目"世界科学技术通史研究"（142DB017）。
② 黄河云，1994 年生，湖南邵阳人，清华大学科学史系博士研究生，主要研究方向：科学思想史。

一、波义耳与斯宾诺莎之争简介及其传统解释

波义耳与斯宾诺莎之间的通信是通过皇家学会的第一任秘书奥尔登堡作为中间人进行的。从 1661 年到 1676 年，奥尔登堡与斯宾诺莎进行了一系列通信，波义耳与斯宾诺莎之争是其中的一部分，其中第 6、7、11、13、16 封信与这场争论有关。早在给斯宾诺莎的第 1 封信中，奥尔登堡就提到了波义耳的《自然学论文集》(*Certain Physiological Essays*)，并于几个月之后给斯宾诺莎寄去了这本书的拉丁文版，并请他阅读和评论这本书，尤其是与实验有关的部分。

在第 6 封信中，斯宾诺莎批评了波义耳在这部著作中对硝石复原实验的解释。在实验中，波义耳将一块灼烧的木炭放入硝石（即硝酸钾）中，得到了两种物质：挥发性部分或硝石精（即硝酸）与固定硝石（即碳酸钾）。它们的各种性质存在着巨大的差异：前者是酸性的，后者是碱性的；前者不易燃，后者易燃；它们的味道也非常不同。然后，他将这两部分在水中结合，重新得到了硝石，即最初的产物。这个过程由两个阶段构成：[①]

（1）分解：硝石→硝石精 + 固定硝石。

（2）复原：硝石精 + 固定硝石→硝石。

波义耳得出结论：硝石是一种异质的复合物，它由具有不同本性的硝石精与固定硝石构成，这两部分不仅彼此不同，而且与硝石本身也不相同，它们重新组合可再次获得硝石。

斯宾诺莎在给奥尔登堡的回信中写道，他不同意波义耳的结论，即这个实验证明了硝石的异质性。在他看来，硝石是同质的，硝石与硝石精之间唯一的区别仅在于前者的微粒处于静止状态，后者的微粒处于快速运动状态；固定硝石不过是硝石的杂质。[②] 这种解释的依据正如《伦理学》中所说的："物体之间的区别在于运动和静止，快和慢，而不在于实体。"[③] 最终，斯宾诺莎得出结论：硝石与硝石精之间的区别就像冰与水的区别一样。[④]

---

① R. Boyle, *The Works of Robert Boyle*, Vol. 2, eds. M. Hunter and E. B. Davis, Pickering and Chatto, 2000, pp. 93–95.

② 斯宾诺莎：《斯宾诺莎文集》(第 5 卷 书信集)，洪汉鼎译，北京，商务印书馆，2014 年，第 21–22 页。

③ 同 ②，第 56 页。

④ 斯宾诺莎：《书信集》，第 75 页。

后续的通信在很大程度上不过是双方各自重复先前的主张，谁也没能说服对方。

从现代化学的角度看，波义耳与斯宾诺莎的解释都与实际情况不符。所谓的硝石复原是一个三阶段的反应（分解与复原中的相关物质用斜体表示）：[1]

（1）硝石的分解：

$4KNO_3 + 3C \rightarrow CO_2 \uparrow + 2NO_2 \uparrow + N_2 \uparrow + 2K_2CO_3$（$K_2CO_3$——碱性和固定性）

（2）与水反应：

$2NO_2 + H_2O \rightarrow HNO_3 + HNO_2$（$HNO_3$——酸性和挥发性）

（3）硝石的复原：

$K_2CO_3 + 2HNO_3 \rightarrow 2KNO_3 + H_2O + CO_2 \uparrow$

传统解释将这场争论界定为经验主义 VS 理性主义。例如，霍尔夫妇（A. R. Hall and M. B. Hall）认为，"理性主义与经验主义之间的核心问题在波义耳与斯宾诺莎的争论中……得到更清晰的体现"。[2] 麦基翁（R. McKeon）[3] 与多丹（H. Daudin）[4] 也持类似的观点。刘易斯（C. Lewis）虽然意识到这种解释有把问题过于简单化的危险，但仍然认为："两人几乎可以被看作是经验主义和理性主义的典范。……整个关于波义耳的斯宾诺莎 / 奥尔登堡通信可以被视为英国经验主义者和欧陆理性主义者之间的大论战的缩影。"[5]

对这场通信的初步考察确实能找到一些支持传统解释的文本证据。例如，斯宾诺莎在第 6 封信中的几段话完全符合他作为理性主义代表人物的形象。"既然这位作者并没有把这些证明化为数学证明，所以也就毫无必要来审查这些证明是否完全令人信服了。"[6] "从来就没有人能用化学实验或任何别的实验

---

[1]　M. P. Banchetti-Robino, *The Chemical Philosophy of Robert Boyle*, Oxford University Press, 2020, p. 65.

[2]　A. R. Hall and M. B. Hall, "Philosophy and Natural Philosophy: Boyle and Spinoza", *Mélanges Alexandre Koyré*, 2 (1964), p. 242.

[3]　R. McKeon, *The Philosophy of Spinoza: The Unity of His Thought*, Longmans,Green and Co., 1928, p. 138.

[4]　H. Daudin, "Spinoza et la Science Expérimentale: Sa Discussion de L'expérience de Boyle", *Revue d'histoire des sciences et de leurs applications* (1949), p. 179.

[5]　C. Lewis, "Baruch Spinoza, A Critic of Robert Boyle: On Matter", in *Spinoza: Context, sources, and the early writings. Vol. 1, ed. by G. Lloyd, Taylor & Francis, 2001, p. 238.

[6]　斯宾诺莎：《书信集》，第 25–26 页。

来证明这一点，因为这只能借助推理和计算来证明。"①在斯宾诺莎看来，波义耳的实验要么不足以证明他的论点，要么是多余的。

另外，奥尔登堡在第 11 封信中对波义耳的评价似乎也支持了对这场争论的传统解释。在他看来，波义耳属于那些对自己的理性不甚信任的人。②此外，关于斯宾诺莎与波义耳的差异，奥尔登堡在第 16 封信中的结尾总结道：前者更像一个数学家，而后者则注重观察和实验。③《斯宾诺莎文集》的中译者洪汉鼎认为，这段话指明了这场争论真正的分歧：奥尔登堡描述的波义耳与斯宾诺莎之间的差异就如同英国经验主义与欧陆理性主义之间的差异。④

二、对传统解释的初步反驳

尽管如此，对这场争论的传统解释并不能成立。第一，波义耳的"经验"概念与认识论意义上的"经验"概念并不相同，并且理性在他的实验哲学中同样被赋予重要地位。在他看来，仅凭观察也不足以揭示关于世界上实际运作的那些原因的真理，实验哲学应该"建立在理性和经验这两个基础之上"。⑤"实验哲学家不是一个纯粹的经验主义者……后者经常做实验，而不对其进行反思，因为他的目的是产生结果，而不是发现真理。"⑥波义耳赋予理性不亚于经验的地位。"经验只是理性的助手，因为经验的确为理解力提供了信息，但理解力仍然还是法官，它有能力或权利考察和利用提交给它的证词。"⑦他进一步指出："感官可能会欺骗我们……判断什么样的结论可以安全地建立在感官信息和经验证词基础之上的也是理性。所以有人说经验纠正理性，这是不太恰当的，因为正是理性本身依靠经验信息纠正了它之前所作的判断。"⑧

---

① 斯宾诺莎：《书信集》，第 28 页。

② 同 ①，第 54 页。

③ 同 ①，第 86 页。

④ 同 ①，第 87 页注释 2。

⑤ R. Boyle, *The Works of Robert Boyle*, Vol.11, eds. M. Hunter and E. B. Davis, Pickering and Chatto, 2000, p. 292.

⑥ Ibid., p. 306.

⑦ Ibid., p. 326.

⑧ Ibid.

此外，波义耳对经验的分类也表明他的"经验"概念不同于经验主义。他将经验分为三类：个人经验基于自己的感觉，无须外部证据的介入；历史经验来自他人的叙述或证词；神学经验则通过启示获得。[①] 根据个人经验，人们知道天上的星星；根据历史经验，第谷等天文学家在 1572 年看到了一颗新的星星；根据神学经验，星星是在创世的第四天创造的。[②] 后两者显然不符合基于直接可观察现象的经验主义认识论。

第二，斯宾诺莎并没有否认实验的作用。在这场争论中，斯宾诺莎并不反对做实验，而是声称波义耳没有提出足够的实验证据来证明硝石的异质性。在第 6 封信中，斯宾诺莎做了三个实验来支持他关于硝石同质性的观点。在第一个实验中，他让挥发的微粒凝结成纯硝石的冰柱，以此证明硝石燃烧时在烟雾中逸出的微粒是纯硝石。在第二个实验中，他通过对硝石进行多次过滤发现其挥发性取决于其纯度，证明固定部分只是硝石的杂质，而硝石的纯度越高，就越容易挥发和结晶。在第三个实验中，斯宾诺莎解释为什么硝石是可燃的，而硝石精不可燃；他让硝石精渗透到沙子的孔隙中，其微粒失去了运动，因此它们变得易燃。[③]

至于奥尔登堡对波义耳与斯宾诺莎之间差异的总结，应该被解读为他在倡导争论的双方进行合作，发挥各自所长，最大限度地促进知识的进步：斯宾诺莎用敏锐的数学思维探究哲学原理；波义耳则用精确的实验和观察去证实和阐明它们。当时刚成立的皇家学会将对知识的探索界定为一项合作事业，而作为学会的秘书，奥尔登堡强调合作是再自然不过的。

初步反驳了传统解释之后，接下来要做的是寻找波义耳与斯宾诺莎之争背后隐含的共识，并借此发现这场争论真正的分歧。

三、波义耳与斯宾诺莎的共识与分歧：机械论哲学

关于这场争论，布伊斯（F. Buyse）认为需要转换研究视角：之前的研究过于强调波义耳与斯宾诺莎之间的对立，而忽视了他们之间的共识。两者在

---

① R. Boyle, *The Works of Robert Boyle*, Vol.11, eds. M. Hunter and E. B. Davis, Pickering and Chatto, 2000, pp. 307–308.

② Ibid., p. 308.

③ 斯宾诺莎：《书信集》，第 23–25 页。

这场通信中都拒绝讨论他们根本没有共识的主题。① 例如，奥尔登堡在第 14 封信中提到了波义耳最近用空气泵做了一个实验，其结果有利于充实论者，而让真空论者苦恼万分。② 然而，作为充实论者的斯宾诺莎却完全没有回应这个问题。同样，波义耳拒绝讨论斯宾诺莎关于上帝、自然和人之间的一般关系的观点。由此可见，这两位思想家很可能对讨论他们根本上没有共识的问题不感兴趣。"斯宾诺莎和波义耳似乎是在不同的波长上，而不是简单地意见相左。"③

这种共识是什么？马舍雷（P. Macherey）认为，虽然双方"在具体问题上相互对立，但确实是同一理论观点（即力学或机械论世界观）的一部分。"④ 双方的通信支持了这种看法。在第 11 封信中，奥尔登堡解释说波义耳的这个实验旨在表明经院哲学的实体形式与性质学说缺乏坚实的基础。⑤ 正如波义耳在序言中所指出的，微粒哲学（机械论哲学的同义词）摒弃了经院学派的实体形式，用粒子的大小、形状、运动或静止以及位置来解释物体多种多样的变化。⑥ 在他看来，硝石复原实验清楚地证明了质形论是错误的，因为一旦硝石被分解为其组分，它的实体形式就会被破坏，它就不可能复原；这个实验也是对微粒哲学的有力证明，它表明各组成部分的基本微粒在实验过程中保持不变。在第 13 封信中，虽然斯宾诺莎认为他难以相信波义耳的目的仅在于指出实体形式、性质等幼稚可笑的学说缺乏基础，⑦ 但他同样承认那些学说是漏洞百出的，并且他提到的三个实验也是基于微粒论。双方都认可用机械论取代质形论。

克莱里库齐奥（A. Clericuzio）和亚基拉（E. Yakira）也认为这场争论应该置于机械论哲学的背景下进行解读，并认为斯宾诺莎是一个比波义耳更严格的机械论者，前者倡导一种彻底的还原论，而后者则认为化学性质不能还

---

① F. Buyse, "Boyle, Spinoza and the Hartlib Circle: the Correspondence Which Never Took Place", *Societate si Politica* 7. 2 (2013), p. 44.

② 斯宾诺莎：《书信集》，第 79–80 页。

③ F. Buyse, op. cit., p.40.

④ P. Macherey, "Spinoza lecteur et critique de Boyle", *Revue du Nord* 77. 312 (1995), p. 755.

⑤ 斯宾诺莎：《书信集》，第 52 页。

⑥ R. Boyle, *The Works of Robert Boyle*, Vol. 2, p. 91.

⑦ 斯宾诺莎：《书信集》，第 70 页。

原为机械性质。[①]克莱里库齐奥指出，波义耳"用具有化学性质而不是机械属性的微粒来解释化学现象。"[②]在 17 世纪 50 年代写作的《论原子哲学》（$Of\ y^e$ $Atomicall\ Philosophy$）中，波义耳把原子与自然最小单元（minima naturalia）等同起来，它们被赋予了各种化学性质，"与它们组成的整体具有相同的本性"。[③]宏观物体所具有的的性质，自然最小单元都有，它们是在化学反应中保持其属性的最小部分。即使在其成熟期的著作中，波义耳仍然将化学性质赋予复合微粒。在《形式与性质的起源》（$The\ Origine\ of\ Forms\ and\ Qualities$，1666）中，波义耳区分了简单微粒（即原初自然物［prima naturalia］）与复合微粒（初级凝结物［Primary Concretions］），[④]克莱里库齐奥认为，前者只具有机械属性，后者既具有机械属性也具有化学性质。[⑤]在他看来，波义耳与斯宾诺莎的争论"揭示了机械论哲学的两个不同版本。"[⑥]"波义耳在这篇论文中没有试图从物质的微粒形状或大小来推导这些可感性质。硝石的复原过程确实是从化学微粒的化学性质和操作的角度讨论的。"[⑦]简言之，机械论哲学是波义耳与斯宾诺莎的共识，而他们的分歧体现在机械解释在化学中的作用。

布伊斯虽然赞同机械论是这场争论的共识，但他坚决反对将斯宾诺莎视为一个严格的机械论者，他认为波义耳反而更适合这一称呼。按照他的说法，波义耳在《自然学论文集》中首次定义了机械论哲学这个术语，[⑧]这个定义包含了 6 个关键要素：①研究对象：自然和自然现象；②两大本原：惰性物质和位置运动；③两种性质的区分；④用微观来解释宏观；⑤机器

① A.Clericuzio, *Elements, Principles and Corpuscles: a Study of Atomism and Chemistry in the Seventeenth Century,* Kluwer, 2000, p. 139, p. 143. E. Yakira, "Boyle et Spinoza", *Archives de philosophie* (1988), pp. 113–114.

② A. Clericuzio, A Redefinition of Boyle's Chemistry and Corpuscular Philosophy, p. 563.

③ R. Boyle, *The Works of Robert Boyle*, Vol.13, eds. M. Hunter and E. B. Davis, Pickering and Chatto, 2000, p. 228.

④ R. Boyle, *The Works of Robert Boyle*, Vol.5, eds. M. Hunter and E. B. Davis, Pickering and Chatto, 2000, pp. 325–326.

⑤ A. Clericuzio, *Elements, principles and corpuscles*, p. 123.

⑥ A. Clericuzio, "A Redefinition of Boyle's Chemistry and Corpuscular Philosophy", *Annals of science* 47. 6 (1990), p. 574.

⑦ A. Clericuzio, *Elements, principles and corpuscles*, pp. 140–141.

⑧ R. Boyle, *The Works of Robert Boyle*, Vol. 2, p. 87.

类比；⑥认识论地位：有待验证的假说。①布伊斯声称，他的目的是"考察所有这些不同的要素在斯宾诺莎的哲学中在多大程度上存在以及重要性如何。"②

布伊斯认为，尽管波义耳与斯宾诺莎在要素③和要素④这两个方面存在共识，但在其他方面则截然不同。关于要素①，斯宾诺莎坚持实体一元论，心灵并没有被严格地排除在自然之外。关于要素②，斯宾诺莎根本不承认存在惰性物质。他在给齐恩豪斯（Tschirnhaus）的信中写道，如果物质是被动的，那么根据惯性定律，需要一个使自然运动起来的自然之外的原因。③这在斯宾诺莎看来非常荒谬，因为对他来说，自然意味着一切。因此，不存在惰性物质，只有运动的物质。关于要素⑤，对波义耳来说，世界是一台巨大的机器，他最常用的例子是斯特拉斯堡的著名大钟。④相反，斯宾诺莎极少使用这种类比。在他看来，自然在复杂性上超过了所有由人类技艺组合起来的东西，因此不能被设想为一台机器。在第32封信中，斯宾诺莎运用了一个寄生虫（活的、有机体的例子）的类比，而不是机器类比。⑤

通过上述比较，布伊斯反驳了克莱里库齐奥关于斯宾诺莎是一个严格的机械论者的观点。他进一步得出结论：波义耳应该被视为一个严格的机械论者。

在《论硝石》第12节，波义耳认为硝石复原实验证明了"部分的运动、形状和位置以及物质的类似原初和机械属性（mechanical affections，如果我可以这样称呼它们）可能足以产生物体的那些更次级的性质，它们通常被称为可感性质。"⑥通过考察第12节之后波义耳对冷、热、声音、气味等可感性质的解释，布伊斯断言，波义耳将它们还原为微粒的各种运动。"与克莱里库齐奥的说法相反，波义耳确实试图用机械术语解释性质。"⑦

---

① F. Buyse, "Spinoza, Boyle, Galileo: Was Spinoza a Strict Mechanical Philosopher?", *Intellectual History Review*, 23. 1 (2013), pp. 48–49.

② Ibid., p. 49.

③ 斯宾诺莎：《书信集》，第373页。

④ R. Boyle, *The Works of Robert Boyle*, Vol. 3, eds. M. Hunter and E. B. Davis, Pickering and Chatto, 2000, p. 256.

⑤ 斯宾诺莎：《书信集》，第170页。

⑥ R. Boyle, *The Works of Robert Boyle*, Vol.2, p. 98.

⑦ F. Buyse, "Boyle, Spinoza and Glauber: on the Philosophical Redintegration of Saltpeter—a Reply to Antonio Clericuzio", *Foundations of Chemistry*, 22 .1 (2020), p. 66.

本文认为，布伊斯的上述两个结论都有问题。第一，尽管斯宾诺莎不符合严格机械论的几大要素，但他在通信中对硝石复原实验的解释确实采取了一种极端还原论的立场。第二，虽然波义耳在《论硝石》中确实将一些性质还原为机械属性，但他对其他性质进行了化学解释而非机械解释。

如前所述，波义耳描述了硝石和硝石精性质上的两个重要区别：味道和可燃性，而斯宾诺莎则认为这两种物质的区别仅在于其粒子的运动状态。按照斯宾诺莎对两者味道差异的解释，运动物体不以最大表面与物体接触，静止物体以最大表面与物体接触。硝石的微粒处于静止状态，以其最大表面与舌头接触，封住舌头的孔隙，从而引起冷的感觉；硝石精的微粒处于运动状态，以其尖锐的面与舌头接触，刺入舌头的孔隙（其运动越剧烈，越能够刺痛舌头）。硝石与硝石精的味道不同，正如一枚针以针尖接触舌头与平放在舌头上引起不同的感觉。① 至于可燃性，斯宾诺莎认为，硝石微粒处于静止状态会抵御火的作用，用火使它们上升比较困难；硝石精的微粒处于运动状态，只需极少的热量就会向各个方向逸出。②

波义耳并不赞同斯宾诺莎对硝石与硝石精在味道、可燃性差异的彻底还原论解释；因为它基于笛卡尔的火的理论，而波义耳对这个理论并不满意。③ 笛卡尔在《哲学原理》第四部分试图对各种化学性质与化学操作进行严格机械解释。例如，他将酸的腐蚀性归因于酸性物质的尖锐或带刺的微粒，而中和被解释为酸的带刺微粒刺入了碱性微粒的孔隙，从而使其微粒的尖端难以继续发挥作用。④ 根据笛卡尔的火的理论，火与空气最主要的区别在于前者的微粒比后者的微粒运动快得多。⑤ 燃烧被解释为用火强迫第二元素的微粒从物体的孔隙中逸出。⑥ 在论述硝石的燃烧时，笛卡尔将其还原为硝石微粒的形状与运动，即硝石由长方形和坚硬的微粒构成，它的一端比另一端厚，由此它的主要运动位于较尖的一端。⑦ 在这部著作的结尾，笛卡尔作出了彻底还原论的声明，即他已经充分证明光线、颜色、气味、味道、声音和触觉等可感性

---

① 斯宾诺莎：《书信集》，第 22–23 页。

② 同 ①，第 23 页。

③ 同 ①，第 53 页。

④ R. Descartes, *Principles of Philosophy*, Kluwer Academic Publishers, 1982, p. 212.

⑤ Ibid., pp. 219–220.

⑥ Ibid., p. 220.

⑦ Ibid., pp. 232–233.

质只取决于物体的大小、形状和运动。[①]而斯宾诺莎在第 13 封信中提到，他前段时间忙于《笛卡尔哲学原理》的出版工作，[②]所以他在这场争论中采用笛卡尔在《哲学原理》第四部分的彻底还原论立场来解释硝石与硝石精的味道和可燃性差异是很自然的。

另外，波义耳并没有对硝石复原实验中涉及的全部性质进行机械解释，而是保留了化学解释的独立地位。对于另一些性质，正如乔利（B. Joly）所说："波义耳并没有援引微粒的运动和形状，而是援引具有溶解、沉淀或固定性等属性的不同物质的化学性质。简言之，对波义耳来说，化学解释保留了它的自主性，不能还原为机械解释。"[③]陈仕丹和袁江洋列出了波义耳对硝石复原实验中的各种性质的微粒论解释，[④]但波义耳并未将味道、可燃性和酸碱性纳入其中。因此，本文认为这充分表明了波义耳与斯宾诺莎在这场争论中的共识与分歧。其中，对于冷、热、声音、气味等性质，波义耳确实进行了严格的机械解释（正如布伊斯所说），这体现了他与斯宾诺莎的共识；而对于味道、可燃性和酸碱性（被认为化学性质），波义耳则并没有将其还原为微粒的大小、形状和运动，而是满足于作出化学解释（正如克莱里库齐奥所说），这体现了他与斯宾诺莎的分歧。在波义耳对硝石复原实验的解释中，机械解释与化学解释并行不悖，因此布伊斯与克莱里库齐奥的说法都是片面的。

作为机械论哲学的倡导者，波义耳为什么不像斯宾诺莎那样将所有性质都还原为机械属性？他为什么要保留化学解释的独立地位？这些问题对于理解这场争论来说至关重要，对它们的回答需要理解波义耳写作《自然学论文集》的真正意图。

四、波义耳的真正目的：理解这场争论的关键

在波义耳的时代，化学主要是一门实用技艺，从业者主要是工匠、药剂师和炼金术士等，他们的社会地位低于自然哲学家。罗西（P. Rossi）指出："化

---

① R. Descartes, *Principles of Philosophy*, Kluwer Academic Publishers, 1982, pp. 282–283.

② 斯宾诺莎：《书信集》，第 68 页。

③ B. Joly, "Chimie et mécanisme dans la nouvelle Académie royale des sciences: les débats entre Louis Lémery et Etienne-François Geoffroy", *Methodos, Savoirs et textes*, 8 (2008), p. 4.

④ 陈仕丹、袁江洋：《波义耳的"硝石复原"实验与化学微粒论》，《自然辩证法通讯》，2018年第 10 期，第 4 页。

学史上没有像欧几里得、阿基米德或托勒密那样的人物。相反，现代化学家发现自己处于炼金术士、药剂师、医疗化学家、巫师、占星学家和其他形形色色的人物有些令人不安的陪伴中。"①普林西比（L. Principe）也认为，化学在 17 世纪的地位很尴尬。"整个化学在大多数时间都存在于传统的学术机构之外……它无法夸耀其古典根源……而且往往混乱不堪、艰苦费力、气味难闻，这些都使化学无法令人尊重。"②鉴于这种情况，波义耳之所以大力倡导机械论哲学，是因为他希望借此"提升化学及其从业者的社会和知识地位，希望能将其提升到自然哲学和自然哲学家的地位"。③

这就是波义耳写作《自然学论文集》的背景。正如他在《论硝石》的序言中所说的，他希望"在微粒哲学家和化学家之间建立良好的理解。"④他希望通过他的努力在化学家与微粒论者之间建立联盟，这将"给每一方带来的好处，有助于自然哲学的进步。激发他们更多地探究彼此的哲学，我认为，许多化学实验可以很好地通过微粒论的概念加以解释，许多微粒论的概念也可以很好地通过化学实验加以阐明或确证"。⑤虽然波义耳希望借助机械论哲学提升化学的地位，但这种联盟带来的好处是相互的，化学操作同样有利于阐明机械论哲学的基本原理，因而他拒绝使化学沦为机械论哲学的附庸。因此，面对斯宾诺莎这样的还原论者（至少在这场通信中是这样），波义耳坚决致力于维护化学独立于力学的学科地位以及化学解释相对于机械解释的独立地位，这才是二者最根本的分歧。

在波义耳的其他著作中可以找到更多证据来支持这种解释，他在其中一再强调化学解释区别于并独立于机械解释。例如，在《颜色的实验志》（*Experimental History of Colours*）的一个涉及氯化汞、酒石酸氢钾和硫酸的实验（实验 40）中，波义耳批评了那些试图用原子的形状和大小来解释颜色的哲学家，他完全依靠化学性质来解释实验中的颜色变化（溶液从透明到橙色，再变回透明）。他解释说，复合微粒的结构（Texture）是造成其不同颜色的重要原因。"我充分意识到对现象的化学解释与真正的哲学或机械解释之间

---

① 罗西：《现代科学的诞生》，张卜天译，北京，商务印书馆，2023 年，第 197 页。

② 普林西比：《科学革命》，张卜天译，南京，译林出版社，2013 年，第 73 页。

③ Y. S. Kim, "Another Look at Robert Boyle's Acceptance of the Mechanical Philosophy: Its Limits and Its Chemical and Social Contexts", *Ambix*, 38.1 (1991), p. 5.

④ R. Boyle, *The Works of Robert Boyle*, Vol.2, p. 85.

⑤ Ibid., p. 91.

的区别。"①

班切蒂－罗比诺（Banchetti-Robino）认为，波义耳在倡导今天被称为"涌现论"（emergentism）的解释，尽管他缺乏相应的术语来谈论它们。按照她的说法，涌现论的核心原则包括三个方面：①涌现性质不是其组成部分的性质，而是更高层次的新性质，它具有不可预测性、不可推导性和不可还原性；②整体并非各部分之和；③涌现性质是随附的（supervenient），高层次的性质由低层次的性质决定并依赖于后者。②这三个特征在波义耳的著作中都得以体现。

关于①，波义耳明确表明，事物可以通过混合获得与任何成分的性质截然不同的性质。例如，两个透明物体混合产生一个不透明的物体，一个黄色物体和一个蓝色物体混合产生一个绿色物体，两个冷的物体混合产生一个热的物体，两个流体混合产生一个坚固的物体。③

关于②，波义耳指出，"我们通过了解构成许多物体的成分，并不能更好地说明这些物体的现象，就像我们即便知道摆轮、齿轮、链条和其他部件是由多少种金属制成的，也无法解释手表的运作"。④

关于③，在波义耳看来，化学性质的任何变化都需要复合微粒结构的机械属性的变化。"一个物质实体的相同物质部分以特定的方式结合在一起构成了坚固和固定的物体，如燧石或金块；通过分解它们的结构，……就会成为一个完全挥发性的流体的部分。"⑤

因此，对波义耳来说，"溶解、复原、挥发性、固定性、酸性、碱性以及实验工作中经历的其他化学过程和现象，都不能简单地用初级粒子的基本物理性质来解释"。⑥

班切蒂－罗比诺的结论是：虽然缺乏相应的术语，但"波义耳预见到了

---

① R. Boyle, *The Works of Robert Boyle*, Vol.4, eds. M. Hunter and E. B. Davis, Pickering and Chatto, 2000, p. 152.

② M. P. Banchetti-Robino, *The Chemical Philosophy of Robert Boyle*, pp. 131–136.

③ R. Boyle, *The Works of Robert Boyle*, Vol.8, eds. M. Hunter and E. B. Davis, Pickering and Chatto, 2000, p. 398.

④ Ibid., p. 111.

⑤ Ibid., p. 432.

⑥ M. P. Banchetti-Robino, "The Relevance of Boyle's Chemical Philosophy for Contemporary Philosophy of Chemistry", *The Philosophy of Chemistry: Practices, Methodologies, and Concepts* (2014), p. 261.

后来的化学哲学家提出的许多基本问题，关于本体论和认识论的还原、涌现、随附和学科自主性的问题。"①尤其是他认为化学解释不能还原为物理解释，因此捍卫了化学相对于物理学的独立性。

综上所述，这场争论需要从波义耳努力提升化学学科地位的同时捍卫化学的独立性的角度来理解，作为一个化学家，他拒绝将机械解释贯彻到底，并与像斯宾诺莎这样的严格机械论者保持距离。

结论

通过考察波义耳与斯宾诺莎就硝石复原实验所展开的争论（一阶争论）与对这场争论的不同解读，即传统解释与新解释之争（二阶争论），以及与这场争论直接相关的《自然学论文集》与《书信集》的相关内容，和与之相关的波义耳的其他著作，本文认为可以得出以下结论。

第一，波义耳与斯宾诺莎之争不是经验主义与理性主义之争，因为前者的经验概念不同于经验主义认识论，并且他赋予理性不亚于经验的地位，后者也并不反对做实验。

第二，波义耳与斯宾诺莎的争论基于用机械论取代质形论这一共识，应该被视为不同版本的机械论哲学的内部分歧。

第三，尽管斯宾诺莎的思想不符合严格机械论的几大要素，但他对硝石复原实验的解释是基于笛卡尔在《哲学原理》第四部分提出的对化学的彻底还原论解释。

第四，在波义耳对硝石复原实验涉及的各种性质的解释中，机械解释与化学解释并行不悖，前者体现了他与斯宾诺莎的共识，后者体现了两者之间的分歧；波义耳进行化学解释的几种性质（味道、可燃性与酸碱性）正是这场争论的焦点。

第五，在这场争论中，波义耳与斯宾诺莎最根本的分歧是关于机械解释在化学中的作用的不同看法，这涉及波义耳提升化学地位并捍卫其独立性的努力，也是他拒绝将所有性质还原为机械属性的原因。

正是在最后一点的意义上，深入分析波义耳与斯宾诺莎之争对于理解当

---

① M. P. Banchetti-Robino, *The Chemical Philosophy of Robert Boyle*, p. 168.

今化学哲学中关于还原论与反还原论、涌现、随附以及化学相对于物理学的学科自主性地位等关键问题依然具有重要的启发意义。

A Reinterpretation of the Boyle-Spinoza Controversy

Huang Heyun

Abstract: The experiments on "redintegration of salt-petre" is the core of the Boyle-Spinoza controversy. The traditional interpretation, represented by the Halls, treats the controversy as empiricism vs rationalism, but it is untenable. There are two reasons: (1) Reason occupies an equally important position in Boyle's Experimental Philosophy; (2) Spinoza does not deny the importance of experiments. Both Boyle and Spinoza agree on replacing hylomorphism with mechanism and both offer mechanical explanations for some qualities, but disagree on whether the differences between nitre and spirit of nitre in terms of flammability, taste and acidity or alkalinity can be explained mechanistically. Boyle's commitment to elevating the status of the discipline of chemistry and to defending its independence from physics is key to understanding this controversy, which not only reveals the most fundamental disagreement between the two sides, but also provides illuminating insights into significant issues such as the reductionist vs anti-reductionist in the modern philosophy of chemistry.

Keywords: Boyle; Spinoza; Experiments on "Redintegration of Salt-petre"; Empiricism vs Rationalism; Mechanical Philosophy / Corpuscular Philosophy

机械钟在中世纪思想中的象征含义 [①]

吕天择 [②]

摘　要：机械钟一经诞生就在中世纪后期的思想中获得了若干象征含义。但丁、苏索、傅华萨、奥雷姆等重要作家的文本表明机械钟意指美好而崇高的含义，包括天堂、对上帝的爱、智慧、节制、爱情、良好的生活、宇宙的秩序和运作等。对这些含义的研究有助于理解机械钟在社会、经济、思想、宗教等方面所发挥的重要历史作用。

关键词：机械钟；美德；宇宙论

一、序言

欧洲的城镇有两个极为普遍的特点——教堂和时钟。相当多著名的大教堂都有自己的钟楼或大型机械钟，如巴黎圣母院、科隆大教堂、威斯敏斯特教堂、圣母百花大教堂等。研究表明两者的结合并非后来才有，事实上，教堂、修道院与机械钟的早期历史 [③] 有着密切的关系，已知的第一批机械钟几乎都在教堂和修道院之中。[④] 最早的已知其详细技术细节的机械钟就是由英格兰的圣奥尔本斯修道院主教沃灵福德的理查德（Richard of Wallingford）于1327—1336年设计建造的。[⑤] 有学者认为到14世纪末，几乎所有的大教堂和修道院

① 基金项目：教育部人文社会科学研究青年基金项目"国别比较视角下的中国式现代化技术进路研究"（23XJC710008）；中央高校基本科研业务费专项资金资助项目"全球视角下的西方技术崛起研究"（G2022KY05106）。

② 吕天择，1990年生，男，辽宁盘锦人，西北工业大学马克思主义学院副教授，西北工业大学陕西省舆情信息研究中心研究员，研究方向为科技史，E-mail: wjlvtianze@126.com。

③ 技术史学者一般认为机械钟在13世纪末期被发明出来，对这个时间段的确定参考了来自教堂和修道院的大量资料。参见 H. A. Lloyd, *Some Outstanding Clocks Over Seven Hundred Years 1250–1950*, London: Leonard Hill [Books] Limited, 1958, pp. 2–8.

④ W. I. Milham, *Time and Timekeepers: Including the History, Construction, Care, and Accuracy of Clocks and Watches*, New York: The Macmillan Company, 1941, pp. 62–77.

⑤ J. North, *God's Clockmaker: Richard of Wallingford and the Invention of Time*, London: Hambledon Continuum, 2005, pp. 139–143, 171–190.

都拥有了自己的机械钟。[①]这些事实暗示了机械钟与中世纪思想或基督教精神之间的某种契合，两者的结合应该是有意的，而非无意的或偶然的。

在文章主体部分之前需要简单说明的是，机械钟的早期历史具有相当程度的复杂性：它是一种有用的装置，同时也是代表着荣耀和地位的奢侈物品。[②]所以，当时占有大量财富、拥有显赫地位的教堂和修道院是机械钟的理所当然的拥有者。从实用性或社会学的角度的确可以解释教会对机械钟的喜爱，尽管本文并未涉及这方面。然而，机械钟对人们的心理和生活产生了重大影响，它的象征含义在后世获得了近乎本体论的地位——机械钟是工业社会形成的前提条件，也是近代科学的世界模型。[③]仅从社会经济因素出发难以完全解释这些后果，我们有必要诉诸思想层面来进行理解。基督教在推动机械钟发展和传播的同时，也利用机械钟表达了自身的世界观和价值观，两者的紧密结合产生了深远的，甚至是意想不到的后果。

二、作为天堂和对上帝之爱的象征

在中世纪后期的思想中，机械钟与多种基督教价值关联了起来，两者的联系应该在机械钟刚刚问世之时就发生了。但丁写于14世纪初的《神曲·天国篇》表明了这一点。在《天国篇》的第十章和第二十四章，但丁两次提到了"钟"。在第十章结尾处，但丁写道：

> 正如上帝的新娘从床上起来，向她的新郎唱晨歌让他爱自己的时候，那唤醒我们的时钟里一个部件牵引和推动另一个部件，发出那样美妙的丁丁声，使得那准备祈祷的心灵充满了爱；同样，我看到那光荣的轮子

---

① P.G. Dawson, C.B. Drover, D.W. Parkes. *Early English Clocks: A Discussion of Domestic Clocks up to the Beginning of the Eighteenth Century,* Woodbridge, Sufflok: Antique Collectors' Club, 2003, p. 14.

② 有记载表明中世纪后期的城市以拥有一座华丽的大钟为荣耀，并相互攀比。参见 G. Dohrn-van Rossum, *History of the Hour: Clocks and Modern Temporal Orders*, trans. Thomas Dunlap, Chicago and London: The University of Chicago Press, 1996, pp. 140–146.

③ G. Dohrn-van Rossum, *History of the Hour: Clocks and Modern Temporal Orders*, pp. 1–17. O. Mayr, *Authority, Liberty and Automatic Machinery in Early Modern Europe,* Baltimore and London: The Johns Hopkins University Press, 1986, p. ix.

转动起来，使声音协调、悦耳，只有在那永久欢乐的地方才能听到。①

第二十四章开头处的相关诗文为：

> ……于是，那些喜悦的灵魂围成圈子绕着固定的中心旋转起来，一面像彗星一般闪耀着强烈的光芒。正如钟的装置结构中的齿轮都各以互不相同的速度转动，以致在观察者看来，第一个齿轮似乎静止不动，最后的一个像飞也似的旋转；同样，那一圈一圈的跳舞的灵魂也都各以互不相同的节奏舞蹈……②

这里的时钟应该就是机械钟，因为"丁丁声"、"光荣的轮子"、转速不同的齿轮都符合机械钟的特征。"只有在永久欢乐的地方才能听到"说明在但丁的想象中，天堂里也有机械钟，钟声暗指的是天堂，意味着永恒的幸福。第十章这段话表明钟的形象被用于激发教徒的狂喜的情感，激发对上帝的爱。在第二十四章中，齿轮结构还被用来比喻"喜悦的灵魂"，即天使所围成的圆圈的运动，机械钟的机制也具有神圣的含义。除字面意外，还有一些细节暗示了机械钟的崇高地位，例如：在《神曲》的世界体系中，钟只出现在天堂，而地狱里是没有钟的，甚至所有类型的计时器都没有；另外，上述"使声音协调"一句的原文是"…voce a voce in tempra…""in tempra"这一词组有多重含义，它不仅是指音乐上的和声，而且暗示着有序、和谐和节制的美德。③

受德国西南部的宗教神秘主义运动的影响，14世纪有一些宗教性书籍也被称为"神学钟"（theological horologia）：它们分为24章，与每天的小时数相同。这种做法在中世纪神学文献中是较为常见的。多明我会修士弗莱堡的贝特霍尔德（Berthold of Freiburg）在14世纪上半叶写了一本名为《虔爱之钟》（*Horologium devotionis circa vitam Christi*）的书，他在前言说道："……这本小书名为《虔爱之钟》，就像一昼夜有二十四个小时，所以这本关于基督徒生活的小册子分为二十四章……并且我以小时来命名各章。"这类著作中最为著名的是亨利·苏索（Henry Suso，约1295—1366年，德国多明我会教士，著名神秘主义者）写于约1330年前后的《智慧之钟》（*Horologium*

---

① 但丁：《神曲·天国篇》，田德望译，北京，人民文学出版社，2001年，第81页。

② 同①，第167页。

③ J. Scattergood, "Writing the Clock: The Reconstruction of Time in the Late Middle Ages", *European Review*, 11.4 (2003): 453–474.

Aeternae Sapientiae，简称 *Horologium Sapientiae*）。此书被迅速翻译为多门语言，到 15 世纪末，它是全欧洲第二流行的祷告书籍，现存抄本近 200 份。[①] 这部著作分为上下两部分，分别有 16 章和 8 章，与当时对昼夜小时的划分相同。对于此书的目的，苏索在前言中说道：

> 但是，为了重燃熄灭的木炭，激发冷漠的人、激励怠惰的人，为了使不虔诚者心中的虔诚之意醒来、唤起那些漫不经心的昏昏欲睡者，让他们因美德而清醒和注意。所以，仁慈的救世主屈尊降临，将这本小书表现为一个愿景，即把此书视为一座最为华美的钟、装饰着最精致的齿轮和种种奏响天籁之音的乐器，它能发出美妙的天国般的声音，唤起所有人的心灵向上。[②]

在这里，苏索将自己的书作为精神上的警钟，重新激发在许多人的心中已经冷却的对上帝的热爱，使人们摆脱对愚蠢事物和肉体欢愉的追逐，从而"使他们的心带着爱的狂热猛烈地燃烧"。这本书的内容是通过人格化的"智慧美德"（virtue of Sapientia）或"神圣智慧"（Divine Wisdom）与她的门徒的对话来展开的，神圣智慧关怀所有人类的福祉，试图拯救她选中的人们，用光照亮他们的思想。[③] 除了将书本身视为警钟之外，苏索的机械钟比喻有更深一层含义。叫醒梦中人被用来比喻激发人的心灵朝向上帝的过程，唤醒瞌睡者用的是钟声，而激发人心所用的是美德。机械钟在这里被暗示为美德，象征着人的精神的提升。钟发出的天国之音唤起所有人的心灵。钟声仿佛是基督的爱和教诲。[④]

三、作为美德的象征

在但丁和苏索等人看来，机械钟是天堂的象征，钟声能够激励人们对上帝的热爱。他们所暗示的钟与美德的联系在后来被进一步阐发。《智慧之钟》

[①] O. Mayr, *Authority, Liberty and Automatic Machinery in Early Modern Europe,* pp. 32–33.

[②] H. Suso, *Wisdom's Watch upon the Hours,* trans. Edmund College, Washington D.C.: The Catholic University of America Press, 1994, p. 54.

[③] Ibid., pp. 53–55.

[④] N. M. Bradbury and C. P. Collette, "Changing Times: The Mechanical Clock in Late Medieval Literature". *The Chaucer Review,* 43.4(2009): 351–375.

一书后来的抄本清晰地表明了机械钟与智慧美德的联系，以女性形象表现的智慧周围往往有钟的存在，参见图1中巨大的机械钟。在这里，机械钟是智慧的象征。

图1　智慧美德 ①

长期以来，神学家通过"智慧"来理解基督，用"智慧"形象的寓言画表现基督。苏索描绘的神圣智慧是来拯救人们的，在这个意义上她所代表的就是基督（Christ the Logos）。同时，神圣智慧还以"节制"（temperantia）这一美德的声音说话，借此基督徒得以调控自己的生活。用钟表等计时器来象征节制美德有词源学上的根据，因为拉丁语中表示节制、适当之意的"temperare"一词的词根是"tempus"或"temporis"，即"time"。这种联系在14世纪得以内化，例如对乔叟来说，节制不仅是适度，还意味着适时，节制的行为是在合适的时间符合特定情况的行为。在以往的寓言画中，"节制"一般意味着混合或中和——由一个女性形象拿着两杯水倒入同一个容器中。在14世纪情况发生了改变，在一幅不早于1355年的锡耶纳市政府和平厅（the

---

① O. Mayr, op. cit., p. 33. 此图出自苏索《智慧之钟》的一份约1450年的抄本中，其中以女性形象表现的智慧美德站在一系列计时装置的围绕之中，左下角的男性形象是其门徒。图中最为醒目的就是一个大型机械钟，它的上下两部分分别放在右侧和左侧。桌子上还有其他的计时器。

Sala della Pace of the Palazzo Pubblico）的壁画里，节制的形象则拿着沙漏，节制与计时器的联系首次在图像中表示出来。[①]

在皮萨诺的克里斯蒂娜（Christine de Pisan，1364—约 1430 年，法国宫廷女作家）写于约 1400 年的《欧忒亚的信》（L' épître d'Othéa）中，节制与机械钟的关系表达得更加明显。这本书是为青春期的贵族而写的，其形式是女神欧忒亚（Othéa，代表智慧）给年轻的特洛伊王子赫克托耳（Hector）的信。[②]克里斯蒂娜有关机械钟的说法如下：

> 节制也应该被视为一个女神。因为人类的身体有许多部分组成，而且应该被理性调节，所以可以用有若干轮子和量具的钟来代表人体。正如若不被调控，钟就毫无意义一样，我们人体没有节制的控制也行不通。[③]

在这里，克里斯蒂娜用钟来比喻人体，人需要节制的美德正如钟需要被调节，机械钟的机制体现了节制美德。在之后的文本中，机械钟与节制的联系得以固定化，15—16 世纪节制的典型形象就是手持或头顶一个机械钟的女性（图 2）。[④]

机械钟与节制美德相联系的过程发生在一个 12—13 世纪以来"节制"地位提升的背景之中。在中世纪中前期，基督教美德出现了一个规范的表述形式，即三种必须借助神圣恩典才能践行的神学美德（Theological Virtues）：信（Faith）、望（Hope）、爱（Charity），以及通过人的能力就能实践的四种主要美德（Cardinal Virtues）：智谨（Prudence）、毅勇（Courage）、公义（Justice）、节制（Temperance）。不过这七种美德的地位是不同的。例如圣保禄和奥古斯丁都认为"爱"是最伟大和最重要的美德。而至少在 12 世纪的思想中，节制是上述美德中最为贫乏和否定性的一个，例如法国哲学家圣维克托的于格（Hugh of Saint Victor）认为，节制只不过是对超额的定罪。不过，

---

① "temperantia" 在欧洲语言中的含义接近于汉语中的节制、适度、合宜、适时等词汇的意思。本文采用的译法为节制，因为节制可以大体蕴含上述其他含义，而且节制与美德连用更为通顺。参见 L. White, *Medieval Religion and Technology: Collected Essays,* Berkeley and Los Angeles: University of California Press, 1978, pp. 191–193. N. M. Bradbury and C. P. Collette, "Changing Times: The Mechanical Clock in Late Medieval Literature", p. 365.

② O. Mayr, op. cit., p. 35.

③ L. White, *Medieval Religion and Technology: Collected Essays,* p. 193.

④ R. Tuve, "Notes on the Virtues and Vices", *Journal of the Warburg and Courtauld Institutes*, 26.3/4(1963): 264–303.

图 2　七美德[①]

至 13 世纪末，情况就发生了根本的改变，节制的地位得到了显著的提升。这一提升部分由于亚里士多德伦理学的复兴，因为亚里士多德强调美德是中道和适度，而适度通常等同于节制，由此节制被视为核心的美德，或者说节制就代表着全部美德。欧塞尔的威廉（William of Auxerre）写于约 1220 年的 *Summa aurea* 继承了这一逻辑，他认为："……有一种美德足以激励所有的精神力量和所有的身体组分朝向善；因此其他的美德就是不必要的。不过显然，在上帝或自然的作品中，没有什么是不必要的；因此只有唯一一种美德……因此是节制之德使人爱自己……因此节制就是爱。"[②] 这里他虽然没有断言节制就是这唯一的美德，但是他论述所有美德的统一性时采用的例子就是节制，这无疑是非常强烈的暗示。

　　另一个提升节制地位的思想因素是将节制与智慧等同的倾向，这源自对《旧约·箴言篇》的阐发。在《箴言篇》8：12–15，"智慧"说道：

---

① L. White, op. cit., pp. 199–200. 1452 年，鲁昂市为纪念著名哲学家奥雷姆，出版了奥雷姆翻译的亚里士多德伦理学，此图出自该书。其中节制的形象头戴一个机械钟、脚踩一座风车站在中间，而且其他六个美德所持有的东西都比机械钟简单和古老，这暗示节制是最为崇高和重要的美德。

② L. White, op. cit., pp. 187–190.

我——智慧（sapientia）——与机智同居，拥有知识和见识。

敬畏上主，就是憎恨邪恶傲慢骄横，邪恶的行径和欺诈的口舌，我都憎恶。

机谋才智，属我所有；聪明（prudentia 智谨）勇敢（fortitudo 毅勇），亦属于我。

借着我，君王执政，元首秉公行义（iusta 公义）。①

在四位一体的"主要美德"的思想图式下，既然"智慧"说到她具有智谨、毅勇和公义，那么这三种美德就不是智慧本身，因此智慧本身就是节制。②而且，长期以来神学家通过"智慧"来理解基督，这样一来节制就不仅是智慧本身，甚至还是基督本身。对节制之德的强调可以说在理论上达到了极点。因此，机械钟也获得了某种至高的象征意义，它代表着基督教的全部美德和最高精神。

四、作为爱情与美好生活的象征

作为美德象征的机械钟自然会与人类的美好行为联系起来。在傅华萨（Jean Froissart，约1337—1404年，历史学家、诗人，骑士文学的代表人物之一）写于1370年前后的长诗《爱情之钟》（L'Orloge Amoureus）中，机械钟蕴含着极为丰富的意义：它是有用的机器，意味着有序的生活，也象征着包括节制在内的若干美德，以及包含有这些美德的骑士式的爱情。正如"爱情之钟"这个名字所揭示的，整首诗可以被视为一个复杂的寓言，将正式有礼、宫廷式的爱情的若干方面都类比于机械钟的运作。③在本诗的开头，他便将钟与爱情联系起来：

> 我愿将自己比作一座钟，
> 因为当充塞于我心中的爱情
> 让我思索和探究它之时，

---

① 本段大体采用思高本的译法，但在括号中标注了相应美德名称的拉丁文以及笔者所认为的更加合适的译法。

② L. White, op. cit., p. 191.

③ O. Mayr, op. cit., p. 33.

我意识到了一种相似性。[1]

这种相似性体现在多个方面，例如：钟的躯体是爱人的心；钟的主动轮（main wheel，或称首动轮，即直接与驱动重锤相连的齿轮）是他的欲念，因为女士的美引发爱慕者心中的欲求，就像铅锤引发钟转动一样。通过这种方式，重锤（女士的美丽）、绳索（欢愉）、轮子、钟的看守（对女士的记忆）等都被用来比作爱情的进程。[2]将机械钟的第二个轮子，即控制能量释放的擒纵轮（escapement wheel）比作节制，则呼应了当时的思想氛围对节制的强调："第二个轮（擒纵轮）就是起调节作用的……也就是说，通过控制和约束……那种不懂得适可而止的运动就被改变了……因而获得了真正的节制。"这里描述机械机制的用词是有双重含义的，机械的控制即是节制美德。若没有擒纵器，驱动力就会导致不受控制的运动；而没有节制的爱就会导致野蛮的、破坏性的激情。节制是最高的美德，也是定义完美骑士的美德，作为骑士精神的杰出记录者，傅华萨用机械钟最为关键部件擒纵器来象征节制则是再合适不过的。类似地，诸如荣耀、忠诚、谦逊、忍耐等美德也通过钟的机械部分描绘出来。[3]本诗的结尾如下：

> 我所知的今日世上之事，
> 没有一件是更好的——我敢说——
> 比钟所象征的生活，
> 就像前面证明的那样，
> 比钟及其规则的运转所代表的生活更好，
> 因为这符合万物的秩序。[4]

傅华萨这里明确指出，像钟一般规律地生活是最好的生活，因为这符合万物的秩序，即符合神圣的美德和天国的秩序（这与后世所认为的钟表时间象征机械地、被控制地生活有显著区别）。那么，人们就应该努力根据钟的时间信号去生活，拥有机械钟的人更有可能获得美德上的提升。因而，对机械

---

① N. M. Bradbury and C. P. Collette, op. cit., p. 359.

② J. Scattergood, "Writing the Clock: The Reconstruction of Time in the Late Middle Ages", pp. 453–474.

③ O. Mayr, op. cit., pp. 33–35.

④ N. M. Bradbury and C. P. Collette, op. cit., p. 359.

钟的需求就成了道德上的要求，宗教美德为一种新的生活方式提供了神学的基础。

五、作为宇宙论模型的机械钟

在中世纪语境下，对机械钟最有深度的阐发应该是将它作为思考宇宙论问题的媒介，以及表现上帝与世界关系的模型。法国著名哲学家奥雷姆（Oresme，约 1320—1382 年）最早阐释了这一点。在写于约 14 世纪 50 年代的《天界运动的可公度或不可公度》（*De commensurabilitate vel incommensurabilitate motuum celi*）中，奥雷姆试图反驳占星术，他认为不同天球运动的速率、力、周期之间的比是不可公度的，而占星术预测则基于不同行星轨道周期有着固定的比例这一假设，因此占星术是没有根据的。对于他这种观点，有的人会反驳道，根据一些广为认同的观点，不可公度的比例是令人不快的，对人和自然来说都是耻辱的：

> 如果有人能够造出一座钟，难道他不会让所有的运动和齿轮尽可能地整齐而可公度吗？（人尚且追求如此，）那么我们应该如何理解那位建筑师，那位据说通过数量、重性和程度创造一切的（造物主）呢？[1]

我们这里不关注天界究竟是否可公度，而是注意到奥雷姆这里提出了一个双方都接受的前提，即宇宙同上帝的关系如同钟和钟表匠的关系，首次将世界隐喻为机械钟。在写于 1377 年的《天界和世界之书》（*Le Livre du ciel et du monde*）中，奥雷姆又一次提到了机械钟。这里的问题是如何理解天体的连续运动，奥雷姆并不接受布里丹（Jean Buridan，法国哲学家）的冲力（vis impressa）解释，因为没有摩擦的天球在冲力作用下会加速转动。[2] 所以，为了维持恒定的速度，上帝如神圣的钟表匠一样，设计了某种类似于擒纵器的装置，借此在推动力和阻力之间维持着某种平衡，使天体稳定地运动：

> 克服阻力的动力是以一种非常温和、非常和谐的方式被调控的，所以使得这些运动非常平稳；于是，暴力被排除了，这种情形很像一个人

---

① O. Mayr, op. cit., p. 38.
② L. White, op. cit., p. 195.

制作了一个钟，启动它，并让它依靠自身维持自己的运行。通过这种方式，上帝让天界根据动力和阻力的比例以及设定好的秩序连续地运动。①

需要注意的是，奥雷姆只是通过比喻的方式将宇宙和机械钟联系在一起，对两者的关系没有更加精确的说明，我们不能就此断言他认为宇宙就像一座钟那样运行。但是，通过数量、重性和程度创造一切，让天体根据力的比例运行等说法强烈地暗示上帝设计了某种机械的宇宙运行机制。这里包含有后世机械论宇宙的种子，虽然还远未成熟。

可能受奥雷姆说法的影响，梅济耶尔的菲利普（Philippe de Mézières，约1327—1405 年，法国骑士、作家）在写于 1389 年的《老年朝圣者的梦想》（ Le Songe du Vieil Pelerin ）一书中，用机械钟来比喻上帝对世界的管理：

> ……美丽的世界之钟，上帝通过它在程度上、数量上、理智上管理这个世界；（上帝）通过三种不同的手段，即凭借本性、仁慈和公义来指导和调节这座钟。这就是说，只要遵循它的恰当的进程，这座钟就不会被扰乱。有鉴于此，她——即公义，被比作钟的巨大而坚实的重锤。②

菲利普提到了机械钟宇宙论，也提到了美德，上帝通过富有美德意味的机制来调节世界。这一说法结合了宇宙论和基督教的道德，暗示奥雷姆的比喻在当时的主要影响可能是进一步加强了机械钟的道德属性。而机械钟宇宙论的真正力量要等到 17 世纪科学革命才真正体现出来。

六、结论：这种象征的历史意义

在宗教氛围极端饱和的中世纪后期，用具体的物品和形象表达宗教情感或者将宗教思想赋予某些事物是常规的做法。随着中世纪象征主义的衰落，若干形象与意义时至今日只留下了艺术成果。③但是，作为对秩序、美德、天堂、宇宙等崇高事物的象征，机械钟成功地在多个方面产生了深远的影响。

---

① N. Oresme, *Le Livre du Ciel et du Monde*, ed. A.D. Menut and A.J. Denomy, Madison: The University of Wisconsin Press, 1968, p. 289.

② N. M. Bradbury and C. P. Collette, op. cit., p. 361.

③ 赫伊津哈：《中世纪的衰落》，刘军等译，杭州，中国美术学院出版社，1997 年，第 215–217 页。

　　良好的道德含义促进了机械钟的传播和应用。作为一项 13 世纪末才出现的新发明，机械钟至十四五世纪之交已经遍布欧洲。相比于纸张、水磨、蒸汽机等重要发明，其传播速度惊人。机械钟建设的主要推动者有教会、封建主和城市当局，对于后两者来说，机械钟的实用价值和道德价值都是重要的。例如，里昂市民在 1481 年指出，他们需要一座钟以过一个"更规范的生活"（vivre plus règlement）。^①既然机械钟是天堂和宇宙的象征，那么按照钟表时间去生活就意味着服从上帝的指引。伴随着机械钟传播的是守时美德的兴起，借助于它提供的规范而统一的时间体系，新的时间意识与行为模式得以确立，在城市中生活就是在钟声里生活，时间信号成为社会运行的基础，而这正是对大规模工业生产的预演，机械钟由此成为工业革命的先决条件之一。

　　在中世纪后期，教堂建造机械钟的目的包括以下几个方面。（1）为工作、祷告等活动服务。（2）机械钟与天文装置相连可以模拟天体的运动，是对上帝所创造的神圣宇宙秩序的体现。（3）作为一种新奇且奢华的机器吸引人们进入教堂。作为传教的辅助手段，机械钟随着传教士来到了东方并产生了有趣后果，虽然基督教并没有在中国、日本等地扎下根来，但机械钟表无疑获得了广泛的喜爱。^②可以看出，机械钟深深地卷入了基督教的活动之中，利用它传教意味着欧洲人在一定意义上将机械钟视为基督教的优越性的象征——它代表了神圣的秩序和道德的生活。

　　而机械钟式的宇宙论蕴含着极为深刻乃至颠覆性的思想后果。经过几百年的发展，中世纪的比喻成为新时代的形而上学。到启蒙运动之时，宇宙真的变成了一座大钟：世界运行原则是完全机械的，这座完美的大钟也不再需要上帝的干预，于是上帝从现象中退隐，随之则是彻底地消失。^③无神论借助机械钟宇宙的壳体出现于世，在基督教思想中发展成熟的钟表隐喻最终培育了推翻一切宗教的力量。所以，机械钟的经济、宗教、思想等层面的后果都说明了其中世纪的象征含义的重要性，阐明这一点不仅揭示了中世纪后期的变化，还有助于我们更好地理解现代性的生成。

---

① 　G. Dohrn-van Rossum, op. cit., pp. 155–162.

② 　陈祖维：《欧洲机械钟的传入和中国近代钟表业的发展》，《中国科技史料》，第 5 卷第 1 期，1984 年，第 94–98 页。

③ 　伯特：《近代物理科学的形而上学基础》，张卜天译，长沙，湖南科学技术出版社，2012 年，第 257–258 页。

The Symbolic Meanings of the Mechanical Clock in Medieval Thought

Lv Tianze

Abstract: The mechanical clock, as soon as it was invented, acquired some symbolic meanings in the Christian context of the late Middle Ages. The works of Dante, Suso, Froissart, Oresme and other important writers showed that the mechanical clock signified some glorious and sublime implications, including: the Heaven, love for God, wisdom, temperance, love, moral life and the order of the cosmos. The study of these meanings could contribute to understand the important historical roles played by the mechanical clock in society, economy, ideology, religion and so on.

Keywords: mechanical clock; virtue; cosmology

清华大学科学博物馆藏波斯星盘考

黄宗贝 ①

摘　要： 清华大学科学博物馆藏有一件制造于约 17 世纪的波斯星盘，但与世界各地的伊斯兰星盘收藏对比发现，这件星盘在许多方面展现出"非典型"的特征。在器物本身缺乏任何工匠署名、无法判断制作地与制作年代的情况下，通过识别现存星网上亮星的黄道坐标，并与已知年代的星表对比其进动值，反推出该星盘制作于 1680—1720 年，即波斯帝国萨法维王朝晚期，当时存在一批著名的天文—数学仪器工匠群体。对纬盘、母盘刻度的分析表明，该星盘缺乏伊斯兰世界常见的"齐伯拉"刻线、地名索引、占星学表格等元素，而适用纬度又极高，接近莫斯科地区，这表明它极有可能是波斯工匠为俄国行旅官员、商人等顾客所做的，但并不出自名家之手。合金成分分析则表明，其所用的原材料或冶金工艺可能与印度拉合尔地区的星盘制造存在联系。在这件星盘背后展现出来的，是 17 世纪晚期波斯科学史的一个片段，展现出仪器工匠群体内部的多样性，伊斯兰天文学在占星学仪器、实践方面的辉煌余响，以及波斯帝国与沙皇俄国、莫卧儿印度之间以仪器为载体发生的技术和知识交流。

关键词： 波斯星盘；萨法维王朝；仪器工匠群体；知识交流

一、引言

星盘（astrolabe）可能是整个西方中世纪至现代早期最为重要的天文仪器之一。尽管较为人熟知的是欧洲英、法等地 14 世纪以来繁荣的星盘制造，及其与后来的航海星盘、六分仪等组成的数学仪器谱系，但实际上，当我们

① 黄宗贝，1999 年生，清华大学科学史系博士研究生，E-mail: huangzb22@mails.tsinghua.edu.cn。本文的研究能够顺利开展，离不开王哲然老师、王景老师、刘佳妮老师、王琦斐老师、汪颉珉老师、清华大学材料科学与工程研究院中心实验室郝老师、杨啸、陶圣叶、李霖源等师友的帮助，在此一并致谢。

放眼东方，伊斯兰世界的星盘同样构成一个不容忽视的重要传统。这不仅是因为星盘的流行（或许还有我们今日熟悉的形态之发明）始于公元 9—10 世纪的伊斯兰世界 [①]，更是因为在今天的各大博物馆中，存在一批非常丰富的来自 16—18 世纪的伊斯兰星盘藏品。早在 20 世纪 50 年代，科学史家普赖斯（Derek J. de Solla Price）在对全世界现存星盘进行编年索引时就发现，除西欧星盘在 1580 年前后出现的制造高峰之外，另一个数量稍少的高峰即为 1700 年左右的"东方"星盘（Eastern/Oriental），包括波斯、印度和摩尔人（Moorish）制造的作品 [②]。在之后的几十年间，天文学史、仪器史学者们也对四个世界上最大的东方星盘收藏机构，即牛津大学科学史博物馆（History of Science Museum，University of Oxford，MHS）、格林威治英国国家海事博物馆（National Maritime Museum，Greenwich，NMM）、阿德勒天文博物馆（Adler Planetarium，AP）和美国国家历史博物馆（National Museum of American History，NMAH），进行了研究性的系统编目和仪器描述，以图录（catalogue）的方式相继出版 [③]，使我们掌握了逾 200 件东方星盘的初步信息。不过必须指出，还有一些东方星盘仍散落在世界各地私人藏家的手中。

16—18 世纪之所以是伊斯兰星盘的制造高峰，显然是基于当时波斯、印度等地一批活跃的仪器工匠群体，以及他们所掌握的伊斯兰、印度天文学知识传统。自 20 世纪 50 年代以来，在关注星盘仪器藏品的同时，也有以迈耶（L. A. Mayer）、大卫·金（David A. King）为代表的学者对其背后的仪器工匠群

---

① 简要的概述参见 D. Pingree, *Eastern Astrolabes*, Adler Planetarium & Astronomy Museum, 2009, pp. xii-xiv。在指称范围上，"东方星盘"略大于"伊斯兰星盘"，因为前者包括一些非伊斯兰背景的印度星盘，其上镌刻梵文（但也有很多印度莫卧儿时期的星盘属于"伊斯兰星盘"，其上包含伊斯兰宗教元素、以阿拉伯文刻制）；伊斯兰星盘一般都以阿拉伯文铭刻，即便是那些"波斯"星盘也是如此。

② D. J. de Solla Price, "An International Checklist of Astrolabes", *Archives Internationales d'histoire Des Sciences*, 8 (1955).

③ 参见 S. Gibbs and G. Saliba, *Planispheric Astrolabes from the National Museum of American History*, Smithsonian Institution Press, 1984（美国国家历史博物馆，48 件星盘）; K. van Cleempoel, *Astrolabes at Greenwich: A Catalogue of the Astrolabes in the National Maritime Museum, Greenwich*, Oxford University Press, 2005（格林威治英国国家海事博物馆，53 件星盘）; D. Pingree, *Eastern Astrolabes*（阿德勒天文博物馆，49 件星盘）；牛津大学科学史博物馆的星盘收藏整理为在线编目，见 https://www.mhs.ox.ac.uk/astrolabe/，包含约 54 件东方星盘。当然，前三家博物馆现在也有了在线数据库和仪器照片。

体和天文学知识作出了专著研究[①]，不过限于原始记载匮乏、语言障碍等原因，目前就算是其中声名显赫、传世作品较多的代表人物（如 Abd al-Aimma，见后文），我们也往往仅知其姓名、活跃年代以及一些合作者、家族关系等基本情况。对于勾勒这个仪器工匠群体的群像，以及他们留下的作品背后必定曾发生过的制造、沟通、学习、交流、委托、交易等环节，我们尚只能以极为间接的方式推测而知。

2022 年春季，清华大学科学博物馆（筹）（以下简称"清科博"）在德国布雷克拍卖行（Auction Team Breker）购得一件来自俄罗斯私人藏家的 17 世纪波斯星盘（TSM inv. 220823017）[②]，这件星盘也成为国内可能首件收藏于科学博物馆的东方星盘藏品。然而，这件星盘却在许多方面是"非典型"的，并展现出了诸多谜团。首先，它没有同时期伊斯兰星盘上通常所见的工匠署名（signature）、地名索引（gazetteer）、用于确定"齐伯拉"（qibla，即朝向圣地麦加的礼拜方向）的刻度线等，因此连基本的制造年代、地域都很难确定，遑论归给某位具体的制造者。其次，它的纬盘（plates）投影刻线对应的纬度高达北纬 52°–57°，也就是说，其设计使用地域远远超出波斯帝国的疆界，基本上接近莫斯科地区。在目前已经有文献发表的东方星盘中，据笔者检索，只有一件现藏于莫斯科国立东方艺术博物馆（The State Museum of Oriental Art，Moscow）的 17 世纪晚期拉合尔（Lahore，曾为莫卧儿帝国首都，现巴基斯坦城市）星盘[③]，以及一件现藏于托博尔斯克历史建筑博物馆（Tobolsk Historical and Architectural Museum Reserve）的 18 世

---

① L. A. Mayer, *Islamic Astrolabists and Their Works*, A. Kundig, 1956; D. A. King, *World-Maps for Finding the Direction and Distance to Mecca: Innovation and Tradition in Islamic Science*, Brill, 1999; D. A. King, *In Synchrony with the Heavens: Studies in Astronomical Timekeeping and Instrumentation in Medieval Islamic Civilization. Vol.2: Instruments of Mass Calculation*, Brill, 2005.

② 布雷克拍卖请俄罗斯新西伯利亚天文馆（Large Novosibirsk Planetarium）前馆长马斯里科夫（Sergei Maslikov）出具了一篇初步的鉴定文章：S. Maslikov, "Astrolabe from Private Collection", 2022, https://www.auction-team.de/catalogue/Private%20Astrolabe%202022–02–10.pdf. 笔者对此有所参考，但并不认同其中很多阿拉伯语铭文的判读、星网上星星的确定，以及他所推定的制造时期、可能的委托顾客等结论。

③ S. Maslikov and S. R. Sarma, "A Lahore Astrolabe of 1587 at Moscow: Enigmas in Its Construction", *Indian Journal of History of Science*, 51 (2016).

纪伊斯法罕星盘 ① 在后一点上与清科博的波斯星盘有所相似；但经过本文的考证，它们又在制造时期、地域上有所差别，因此呈现出背后不同的历史片段。

由上所见，对清科博这件并不平凡的波斯星盘藏品，有必要进行一番详细的描述、考证和分析，这不仅是出于博物馆收藏、厘清藏品信息的基本目的，而且对学界已有的星盘研究文献亦有呼应和补充。我们将会看到，一件看似普通甚至略显粗糙的星盘仪器本身即蕴含着丰富的历史信息，它向我们展现出 17 世纪晚期萨法维王朝（Safavid，又译为萨非王朝）仪器工匠群体的少见面向，中世纪先进的波斯—伊斯兰天文学在 17 世纪的辉煌余响，以及波斯萨法维与莫卧儿印度、沙皇俄国之间以天文仪器为载体发生技术、知识、文化交流的历史片段。这既可作为学界目前对伊斯兰星盘已有研究的特殊性个案补充，又特别地与莫斯科、托博尔斯克所藏两件伊斯兰星盘相互印证。本文将分两部分展开论述：首先是对星盘本体的描述、分析和考证，其次是对其折射出的几个科学史面向的讨论。

二、清科博所藏波斯星盘的描述、分析与考证

清科博收藏的这件波斯星盘（图 1）整体为黄铜材质，尺寸为 13cm × 10.3cm × 1.1cm，重约 560g。其组成部件包括母盘（mater）、星网（rete）、5 枚纬盘、窥衡（alidade）、提环（ring）和卸扣（shackle），贯穿中心固定用的轴针（pin）和马栓（horse）缺失，以一枚现代螺丝替代。星盘上无工匠署名，无法确定制造者，初步推定为 1680—1720 年制造于波斯地区（见下文）。

1. 星网

星网是星盘的核心结构之一，制作原理是通过球极投影法从南天极将黄道圈和天空中（南回归线以北）的主要亮星投影到一个平面上 ②。这件星盘的

---

① I. V. Belich and A. K. Bustanov, "АСТРОЛЯБИЯ ИЗ ИСФАХАНА = Astrolabe from Isfahan", in *Ėtnicheskaia istoriia i kul'tura tiurkskikh narodov Evrazii: Sbornik nauchnykh trudov = The Ethnic History and Culture of Turkic People of Eurasia: Collection of scientific articles*, ed. by N. A. Tomilov, Izdatel'-Poligrafist, 2011.

② J. D. North, "The Astrolabe", *Scientific American*, 230 (1974).

图 1　清华大学科学博物馆（筹）所藏波斯星盘（TSM inv. 220823017）

星网（图 2）为叶状（foliate）类型，是典型的波斯风格。黄道圈上依次用阿拉伯语铭文（inscription）标注了十二宫的名称：

حمل	*ḥamal*	白羊座	ميزان	*mīzān*	天秤座
ثور	*thawr*	金牛座	عقرب	*'aqrab*	天蝎座
جوزا	*jawzā*	双子座	قوس	*qaws*	射手座
سرطان	*saraṭān*	巨蟹座	جدي	*jadī*	摩羯座
اسد	*'asad*	狮子座	دلو	*dalw*	水瓶座
سنبلة	*sunbula*	室女座	حوت	*ḥūt*	双鱼座

每个宫都有刻度，刻度分为 5 格、每格 6°。此外，在横贯中央的东西方向线上，左侧标有 خطّ مشرق *khaṭṭ mashriq* 即"东方向线"，右侧标有 خطّ مغرب *khaṭṭ maghrib* 即"西方向线"。

黄道圈上另有特别值得注意的一组铭文，刻在相邻的三个星座宫位中，摩羯座旁刻有 بروج منقلبة *burūj munqaliba*，水瓶座旁刻有 ثابتة *thābita*，双鱼座旁

刻有 ذو جسدين *dhū jasadayn*。这里的 *burūj* 在伊斯兰天文学中专指黄道十二宫，而这三个铭文词组是伊斯兰占星学中关于黄道十二宫的一种基本划分方式：摩羯座、白羊座、巨蟹座、天秤座是"转变星座"（mutable/tropical signs），水瓶座、金牛座、狮子座、天蝎座是"固定星座"（fixed signs），双鱼座、双子座、室女座、射手座是"双体星座"（bicorporeal signs）；在这件波斯星盘的星网上，每组的第一个星座被标注了出来（图2）。这一区分有本于托勒密《占星四书》（*Tetrabiblos*），但托勒密是将黄道十二宫分为四组，并将前文第一组中的摩羯座、巨蟹座称为"至点星座"（solstitial），白羊座、天秤座称为"分点星座"（equinoctial），其他两组则与前文的后两组相同①。与这件星盘上所刻完全一致的术语，则可在伊斯兰占星学最经久不衰的指导手册——9世纪阿布·马沙尔所著《占星学导论》（Abū Maʿshar, *Great Introduction to the Science of Astrology*）中找到文本对应，该书的 II.6 章即以"论转变、固定和双体星座的原因"为题②。这种占星学划分相当基础、流行广泛，经由阿布·马沙尔著作的拉丁翻译，先是进入罗吉尔·培根、大阿尔伯特等人的著作，后又在文艺复兴的欧洲产生不小影响③。再考虑到阿布·马沙尔本人贴近于萨法维统治者的宗教思想背景④，以及同时期伊斯兰星盘上常常出现的各类占星学刻线、行星运行的宫位表格等（见后），足可解释这套占星学术语为何会出现在一件 17 世纪萨法维波斯的星盘之上。

　　星网的其他部分则是各个亮星的指针（star pointer），只有少数几个指针

① Ptolemy, *Tetrabiblos*, I.11; ed. and trans. F. E. Robbins, Harvard University Press, 1940, pp. 64–69.

② Abū Maʿshar, *Great Introduction to the Science of Astrology*, II.6; ed. and trans. K. Yamamoto and C. Burnett, Brill, 2019, pp. 210–211. 按照阿布·马沙尔的解释，这一划分似乎与季节有关，当太阳进入转变星座时，这段时期的性质就发生了转变；到固定星座时，相对稳定下来；而到双体星座时，则又混合了下一个即将到来的时期的性质。

③ 参见 H. D. Rutkin, *Sapientia Astrologica: Astrology, Magic and Natural Knowledge, ca. 1250–1800. I. Medieval Structures (1250–1500): Conceptual, Institutional, Socio-Political, Theologico-Religious and Cultural*, Springer Nature, 2019, pp. lxii–lxiii, pp. 94–95. 现代占星学在沿用这套术语时有一些变动，把中世纪的"转变星座"改称"本位星座"（cardinal signs），把"双体星座"改称"变动星座"（mutable signs）。

④ 参见 D. Pingree, "Abū Mashar Al-Balkhī, Jafar Ibn Muḥammad", in *Complete Dictionary of Scientific Biography*, Charles Scribner's Sons, 2008. 阿布·马沙尔可以说是公元 8—9 世纪时一批有萨珊波斯背景、哈兰（Ḥarrān）传统，在伊斯兰宗教谱系中容易倾向什叶派一端的天文学和占星学学者的代表。萨法维王朝是一个什叶派政权，在 16 世纪初建立帝国时，也是面对着周围逊尼派国家（尤其是奥斯曼帝国）唯一的什叶派统治王朝，采取了诸多在宗教上排除异己、塑造意识形态正统的手段。

图 2　清科博所藏波斯星盘星网正面（数字标注为识别出的亮星指针）

上有铭文给出所指亮星的名称，大部分指针均无标注。此外，仅有的亮星名称标注中也有半数都刻在了星网背面，且有几个亮星是通过在星网的黄道圈上打孔来指示，而不是延伸出指针指示——这似乎均不是一般伊斯兰星盘的常见做法。经与其他博物馆图录中的类似星盘比对，及参考先前学者整理出的主要亮星的阿拉伯语名称索引 [①]，可以识别出星网上的至少 25 个亮星（表 1）。

表 1　星网所包含的亮星一览

编号	铭文（阿拉伯语）	铭文（转写）	含义	现代星名
1	（背面）فم قيطس	*fam qayṭus*	mouth of the cetus	Kaffaljidhma（γ Cet）
2				Menkar（α Cet）
3	（背面）无法识别	？	？	Algol（β Per）*
4	（背面）المرفق الثريا	*mirfaq al-thurayyā*	elbow of the Pleiades	Mirfak（α Per）
5				Zaurak（γ Eri）

---

① 主要参考 M. Abbasi and S. R. Sarma, "An Astrolabe by Muḥammad Muqīm of Lahore Dated 1047 AH (1637–38 CE)", *Islamic Studies*, 53 (2014); S. Maslikov and S. R. Sarma, "A Lahore Astrolabe of 1587 at Moscow: Enigmas in Its Construction"; S. Gibbs and G. Saliba, *Planispheric Astrolabes from the National Museum of American History*, pp. 207–214 (Appendix II: Star Names); K. van Cleempoel, *Astrolabes at Greenwich*, pp. 244–263 (AST0594, AST0535); D. Pingree, *Eastern Astrolabes*, pp. 244–249 (Catalogue of Arabic Star-Names); MHS 馆藏星盘在线目录，inv. 35313, 37321, 45509.

续表

编号	铭文（阿拉伯语）	铭文（转写）	含义	现代星名
6				Aldebaran（α Tau）
7				Bellatrix（γ Ori）
8	رجل	rijl	the foot	Rigel（β Ori）
9				Betelgeuse（α Ori）
10	شعرى يمانية	shi'rā yamāniyya	?	Sirius（α CMa）
11				Procyon（α CMi）
12				ρ Pup
13				Alphard（α Hya）
14	قلب الاسد	qalb al-asad	heart of the lion	Regulus（α Leo）
15				Alkes（α Crt）
16	（背面）صرفة	ṣarfa	?	Denebola（β Leo）
17	（背面）اعزل	a'zal	the unarmed [fish]	Spica（α Vir）
18				Arcturus（α Boo）
19				Unukalhai（α Ser）
20	حوا	hawwā	[head of] the serpent-charmer	Rasalhague（α Oph）
21				Aldulfin（ε Del）
22				Deneb Algiedi（δ Cap）
23				Skat（δ Aqr）
24	（背面）جناح	janāḥ	wing [of the horse]	Algenib（γ Peg）
25	كف الخضيب	kaff al-khaḍīb	the dyed palm	Caph（β Cas）

注：空行表示没有铭文，问号表示铭文无法识别或含义不明；* 编号为 3 的指针所指亮星存疑。

  在识别出星网包含的亮星后，可以进一步由此推测星网的制作年代 ①。此处的原理是：一方面，星盘工匠通常基于一定的"星表"来加工制作星网，

---

① 参见 E. Dekker, "Exploring the Retes of Astrolabes", in *Astrolabes at Greenwich*, by K. van Cleempoel, pp. 47–72；S. Maslikov and S. R. Sarma, op. cit. 就使用了这一方法推定现藏于莫斯科的拉合尔星盘的制作年代。

即他们手中通常有特定的几十个亮星及其黄道坐标的列表，这些数据都衍生自某些天文学著作的写本传统——例如，著名的乌鲁伯格星表（*Zīj-i Sulṭānī*，1437）——并基于星表编制与工匠所处年代之间的年份间隔加上了进动带来的黄经（ecliptic longitude）差值，当时的伊斯兰工匠通常采用每66年进动1°的数值[①]。另一方面，由于星盘的球极投影方式已知，通过测量现存星盘上各个亮星指针所指的位置，可以反推出这些亮星的赤道坐标（赤经 [right ascension, α]、赤纬 [declination, δ]），进而变换为黄道坐标（黄经 [longitude, λ]、黄纬 [latitude, β]，取黄赤交角 $\varepsilon = 23.5°$）。由此可以推算出工匠制作时所用的数据，再与现存的乌鲁伯格星表进行比对作差[②]，即知二者相隔年份，从而对制作年代有所揭示。

依据上述原理，笔者对星网上识别出的25个亮星进行了数据测算，方式是使用PlotDigitizer从星网正面照片中提取各点数据，并用Python编程批量变换、计算和处理，结果如下所示（表2）。经统计，25个亮星的黄经差 $\Delta\lambda$ 服从正态分布（Shapiro-Wilk检验，$p = 0.1047$），总体均值不为0（t检验，$p = 0.0041$），进而可以求得平均值 = 3.77°。这大致意味着该星盘制作于乌鲁伯格星表后约249年，即1686年前后，刚好是在萨法维王朝晚期。但由于从数据中可以看出星网的制作精度不高、各个亮星指针之间的误差较大[③]，因此更合理的推测是放宽到一定的年代区间，综合考虑目前已知的萨法维王朝晚期星盘仪器工匠群体的活跃年代[④]，可以说这件波斯星盘大致制作于1680—1720年。

[①] 主流的伊斯兰天文学家，例如al-Sufi和al-Battānī，都提供的是这个进动值，虽然实际值应该是每71.5年进动1°；参见J. Chabás and B. R. Goldstein, *The Alfonsine Tables of Toledo*, Springer, 2003, p. 235; E. Dekker, "Exploring the Retes of Astrolabes", p. 48; I. Hafez, "Abd Al-Rahman al-Sufi and His *Book of the Fixed Stars*: A Journey of Re-Discovery", PhD dissertation, James Cook University, 2010, p. 261.

[②] E. B. Knobel, *Ulugh Beg's Catalogue of Stars: Revised from All Persian Manuscripts Existing in Great Britain, with a Vocabulary of Persian and Arabic Words*, The Carnegie Institution of Washington, 1917.

[③] 尤其可以与S. Maslikov and S. R. Sarma, op. cit. 发表的现藏于莫斯科的拉合尔星盘进行比较，根据论文中的数据，该件拉合尔星盘星网上33个亮星指针的 $\overline{\Delta\lambda} = 1.4°$，标准差在1.4° 左右；但清科博所藏波斯星盘的 $\overline{\Delta\lambda} = 3.77°$，标准差竟为5.81°。

[④] D. A. King, *World-Maps for Finding the Direction and Distance to Mecca*, pp. 263–264.

表 2　星网所包含亮星的黄道坐标计算值，及其与乌鲁伯格星表记载值的比较

编号	亮星	黄经 λ	黄纬 β	星表记载值 λ_0	星表记载值 β_0	$\Delta\lambda$
1	γ Cet	30.848	6.697	32.167	−12.300 *	−1.319
2	α Cet	35.539	−16.825	36.917	−12.850	−1.378
3	β Per ?	59.697	7.951	48.917	22.000 *	10.780
4	α Per	63.350	25.537	55.117	29.350	8.233
5	γ Eri	57.426	−30.545	46.667	−33.250	10.759
6	α Tau	68.344	−3.947	62.517	−5.250	5.827
7	γ Ori	78.320	−10.454	73.567	−17.650	4.753
8	β Ori	76.814	−36.091	69.417	−31.300	7.397
9	α Ori	90.233	−17.134	81.217	−16.750	9.016
10	α CMa	95.773	−36.512	96.317	−39.500	−0.544
11	α Cmi	108.270	−14.551	108.367	−16.000	−0.097
12	ρ Pup	120.400	−36.709	123.167	−43.550	−2.767
13	α Hya	141.196	−20.069	139.517	−22.500	1.679
14	α Leo	133.470	36.594	142.217	0.150 *	−8.747
15	α Crt	155.916	−20.845	165.917	−22.700	−10.001
16	β Leo	169.067	14.317	163.817	12.000	5.250
17	α Vir	206.071	−0.078	196.167	−2.150	9.904
18	α Boo	208.173	34.201	196.517	31.300	11.656
19	α Ser	235.044	31.577	224.417	25.800	10.627
20	α Oph	262.759	35.113	255.217	35.850	7.542
21	ε Del	310.374	30.800	306.367	29.200	4.007
22	δ Cap	320.171	4.055	315.467	−2.250	4.704
23	δ Aqr	335.441	−5.702	331.917	−8.300	3.524
24	γ Peg	6.801	14.686	1.367	12.400	5.434
25	β Cas	25.940	50.415	28.017	50.800	−2.077

注：表中单位均为°；* 编号为 1、3、14 的亮星指针，反推计算的黄纬值与乌鲁伯格星表中所载数值偏差较大（±15°及以上），除 3 号指针的识别存疑外，1 号、14 号应该都是星网制作有误。

2. 纬盘

这件波斯星盘共有 5 枚纬盘，均为双面刻制，其中 4 枚（I–IV）的 8 个盘面分别适用于北纬 42°、48°、52°、53°、54°、55°、56°、57°（图 3）；余下 1 枚（V）为地平线表盘（table of horizons），是同时期伊斯兰星盘中常见的一种盘面形制（图 4）。

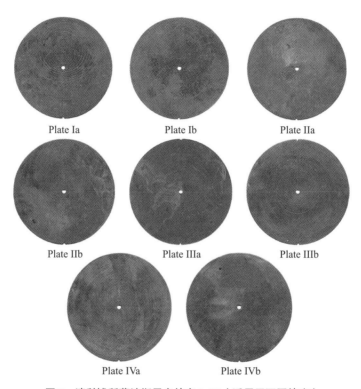

Plate Ia   Plate Ib   Plate IIa

Plate IIb   Plate IIIa   Plate IIIb

Plate IVa   Plate IVb

图 3   清科博所藏波斯星盘纬盘 I–IV（适用于不同纬度）

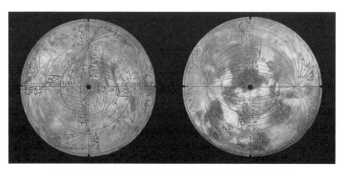

图 4   清科博所藏波斯星盘纬盘 V（地平线表盘）

通常来说，适用于某一纬度的纬盘会包含如下投影刻线（图 5）：以赤道及南北回归线、东西方向线、子午线、地平线为基础，地平线以上部分有地平纬线（almucantar）、地平经线（azimuth），地平线以下部分有不等小时线（unequal hour line）；随着 16 世纪以来各种等长小时制（如"寻常小时"[common hours]、"意大利小时"[Italian hours]）的兴起[①]，16—18 世纪的伊斯兰星盘也经常包含等长小时线；而由于伊斯兰星盘的主流用途之一是占星学实践，所以也还常常包含占星宫位（astrological house）的划分刻线。在这些刻线之外，通常也会用铭文标注一个盘面对应的纬度、昼长（hours of daylight）等信息。

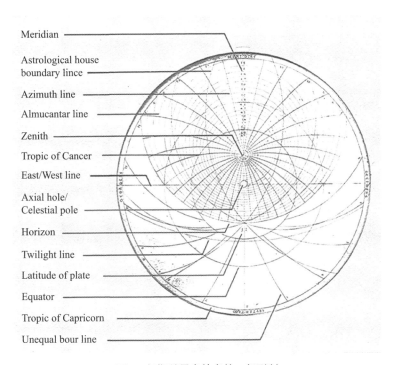

Meridian

Astrological house
boundary lince

Azimuth line

Almucantar line

Zenith

Tropic of Cancer

East/West line

Axial hole/
Celestial pole

Horizon

Twilight line

Latitude of plate

Equator

Tropic of Capricorn

Unequal bour line

图 5　伊斯兰星盘纬盘的一般形制

（引自 K. van Cleempoel, *Astrolabes at Greenwich*, Figure 2.6）

以上述形制为参照，我们会发现，清科博所藏波斯星盘的纬盘 I–IV 的刻线都是不完整的（表 3）：只有 Ib 盘面刻制了正确的地平经线，但与此同时缺少所有不等或等长小时线；Ⅲb 盘面明显没有完成，除基础打底的赤道及南北

[①]　吉姆·贝内特：《机械技艺》，见《剑桥科学史·第三卷：现代早期科学》，凯瑟琳·帕克、洛兰·达斯顿主编，吴国盛主译，郑州，大象出版社，2020 年，第 583 页。

回归线、东西方向线、子午线、地平线之外，只有刻了一半的地平纬线；另一面的Ⅲa盘面有一套看起来类似于地平经线的刻度，但投影也并不正确；余下盘面均没有地平经线，但除不等小时线之外都刻制了等长小时线。在铭文方面，除未完成的Ⅲb盘面没有任何数字或铭文之外，其余盘面都用铭文标注了对应纬度，但没有标注该纬度的昼长；纬度标注和刻度线均用阿拉伯字母表示数值（即 Abjad numerals），但等长小时线用波斯数字（Persian numerals）进行标注[①]，可能是为了有所区分。

表3　适用于不同纬度的纬盘 I–IV 所包含的刻度线

盘面	纬度	铭文	地平纬线	地平经线	不等小时线	等长小时线
Ia	48°	عرض مح	√		√	√
Ib	55°	عرض نه	√	√		
Iia	52°	عرض نب	√		√	√
Iib	54°	عرض ند	√		√	√
Ⅲa	53°	عرض نج	√	（近似但刻错？）		
Ⅲb	（42°）	（无）	（只刻有半数地平纬线，未完成？）			
Iva	56°	عرض نو	√		√	√
Ivb	57°	عرض نز	√		√	√

注：表中未列出打底的赤道及南北回归线、东西方向线、子午线、地平线，这些所有盘面都具有；铭文均为纬度标注，格式是 عرض 'arḍ "纬度" 后跟用阿拉伯字母表示的数值。

由上可见，这件波斯星盘的纬盘有两个突出特征：其一，设计适用的纬度极高，尤其为 52°–57° 的范围中的每 1° 都制作了一个盘面，完全超出同

---

① 阿拉伯语数字（不是"阿拉伯数字"）、波斯数字和用阿拉伯字母表示数值，这三种方式区分如下：

	1	2	3	4	5	6	7	8	9	10	11	12	…
Arabic	١	٢	٣	٤	٥	٦	٧	٨	٩	١٠	١١	١٢	…
Persian				۴	۵	۶							
Abjad	١	ب	ج	د	ه	و	ز	ح	ط	ي	يا	يب	…

波斯数字只在 4、5、6 的表示上与阿拉伯语数字不同，以此可以区分。用阿拉伯字母表示数值时，每个整十数也对应不同字母：ي—10，ك—20，ل—30，م—40，ن—50，س—60，ع—70，ف—80，ص—90，ق—100…

时期其他波斯星盘所见（一般纬盘设计范围在 24°–40°，最高到 42°，对应当时波斯统治范围的最北端，如阿塞拜疆一带）；这基本上进入了莫斯科（55° 45′ N）及周边地区的纬度。其二，纬盘的刻度线均是不完整的，甚至不止一个盘面的刻线、投影出错，反映出这件星盘的制作者技艺并不熟练高超，或许是粗略赶工，也或许是上手还有难度、尚在练习的学徒。

纬盘 V 的正反面都刻有地平线表，即在赤道及南北回归线、东西方向线、子午线投影的基础上，在一个盘面包含了一系列不同纬度的地平线投影刻度，可用来做一些基本的计算。与前面的纬盘 I–IV 仅有底部凹口（notch）不同，该盘的 4 个方向上都开有凹口，放置于母盘中时可视需要旋转到不同方向固定。Va 盘面（图 4 左）刻制了 4 组不同方向的"半地平线"（half-horizons，即只刻了 1/4 弧而不是半弧），每组有 5 条或 6 条以 8° 为间隔的刻线，总共提供了 24°–66° 每 2° 纬度的地平线——这一范围设置在伊斯兰星盘的"地平线表"形制中倒是常见的，即相当于当地一直到北极圈的纬度范围。每条刻线的两端均以阿拉伯字母标注纬度值，每组旁标有相同的铭文 ميل كلي *mayl kullī* "最大倾斜"[①]。Vb 盘面（图 4 右）同样提供了 4 组半地平线，方向排布与 Va 盘面略有不同，以 5 条或 8 条为一组，度数范围是 25°–83°，其中两组用波斯数字标注，两组用阿拉伯字母数字标注，ميل كلي *mayl kullī* 的标注同前。在功能上，这枚地平线表盘可能对先前纬盘 I–IV 刻制中的错误、缺漏起到一定的弥补作用，也可以在一个盘面上同时进行多个纬度的计算、换算、比较等操作；这类形制或许也具有一定的理论教学、演示功能。

3. 母盘

这件波斯星盘的母盘正面（图 6 左）边沿（rim）标有一圈角度刻度，精确至 1°，每 5° 在刻度线上打点并以阿拉伯字母标记数值：从顶端正中央开始，按顺时针顺序标有 5，10，5，20，5，30，…，5，100，重复三组，最后

[①] 英文直译是"the maximum declination"，但这个词组在伊斯兰天文学中也意为"黄道倾角"（obliquity of the ecliptic，参见 D. A. King, "Al-Mayl", in *Encyclopaedia of Islam*, Brill, 2012），不知标在地平线旁边的用意何在；类似的标注也常见于其他博物馆收藏的波斯星盘，例如 NMM AST0566 和 AST0594（K. van Cleempoel, op. cit., pp. 242, 250）。

一组为 5，10，…，5，60，这应当是 0–360° 刻度的一种简写标法 [1]。

母盘正面内部则是空白的金属面，这是相当不寻常的：伊斯兰星盘的一大典型特征，即是在这个位置通常刻有密集的地名索引（图 6 右），给出伊斯兰世界主要城市的经度、纬度和"齐伯拉"角度值。地名索引不仅对于穆斯林日常礼拜十分必要，凸显出星盘在伊斯兰宗教、社会语境下附加的特殊功用，还反映出伊斯兰学者在天文学、地理学、三角学计算上的重要成就 [2]。在世界各大博物馆收藏的伊斯兰星盘中，笔者尚未找到其他不具有地名索引的藏品。因此，地名索引的缺失在清科博的这件星盘上是极为殊异的特征，这可能提示着它所为设计制造的顾客对地名索引并无须求，甚至不属于伊斯兰世界的穆斯林群体。

图 6　清科博所藏波斯星盘母盘正面内部，以及与同时期一般波斯星盘对比

左：清科博所藏星盘，母盘内部完全空白；右：伊斯兰星盘中常见的地名索引（MHS inv. 40330，Abd al-Alī 制作，波斯，1707/1708 年，图源牛津大学科学史博物馆）

母盘背面（图 7 左）配有一窥衡，上有波斯数字标记的刻度，可作为时尺（rule）使用；盘面本身的刻度则分为上下两部分。上半圈边沿有类似正面的角度刻度，但分为左右两组 0–90°，始自左右两端，各自依次标为 5，15，20，…，85，90，至顶端正中央止。这可以配合上半部分两个象限内的

---

[1] 另一种常见方式是写全度数的所有位（例如 175° 标为 قعه），在 MHS 馆藏波斯星盘中，采取这类刻度标记方式的有 inv. 41763、45581（制作者为 Muḥammad Mahdī）、42649、46680、50987（制作者为 Khalīl Muḥammad ibn Ḥasan Alī）等；类似清科博所藏波斯星盘采取简写标记者，则有 inv. 36247、40330（制作者为 Abd al-Alī）、37321、40833（制作者为 Abd al-Aimma）等。

[2] 参见 D. A. King, *World-Maps for Finding the Direction and Distance to Mecca*, pp. 47–127 的专门讨论。

刻线（scales）使用：左上包含一系列不同半径、等间距的圆弧（称为 *dastūr* circle）①，以及每 5° 的径向放射线、平行的正弦／余弦刻线；右上则包含 6 条不等小时线。经过检索比对，这种刻线安排在同时期的伊斯兰星盘中并不算十分常见②，特别是右上象限没有常见的"齐伯拉"地平经线（azimuth of *qibla*，多见于波斯星盘）或礼拜线（prayer lines，多见于印度星盘）（图 7 右），前者给出了当太阳位于麦加方向的地平经度时对应的太阳高度角③，后者则标记了礼拜仪式起止时间所对应的太阳高度角④，二者通常都为一组数条刻线，适用于不同的伊斯兰世界主要城市。这类刻线在清科博所藏这件波斯星盘中一概阙如，正与母盘正面内部缺乏地名索引相互印证，表明这件星盘很可能并不是为有宗教礼拜需求的穆斯林所做，而是为非伊斯兰世界的顾客委托打造的。

图 7　清科博所藏波斯星盘背面刻线，以及与同时期伊斯兰星盘背面两类常见刻线对比

左：清科博所藏星盘，母盘背面及窥衡展示；右上："齐伯拉"地平经线（MHS inv. 40833，Abd al-Aimma 制作，伊斯法罕，18 世纪初，图源牛津大学科学史博物馆）；右下：礼拜线（AP A-81，Ḍiyā al-Dīn Muḥammad 制作，拉合尔，1660/1661 年，图源阿德勒天文博物馆）

---

① 参见 MHS 馆藏星盘在线目录所用的描述术语，以及 D. A. King, op. cit., p. 254。这类刻线可用来确定不同圆的半径（配合窥衡上的刻度读取），进而便于做三角学计算。

② 母盘背面左上象限有这种形式结合的 *dastūr* circle、径向放射线和正弦／余弦刻线，似乎仅见于 MHS inv. 52399（Muḥammad Amīn ibn Amīrzā Khān 制作，波斯，1587/1588 年）、AP A-40（Al-Abd Amīn of Mashhad 制作，波斯，1669/70 年或 1688/9 年，见 D. Pingree, *Eastern Astrolabes*, pp. 94–95）及 NMAH inv. 316764（无工匠署名，但 R. T. Gunther, *The Astrolabes of the World*, The Holland Press, 1976, p. 159 推测工匠为 Faḍl ʿAlī，约 1700 年制作于波斯，亦参见 S. Gibbs and G. Saliba, op. cit., pp. 82–84 [CCA No.47]）。

③ 参见 D. A. King, op. cit., pp. 106–108。

④ 参见 MHS 馆藏星盘在线目录的说明：https://www.mhs.ox.ac.uk/astrolabe/exhibition/prayer.htm.

背面下半部分的刻线则都是伊斯兰星盘中常见的安排：主体为晷影矩尺（shadow square），边沿上是余切刻线（cotangent scales）[1]，每5° 为一大格，从底部正中央向两侧依次标为 5，10，15，…，45；二者的基本功能都是用来做晷针、晷影之比与太阳高度角之间的换算。晷影矩尺周围的铭文表达了刻度的两种单位，左侧 7 等分的是 "feet"，右侧 12 等分的是 "fingers"：

左侧

纵向	ظل أقدام معكوس	*ẓill 'aqdām ma'kūs*	"inverted shadow of feet"
横向	ظل أقدام مستو	*ẓill 'aqdām mustawin*	"level shadow of feet"

右侧

纵向	ظل أصابع معكوس	*ẓill 'aṣābi' ma'kūs*	"inverted shadow of fingers"
横向	ظل أصابع مستو	*ẓill 'aṣābi' mustawin*	"level shadow of fingers"

最后，在晷影矩尺内有一花瓶状的纹饰，巧妙地嵌有文字，例如花瓶底部可辨识的铭文为 أسطرلاب *asṭurlāb*，即阿拉伯语 "星盘" 一词（这也是 "astrolabe" 的词源）[2]。

在这一部分，同样值得关注的是这件波斯星盘相较于同时期其他伊斯兰星盘缺少了什么东西——此处缺少的是各种占星学表格，它们通常挤满了伊斯兰星盘背面的下半部分（图 8），给出月亮宫位（lunar mansions）、黄道十二宫的三分属性（triplicites）等，有时还有计算性更强的天文表。这反映出伊斯兰星盘主流的占星学用途，或者应该说，占星学才是萨法维王朝出现一批赞助和关注星盘制造的宫廷贵族、知识精英和仪器工匠，并留下我们今日所见数量繁多、工艺精美的波斯星盘的重要动因。这类目的在清科博所藏的波斯星盘上并非全然无踪（见于星网上 "转变 / 固定 / 双体星座" 的铭文），但显然被有意弱化了，说明委托制造这件星盘的顾客并没有什么占星学兴趣，也不准备将其拿来实践，相当脱离于对占星学抱有热情的萨法维王朝统治阶

---

① 关于这类刻线具体的计算原理和使用，参见 S. Gibbs and G. Saliba, op. cit., p. 31. 值得一提的是，余切刻线是伊斯兰星盘中常见的形制，但在现存的欧洲星盘中并未发现（Ibid., p. 14）。

② S. Maslikov, "Astrolabe from private collection" 认为该花瓶状纹饰中的铭文是波斯语，但由于笔者不能有把握地辨识出 *asṭurlāb* 上方是否还有字母铭文以及铭文的内容，对这一观点暂且存疑。

级和宫廷文人圈子；换言之，这位顾客大概也不属于同时期波斯星盘常常呈予的贵族主顾群体 ①。

图 8　波斯星盘背面常见的占星学表格

（MHS inv. 40833，Abd al-Aimma 制作，伊斯法罕，18 世纪初，图源牛津大学科学史博物馆）

4. 整体铭文与装饰特征

这件波斯星盘没有工匠署名，除星网标注、背面刻线说明与装饰性的花瓶状纹饰外，唯一成文的铭文出现在顶座正面（图 9）：

图 9　清科博所藏波斯星盘顶座正面

وَسِعَ كُرْسِيُّهُ ٱلسَّمَٰوَٰتِ وَٱلْأَرْضَ His Throne encompasses the heavens and the earth.

此句出自《古兰经》2: 255，即通常所称的"*Ayatul Kursi*"（"the Throne Verse"），赞颂真主王座的至高和宽广；这里的 كرسيّ *kursiyy* 原义为"椅子"，恰好也是星盘"顶座"一词在阿拉伯语中的名称。在顶座处刻写一句宗教铭文是同时期波斯星盘的制作惯例，且经常就选自上述《古兰经》的"*Ayatul Kursi*"段落，在这一点上清科博所藏波斯星盘是具有代表性的。从铭文书体来看，顶座及母盘背面铭文均使用处于泰阿里格体（*ta'līq*，又称"波斯体"）

---

① 最著名的例如 1712 年由 Abd al-Alī 制作（*ṣanaʿa*, "made it"）、Muḥammad Bāqir 装饰（*nammaqa*, "decorated it"），献给沙赫苏丹·侯赛因（Shāh Sulṭān Ḥusayn）的星盘，现藏于大英博物馆（BM OA+.369，www.britishmuseum.org/collection/object/W_OA-369）。

与纳斯赫体（*naskhī*）之间的手写体，不是标准的阿拉伯文书体；相比之下，同时期波斯星盘多用较为标准的纳斯赫体刻制，有时也结合更华丽的苏鲁斯体（*thuluth*，又称"三一体"）。这似乎符合前文的星网及纬盘分析给我们带来的印象，即这件星盘并不出自同时期最精美高超的制作工艺，而相对比较普通，甚至可称潦草。

顶座处集中体现的装饰风格，还有助于我们将这件星盘更加确定为波斯工匠的作品，而非同时期的印度星盘（Indo-Persian）。根据先前学者的研究总结[①]，波斯星盘与印度星盘在一系列装饰特征上有所差异（虽然从现存实物来看并不绝对）：

波斯星盘	印度星盘（图10）
顶座为实心、有扇形饰边的等腰三角形	顶座为镂空、相互连接的藤蔓状
在点画的深色背景上浮雕铭文	直接在金属表面上刻制铭文线条
普通的刻度线	刻度线使用打点的虚线
星网指针数量相对较少（20余个）	星网繁复、指针数量多（30个及以上）

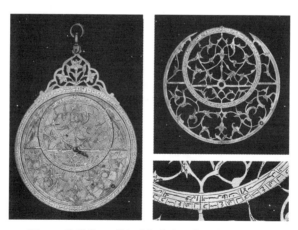

图10　典型的17世纪晚期印度星盘及其制作特征

（MHS inv. 53637，Ḍiyā' al-Dīn Muḥammad 制作，拉合尔，1658/1659年，图源牛津大学科学史博物馆）

左：正面观，注意顶座的镂空设计、边沿刻度数字的铭刻方式；右：星网及其放大图，注意叶状指针的数量、刻度线使用的虚线

---

① 参见 S. Gibbs and G. Saliba, op. cit., pp. 17–18; S. R. Sarma, "The Lahore Family of Astrolabists and Their Ouvrage", *Studies in History of Medicine & Science*, 13 (1994).

由此可见，清科博所藏星盘基本符合波斯星盘的制作特点。经过笔者进一步检索对比，发现它与世界上其他博物馆收藏的 17 世纪晚期至 18 世纪初波斯工匠 Abd al-Aimma、Abd al-Alī 等人作品在装饰风格、刻度设计、功能组件等方面均十分接近，只是在星网、纬盘的制作上明显粗糙不少。有理由猜测，这件星盘可能是同时期波斯工匠群体中的学习模仿者所做。

5. 合金成分分析

在描述并考证了星盘各部分的形态、功能、装饰后，作为辅助鉴定手段，笔者还在清华大学材料科学与工程研究院中心实验室的帮助下，对这件星盘的金属成分进行了检测分析。这里依据的是先前纽伯瑞（Brian Newbury）等学者对阿德勒天文博物馆东方星盘收藏所做的一系列研究[1]：通过 X 射线衍射分析（XRD）、X 射线荧光光谱（XRF）、X 射线成像（radiography）等无损伤手段，可定性、半定量至定量地检测星盘合金表面及内部结构，确定其中的元素组成，提示出星盘金属材料经历的冶炼、锻造、加工工艺等[2]。制造星盘的黄铜为铜锌二元合金，按照锌含量（质量分数 wt%）高低又有不同的组织金相，可分为 α 相黄铜（锌含量 35% 以下）、α＋β 双相黄铜（锌含量 36%～46%）和 β 相黄铜（锌含量 46% 以上）。在 18 世纪以前，只有当时以拉合尔为首的印度地区工匠掌握用单质锌、铜合炼黄铜（co-melting）的冶金技术，能生产锌含量更高的 α＋β 双相黄铜，具有更好的热加工性质；其他地区则仍为传统的矿炼黄铜（cementation），锌含量通常不超过 32%[3]。在纽伯瑞等人对阿德勒天文博物馆藏星盘的批量检测结果中，锌含量在 36% 以上的

---

① B. D. Newbury, "A Non-Destructive Synchrotron X-Ray Study of the Metallurgy and Manufacturing Processes of Eastern and Western Astrolabes in the Adler Planetarium Collection", PhD dissertation, Lehigh University, 2004; B. D. Newbury *et al.*, "The Astrolabe Craftsmen of Lahore and Early Brass Metallurgy", *Annals of Science*, 63 (2006); M. Notis et al., "Synchrotron X-Ray Diffraction and Fluorescence Study of the Astrolabe", *Applied Physics A*, 111 (2013).

② 参见 B. Stephenson, "Metallurgical Analysis", in *Eastern Astrolabes*, by D. Pingree, pp. 254–257 对这些方法的简要说明。

③ B. D. Newbury, "A non-destructive synchrotron X-ray study of the metallurgy and manufacturing processes of Eastern and Western astrolabes in the Adler Planetarium Collection", pp. 247–252; B. D. Newbury et al., "The Astrolabe Craftsmen of Lahore and Early Brass Metallurgy", pp. 205–207.

几乎无一例外是拉合尔或其他印度地区星盘，由此可以与其他在波斯地区制造的星盘较为明显地区分开来[①]。

由于设备条件所限，我们只取了清科博所藏波斯星盘其中一枚纬盘进行了 XRD 分析，所得衍射图谱见图 11。经与 PDF 标准卡片库比对发现，该纬盘的金属成分非常接近 Cu0.64 Zn0.36 合金，此外有微量的铅元素以及铜氧化物（Cu_2O）。参照前人论文中给出的数据，这似乎非常符合该时期拉合尔星盘的合金组成——但是按照前文的分析，这件星盘从铭文、装饰等所有制作特征上看，不是都更接近波斯工匠的作品吗？

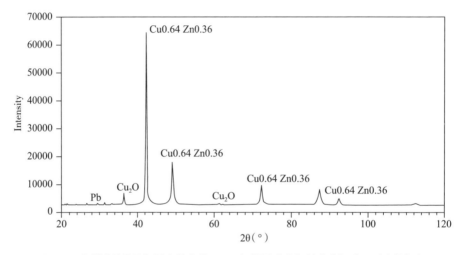

图 11 清科博所藏波斯星盘纬盘的 XRD 衍射图谱（衍射峰旁标注了对应物相）

在纽伯瑞检测的阿德勒天文博物馆藏东方星盘中，排除时期更靠后、使用了更先进冶炼合金的仿造品，也有一件特殊的波斯星盘有较高的锌含量（AP A-75），它被认为是波斯工匠中的佼佼者 Abd al-Aimma 制作于 1700 年左右[②]。纽伯瑞对此的解释是，这件星盘要么采用了来自印度地区的黄铜原材料（比如是回收再利用了其他金属制品），要么是在 18 世纪初波斯工匠也已掌握了类似的冶金技术，但由于该件星盘只是孤证，无法确认当时存在这种技术迁移的趋势[③]。由此看来，清科博所藏星盘并非印度星盘，而是可被看作与 AP A-75 星盘类似的又一例证，说明当时的某些波斯星盘工匠确实利用了印度地

---

① B. D. Newbury, op. cit., pp. 155–184.

② https://adler-ais.axiellhosting.com/Details/collect/452.

③ B. D. Newbury, op. cit., pp. 198–200.

区的黄铜原材料，又或者是他们中的确有人掌握了制造锌含量更高的黄铜合金的技术。

三、仪器作为载体：一个 17 世纪波斯科学史的片段

通过对清科博所藏星盘在形态、功能、装饰等方面的考察，尽管没有任何相关铭文，但我们也能比较有把握地将其推定为 17 世纪末至 18 世纪初，即萨法维王朝晚期的一件星盘作品；它的制作者应当是与 Abd al-Aimma、Abd al-Alī 等著名工匠处于同时代或稍晚的一位不具名的、较为次要的学习模仿者；在它的制作地能接触到来自莫卧儿印度的金属原材料或冶金工艺，这更有可能是在东部贸易路线上的马什哈德（Mashhad），而不是帝国腹地的首都伊斯法罕[①]；委托制造它的顾客也不是通常的波斯贵族，而是有到莫斯科地区旅行需求的、非穆斯林的外国顾客，可能是往来于沙皇俄国的商人、行旅者或外交使团中的成员。与各大博物馆中现存的同时期波斯星盘相比，清科博这件星盘在很多方面可以说是"非典型"的：它缺乏伊斯兰宗教背景及其天文学传统下重要的地名索引、与"齐伯拉"有关的刻线，也缺乏用于占星学实践的表格和纬盘刻线，却有极高的适用纬度范围，而且在制作工艺上展现出很多不精确，甚至草率赶工之处。实际上，这些器物层面看似杂乱的特征，却能向我们展现出 17—18 世纪波斯科学史的几个有趣面向，这些面向是此前其他文本史料或仪器证据中不太显明出来的。

首先，对于萨法维王朝的天文仪器工匠群体来说，它提示我们在现存作品最丰富、署名最引人注目的显赫工匠之外，历史上可能实际存在一个更庞大的普通工匠与学徒群体，他们的主顾也不是波斯贵族，而是在旅行中真正需要使用星盘的普通人。换言之，支持当时天文仪器需求与制造的群体并不限于某个王朝宫廷、社会阶层或文化中心，而是一个充满流动性的、有内部分化的，乃至有国际化联系的群体。这种星盘工匠—消费者网络内部的复杂

---

① 对当时波斯工匠群体的活跃地域我们知之甚少，很难断言，但也没有证据表明他们的圈子只限于伊斯法罕，而且其中已知的 Muḥammad Zamān、Al-Abd Amīn of Mashhad 都来自马什哈德。参见 D. A. King, *World-maps for finding the direction and distance to Mecca*, p. 263; D. Pingree, *Eastern Astrolabes*, pp. xvii-xxi.

性 ①，在 20 世纪 70 年代金格里奇（Owen Gingerich）、大卫·金和萨利巴（George Saliba）的一篇研究中已有昭示 ②：他们通过考察各地博物馆中的星盘收藏发现，波斯萨法维王朝晚期最知名、名下有最多作品（逾 30 件）的星盘工匠 Abd al-Aimma 其实激发了一批模仿和伪造者；有些与他生活在同一年代的工匠在制造星盘时，会模仿前者的装饰风格并假冒署名，至 19 世纪更有甚者做出华而不实、在天文学上完全错误的星网，将星盘完全当成了一件古董工艺品来进行伪造 ③。在这种背景下，清科博所藏的这件波斯星盘粗糙、潦草的制作工艺反而能被视作一种独特的历史证据：它既有别于现代博物馆收藏会有所偏好的 Abd al-Aimma 这种顶尖工匠，也不太可能是矫揉造作、假冒署名、天文学功能缺失的伪造品。这补充了传统仪器史叙事缺少的一块拼图：除贵族赏玩之外，16—18 世纪伊斯兰世界星盘的流行必然还有其他因素共同促进，包括基数更大的普通顾客、大众天文学 / 占星学的需求等，它们共同支撑着我们今日所见数量众多的星盘制造。

其次，我们看到星盘如何具象化地承载了物质、技术与知识的流动，它作为载体能够跨越空间而迁移，见证着一个全球性的科学史片段。16—18 世纪的波斯天文学知识和仪器的传播并不限于波斯帝国的疆域之内，而处在与西欧、沙俄、印度的频繁沟通之中。这正是现代早期全球性网络形成后的自然情形，也得益于波斯帝国所处的独特地理位置。奥斯曼和波斯工匠制造的星盘，在当时可谓"驰名世界"。马克斯·普朗克科学史研究所学者布伦特耶斯（Sonja Brentjes）主张，天文观测和天文仪器的使用构成了当时许多远行来到伊斯兰世界的欧洲学者的重要学术活动，他们带来欧洲的世界地图，也

---

① 在这一点上，16—18 世纪伊斯兰星盘的情况或许能与同时期欧洲各种便携式日晷有所类比，参见 S. Schechner, "The Material Culture of Astronomy in Daily Life: Sundials, Science, and Social Change", *Journal for the History of Astronomy*, 32 (2001) 的分析。

② O. Gingerich, D. A. King, and G. Saliba, "The Abd Al-AImma Astrolabe Forgeries", *Journal for the History of Astronomy*, 3 (1972).

③ 例如阿德勒天文博物馆图录中就收入了一些伪造品星盘，见 D. Pingree, op. cit., pp. 172–195；英国国家海事博物馆在编目所藏东方星盘时，除按制作时期分类之外，也专门归了一类 "Crude and fake astrolabes"，见 K. van Cleempoel, op. cit., pp. 308–319。

在奥斯曼土耳其、波斯当地购买星盘带回欧洲，并在路途中使用[①]。17 世纪晚期到访过萨法维波斯的学者之一，法国珠宝商、1682 年当选为英国皇家学会会员的让·夏尔丹（Sir Jean Chardin，1643—1713 年）在其出版的十卷本波斯和东方行记中，就用了十几页篇幅介绍他见过的波斯星盘[②]，包括用途（天文学和占星学）、结构（讲解了具体刻线设置并附几何插图）、术语名词、制作者（提到了 Muḥammad Amīn，夏尔丹对波斯星盘的介绍就是在伊斯法罕向他学习的）等详细方面，甚至还与雷吉奥蒙塔努斯（Regiomontanus，1436—1476 年）的星盘做了比较。他是如此赞美波斯星盘制造者的知识和技艺的：

> 由于星盘几乎是波斯人唯一的天文仪器，所以也可以说他们把它做成了世界上最好和最精确的。线和圆比最好的钢笔画得更清晰、更准确，没有任何线条错误或圆规出入：在这一点上他们超越了我们拥有的最好的制作者。可以确定，没有任何其他地方的这种仪器是如此精心制作的，具有如此的准确性和精致性，并被如此谨慎和干净地保存；因为波斯人总是把它放在盒子和袋子里……即使在普通人中，每个人都把他的星盘当作珠宝一样保存。让星盘被制造得这么好的原因是，它们通常都是由天文学家（*Astronomes*）自己制作的；这并不是说没有专业的工匠（*Artisans*）来制作数学仪器（*Instrumens de Mathematique*），但人们不如推崇由数学家（*Mathematiciens*）制作的星盘那样推崇它们，因为数学家不那么容易误解数字，而且能更精确地标注数值。此外必须补充的是，除非一个天文学家自己制作所有的仪器，并且比一个熟练的工匠做得更好，否则他就不会被列入有学识者（*Savans*）的行列。[③]

值得一提的是，夏尔丹称普通人也拥有自己的星盘，并将波斯星盘的制造者分为了精通数学的天文学家与一般的仪器工匠，但他在提到 Muḥammad

---

① S. Brentjes, "Astronomy a Temptation? On Early Modern Encounters across the Mediterranean Sea", in *Astronomy as a Model for the Sciences in Early Modern Times: Papers from the International Symposium, Munich, 10–12 March 2003*, ed. by M. Folkerts and A. Kühne, Erwin Rauner Verlag, 2006.

② J. Chardin, *Voyages de Mr. le chevalier Chardin en Perse, et autres lieux de l'Orient. Tome cinquième, Contenant la Description des Sciences & des Arts liberaux des Persans*, Amsterdam: Jean-Louis de Lorme, 1740, pp. 89–102.

③ Ibid., pp. 89–90.

Amīn 时是将其归入了前者的行列；这也可以印证前文关于星盘工匠及使用者群体内部有进一步的复杂分化的观察。

上述文献呈现的都是 17 世纪西欧学者与波斯工匠之间基于星盘发生的交流，而清科博这件星盘又在此显现出独特之处：它表明了学界现有论述较少的波斯帝国与沙皇俄国、莫卧儿印度之间围绕着天文仪器的接触情况。这方面文本史料记载尚显匮乏——既缺乏像夏尔丹的著名行记之类的文献，可能也有语言障碍、萨法维王朝覆灭后的政治与军事动乱、西方学界关注偏好的原因。但正因如此，一件极为普通的器物反而能作为极具史学价值的补充证据。

自 17 世纪下半叶以来，萨法维王朝与沙皇俄国有了越来越多的往来，特别是彼得一世（Peter the Great，1672—1725 年）于 1689 年亲政后，更是与波斯北部地区加强了贸易和外交联系（见图 12）。1701 年和 1708 年俄国两度向萨法维王朝派遣使团，1715 年外交官沃林斯基（Artemy Petrovich Volynsky，1689—1740 年）奉彼得一世之命驻任伊斯法罕，1718 年两国签订条约允许俄国商人在波斯境内自由活动 [①]。不过这段往来时期很快就被 1722 年的阿富汗人叛乱、萨法维王朝的迅速衰败截断，彼得一世也借机出兵侵占达尔班德（Darband）等北方省份，战乱与政治动荡使波斯学者、工匠的活动陷入停滞。由此我们可以猜测，在 1680—1720 年这段时间当中，愈加频繁往来于伊斯法罕、莫斯科两地的俄国商人及官员构成了波斯星盘的一批重要顾客，甚至可以猜想这些东方仪器在被带回莫斯科后，可能与彼得一世 1701 年在莫斯科建立的数学与导航学校（Школа математических и навигацких наук, Moscow School of Mathematics and Navigation）[②]产生过联系。另外，莫卧儿印度与波斯

---

① 参见 R. Savory, *Iran under the Safavids*, Cambridge University Press, 1980, p. 126; R. Ferrier, "Trade from the Mid-14th Century to the End of the Safavid Period", in *The Cambridge History of Iran, Vol.6: The Timurid and Safavid Periods*, ed. by P. Jackson and L. Lockhart, Cambridge University Press, 1986. 其实在此之前，自 16 世纪中叶起，就有欧洲商人陆续尝试从俄罗斯陆路进入波斯、印度进行贸易（为了绕过奥斯曼帝国把持的波斯湾），伊凡四世（Ivan the Terrible）也曾在 1569 年向塔赫玛斯普一世（Shāh Ṭahmāsp I）派遣使团，这是莫斯科与波斯之间更早的人员往来；参见 R. Savory, *Iran under the Safavids*, pp. 112–113; L. Lockhart, "European Contacts with Persia, 1350–1736", in *The Cambridge History of Iran, Vol.6: The Timurid and Safavid Periods*, p. 383 及以下。

② 参见 N. Hans, "The Moscow School of Mathematics and Navigation (1701)", *The Slavonic and East European Review*, 29 (1951).

在历史上就有着长久深厚的文化、宗教、贸易往来[①]，一直到萨法维王朝晚期都以波斯东部的马什哈德为双方贸易的中心[②]。与伊斯法罕遥遥相应，当时莫卧儿帝国的首都拉合尔也存在着一批技艺精湛、代代相传的星盘工匠[③]，双方在金属制品乃至冶金、加工技术上发生过交流也是极有可能，甚至对当时伊斯兰星盘的繁荣或许产生了构成性的积极影响。反过来说，若我们完全找不到波斯与印度星盘工匠之间交流、互动的证据，这才是难以想象的。

最后，星盘作为物质载体不仅能跨越空间，还能跨越时间，进行天文学知识的传续。从这个角度而言，它提醒我们关注到广为人知的中世纪伊斯兰天文学辉煌之后的"后史"，即这些知识在17世纪萨法维波斯仍留下了怎样的余响。在全球交流的视野下，17世纪的欧洲已然发生如火如荼的天文学革命，而伊斯兰世界的天文学在理论著作方面却没有再作出太多创新。不过，正如上文夏尔丹所记录的，波斯帝国仍有一批在天文学、占星学实践方面熟练精通的学者—工匠群体，他们的知识背景来自宗教动机、家族传承和某些地区设立的教育学校（例如夏尔丹就记录称，国王的天文学家全都来自呼罗珊地区[④]）。这些学者与其说是专业天文学家，不如说是文人精英和博学者，他们中的很多人对哲学、政治、伊斯兰教法亦有著述，也是在当时特定的宫廷政治环境下才涉猎占星学；在理论上，他们主要基于9世纪已经成形的伊斯兰占星学传统进行取用，最多只是自己写些实用汇编手册，其重要来源就包括前文提及的阿布·马沙尔[⑤]。占星学繁荣的背后是萨法维统治者的重视，他们相信占星学对政治事件、战事的预测结果，使得占星学家在其宫廷中地位颇高，唯一能分庭抗礼的学者群体可能只有医生[⑥]。由此，正是在占星学的盛行下，星盘才真正成为萨法维波斯"几乎唯一的天文仪器"——作为对比，我们只需指出同时期的奥斯曼帝国并没有留存几件星盘，反而是日晷略多一

① 参见阿巴斯·阿马纳特：《伊朗五百年》，冀开运、邢文海、李昕译，北京，人民日报出版社，2022年，第2章。

② 参见 R. Ferrier, "Trade from the Mid-14th Century to the End of the Safavid Period", pp. 474–475.

③ 参见 S. R. Sarma, "The Lahore family of astrolabists and their ouvrage".

④ J. Chardin, op. cit., pp. 77–79.

⑤ 参见 D. Pingree and C. J. Brunner, "Astrology and Astronomy in Iran", in *Encyclopaedia Iranica. Vol.2, Fascicle 8*, Routledge & Kegan Paul, 1987; A. J. Newman, "Ṣafawids: IV. Religion, Philosophy and Science", in *Encyclopaedia of Islam*, Brill, 2012.

⑥ 参见 R. Savory, op. cit., pp. 220–224; H. J. J. Winter, "Persian Science in Safavid Times", in *The Cambridge History of Iran, Vol.6: The Timurid and Safavid Periods*, pp. 584–586.

些，它们被用在清真寺和伊斯兰学校（madrasa）当中 [①]。这使我们想起科学史家萨卜拉（Abdelhamid I. Sabra）关于伊斯兰科学在其成熟形态走向"工具主义"（instrumentalism）的概括 [②]，更重要的是，这揭示了波斯帝国政治文化环境下一种特殊的天文知识实践的形态，并通过其核心仪器——星盘的遗存向今人娓娓道来。

透过清科博所藏的 17 世纪晚期波斯星盘，我们似乎窥见了萨法维王朝最后的科学繁荣的一角。这里既有角色不同的工匠和顾客，也有在全球网络中移动的金属制品、技术、仪器、知识与人，在现代早期这个特殊的时间点上，勾连着科学史的诸多支流与可能。

A Survey of the Persian Astrolabe
at the Tsinghua University Science Museum

Huang Zongbei

Abstract: A Persian astrolabe dating from around the seventeenth century, now in Tsinghua University Science Museum collection, shows many "atypical" features when compared with Islamic astrolabes in other collections around the world. In the absence of any maker's signature, gazetteers, or inscriptions for the identification of the place and date of manufacture, calculation is carried out by extracting ecliptic longitudes of stars from the rete and comparing with values from known star catalogues, the results of which suggest that the rete was made roughly between 1680 and 1720. This placed the astrolabe as a product contemporary with a well-known group of astrolabists in the Safavid dynasty. Analysis of the scales on climates and mater further shows that this astrolabe lacks the tables of qibla-values, gazetteers, astrological houses, or prayer lines frequently seen in Islamic astrolabes, and that it is crafted, with somewhat crude craftsmanship, for use in very high altitudes, approximately close to that of Moscow. Hence this astrolabe was probably made by an insignificant member or apprentice among the Safavid makers' group,

---

① 参见 H. J. J. Winter, "Persian Science in Safavid Times", p. 598.

② 参见 A. I. Sabra, "The Appropriation and Subsequent Naturalization of Greek Science in Medieval Islam: A Preliminary Statement", *History of Science*, 25 (1987).

and not for a Muslim customer, but for a Russian merchant or diplomatic official travelling to the Safavid Empire. Analysis of alloy composition of the brass, on the other hand, suggests another link with raw material and/or metallurgical techniques coming from Lahore, India. What unfolds behind this seemingly enigmatic piece of astrolabe is an episode in the history of Persian science in the late seventeenth century, revealing the diversity within the community of astrolabe makers, the persisting legacy of Islamic astronomy embodied in astrological practices and instruments in early modern periods, as well as the communications of knowledge and technology through the vehicle of scientific instruments between Persian, Russian, and Mughal Empires.

Keywords: Persian astrolabe; Safavid dynasty; Instrument makers; Communication of knowledge

第谷对天文仪器的革新

王泽宇 [①]

摘　要：在第谷所处的时代，古老的天文仪器在长期探索中逐渐形成几种各有所长的形制，与中世纪理论型知识相对的观测型知识概念兴起。这些仪器形制和思想观念被第谷继承。第谷致力于通过制造天文仪器重塑天文学的基础。综合提高观测能力是第谷革新天文仪器的主要动机，第谷也希望通过制造仪器来彰显天文学的价值。针对古典天文仪器的基本要素，第谷在误差思想指导下引入横向刻度法，在拆分思想下设计新式窥衡，使古典仪器取得关键突破。第谷对仪器的革新是一套系统工程，他的精益求精为获取观测型知识提供了可靠性保障，使得天文仪器真正成为观测这一新兴知识类型的认识媒介。在这一层面，第谷在欧洲实现了用仪器重建天文学的理念。

关键词：第谷；天文观测；天文仪器

第谷·布拉赫（Tycho Brahe，1546—1601 年）是 16 世纪后半叶欧洲最负盛名的天文学家，但受科学史家关注相对偏少。1563 年木星和土星相合时，第谷发现使用托勒密、哥白尼理论推算的结果与天象实际发生的时间均有若干天误差。理论预测的乏力让他意识到，天文学应以高精度的天文观测数据为基础，而精确数据的获得需要精密的天文仪器。因此，第谷投身于天文仪器的研制工作中。第谷在汶岛（Hven）建立起欧洲绝无仅有的大型天文台，二十余年持续不断的制仪与观测，使他的观测精度比欧洲前代提高了一个数量级，并超越了阿拉伯和中国所达到的观测精度，为天文学革命的完成提供了重要的数据基础。值得讨论的是，在未使用望远镜的情况下，第谷究竟改进了什么，使得有着古老传统的天文仪器充分发挥出价值，并使欧洲天文观测取得了质的飞跃？要回答这个问题，必须回到第谷革新天文仪器的背景中，

① 王泽宇，1996 年生，山西晋城人，中国信息通信研究院云计算与大数据研究所工程师，硕士毕业于清华大学科学史系，E-mail: wangzeyu18@tinghua.org.cn。

分析第谷的思想和动机，梳理第谷在革新仪器过程中的继承与发展，重新理解天文仪器发展史上这一关键环节。

一、第谷继承的制仪传统

道玛斯（Maurice Daumas，1910—1984 年）曾指出，科学仪器研究的不完善"常导致对 16 世纪末新知识获得的复杂环境作出不准确的描述"[①]。在望远镜出现前，第谷凭借他的仪器与观测产生了非常广泛的影响，是科学革命过程中不可忽视的一环。科学理论改头换面的过程光辉灿烂，相比之下，物质层面的变化和术语观念的转向似乎隐匿在灯火阑珊处。科学仪器作为物质形式的代表，其演进与科学革命相伴发生，而人们借助仪器从事科学观察的理念也在近代早期逐步转变。第谷的天文仪器在当时得以拥有强大的影响力，既得益于仪器的历史传承与改造，又离不开观测理念的深刻变革。

1. 仪器形制的传承

第谷一生制仪众多，第谷在其专著《重建天文学的仪器》[②]中介绍了每架仪器的设计、功能和创新点，其中不乏对前人仪器的评论。第谷也是在前人所制仪器的基础上进行必要的革新。西方古代学术经历了由希腊传向阿拉伯，再由阿拉伯回传欧洲的过程，天文仪器的设计理念与制造方法同样如此。

古代天文观测仪器的一项重要功能是测量角度，反映天体在球面上的坐标或距离。最直观的测量方式就是借助一段圆弧读取所测角度值，相应的圆弧型仪器在西方的传承绵延不绝。托勒密在《至大论》（Almagest）中描述了

---

① Maurice Daumas, *Scientific Instruments of the Seventeenth and Eighteenth Centuries*, trans. Mary Holbrook, New York: Praeger Publishers, 1972, p.1.

② 本文主要参考其英译本 Tycho Brahe, *Tycho Brahe's Description of his Instruments and Scientific Work: as Given in Astronomiae Instauratae Mechanica (Wandesburgi 1598)*, trans. Hans Raeder, et al., København: I kommission hos EMunksgaard, 1946. 以下使用第谷出版本书时书名 *Astronomiae Instauratae Mechanica* 作为引文简称。该书名在英文文献中常保留不译，在中文文献中译法尚未统一。张柏春在《明清测天仪器之欧化》中译为"机械学重建的天文学"，潘鼐主编的《中国古天文仪器史》中译为"新建天文仪器"，张卜天在《天球运行论》中译为"恢复的天文学的机械仪器"。分析此拉丁文结构，Astronomiae（天文学）为阴性单数属格名词，被阴性单数属格的形容词 Instauratae（重建的）修饰，而 Mechanica（机械）是中性复数主格形容词的名词化，从属于 Astronomiae。结合第谷原书内容与主题，我建议精简译为"重建天文学的仪器"。

利用指示钉的日影测量正午太阳高度的子午环（见图1）、象限仪（见图2），由7个环组合而成的黄道经纬仪，以及服务于天文计算的早期星盘等圆弧型仪器。随着希腊天文学向阿拉伯世界的传播，圆弧型仪器经阿拉伯天文学家发扬，逐渐形成了以星盘为代表的便携仪器和为使刻度更加细密而不断放大的大型仪器两种发展模式。阿拉伯人以精巧的技艺推动了星盘的改良和广泛流传，但如萨顿奖获得者本内特（Jim Bennett，1947—2023年）所述，星盘是日用仪器的代表，与精密仪器的发展无关[①]。因为星盘的基本功能是将复杂的天文计算转变为简单的看读，通过其便携易用的特性满足计时、朝拜、航海、占星等多样化日常需求，高精度观测不是便携仪器的首要目标。当然，便携仪器的设计者也会尽可能提高精度，相关设计同样能给精密仪器的创新以启发。同时，便携易用的想法仍然是仪器设计需要考量的一个传统，因为规范、系统的观测不意味着低效、迟滞，类似在陆地上开展两地间的联合观测，或是在出行途中不使观测中断，也是保证精密性、持续性所必须考虑的内容。在《重建天文学的仪器》中，第谷多次表达仪器可拆卸、易运输的设计理念，表明了第谷对便携易用性的继承态度。

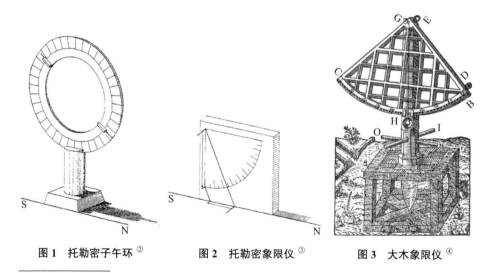

图1　托勒密子午环[②]　　　　图2　托勒密象限仪[③]　　　　图3　大木象限仪[④]

---

① Jim Bennett, *The Divided Circle: A History of Instruments for Astronomy, Navigation, and Surveying*, Oxford: Phaidon, Christie's, 1987, p.14.

② Claudius Ptolemy, *Ptolemy's Almagest*, translated and annotated by G. J. Toomer, London: Duckworth, 1984, p.61.

③ Ibid.

④ Tycho Brahe, *Astronomiae lnstauratae Mechanica*, p.88.

仪器大型化的出发点是在人的直观感觉和工艺技术上将仪器做大，能使相同的刻度间隔对应更细小的角度。如半径 30 厘米的手持象限仪上每度间隔只有 0.5 厘米，而若象限仪半径达到 40 米，则每度间隔近 70 厘米，可容得下更细密的划分。这种大型化的倾向在阿拉伯世界体现得非常明显。从 9 世纪到 13 世纪，阿拉伯世界不乏大环仪、墙象限仪等大型仪器出现 [①]。最具代表性的是 15 世纪乌鲁伯格天文台（Ulugh Beg Observatory）的墙纪限仪，半径确实达到了 40 米。然而这样的大型仪器观测效率很低，无法单独满足系统观测的要求。一方面，一些大型仪器被安置在墙等牢固基座上，使得待测天体只能在经过墙面时才能被观测一次，效率大大降低。另一方面，人对仪器的操作会变得困难，需要耗费大量时间才能完成一次瞄准。虽然有这些劣势，但大型化是天文仪器精密化的必要尝试。第谷青年时期在德国游学时，向同行表露了制造一台巨大的仪器，以试验将刻度划分到角分以下的愿望。最终制成的仪器即为奥格斯堡（Augsburg）的大木象限仪，如图 3 所示，这台仪器半径达 5.5 米，成功将分度值划到 10 角秒。可见第谷同样继承了大型化的传统，而吸收大型化传统的优势、克服此传统的不足就成为第谷改革圆弧型仪器的方向。

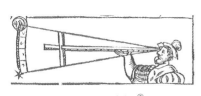

图 4　十字仪 [②]

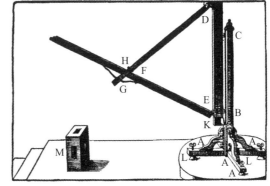

图 5　第谷改进的三直游仪 [③]

尽管圆弧型仪器测量天体数据符合直观，但直尺型仪器仍是西方天文仪器史上一个极为重要的传统。除圭表外，中国古代天文仪器相对缺乏直尺型

---

① Mohammad Mozaffari & Georg Zotti, "Ghazan Khan's Astronomical Innovations at Maragha Observatory", *Journal of the American Oriental Society*, 3(2012).

② Jim Bennett, op. cit., p.57.

③ Tycho Brahe, *Astronomiae Instauratae Mechanica*, p.44.

仪器，因而我们容易忽视这种形制的演变和改良。西方常见的直尺型仪器有十字仪、三直游仪等。事实上，第谷拥有的第一台天文观测仪器就是 1564 年在莱比锡大学求学期间得到的十字仪（cross-staff）[1]。这种仪器的结构如图 4 所示，由相互垂直的两根直尺组成，短尺可在长尺上滑动，通过短尺两端瞄准待测目标，通过长尺刻度测量两个目标之间的角距。显然，用直尺测量角度不是直接测量，长度刻度与圆弧角度之间需要用三角函数进行转换。这种直尺测圆弧的传统在西方由来已久。托勒密在《至大论》中记述了由三根直尺组合而成的仪器，结构如图 5 所示，通过一根直尺在另一根直尺上的滑动来测量天顶距。后人称之为"托勒密尺"或"视差仪"（parallatic instrument），在《崇祯历书》中译作"古三直游仪"。

阿拉伯同样继承了直尺型仪器的形制。对 14 世纪初马拉盖天文台（Maragheh Observatory）新制十二台仪器的复原研究表明，除一台专用于观测太阳和月亮视直径的仪器外，其余十一台观测仪器的主体结构均为直尺，即主要参数用直尺进行测量，而不使用圆弧。这些仪器不全是视差仪的式样，结构和功能都有很大的改进。它们或呈三角形，或呈方形，或直接用丝线在直尺上度量[2]，典型仪器如图 6、图 7 所示。15 世纪欧洲天文观测兴起时，普尔巴赫（Georg Peurbach，1423—1461 年）制造了一台方框象限仪如图 8 所示，其外形与图 7 仪器颇为相似。由此可见，欧洲吸纳自阿拉伯而来的知识时也吸纳了天文仪器形制方面的知识。之后，雷乔蒙塔努斯（Johannes Regiomontanus，1436—1476 年）也设计制造十字仪、三直游仪。哥白尼也在《天球运行论》中专辟一节讲三直游仪的构造，并记录了他使用三直游仪观测月亮视差的结果[3]。哥白尼的三直游仪基本上与图 5 相同，因为第谷仿制的对象正是他获赠的哥白尼的三直游仪。由此可见，直尺型仪器有着相当长的传承历史，是天文仪器革新过程中必须关注的对象。

① Victor Thoren, "New Light on Tycho's Instruments", *Journal for the History of Astronomy*, 1 (1973).

② Mohammad Mozaffari & Georg Zotti, op. cit.

③ 哥白尼：《天球运行论》，张卜天译，北京，商务印书馆，2014 年，第 316–320 页。

图 6 旋转三直游仪 ①

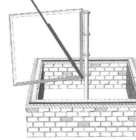

图 7 旋转方框仪 ②

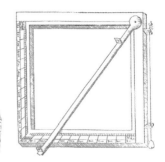

图 8 普尔巴赫的方框象限仪 ③

　　虽然直尺测圆弧无法直接读出天体的角度值，经三角函数转换会增加计算难度，但上述天文大师们仍乐此不疲地使用和改进直尺型仪器，原因在于它们有当时圆弧类仪器难以具备的好处。阿拉伯天文仪器之所以设计各式各样的形态，是因为当时的阿拉伯天文学家认为这些仪器有四大优势：一是让仪器功能更加全面，二是仪器制造的用工用料耗费更少，三是直尺比起圆弧更不容易因重力而变形，四是使读数更精密 ④。其中，在刻度与读数方面，第谷以前的刻度基本上是直接以尽量小的间隔划分，而在实践上对直线的划分要比对圆弧的划分更加好做 ⑤。对于相同尺度的圆弧和直尺来说，在一定的观测区间里，长度在三角函数的作用下可以令相同的分度值对应更微小的角度。以图 5 所示的三直游仪为例，当所测地平高度大于 40° 时，长尺上每 1 毫米间隔所对应的角度将小于弧长与长尺相等的象限仪上每 1 毫米间隔所对应的角度 ⑥，即直尺测角度在特定范围内可以取得更精密的结果。由此不难理解，直尺测圆弧的传统在时间和空间上都有着深远而广泛的影响。不过直尺型仪器虽有优势，但也有难以克服的缺点，即三角函数的非线性，使得在某些观测范围内，直尺刻度与所测角度之间存在很大的跳变。当第谷把天文观测的

① Mohammad Mozaffari & Georg Zotti, op. cit.

② Ibid.

③ Jim Bennett, op. cit., p.42.

④ Mohammad Mozaffari & Georg Zotti, op. cit.

⑤ Jim Bennett, op. cit., p.20.

⑥ 在象限仪弧上和三直游仪长尺取相同的刻度间隔 Δd，令天顶距为 $z(z \in [0, \frac{\pi}{2}])$，设象限仪上相邻刻度所对应天顶距之差为 Δz_1，三直游仪上相邻刻度所对应天顶距之差为 Δz_2，根据几何关系并求差分易得 $\frac{\Delta z_1}{\Delta z_2} = \frac{\sqrt{2}\pi}{4} \cos \frac{z}{2}$，当 $\Delta z_1 > \Delta z_2$ 时解得 $z < 51°36'$，天顶距大约小于 50° 时，三直游仪刻度所对应角度将比象限仪精密。

范围扩大到整个天区后，直尺型仪器就不适用了。他必须想办法克服前文所述圆弧形仪器的缺点，进而突破直尺测圆弧的传统。这预示着第谷对仪器的改进方向。

2. 观测理念的兴起

所有文明都有仰望星空的习惯，许多文明都有研制天文仪器的传统，留下了宝贵的观测记录。但深入历史细节考察可以发现，中世纪欧洲的观天行为和今天理解的观测行为有着很大的差异。15–16世纪，"观测"作为一种新知识类型在欧洲逐渐兴起，在思想上影响着第谷对仪器的研制。

马普科学史研究所（Max Planck Institute for the History of Science）曾对"观察"的源流进行深入探讨，揭示出观察在科学实践中变得理所当然的过程，研究成果汇总于《科学观察的历史》（*Histories of Scientific Observation*）文集中。从语词上讲，observation 的拉丁词源 *observatio* 自古就有两重含义：遵守规则法律的"规范义"和注意观看事物的"观察义"，在现代英语中分别对应 observance 和 observation 两个词。在古代天文、医学的文本中固然可以找到用 *observatio* 表达观看的例子，但古人更多用它表达遵守，"在中世纪拉丁语中，*observatio* 的规范义几乎完全遮蔽了观察义。"[1]在相当长的历史时期内，并无专门的术语用以表示形式上类似于科学观察的观看实践行为。

从实际的知识类型看，尽管对天进行研究不可能完全脱离观天，但中世纪欧洲的观天与成为科学实践的观测有显著不同。在中世纪欧洲，亚里士多德主义理论研究居于优位，自然哲学知识均由第一原理推理而成的一系列因果解释组成，整个知识体系已十分完备。在这种观念下，学术研究的核心在于阐释权威文本，观察在研究中是边缘化的[2]。在中世纪学者看来，观察行为具有偶然性，所得到的零散现象不能由第一原理推导获得，因此它们不属于中世纪的知识范畴。观察实践登场主要是给权威文本次要的补充，其表现形式是：观察者不固定，可广泛采集各式各样人群的观察材料，如农民、船员、占星师等的观天结果，而这些角色在结果的记录中并不出场，属于匿名的观

① Gianna Pomata, "Observation Rising: Birth of an Epistemic Genre, 1500–1650", in *Histories of Scientific Observation*, ed. by Lorraine Daston & Elizabeth Lunbeck, Chicago: University of Chicago Press, 2011.

② Katharine Park, "Observation in the Margins, 500–1500", in *Histories of Scientific Observation*, ed. by Lorraine Daston & Elizabeth Lunbeck.

察结果积累；单次观察结果记录在正文边缘，比如在星历表边缘以描述的方式介绍对某次特殊天象进行观测的时间、地点、人物、事件等信息，没有固定的格式。形式上位于边缘也暗示着观察实践处于亚里士多德学术传统的边缘地位，即在中世纪"观察"尚未成为独立的知识类型时，一次观察活动并不能构成一项自然哲学研究。即使如天文这样不得不进行观天的学科，由于观测的意义在学术上并不受重视，所以学者们提升观测能力的动机不强，反映在物质层面就是欧洲天文仪器创新的停滞。

　　这种状态在观测观念兴起的前后对比中更能凸显。1544 年，普尔巴赫、雷乔蒙塔努斯、瓦尔特（Bernhard Walther，1430—1504 年）三位天文学家的天文观测记录汇集出版。这些记录始于 1457 年，终于 1504 年，以 1472 年为界，可分为前后两个显著不同的阶段 ①。前一阶段是普尔巴赫和雷乔蒙塔努斯做出的观天记录，形式完全是旧式的描述传统，在 14 年间留下的记录不足 40 条。因为他们只关注罕见的重大天象，记录中世纪知识范畴无法推导的必要信息。稀少的特殊天象记录不足以探究宇宙秩序和星体运行的因果关系，就此而言，中世纪流行于欧洲的各类仪器已能满足特殊天象观察的需要，进一步创新精密仪器的需求不大。

　　后一阶段是雷乔蒙塔努斯和瓦尔特所做的观测，主要内容是正午太阳高度的记录和昏旦时刻行星位置的记录。与之前罕见天象的记录不同，这些记录的数量变得丰富起来，具有一定的重复性、规范性，即试图观测星体的日常位置，并以较为固定的格式记录下来。从雷乔蒙塔努斯在纽伦堡建造天文台并制造仪器开始，他和瓦尔特共同的观测以及雷乔蒙塔努斯去世后瓦尔特独立的观测一共持续了三十余年，仅从时间上看，比第谷连续观测的二十一年还要长。前文已述，此前中世纪学者研究重点是理论体系，观天对象是特殊天象，对日常观测连续性的追求并非常识。而他们二人三十余年的观测记录远超过更早的拉丁欧洲天文学家手稿中所发现的内容，这种连续观测的态度和实践是空前的。此外，固定的观测促进了记录格式的确立，数据开始形成表格状的排布。这是因为每项记录所对应的观测对象、观测者、观测地点、观测仪器都是相同的，像之前一样的细节描述就显多余，需要记录的只是日期和当日测量结果 ②。

① Katharine Park, "Observation in the Margins, 500–1500", in *Histories of Scientific Observation*, ed. by Lorraine Daston & Elizabeth Lunbeck.

② Ibid.

普尔巴赫三人观测记录的出版标志着观察成为新知识类型的早期转折[①]。不过需要注意出版年是在 1544 年，此时三人皆已去世多时。而这部记录出版所伴随的，正是整个欧洲学术界对观察概念的重新塑造，这使之逐渐具备了当今科学观察所应具备的各项品质。在语词上，16 世纪中叶对 *observatio* 观察义的使用激增，在天文学、文献学、法学、医学等领域全面显现，以致难以辨清这些学科间对这个词的使用是如何相互影响的。最直接的反映就是 *observatio* 的复数形式 *observationes* 作为各学科书目的标题进入了出版物的封面，而之前只会零散出现于正文边缘的观察记录也成为书中的重要内容。这种变化几乎同时发生于各大学科中，且随着时间推移愈演愈烈，反映出由边缘标注到正文标题的迅速转向[②]。

与此同时，*observatio* 的规范义也得到保留和发扬。那些出现于 *observationes* 标题下的观察记录不再是谁都能进行的匿名观察，从事观察必须遵守行为规范，观察者必须是专业人士，观察记录的固定格式也是规范性的体现。这意味着观察结果不再是不加分辨的匿名材料积累，专业的观察者在观察实践中有了筛选的权力，不符合规范的内容不被纳入观察结果。由此，观察因专业的权力获得信任，成为一种能与第一原理及因果解释搭建的理论型知识相抗衡的新知识类型。这种变化在法学上表现为由理论推演的虚构案例转向法庭专门的实际判例；在医学上表现为由对照古代权威病机、器官理论转向独立呈现病例、亲自关注疗效；在天文学上，对天象的持续、规范观测本身也同样成为一种独立于理论知识体系的知识类型。以 1572 年第谷的新星观测为例，一方面，此天象极为罕见，是旧时观察发生于偶然的遗留；另一方面，第谷的观测行为反映出他已经继承了新兴的观察理念。第谷强调，他对新星周日视差的测量是选用精密仪器、采用相同程序、交叉对比多颗恒星、反复做出严格检验的，由此展示了他所提供知识的可信度。而他通过一系列严谨分析后得出的结论是："无论这颗星是在月上还是月下，它都不是彗星、流星。这颗星就是天上之星，是自世界诞生以来从未有过的事。"[③]这正是一种观测型知识的表达，展现出经由仪器专业操作所得出的可靠观测结果。由此可知，观

①　Gianna Pomata, op.cit.

②　Ibid.

③　Tycho Brahe, "On a New Star, nor Previously Seen within the Memory of any Age since the Beginning of the World", in *A Source Book in Astronomy*, ed. by Harlow Shapley & Helen Howarth, New York: McGraw-Hill Book Company, 1929.

察的理念已经在欧洲学术界兴起。第谷受此熏陶，已逐渐认识到观察的独立性与重要性。仪器的革新由此具备了观念土壤。

二、第谷持续革新仪器的动机

索伦（Victor E. Thoren，1935—1991 年）、克里斯蒂安松（John Robert Christianson，1934—　　）等专家学者对第谷各时期的仪器进行了梳理。尤其是索伦构造的谱系表（表 1）全面梳理了第谷获得或制造主要仪器的时间线索，可看到第谷制仪的尝试期和高峰期。但是，索伦未能对第谷所处的社会背景和仪器的一些关键结构予以剖析。因此，我们需要进一步研究第谷持续不断研制仪器的动机。

1. 提高观测能力

按照习以为常的印象，天文学家改良仪器来提高观测精度是自然而然的。但通过之前的论述可知，在 16 世纪后半叶的欧洲，科学观测理念还处于兴起阶段，持续不断地精制仪器研究天文现象尚未成为欧洲天文学家的共识。首先，利用前人排好的星历表来计算和占星，并不需要再做观测。其次，观天在当时往往只是简单的观测行为，甚至可以直接凭肉眼完成。如在 1563 年木星和土星相合的观测中，第谷是另取一对恒星为参照标准，用恒星间的角距离来描述木星和土星不断缩小的距离[①]。当时天文界对观测精度的要求并不高，很少有人认为有必要全方位改良仪器来进行细致观测。第谷有意识地要提高仪器观测能力构成了他不断研制仪器的重要原因。

所谓仪器的观测能力，不仅包括观测精度，还包括仪器的功能是否稳定、是否便于操作等要素。这些要素相互制约，如在当时提高仪器精度最直接的做法就是将尺寸放大，使刻度更加细密，但同时会导致仪器使用不便、效率低下。第谷在研制仪器前虽然没有这样明确的意识，但他会在制出不满意的仪器后分析问题所在，并予以改进。

---

① John Robert Christianson, *Tycho Brahe and the Measure of the Heavens*, London: Reaktion Books, Limited, 2020, p.25.

表 1 索伦构造的第谷仪器谱系表 [①]

年代				
1569		半纪仪（Half-sextant）		
1572		首台纪限仪 （First sextant）		
1573			首台象限仪 （First quadrant）	
1576		钢纪限仪 （Steel sextant）		
1577			小象限仪（Q.min）	
1580	天体仪 （Globe）			
1581		二叉纪限仪 （Bifurcated sextant）	大象限仪 （*Q.maj*）	黄道经纬仪 （Zodiacal armillary）
1582		三角纪限仪 （Triangular sextant）	墙象限仪 （Mural quadrant）、 大象限仪（*Q.max*）	
1583	大三直游仪 （Large rulers）	二分弧仪 （Bipartite arc）	便携象限仪 （Portable quadrant）	
1584		天文纪限仪 （Astronomical sextant）		赤道经纬仪甲、乙 （Equatorial armillaries）
1585	小三直游仪 （Small rulers）			大赤道经纬仪 （Large armillary）
1586			旋转象限仪 （Revolving quadrant）	
1588	地平半圆仪 （Azimuth semicircle）	半圆角距仪 （Semiciculus）	钢象限仪 （Steel quadrant）	
1589			冰岛象限仪 （Icelandie quadrant）	
1591	新式窥日管 （New canal）			便携单环赤道仪 （Portable ring armillary）

注：索伦所注仪器名称并非第谷书中原名，原名往往很长。为便于与明清来华传教士所著文献和所制仪器对比，表中仪器中文名大多遵循传教士译法。译法中尤其需要关注 armillary sphere 类仪器，由于此类仪器外形与中国传统浑仪相似，故将 armillary sphere 译为"浑仪""浑天仪"较为常见。然而 armillary sphere 源自西方古代两球宇宙模型，有观测用仪，也有中心放置地球的演示用仪；中国浑仪则源自中国古代浑天说。两种仪器外形虽似，但背后的宇宙论不同，今天描述时不宜混淆。因此我们不建议将 armillary sphere 译为"浑仪""浑天仪"。对于观测用的 armillary sphere，我们按北京古观象台仪器，选择"黄道经纬仪""赤道经纬仪"作为译名。

---

① Victor Thoren, New Light on Tycho's Instruments.

第谷的尝试从象限仪开始。第谷认可放大仪器尺寸来提高刻度精度的传统做法，在当时象限仪半径普遍只有 30 厘米的情况下，于 1568 年制造出一台半径达 1~1.5 米的大象限仪①。随后第谷发现这台仪器在风中无法保持稳定，因为大象限仪的重量无法抵御风的力量，固定也不牢靠。第谷或许是希望使用轻巧的材料以提高仪器的可操作性，却在实践中遇到了新问题。第谷依据上述失败经验，进一步放大仪器，增加仪器重量，于 1570 年制成了大木象限仪（图 3）。第谷虽然认为这台仪器达到了前人从未取得的精度，但也批评它搬运安放、转动方位、改变高度过于困难。这让第谷意识到一件仪器的成功并不只有精度这一条标准，单纯将仪器大型化并不能解决观测面临的所有问题。即使刻度、稳固性都得到妥善处理，但过于巨大的仪器也势必影响观测效率，提高仪器的观测能力还是要从创新、全面的结构设计入手。

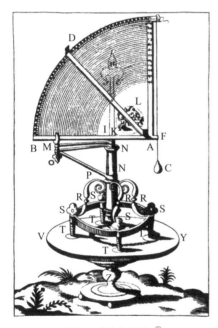

图 9　首台象限仪②

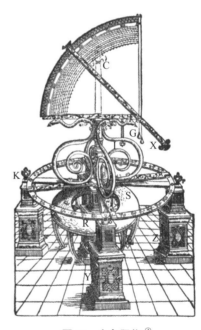

图 10　小象限仪③

① John Robert Christianson, "Tycho Brahe's Earliest Instruments", in *Festskrift til Peter Zeeberg i anledning af hans 60-årsdag den 21. april 2017*, ed. by B. Johannsen, et al. Redaktionel medarbejder: Marie Louise Blyme, 2017.

② Tycho Brahe, *Astronomiae Instauratae Mechanica*, p.12.

③ Ibid., p.16.

接下来第谷的试验又回到了小型仪器上，于1573年制成了"首台象限仪"[①]（图9），半径只有39厘米左右，工艺相对粗糙，但在结构设计上却有了一些新的尝试。首先，象限仪被安装在稳定的支架上，这可以轻松改变方位角（尽管还不能测量方位角）。其次，盘面上使用了同心圆弧刻度法。这种刻度法在理论上能取到更精密的角度，但第谷通过试验发现这种刻度法无法真正实现预想的准确度。

沿此结构继续改进，第谷在1577年制造出了另一台小象限仪（图10）。可以看到这台象限仪与首台象限仪外观非常相似，只是半径增大到了58厘米，并增添了地平经圈。索伦提出这个象限仪非常成功，是第谷仪器发展史上的里程碑[②]。佩德森（Olaf Pedersen，1920—1997）指出"这台仪器尽管不大，但合并了若干新特征，使得它比过往任何一件仪器都要精确。"[③]他们给出如此高的评价，源于第谷将新发明的刻度法和瞄准装置应用于这台象限仪。但他们没有进一步回答，既然已经超越前人取得成功，第谷为何还要继续研制，甚至在1580年前后短短两年内造出九台新仪器。事实上在第谷看来，刻度法和瞄准装置的成功远不代表仪器试验的结束。第谷的创新缺少前人仪器提供比较参照，又无法通过前期实验预判效果，只能通过新制仪器进行不断试错。第谷对精度、尺寸、稳定性、可操作性等各方面的综合试验还未完成，他对仪器观测能力的追求仍驱使着他继续研究如何将仪器再次放大。

1580年，天堡（Uraniborg）在汶岛落成，第谷有了稳定的天文台。1581年，第谷制造出一台半径为1.94米的大象限仪（图11）。该象限圈外围增置了方框，上面标有正切刻度。这种设计的初衷是从不同刻度盘上同时读取测量的角度值和三角函数值，实现两者间的交叉验证[④]，这不但可以提高观测精度，而且方框还能为象限圈提供支撑结构，以防变形。然而，这一设计的实际效果则

---

① 可以看到，在这台仪器之前第谷已经研制过两台象限仪了，索伦也并非不知道第谷此前研制过象限仪，但他似乎未加解释直接称此仪为"首台象限仪"，见 Victor Thoren, *The Lord of Uraniborg: A Biography of Tycho Brahe*, New York: Cambridge University Press, 1991, pp.75–77。

② Thoren, *The Lord of Uraniborg*, p.152.

③ Olaf Pedersen, "Tycho Brahe and the Rebirth of Astronomy", *Physica scripta*, 5(1980).

④ Allan Chapman, "Tycho Brahe—Instrument Designer, Observer and Mechanician", *Journal of the British Astronomical Association*, 2(1989).

是仪器很难转动，无法正常使用[1]。大型仪器的灵活易用在此时似乎是个难以实现的目标。

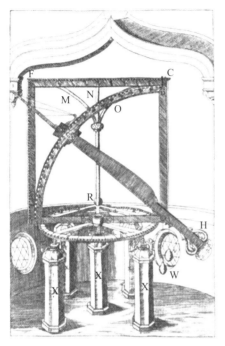

图 11　大象限仪[2]

图 12　墙象限仪[3]

与此同时，第谷固定于子午面内的大型墙象限仪（图 12）却相对成功。墙象限仪制成于 1582 年，其半径同样在 1.94 米左右，刻度分度值精细到了 10 角秒，读数时通过估读可至 5 角秒[4]。墙象限仪是第谷最满意、最常用的仪器之一。因固定于子午面内，实现了专仪专用，只用来测量天顶以南天体上中天时的地平高度，避免了其他干扰。而且天体上中天时的地平高度最高，受大气折射影响最小，几个因素的叠加让墙象限仪具有很高的精度。

墙象限仪并未解决固定仪器效率较低的缺陷。汶岛纬度较高（56° N），夏天夜晚很短。因此对于那些很暗的星，第谷不得不在冬天夜很深的无月夜进行耐心的观测[5]。夜空中亮星少暗星多，这种绝佳的观测条件并不易得。尽

---

① Victor Thoren, New Light on Tycho's Instruments.
② Tycho Brahe, *Astronomiae Instauratae Mechanica*, p.92.
③ Ibid., p.28.
④ Ibid., p.29.
⑤ Ibid., p.113.

管助手众多，但是观测任务依然繁重，因此研制出能在任一方位测量地平高度的高精度大型仪器，同时保证其高效易用，仍然是第谷天文仪器的改进目标。

或许是直尺在加工工艺、稳定性等方面的传统优势再次吸引了第谷，第谷又将希望寄托在了直尺型仪器上。1583年，第谷的大三直游仪（图13）落成，标有刻度的水平尺长达3.3米，水平尺上方的两尺构成等腰三角形，用以测量地平高度，周围如墙一般的是地平经圈，用来读取方位角。这台仪器虽然规模庞大，但对第谷追求的观测能力而言仍是失败的，它"太笨重以至于方位角测量在实践上不如意，且高度角测量结果无价值或不适当，以至于第谷只费心做了几条记录"①。可以说，天堡里最大的两台可转动的仪器都失败了，第谷在大型仪器易用性方面的尝试似乎遇到了瓶颈。

图13　大三直游仪 ②

同时期稍小一些的仪器在易用性上产出了好的结果，这些仪器主要解决的问题是在尽可能保证精度的情况下，让仪器便于拆装，从而可方便地携带至其他地区进行观测。此时恰逢丹麦发布地理测绘任务，第谷于1583年制出

①　Victor Thoren, New Light on Tycho's Instruments.

②　Tycho Brahe, *Astronomiae Instauratae Mechanica*, p.48.

一台便携象限仪。后来他的助手前往哥白尼故居测量纬度时，使用的是一台便携测高纪限仪（图 14），整个框架可以轻易拆卸，运输到其他地方后再用螺丝组装起来。纪限仪的量程本来只有 60°，但第谷设计的精妙就在于通过铅垂线的不同校准点实现从地平线到天顶的全覆盖。当铅垂线与 CL 重合时，仪器可测地平高度 60° 以内范围；当铅垂线过 BC 中点时，仪器可测天顶距 60° 以内范围。这种测高度的设计相当于将象限仪简化，既降低了运输难度，又保证了仪器稳定，还维持了校准的方便。

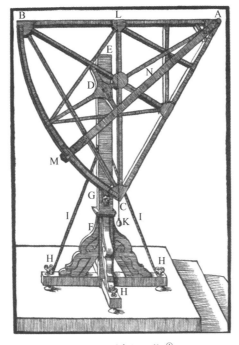

图 14　测高纪限仪 [①]

　　1586—1588 年，两台可以轻易旋转的大型象限仪被安置在汶岛星堡（Stjerneborg）的地穴中，其配套支撑结构克服了因笨重而旋转不便的缺陷。1586 年方位象限仪（图 15）半径为 1.55 米，第谷对它的评价表达了他对精度与效率合一的追求：“前面描述的那些仪器都不可能实现如此方便又精密的测量，有的是因为尺寸小，有的是因为建造方式没有这么巧妙，使用起来也没有这么方便。” [②] 1588 年钢象限仪（图 16）半径恢复到 1.94 米。与之前的可旋

①　Tycho Brahe, *Astronomiae Instauratae Mechanica*, p.24.

②　Ibid., p.35.

转象限仪比较可见，这两台仪器的刻度面都移到了观测者一侧，大大方便了
读数。这两台仪器是第谷的主力观测仪器，帮助第谷获取了很多高精度观测
结果。道玛斯指出，17世纪初的制造工艺不可能直接制出2英尺以上的90°
弧，金属象限仪实际上由多个部分铆接而成。这就带来了组装时保持完美平
面、避免热胀所致弯曲等多种挑战①。所以我们应当看到第谷成功的背后有着
极大的失败风险，他对观测能力的追求在当时不是一件顺理成章的事情。同
时，这两台象限仪并不意味着第谷对仪器观测能力的追求到达了终点，比如
他同时制造的地平半圆仪（图17）又回到了对刻度细分的研究上，试图利用
圆周角等于圆心角的一半的理论来让圆周容纳下更细的刻度②。

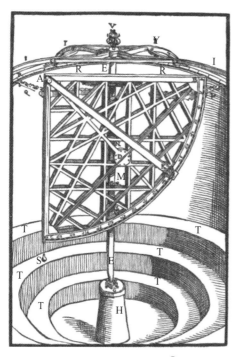

图15 方位象限仪③

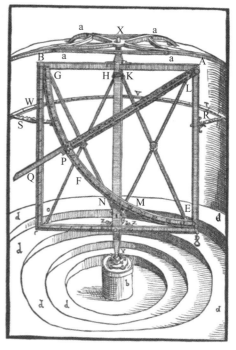

图16 钢象限仪④

至此，我们只需将第谷测地平坐标系的仪器线索重新梳理就可以清晰地
看到，他与同时代的天文学家风格迥异，一直致力于从影响仪器的各个方面

---

① Maurice Daumas, op. cit., pp.17–18.

② Tycho Brahe, *Astronomiae Instauratae Mechanica*, p.41.

③ Ibid., p.32.

④ Ibid., p.36.

进行尝试，综合提升仪器的观测能力。第谷对观测能力的追求贯穿始终，构成他不断研制仪器的重要动力。

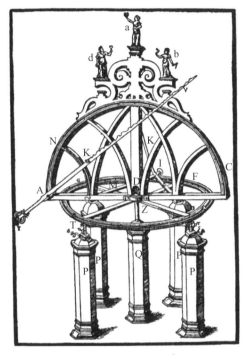

图 17 地平半圆仪 [①]

2. 宣扬天文学的价值

第谷之所以强调对天文学的重建，是因为他面临着和哥白尼等天文学家一样的严峻挑战——皮科（Giovanni Pico della Mirandola，1463—1494 年）对占星术釜底抽薪般地批驳，使天文—占星学的地位岌岌可危。在中世纪欧洲，运用几何手段计算行星运动的天文学和利用特定天象推演世间百态的占星术存在一体两面的关系。韦斯特曼（Robert S. Westman）在研究哥白尼问题时指出，天文学与占星术固然有分别，天文学以欧氏几何为依托，被认为是自足的，地位更高，是占星术的理论引导和推演根基；而占星术关注变化的世界，自

---

① Tycho Brahe, *Astronomiae Instauratae Mechanica*, p.40.

足性不够，地位较低，但二者同为"星的科学"[1]。皮科对占星术的批驳也是对"星的科学"的质疑，他的质疑并没有区别对待天文学与占星术，反而他对占星术的致命打击更多来自当时天文学中的不确定性。尤其是宫位划分方法的迥异、回归年长度取值的分歧、星历表数据的偏差、行星排序的混乱等让皮科相信，天文学家们缺乏共识，天文—占星学极不可靠，无法与自然哲学的地位相提并论[2]。

皮科的批驳有理有据，引起了很大的反响，他相当于为天文学指明了待研究的重大课题，哥白尼构造日心体系其实就是在处理行星序列排布的问题。第谷的天文研究同样具有排布行星序列的目的。但在观察理念兴起的大环境下，第谷针对皮科的批驳，将回应的侧重点放在了天球坐标系构建、回归年长度测定等课题的处理上。正如第谷在回忆中所说："在占星术领域……我们的目的是消除这一领域中的错误和没有根据的理论，获得与它所基于的经验最大可能的一致。"[3]他认为那些不确定性的存在源自人们没有认真思考如何精益求精。尤其是拜访当时的著名占星师利奥维提乌斯（Cyprianus Leovitius，1524—1574年）时，第谷惊讶地发现，这位天文—占星界的权威竟没有仪器，"甚至不知道看（look）星星和观测（observe）星星的区别。"[4]这使第谷深刻意识到，天文学确定性的丧失是因为观测的缺失，观测的缺失是因为仪器的边缘化。仪器必须得到重视，它是重塑天文学地位的钥匙，回归年长度、黄赤交角等被挑战的基本参数需要通过仪器来精密测定，而天文学的价值也需要通过仪器来重新彰显。

珀金斯（Emma Perkins）等人注意到，第谷出版《重建天文学的仪器》时，排在首位的仪器是一台既不体现第谷引以为傲的创新点，又不能实现精密观测的小象限仪[5]，即首台象限仪（图9）。它的观测能力虽然不高，但象限盘面右下角有一圈图案，是第谷当初制仪时就刻在盘面上的，具有更重要的意义，以至于研制出大量仪器后，第谷还是要优先展示这台仪器。尽管在图上无法

---

[1] 韦斯特曼：《哥白尼问题：占星预言、怀疑主义与天体秩序》，霍文利、蔡玉斌译，桂林，广西师范大学出版社，2020年，第74–75页。

[2] 韦斯特曼，前引文献，第175–181页。

[3] Tycho Brahe, *Astronomiae Instauratae Mechanica*, p.117.

[4] John Robert Christianson, *Tycho Brahe and the Measure of the Heavens*, p.36.

[5] Ibid.

图 18　首台象限仪可能画面 ①

看清，但第谷详细描述了圈中的画面，由此珀金斯等找到了 1611 年的一幅非常符合第谷描述的图像（图 18）。这幅图以树干为界可分成左右两部分，左半部分枝叶繁茂的一侧代表着崇高与不朽，右半部分枯枝的一侧则代表罪恶与腐朽，这是路德新教图像中常用的意象。繁茂一侧的人坐于方石，傍一绿树，一手执天球仪，一手持书；而在枯萎一侧的桌子上，摆满了人在这个尘世舞台上所重视的一些东西，比如装满钱币的盒子、权杖、王冠、臂章、金链、宝石、饰物、酒杯、纸牌和骰子，旁边代表死亡的骷髅正伸出手脚，似乎想要抢夺它们。②世间的财富、权力在人的手中不过须臾，终将归于死亡，天文学则与上帝相通，永恒不朽。第谷明确地表达了这幅画的用意："我的意思是，可靠的科学，特别是关于天体的崇高知识，赋予这个世界永生和记忆，而其他一切都是毫无价值和短暂的，与人的身体一起消亡。"③他批判了世间对物质财富的追求，宣扬了天文学的价值，引导人们能够用短暂的生命去追求这一崇高的知识。

---

① Emma Perkins & Liba Taub, "Perhaps Irrelevant: The Iconography of Tycho Brahe's Small Gilt Brass Quadrant", *Nuncius*, 1(2015).

② Tycho Brahe, *Astronomiae Instauratae Mechanica*, p.14.

③ Ibid.

　　我们一般只将天文仪器视为一种观测工具，仅注意到仪器的观测功能，忽略了第谷让它们扮演的其他角色。前文已述，第谷生活的年代观测理念初兴，天文仪器并不天然具备当今科学意义上的天文观测功能。仪器作为一种器物形态，承载的信息需要仪器制造者赋予。在世俗之人不理解天文学价值的情况下，第谷选择用仪器而不是选择天文学的其他方面展示他自己，这凸显出第谷赋予仪器的价值，也体现出仪器的自我表达能力。[①]第谷通过制造仪器传播他的理念，发挥器物本身的价值力量，让仪器自己为自己正名。作为观测天空的媒介，仪器的研制也具有了天然的合法性，因为它所指向的研究目标是神圣的天文学。

　　第谷通过仪器装饰明示天文学价值的做法并不只存在于第谷早年争取研究赞助的阶段。他在财力充裕时期研制的多架成熟仪器亦不乏象征意味的装饰，如1588年所制地平半圆仪上的三尊女神雕像（图17）。居中的雕像是掌管天文的缪斯女神乌拉尼亚，左右两尊仰视着乌拉尼亚的女神雕像分别象征几何与算术，"所有这一切的意义，一方面是为了装饰仪器，另一方面是为了表明天文学是自由科学中最高的科学，是它们的女王，同时表明天文学把几何与算术作为仆从附在自己身上，优先于所有其他科学，当然这并不意味着它看不起后者"。[②]可见第谷在研制仪器时始终不忘用它们宣扬天文学的地位。第谷借仪器宣扬天文学价值的做法并非自娱自乐或自我陶醉，他作为贵族经常受人拜访，他所制造的仪器都是被参观和讨论的对象。第谷也并非在1598年出版《重建天文学的仪器》时才集中讨论仪器，几十年间他出版的其他著作以及与他人的通信都会涉及仪器，如同"器以藏礼，物以载道"一般，他用当时仍然新鲜的仪器与观测赋予天文学新的活力。

三、第谷仪器的关键突破

　　本内特在研究过大量仪器后提出，以古代天文仪器为代表的实践数学仪器的本质，就是一个带有刻度的圆弧加一个在圆弧上移动的瞄准装置[③]。当然，本内特并非不知道直尺型仪器的存在，只是以分度圆来代指仪器上带有刻度

---

① Emma Perkins & Liba Taub, op. cit.

② Tycho Brahe, *Astronomiae Instauratae Mechanica*, p.42.

③ Jim Bennett, op. cit., p.7.

的部分。道玛斯则从技术水平的角度指出，当时只有少数杰出工匠有特殊的天赋和精确感，大部分工匠遇到复杂问题时便难以胜任，其中"最主要的问题是如何构造瞄准装置，以及如何刻划精确的刻度"[①]。可见刻度划分法和瞄准装置就是天文仪器的基本要素，第谷研制仪器带来的诸多革新中，这两个基本要素的革新最为关键。

1. 刻度划分法的革新

第谷在刻度划分法上的突破主要体现在对横向划分法（transversal division）的应用上，这种方法如图 19 所示，在圆弧边缘难以直接细分的情况下，充分利用圆弧面的宽度，将 10′ 小格的对角线等分 10 份，让相应的分隔点代表 1′ 的分度值。第谷这种划分法的应用实现了读数精度的跃升，但在第谷对自己刻度划分法的描述中，其实存在一定的矛盾。一方面，他说他在 1564 年使用的十字仪上就已经从别人那里学到横向划分法了[②]。另一方面，他在解释奥格斯堡大木象限仪采用直接划分法时说"因为在那个时候，我还没有发明另一种更方便的方法，我后来在其他仪器上使用了这种方法"[③]，以及在抱怨同时期天文学家维蒂希（Paul Wittich，1546—1586 年）将刻度法传授给黑森—卡塞尔（Hesse-Kassel）天文台时说："从那时起，这种结构就被其他人效仿，甚至将其发明归功于自己，就像我的许多其他事物一样。"[④] 即后一种态度是第谷把横向划分法的发明归功于自己。第谷既认为自己是发明者和革新者，又承认自己是从别处所学，面对这种矛盾，需要回答第谷在横向划分法上到底有没有发明权的问题。

横向划分法大约可以上溯至 14 世纪的天文学家本·热尔松（Levi ben Gerson，1288—1344 年），他也是十字仪的发明者。戈尔茨坦（Bernard Raphael Goldstein，1938—   ）推测，本·热尔松在十字仪上发明的横向划分法如图 20 所示，将细分的位置从狭窄的边缘挪到矩形格的对角线上，应用于直尺型仪器。其基本原理是，比如两条大分割线所夹矩形格宽仅 6 毫米，若想在边

---

① Maurice Daumas, op. cit., p.9.

② Tycho Brahe, *Astronomiae Instauratae Mechanica*, p.108.

③ Ibid., p.89.

④ Ibid., p.79.

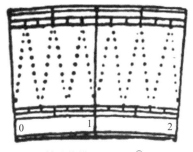

图 19　第谷的横向划分法 [1]

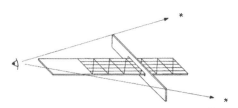

图 20　本·热尔松十字仪横向划分法 [2]

缘继续细分 20 份，不仅在工艺上很难继续刻划，即使刻划出来，眼睛也很难分辨和计数 0.3 毫米的小格。但若将仪器面的宽度利用起来，在仪器面上画一组等距平行线与矩形格的对角线相交，那么在工艺上对角线可以轻易实现细分，观测时读数也能轻松分辨。

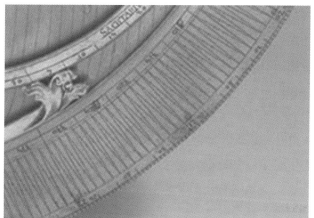

图 21　1483 年星盘及刻度局部 [3]

　　本·热尔松同样设计了圆弧型仪器的横向划分 [4]。受他影响而划分刻度的仪器尚有实物留存，即现藏于伽利略博物馆（Museo Galileo）的 1483 年星盘（图 21），是目前已知唯一早于第谷在圆弧型仪器上应用横向划分法的天文仪器。尽管形式上与第谷图示的横向刻度非常相似，但它们的设计原则并不

① Tycho Brahe, *Astronomiae Instauratae Mechanica*, p.141.

② Bernard Raphael Goldstein, "Levi Ben Gerson: On Instrumental Errors and the Transversal Scale". *Journal for the History of Astronomy*, 2(1977).

③ https://catalogue.museogalileo.it/object/PlaneAstrolabe_n06.html.

④ Bernard Raphael Goldstein, op. cit.

相同。本·热尔松的设计不是将对角线按长度等分，而是试图将圆心角等分，对角线上各点的位置由已知细分角和几何关系确定。因为有严格的数学推理，所以"理论上这是一个更精确的程序，但在实际中这两种点的集合可能在他想象的仪器尺寸上无法区分。"[①]这种实践上的难度影响了横向划分法在圆弧形仪器上的应用，远不如直尺型仪器上的横向刻度传播广泛，不仅第谷有记录自己学习的师承，同时代英国天文学家迪格斯（Thomas Digges，1546—1595年）同样对自己十字仪上的横向刻度有所描述。

第谷在圆弧型仪器上先尝试的刻度细分法是同心弧划分法，由比第谷稍早的数学家努尼乌斯（Petrus Nonius，1502—1578年）提出。这种划分法体现在首台象限仪（图9）上，45个同心象限弧由外到内依次等分成90份、89份、88份、…46份，由此盘面中间将出现3 015个刻度点。读数时先锁定要读取的点，再看该点所处行的行数，接着数出该点在本行划分中是第几位，最后用这两个数字在象限仪背面所刻表格中查表，得到该点对应的角度。数学技艺高超的人也可直接用这两个数做比例计算得到测量结果[②]。可以想到，这种刻度法在实践中将十分复杂，一是读数数点十分烦琐，二是技术上"这组同心弧难以雕刻也难以正确划分"[③]，所以第谷对努尼乌斯划分法非常不满意，很快就弃之不用。

第谷随后尝试将横向划分法引入到圆弧上，取得了非常好的结果。第谷受到十字仪上横向刻度的启发应当无疑，但第谷能取得突破并非仅由实践试验而来，而是背后伴随着观念的变化。上述十字仪横向刻度、本·热尔松圆弧横向刻度以及努尼乌斯同心弧的刻度划分都有一个共性，即在理论上都是对所测之量的准确细分。在十字仪横向划分中，平行线等分线段定理保证了对角线上的刻度和边缘直接等分的刻度一一对应；本·热尔松圆弧横向划分的设计原则是对角度这一真正要测量的量进行等分；努尼乌斯同心弧上的每一个刻度点均能通过比例关系严格算出对应角度。在圆弧上等分对角线确实大大简化了技术难度，但它是以直代曲，必然与待测量的理想划分有偏差，第谷的做法则是大胆承认偏差，分析偏差的大小以及可以被忽略的条件。他通过几何计算证明："很明显，在这个过程中要加减的最大差别是3角秒多一

---

① Bernard Raphael Goldstein, op. cit.

② Tycho Brahe, *Astronomiae Instauratae Mechanica*, p.15.

③ Maurice Daumas, op. cit., p.191.

点，这个值如此之小，以至于敏锐的视觉在任何仪器中都无法分辨出来，而且本身也可以忽略不计。"[1]以现在习惯的说法讲，第谷与前人在观念上的不同就是认识到了误差存在的必然性。

误差是精密测量的一部分，承认误差的存在和不可消除是观测观念的一种突破。第谷早期使用十字仪时就发现十字仪存在观测误差，还特意为此制作了一份误差改正表。他对仪器误差的处理被认为是划时代的发现，将观测技艺引导到了现代观测者一直遵循的道路上[2]。第谷逐渐意识到，没有两次观测能得到相同的结果，观测是对目标位置的近似而非决定[3]，所以第谷才敢于忽略由圆弧对角线等分所带来的微小误差。相较于对刻度划分法的苛刻要求，第谷更加关注持续观测、翔实记录、多仪联测、取平均值等今天习以为常的测量原则。反观旧的刻度法，它们对待测量的微小等分有着严格的理论要求，不允许刻度在理论上出现偏差。例如，哥白尼的三直游仪（图 5）在长尺上直接以单位长度刻出 1 414 段[4]，即哥白尼未借鉴同为直尺型仪器的十字仪横向刻度，仍采用直接划分法，读数到三角函数表小数点后四位。而第谷就在长尺上应用了横向刻度，能读到三角函数表小数点后五位。由于两个转动尺之间是斜交的关系，刻线构成的每个小格都是不规则四边形，在其中等分对角线同样带来理论上即有偏差的问题。使用旧刻度法的人对误差还缺乏足够认识，他们认为每次观测读取的值就是真值，因而不能接受理论上就存在偏差的值，也不会专门做消除误差的重复观测。

理解了这种观念上的差别后，我们可以说，从表面上看横向刻度法的确不是第谷发明，但第谷真正发掘出了这种刻度法的潜力，从观念角度上称第谷是这种方法的发明者并不为过。承认误差并综合运用各种方法减小误差是观测型知识与理论型知识的一大差别，第谷意识到了忽略微小误差的合法性，这是在刻度划分法上取得的重要突破。

---

① Tycho Brahe, *Astronomiae Instauratae Mechanica*, p.142.

② John Robert Christianson, *Tycho Brahe and the Measure of the Heavens*, p.29.

③ Ibid., p.50.

④ 哥白尼，前引文献，第 317 页。

2. 肉眼瞄准装置的完善

瞄准装置是天文仪器的另一基本要素。本内特以墙象限仪（图12）来归纳第谷对瞄准装置的改进点，认为窥衡 ① 绕轴转动时可能偏离圆弧的圆心，产生偏心误差，而墙象限仪的圆表和游表并未连接，第谷去除窥衡是对偏心误差的改进 ②。但我们在墙象限仪之后的几件仪器（图15、图16）上可以清晰看到窥衡的存在。由于第谷单独讲述窥衡的部分只细述了如图22所示的双板平行缝式窥表，提及了柱板平行缝式窥表 ③，窥衡演变的脉络尚不清晰。因此，关于第谷到底做了哪些改变还缺乏细致研究。

---

① 瞄准装置对天文仪器来说十分重要，但它又是一个微小的部件，易被忽略，导致今日文献中对其名称的使用多有混乱。涉及瞄准装置的常见词有 alidade、dioptra（同 diopter、dioptre）、pinnula（同 pinnacidia）、sight、vane。Alidade 一词来自阿拉伯，意思相对明确，就是能绕轴旋转的长条状尺，其两端立有两板，承担瞄准功能，在阿拉伯星盘中十分常见。Dioptra 一词来自希腊，本意是透过去看的东西。希罗（Hero of Alexandria，10—70）用它指代水准仪一类的仪器，其瞄准部分的结构同样是能旋转的尺加立着的两板，故今天一般将 alidade 和 dioptra 视为同义。但就第谷拉丁原文而言，如在 "Per Regulam APQ, quae etiam pinnacidium dioptra apud P. habet, tum quoque Cylindrum juxta centrum A"（见 Tycho Brahe, *Tychonis Brahe Dani Opera Omnia vol. 5*, ed. by John Louis Emil Dreyer, Hauniæ: In Libraria Gyldendaliana, 1923, p.37.）一句中（图11），我们认为第谷用 regula 表示承载瞄准装置的尺，pinnacidia 和 dioptra 均表示承担瞄准功能的板，即在第谷那里 dioptra 并不与 alidade 同义，而与 pinnula 同义。Pinnula 本意是小翅膀，容易引申到尺上所立的板，今天一般英译作 sight 或 vane。罗森（Edward Rosen）评注《天球运行论》时引用过第谷的文字，他将第谷的 dioptra 译作 eyepiece（见 Nicolaus Copernicus, *On the Revolution*, translation and commentary by Edward Rosen, Baltimore: Johns Hopkins University Press, 1978, p.413），中译作"目镜"（哥白尼，前引文献，第718页），但第谷当时还未使用镜片，这种译法不妥。罗森译哥白尼原著时，曾保留 dioptra 一词（Copernicus, op. cit., p.202），中译将它译作"屈光镜"（哥白尼，前引文献，第317页），显得不知所云。中国国家天文科学数据中心的天文学名词数据库（ https://nadc.china-vo.org/astrodict/ ）将 alidade 译作"照准仪"，将 dioptra 译作"窥管""望筒"，将 diopter 译作"折光度""照准仪"，张柏春在《明清测天仪器之欧化》中将 alidade 译作"照准仪"，将 diopter 译作"照准器"，将 pinnula 译作"立耳"，由此可见这些古代天文仪器部件的译名尚不统一。为便于与中国古代天文仪器上的瞄准装置对比，并与明清传教士文献有所对应，我们建议，dioptra 根据原始文献取 alidade 之义还是 pinnula 之义而选择译名，alidade 译为"窥衡"，将 pinnula 对应为"表"或"耳"，本文主要译作"窥表"，在特定含义时灵活译为"游表"（不与窥衡相连接的表）"圆表"（圆柱窥表）。鉴于学者们用词不统一，后文均根据实际所指来译，不再括注英文或拉丁文原词。

② Jim Bennett, op. cit., p.25.

③ Tycho Brahe, *Astronomiae Instauratae Mechanica*, pp.142–144.

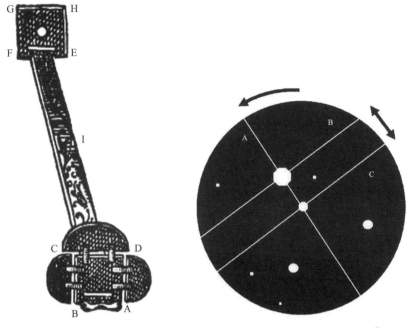

图 22　双板平行缝式窥表 [①]　　　　图 23　望远镜十字叉丝结构 [②]

　　在第谷以前，天文学家主要在前后两个窥表上各打一个小孔来瞄准恒星。理论上，如果这两个孔确实是小孔，那么眼睛在小孔中观测到恒星时，四点就是严格对齐的，这时读出的数也是精准的。但在实践中这不可能实现。孔如果太小，那么人眼从中看到的视场就会非常小，极难搜索到待测星。如果孔稍大一些，确实能让待测星更容易出现在视场之内，但由于人眼不可能精准定位孔的中央，所以待测星很容易偏离中心，观测误差能达到角度量级。角度量级的偏差并不小，但第谷以前的天文学家并没有对此给予足够重视，也不曾提出完善的改进方案。第谷对重建天文学的追求使他质疑："就算其余部分的构造都没问题，一个人也会奇怪，使用这种瞄准器的哥白尼以及古人

① Tycho Brahe, *Astronomiae Instauratae Mechanica*, pp.142–144.

② Erik Høg, "400 Years of Astrometry: from Tycho Brahe to Hipparcos", *Experimental Astronomy*, 1 (2009).

们何以能用这种方式获得确定的结果。"① 另外，第谷所处的时代虽然还没有望远镜，但望远镜在精密测量任务中其实也是一种窥衡，观测者必须知道待测星在望远镜视场中的准确位置才能精准读数，这也是人眼无法定位的。大约到 1660 年，在望远镜中放置如图 23 所示的十字叉丝的技术走向成熟，此后望远镜才真正成为高精度瞄准装置。

从旧有瞄准方式的问题出发，尽量避免视线偏离中心成为改进的方向。孔洞法的关键问题是只提供了一条瞄准视线，且有很大的漂移空间。如果将通光的孔洞改造成狭缝，在限制一个方向视场的同时扩大正交方向的视场，那么正交的狭缝组就能做到既方便寻找目标，又避免视线漂移，这便是第谷双板平行缝式窥表的原理所在。如图 22 所示，第谷把前后两板上的孔洞替换成每块板四边的狭缝，前后板的狭缝两两对齐。不同的是 EFGH 板的四条缝刻在板上，而 ABCD 板上有三条缝用弹簧外接三块小板，使这些缝的宽度可调节，进一步方便目标的寻找②。由此，一条瞄准线变成了四条瞄准线，观测者几乎可以同时检查两个方向是否都对准了待测星，即 BC 到 FG 和 AD 到 EH 同时看到待测星意味着左右方向已对准，CD 到 GH 和 AB 到 EF 同时看到待测星意味着上下方向已对准。这其实是一种功能拆分的思想，当只需要对准一个方向时，另一个方向也可不使用，如第谷在描述墙象限仪时说，如果想同时确定地平高度和过子午线的情况，那么就同时使用四条边，而若只想测量地平高度，则只需使用上下两条狭缝③。另外，通过 EFGH 板中央小孔，使太阳的像与 ABCD 板内侧的圆重合，即可瞄准太阳。

---

① Tycho Brahe, *Tychonis Brahe Dani Opera Omnia*, vol. 5, p.46. 本句的情感可能较为复杂，罗森评注《天球运行论》时译为 "Hence it is a wonder how not only Copernicus but also the ancients, who used such eyepieces, could have attained any precision, even if everything else was in perfect order" (Copernicus, op. cit., p.413)，中译作 "即使其他一切都完美无缺，我们也会惊叹哥白尼和古人们使用这种目镜竟然能够达到很高的精度"（哥白尼，前引文献，第 718 页）。查对拉丁原文并结合第谷原著上下文，我们认为第谷在这里的情感是含蓄的质疑而不是真诚的赞赏。兹列本句拉丁原文如下：Ut mirum sit, quomodo non solum Copernicus; sed veteres, qui talibus utebantur dioptris, aliquid certi, etiamsi caetera recte se haberent, sic assequi potuerint.

② Tycho Brahe, *Astronomiae Instauratae Mechanica*, p.143.

③ Ibid., p.29.

图 24　单人纪限仪 ①

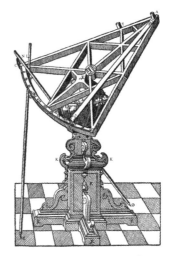

图 25　三角纪限仪 ②

双板平行缝的设计切实解决了单个目标的严格对准问题，但在角距测量任务中仍不适用，因为一块方形板很难同时对准两个方向。第谷将前期单人纪限仪（图 24）的制式做出调整，把刻度盘翻转到靠近观测者一侧，让两个人来测量角距，制成备受第谷喜爱的三角纪限仪，如图 25 所示。为解决方形板指向单一的问题，第谷将前表换成了圆柱，图中的 A 和 F 就是这样的两个圆柱。后表仍保留四条狭缝，并要求圆柱的直径与板左右两侧缝之间的距离相等，圆柱的高与板上下两侧缝之间的距离相等。这种圆柱式设计的基本原理与双板平行缝相同，即后表狭缝与圆柱的边缘对齐，由此对准待测星。圆柱的对称性又能保证前表在各个方向上都与后表狭缝相对，两个观测者各从一块板处向圆柱望，能够同时瞄准两个目标，使仪器可以被两个观测者同时使用 ③。为避免两个观测者在测小角距时因离得太近而干扰测量，第谷还设计了偏心圆柱 F，在距圆弧中点 10° 的固定位置处设置窥表 G，令 G 和 F 组成的瞄准线与纪限仪中线 AE 平行，使 GF 代替 AE 成为一条隔开少许距离的瞄准基准。另外，虽然没有了板上的小孔，但观察圆柱的影子，使之恰好落在后表各缝之间即可瞄准太阳。

圆柱窥表不仅在第谷后来的仪器上大量体现，还在第谷的传播下被其他

---

① Tycho Brahe, *Astronomiae Instauratae Mechanica*, p.76.

② Ibid., p.72.

③ Ibid., p.143.

天文学家掌握，在望远镜十字叉丝技术成熟前，一直代表着最精密的肉眼瞄准装置。双板平行缝和圆柱加平行缝的设计应该都是第谷原创，目前未见有什么争议，只是本内特等学者对第谷思想方法的理解出现了些许偏差，误以为设计圆柱是为了取代窥衡。圆柱作前表时，后表可以装在窥衡上，也可以直接成为圆弧上的游表。第谷真正的独创性在于让单条瞄准线变成多条瞄准线，通过功能拆分和使用方法的巧妙设计，使肉眼瞄准装置的性能迅速达到巅峰。

四、结语：用仪器重建天文学

后代天文学家最喜欢追认的第谷仪器成就是他对赤道坐标结构的应用。就天球坐标系而言，欧洲天文学传统一直以黄道坐标为测算依据，直到第谷才真正推广了赤道坐标和赤道式仪器。事实上，作为典型案例，仪器坐标结构的转变也代表着知识类型的转变。"1584 年夏天，第谷迈出了一个激进的步伐，他设计了一个仪器来测量不遵循黄道的坐标，打破了观测天文学和占星术之间的联系。"[1]占星术是对理论型知识的一种应用，其依据是星历表已计算好的日月五星在黄道上的位置，基本不需要观天。即使用黄道经纬仪偶尔一观，其目标也是在既有理论框架内取值而非修正理论，因此，黄道经纬仪的设计宁可增加环圈嵌套的复杂性也要直接获取占星术所需的黄道坐标。第谷则有新的思想背景，他的观测型知识强调仪器的精确性、易用性，所以第谷的黄道经纬仪从制造之初就进行了简化。如图 26 所示，第谷黄道经纬仪由四个环圈构成，而托勒密则使用了七个。第谷本人并不喜欢使用黄道经纬仪，他的评价是"虽然这种环形经纬仪适合于迅速而轻易地确定恒星位置……但它却不能保证不引入一两角秒的误差，特别是由于黄道经纬仪并不是处处都在平衡的位置上转动，所以重心会移动，其他部分也会因此而稍稍偏离正确的平面"[2]。因为黄极一定要绕着赤极转，所以重心漂移是黄道型仪器结构本身具有的不可避免的误差。在这个层面上，第谷为了观测的精确性，宁可舍弃传统理论天文 – 占星学中最重要的大圆——黄道。

第谷开始所制的赤道经纬仪亦为环圈相套的形式（图 27），之后又将结构进一步简化成只有一个整环和一个半环的大赤道经纬仪（图 28），整环直径达

---

①   John Robert Christianson, *Tycho Brahe and the Measure of the Heavens*, p.131.

②   Tycho Brahe, *Astronomiae Instauratae Mechanica*, p.55.

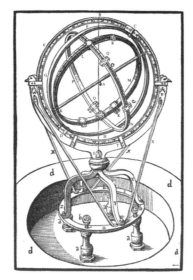

图 26 黄道经纬仪 ①

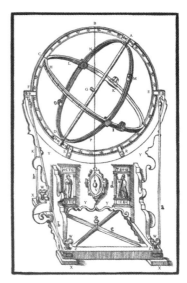

图 27 赤道经纬仪 ②

图 28 大赤道经纬仪 ③

2.72 米，半环直径达 3.5 米。大赤道经纬仪是第谷仪器系统工程的典范，它安装在地基牢固、避风避雨的星堡地穴。支撑结构纵横交错，黄铜、木、钢

---

① Tycho Brahe, *Astronomiae Instauratae Mechanica*, p.88.

② Ibid., p.56.

③ Ibid., p.64.

等多种材料综合使用，微小的螺丝在各处实现着校准功能，庞大的体积丝毫不影响仪器转动，窥衡和刻度均采用第谷设计的最精密的形式。选址、支撑、材料、校验、游移、瞄准、刻度等众多因素在第谷以前还从未被这样充分考虑过，观测型知识的要求带给第谷这些全新的关注点，对这些因素的精心设计代表了第谷对观测知识的掌控，而赤道式的结构也代表第谷开始处理旧知识体系中没有的研究对象，即恒星赤道坐标网络的构建。

综合上文叙述，我们看到了第谷在天文学方面为观测型知识正名的努力，他对仪器的设计无不将观测特质的要求作为优先考虑条件，以仪器的可靠性维护观测知识的权威性。仪器得到的结果被观测者翔实记录；仪器的使用、结果的获得遵循特定的规范；用仪器聚焦天文学上待收集的内容，避免描述性内容的宽泛；对仪器的诸多要素精益求精，保障所收集内容的高精度；制造仪器不是为偶然情况预备，而是综合使用多台仪器，主动开展高效重复观测，维护知识类型的地位。可以说，第谷用自己的仪器进行大量实践，从而将新的观测范式构建起来。

第谷身处于欧洲学术大变革的时代，既有日心说等思想变革，也有本文所聚焦的实践上的变革。"第谷设计出天文学研究新方法，即以仪器证据的系统使用为基准。"[①] 以现在的眼光看，如果说哥白尼构造了世界观，那么可以说第谷确立了方法论。回到当时的语境中，哥白尼复兴的是古希腊和谐与美的宇宙秩序，第谷发扬的是观测这一新知识类型。精确观测这一行为并不在中世纪的亚里士多德理论型知识生成的要求之内，中世纪对仪器的偶尔使用也不是为了精密观测服务。第谷在观测理念的指导下，关注到旧知识类型中备受冷落的仪器要素并进行革新，使仪器能够贴合观测知识的要求，以他的亲身实践展示了天文仪器的功能：天文仪器是自然天象向数学切面投影的媒介，这个投影过程就是观测，而观测的要求包括精确性、连续性与公共性。相比之下，中世纪占星时观天所获得的天象记录不是独立的知识，只有遵循观测原则，使用仪器测得的数据才是知识本身。第谷示范甚至定义了天文观测应当使用的器物，制定了仪器的使用方案和制造规范。沿着以汶岛天文台为中心所构建的学术网络，第谷的天文仪器思想传遍欧洲，天文仪器为观测型知识服务的功能得到强化，成为扩展人类认识边界的器物中介。第谷生前发愿用他的仪器重建天文学，从仪器革新的结果来看，第谷实现了他的愿望。

---

① Allan Chapman, op.cit.

Observation Needs Instruments:
Tycho Brahe's Innovations in Astronomical Instruments

Wang Zeyu

Abstract: In the era of Tycho, the ancient astronomical instruments gradually formed several forms with their own advantages with the long-term practical exploration, and the concept of observational knowledge emerged, which was opposite to medieval theoretical knowledge. These traditions of making instruments were inherited by Tycho. Tycho was committed to restoring the foundation of astronomy by manufacturing astronomical instruments. Comprehensively improving observation capabilities is the main motivation for Tycho to innovate astronomical instruments. Tycho also hoped to show the value of astronomy by making instruments. Tycho's understanding of error, which led to the introduction of the transversal division for astronomical instruments, and of splitting, which led to the new alidades, changed the basic elements of classical astronomical instruments. Tycho's innovation in instruments is a systematic engineering project, and the excellence provides a reliable guarantee for Tycho's acquisition of observational knowledge. Astronomical instruments have become a cognitive intermediary of observation, the new genre of knowledge. In this aspect, Tycho has realized the desire to restore astronomy with instruments in Europe.

Keywords: Tycho Brahe; astronomical observation; astronomical instrument

分子生物学的建立

——从学科交叉到交叉学科

杜少凯 ①

摘　要： 分子生物学的建立过程是一个传统学科通过学科交叉产生新兴学科的过程，在这一过程中不同的科学团体发挥了非常重要的作用。在 20 世纪 30 年代，物理学、化学以及生物学通过一些科学团体实现了学科的交叉；在此基础上，20 世纪 40 年代的新一代科学团体又分别发展出了分子生物学研究的信息传统和结构传统两条进路；到了 20 世纪 50 年代，詹姆斯·沃森和弗朗西斯·克里克作为这两条进路的代表，吸纳并融合了之前科学团体的研究成果，成功地揭示了 DNA 双螺旋模型，并以此为范式建立了新一代的科学团体，推动了分子生物学的成熟和建制化。通过以科学团体的视角考察分子生物学的建立过程，可以发现分子生物学的建立过程是一种融合－创立的过程，而非一种常规科学－科学革命式的发展。

关键词： 分子生物学史；科学革命；DNA 双螺旋；科学团体；学科交叉

分子生物学史家霍勒斯·贾德森（Horace Judson）在考察分子生物学的建立时，称其为一场"革命"，并将这场在 20 世纪中叶发生于生物学领域的革命与 20 世纪初发生在物理学领域的量子力学革命进行类比 ②。在托马斯·库恩（Thomas Kuhn）的科学革命理论 ③广为流传之后，关于分子生物学的建立是不是革命，以及是不是一次库恩意义上的科学革命，在 2000 年前后的国内

---

① 杜少凯，清华大学科学史系 2021 级博士研究生。

② Judson H., *The Eighth Day of Creation: Makers of the Revolution in Biology*, Plainview, N.Y.: CSHL Press, 1996, pp. xxxi-xxxiii.

③ Kuhn T., *The Structure of Scientific Revolutions*, Chicago: The University of Chicago Press, 2012.

外学界都出现了相关的讨论 ①。最近，米歇尔·莫朗热（Michel Morange）又重提这一争论 ②，将分子生物学的建立与当代生物学的新发展（如合成生物学等）相对比：认为前者提供了一个新的范式，开启了一段新的常规科学时期 ③，而后者尽管自称是革命性的，却依旧处在分子生物学提供的框架中，因此分子生物学的建立是一场科学革命，当今这些自称"革命性"的生物学进展，依然是分子生物学所开启的常规科学的一部分 ④。本文试图通过考察分子生物学的建立过程回应其观点。

目前学界对于分子生物学建立过程的考察大致分为以下四种进路：第一种是通过相关科学发现和科学理论的发展来梳理分子生物学的建立 ⑤；第二种是在科学的社会研究领域兴起之后，不少学者对于分子生物学建设过程中科技政策、基金会以及实验室、机构等所起的复杂作用进行研究 ⑥；第三种研究关注的是在这一过程中更具物质性的层面，比如科学仪器、技术以及具体实验等 ⑦；而第四种则是一些参与分子生物学建立过程的科学家的传

---

① See Adam S, "Are There Kuhnian Revolutions in Biology?", *BioEssays*, 9 (1996). Streelman J, Stephen A, "Paradigms and the Rise (or Fall?) Of Molecular Biology", *Nature Biotechnology*, 8 (1997). Strohman R, "The Coming Kuhnian Revolution in Biology", *Nature Biotechnology*, 3 (1997). 以及高尚荫：《再论分子生物学——科学的革命》《病毒学杂志》，1987 年第 1 期。王德彦：《"分子生物学革命"探析——为 DNA 双螺旋发现 50 周年而作》《自然辩证法通讯》，2003 年第 5 期。

② Morange M, *The Black Box of Biology: A History of the Molecular Revolution,* trans. Matthew Cobb, Cambridge: Harvard University Press, 2020. 对应译本为：莫朗热：《二十世纪生物学的分子革命》，昌增益译，北京：北京大学出版社，2021 年。

③ 莫朗热：《二十世纪生物学的分子革命》，第 126 页。

④ 同 ③，第 290–291 页。

⑤ 参见 Judson H, *The Eighth Day of Creation: Makers of the Revolution in Biology.* Morange M, *The Black Box of Biology: A History of the Molecular Revolution.* 奥尔比：《通往双螺旋之路：DNA 的发现》，赵寿元、诸民家译，上海：复旦大学出版社，2012 年。

⑥ See Abir-Am P, "From Multidisciplinary Collaboration to Transnational Objectivity: International Space as Constitutive of Molecular Biology, 1930—1970", in *Denationalizing Science: The Contexts of International Scientific Practice,* ed. by Elizabeth C. Dordrecht: Springer Netherlands, 1993. Chadarevian S, *Designs for Life,* Cambridge: Cambridge University Press, 2002. Kay L, *The Molecular Vision of Life: Caltech, the Rockefeller Foundation, and the Rise of the New Biology,* New York: Oxford University Press, 1993. 另见波尼娜·阿比尔爱姆：《英国、法国和美国文化背景下的分子生物学》，周子平译，《国际社会科学杂志（中文版）》，2002 年第 2 期。

⑦ Fry M, *Landmark Experiments in Molecular Biology,* London: Academic Press, 2016.

记 ①。本文的研究更偏向第二种进路，主要对于分子生物学建立过程中相关科学团体的发展进行考察。但不同于之前采取这条进路的学者对于政策、资助、机构管理等对于科学团体发展的影响的过分关注，以及其忽视了诸多团体之间交流的情况 ②，本文将会更多地去关注这些科学团体在诸如研究问题、研究方法、选取的研究对象、典型的科学成就等因素上的发展、交流甚至融合。

一、学科的交叉——用基础科学研究生物学（30 年代）

1. 生物理论讨论群（Biotheoretical Gathering）

分子生物学的起源与科学社会学的兴起有着密切的联系。1931 年 7 月，第二届国际科学史会议（The Second International Congress for the History of Science）在伦敦召开，鲍里斯·黑森（Boris Hessen）作了题为 "牛顿《原理》的政治经济学起源"（The Social and Economic Roots of Newton's 'Principia'）的报告，同时会议上还有一位苏联学者鲍里斯·扎瓦多夫斯基（Boris Zavadovsky）也在这次会议上作了题为 "生物学与物理学的历史与当代关系"（The historical and contemporary relationships between biology and physics）的报告，认为 "生物—物理还原论是国际资本主义矛盾的体现，而未来的科学应当是一种互补的科学" ③。受此影响，李约瑟、贝尔纳等学者创建了一个名为 "生物理论讨论群"（Biotheoretical Gathering）的小组（后简称为 Bio-

① 例如沃森：《双螺旋》，贾拥民译，杭州：浙江人民出版社，2017 年。Watson J, *Genes, Girls, and Gamow,* London: Oxford University Press, 2001. Crick F, *What Mad Pursuit: A Personal View of Scientific Discovery,* New York: Basic Books, 1988. Wilkins M, *The Third Man of the Double Helix: The Autobiography of Maurice Wilkins,* Oxford: Oxford University Press, 2005.

② 波尼娜·阿比尔爱姆（Abir-Am P）认为诸多关于分子生物学史的研究往往以一个人和一个实验室为研究的对象，从而需要一种研究各个实验室、机构之间的联系的作品。See Abir-Am P, "DNA at 50: Institutional and Biographical Perspectives", Minerva, 2(2004).

③ Abir-Am P, "From Multidisciplinary Collaboration to Transnational Objectivity: International Space as Constitutive of Molecular Biology, 1930–1970", p.155.

G）[①]，意图"通过对于新的关于科学的哲学观点的跨学科讨论，来改变生物学与物理学之间的还原关系"[②]。这个小组对于之后分子生物学的建立至少作出了两点贡献：第一，分子生物学这一术语，正是这一小组与洛克菲勒基金会（Rockefeller Foundation，后简称为 RF）进行磋商的结果[③]；第二，该小组成员约翰·贝尔纳（John Bernal）将布拉格父子［亨利·布拉格（Henry Bragg）和劳伦斯·布拉格（William Bragg）］开创的 X 射线结晶学应用于蛋白质研究[④]，其科学工作揭示了蛋白质分子的规律性，对所谓分子生物学起源中的结构传统[⑤]产生了很重要的影响。

2. 对生物学感兴趣的量子物理学家

当时的一些量子物理学家们，也跟分子生物学的起源密切相关。其中最重要的人物当属马克思·德尔布吕克（Max Delbrück）。但在谈及德尔布吕克之前，需要先考察尼尔斯·玻尔（Niels Bohr）对他的影响：可能由于家庭的原因，玻尔一直对生物学颇有兴趣[⑥]，在 1932 年的报告"光与生命"（Light and Life）中，他结合了在量子物理学中关于互补性的思考，提出用纯物理学、纯化学来阐明生物学现象以及运用生物机能的目的论来阐明生物学现象，这两者是互补的[⑦]。1935 年，德尔布吕克在玻尔想法的影响下，与蒂莫弗夫－里

---

① See Chadarevian S, op. cit.. This group also be named as Theoretical Biology Club, see Abir-Am P, "Converging Failure: Science Policy, Historiography and Social Theory of Early Molecular Biology", in *Scientific Failure*, ed. by Tamara H, Allen I, New York: Roman and Littlefield Publishers, Inc, 1994.

② Abir-Am P, "From Multidisciplinary Collaboration to Transnational Objectivity: International Space as Constitutive of Molecular Biology, 1930–1970", p. 156.

③ 见 Abir-Am P, "From Multidisciplinary Collaboration to Transnational Objectivity: International Space as Constitutive of Molecular Biology, 1930–1970", p. 158. 以及 Abir-Am P, "Converging Failure: Science Policy, Historiography and Social Theory of Early Molecular Biology".

④ Abir-Am P, "From Multidisciplinary Collaboration to Transnational Objectivity: International Space as Constitutive of Molecular Biology, 1930–1970", p. 156. 另见奥尔比，前引文献，第 284–285 页。

⑤ 即分子生物学中使用物理化学手段研究生物大分子结构的传统，关于这一传统与分子生物学中所谓"信息传统"的起源，可参见本文 2.1 节的讨论。

⑥ 玻尔的父亲是一个生理学家，这一点可能对他的生物学兴趣有影响。参见莫朗热：《二十世纪生物学的分子革命》，第 55 页；吴明：《DNA 是如何发现的：一幅生命本质的探索路线图》，北京，清华大学出版社，2019 年，第 56 页。

⑦ 见莫朗热：《二十世纪生物学的分子革命》，第 55 页。另见吴明，前引文献，第 56 页。

索夫斯基（Nikolaï Timofecff-Ressovsky）和卡尔·齐默尔（Karl Zimmer）共同发表了一篇论文，从三个不同的角度分别对基因突变的本质和基因的结构进行了考察，史称"绿皮文献"或"三人论文"①。同时，受到当时量子物理学发展的影响，在复杂的生命系统中寻找新的自然律也一直都是德尔布吕克在生物学领域的目标②。总而言之，德尔布吕克对于生物学的兴趣在于生命现象——尤其是遗传现象本身③，这一出发点使他与前文中提到的贝尔纳作为代表的结构传统走上了不同的方向，成为了所谓信息传统④的先驱。后来，埃尔温·薛定谔（Erwin Schrödinger）⑤读到了德尔布吕克的这篇文章，并在其影响深远的小册子《生命是什么》中引用了它。而之后因发现 DNA 结构而获诺贝尔奖的三个人——沃森、克里克以及莫里斯·威尔金斯（Maurice Wilkins），都谈及过这本书对于他们的影响⑥。

3. 鲍林小组

在这一时期还有一个小组，以一种略有不同的方式走上了用物理化学方法研究生物学的道路，这个小组有一个无可置疑的核心——莱纳斯·鲍林（Linus Pauling）。鲍林与本文前面提到的两个小组都有所交集，但他走向学科交叉之路却没有受到他们的直接影响。1922 年，鲍林前往加州理工大学读研究生，并成为当时加州理工学院化学系主任 A. A. 诺伊斯（A. A. Noyes）的学生。鲍林在校期间，展现出了极高的天赋，并被推荐在 1925—1927 年前往欧洲留学，留学期间曾跟随薛定谔和玻尔进行研究，学习当时先进的量子力学思想。随后，鲍林将在此期间学到的新思想带回了化学中，极大地促进了结

---

① 吴明，前引文献，第 59 页。

② 见 Kay L, op. cit., pp. 10–12.

③ Cairns J, Gunther S, Watson J (eds), *Phage and the Origins of Molecular Biology,* Plainview, NY: Cold Spring Harbor Laboratory Press, 1992, pp. 10–13.

④ 即关注遗传过程中从遗传学的角度来关注基因在保存和传递遗传信息中的功能，可参见本文 2.1 节的讨论。

⑤ 见薛定谔：《生命是什么》，罗来欧、罗辽复译，长沙：湖南科学技术出版社，2003 年。另一个接触到这篇文章的重要人物是萨尔瓦多·卢瑞亚（Salvador Luria），他后来与德尔布吕克相识并合作，共同成为噬菌体小组的创始人，同时他也是沃森的导师，对于沃森后来与卡文迪许试验室的合作起了非常重要的作用。

⑥ See Crick F, op. cit., p. 34. Wilkins M, op. cit., p. 84. 另见麦克尔赫尼：《沃森与 DNA：推动科学革命》，魏荣瑄译，北京，科学出版社，2005 年，第 12 页。

构化学的发展。在这一阶段，鲍林主要完成的是物理与化学的学科交叉，并与小布拉格（即前文提到开创 X 射线结晶学的劳伦斯·布拉格）用 X 射线结晶学研究无机晶体结构进行了竞争并取胜，提出了表达晶体物质在稳定状态下的原子间关系的六种法则（即鲍林法则）[1]。这次的胜利也影响到了之后分子生物学建立过程中的一些科学团体之间的关联情况 [2]。1931 年，他发表了《化学键的本质》一书，确定了自己一流化学家的地位并选择留在加州理工学院任教。同时，受到当时同在加州理工大学任教的托马斯·摩尔根（Thomas Morgan）的影响，鲍林开始对生物学产生兴趣，并在 RF 的建议下申请了经费，开始使用他在结构化学和量子力学方面的深厚知识、利用物理化学手段对生物大分子进行研究。[3]

二、两个传统，三个学科以及四个研究小组（四十年代）

1. 噬菌体小组

德尔布吕克以及噬菌体小组对于分子生物学的起源与发展来说至关重要。实际上，关于分子生物学起源的争论，正是始于噬菌体小组献给德尔布吕克的论文集 [4]。这篇文集主要关注了噬菌体小组对于分子生物学成立的贡献。但约翰·肯德鲁（John Kendrew）随后发文 [5]，区分了分子生物学建立中的信息传统与结构传统，这也为相关讨论提供了一个延续至今的框架。噬菌体小组所代表的，正是其中的所谓"信息"传统（或功能传统，即从遗传学的角度来关注基因在保存和传递遗传信息中的功能）。

逃避战乱到加州理工学院之后，德尔布吕克坚持其互补主义的生物学实验原则——将生物体看作黑箱，并通过最简单的输入输出检测来发现支配生物

---

[1] 见贾德森：《创世的第八天》，李晓丹、郑仲程译，上海，上海科学技术出版社，2005 年，第 41 页。

[2] 参见本文 3.2、3.3 节的讨论。

[3] Kay L, op. cit., pp. 147–149.

[4] Cairns J, Gunther S, Watson J (eds), op. cit.

[5] Kendrew J, "Phage and the Origins of Molecular Biology", Scientific American, 3(1966).

体的定律①，而只有埃默里·埃利斯（Emory Ellis）的噬菌体实验能够满足他的要求，因此他决定将噬菌体作为"生物学中的原子"开展自己的研究②。德尔布吕克关于噬菌体的两个实验可以被视为噬菌体小组的"范式"：一个是他在 1939 年与埃利斯合作完成的一步生长实验（one-step growth experiment）③，这个实验让德尔布吕克确认了他的"黑箱"原则能够通过噬菌体在生物学中实现，从而确定了噬菌体作为其生物学研究的模式生物；另一个实验则是他在 1943 年与卢瑞亚合作完成的波动实验（fluctuation test），非常简明地显示出突变不是环境引起的而是随机产生的，这一实验也标志着细菌遗传学的诞生。此实验一年之后，德尔布吕克在冷泉港（Cold Spring Harbor）提出了所谓的《噬菌体条约》，规定了噬菌体实验所选取的 7 种特定噬菌体④。而之后围绕着这些特定的噬菌体开展研究，并与德尔布吕克等人沟通交流的科学家们，共同构成了噬菌体小组这一科学团体。

2. 兰德尔小组

伦敦国王学院的约翰·兰德尔（John Randall）对于英国结构传统的形成有着非常重要的影响。他在"二战"前就对生物学抱有兴趣，并通过与贝尔纳的接触确立了使用先进的物理学技术研究细胞的想法⑤。在战争期间，他因为合作发明了超声雷达而积累了一定的声望，从而获得机会尝试开展自己感兴趣的生物学研究。受到当时英国科技政策的影响，MRC（Medical Research Council 英国医学研究委员会）对兰德尔的项目进行了资助，并成立了 MRC 的生物物理学委员会对其项目进行监管⑥。

兰德尔给了其小组的成员充足的经费和自由，作为兰德尔战前的同事，威尔金斯从战争中归来后一直跟随兰德尔进行研究。由于自己的超声波诱变实验进展不佳，威尔金斯答应了兰德尔接手其关于生物细胞中 DNA 的转移和

---

① 德尔布鲁克的原则可以视为一种在生物体与量子，以及在生物学定律与量子力学定律之间的类比：正如观察会影响到量子的状态一样，德尔布鲁克认为通过复杂的物理化学手段干涉生物细胞，也会对其产生影响，从而在实验过程中应当避免过多对于实验对象的干扰。

② Kay L, op. cit., p. 135.

③ Judson H, *The Eighth Day of Creation: Makers of the Revolution in Biology*, pp. 32–33.

④ 贾德森：《创世的第八天》，第 26–27 页。

⑤ 奥尔比，前引文献，第 363 页。

⑥ Chadarevian S, op. cit., pp. 55–60.

增殖研究的请求 ①。两人起初都沉迷于用物理手段（如显微镜）观察生命现象，不太愿意回到大分子层面进行更偏向物理化学的研究 ②，但随着其工作的展开，威尔金斯成功拍摄了 DNA 照片并显示了其规律性，也开始对 DNA 的结构和功能产生了疑惑 ③。而对此进行进一步的研究则需要专家的协助。于是，罗莎琳德·富兰克林（Rosalind Franklin）借此成为兰德尔小组的一员 ④，同时兰德尔小组对于 DNA 结构的研究也正式进入大分子层面。

3. 卡文迪许实验室与佩鲁茨小组

尽管从结果上来看，在 DNA 的发现过程中，同属于结构传统的卡文迪许实验室（Cavendish Laboratory）是最为核心的场所，但克里克所在的卡文迪许实验室中佩鲁茨研究小组的建立，却晚于甚至依赖于兰德尔小组的建立。佩鲁茨小组的建立需要从卡文迪许实验室当时的领导小布拉格谈起。1915 年，年仅 25 岁的劳伦斯·布拉格就和他的父亲一起，凭借用 X 射线衍射研究晶体结构的工作而获得了诺贝尔奖，该技术也是结构传统的根基。小布拉格在曼彻斯特大学工作期间写作了一系列测定硅酸盐矿物结构的文章 ⑤，并在这时与鲍林进行了第一次竞争。到了 1937 年，他前往剑桥接任卡文迪许实验室的主任。同年，贝尔纳准备离开剑桥前往伦敦大学伯贝克学院（Birkbeck, University of London）任教，并把其博士生马克思·佩鲁茨（Max Perutz）留给小布拉格指导 ⑥。

佩鲁茨的研究是使用 X 射线衍射技术来揭示血红蛋白的结构，毫无疑问，其工作是贝尔纳对于生物大分子的关注和布拉格父子 X 射线衍射技术的结合，

---

① Wilkins M, op. cit., pp. 106–107.

② Ibid., p. 115.

③ Ibid., p. 124.

④ 富兰克林的加入并非单纯是由于威尔金斯 DNA 研究需求的结果，由于当时实验室技术和设备的落后，威尔金斯向兰德尔建议购置更多设备并且聘请一位专家来开展进一步研究，而兰德尔当时已经请了一位 X 射线专家——富兰克林来解决蛋白溶液的问题，于是他写信给后者，要求其改变研究方向，而这封信的措辞引起的两人关于 DNA 研究的主导权的相互误会，成为了后来引起诸多争议的富兰克林–威尔金斯之间不和的根源。See Wilkins M, op. cit., p. 143.

⑤ 贾德森：《创世的第八天》，第 41 页。

⑥ Chadarevian S, op. cit., pp. 61–62.

并且也符合当时的小布拉格为卡文迪许实验室定下的发展方向 ①。1946 年，小布拉格试图帮助佩鲁茨留任剑桥，于是试图帮他申请项目和经费。在被皇家学会拒绝之后，小布拉格被建议转向 MRC 申请，因为后者刚刚批准了兰德尔的项目，并因此取得了插手这一类生物物理学研究的资格 ②。很快，MRC 批准了小布拉格的申请，决定资助两个全职研究员、两个助理研究员以及一些仪器 ③。一年之后，佩鲁茨作为主任的 MRC 生物系统分子结构研究中心（MRC Unit for the Study of Molecular Structure of Biological System）成立，前文提到的肯德鲁也与佩鲁茨一起成为这一中心的成员。同时，佩鲁茨还成为 MRC 生物物理学委员会的一员，后来也正是佩鲁茨透露给克里克该委员会的相关报告，引起了诸多关于数据泄密的争论 ④。

4. 开始生物学研究的鲍林实验室

很多学者，尤其是沃森自己预测，如果不是因为意外，鲍林应该是最有可能发现正确 DNA 结构的人 ⑤。正如前文所说，鲍林在加州理工学院开始将其结构化学知识应用于研究有机大分子。他先通过对血红蛋白研究的一些成果 ⑥，获取了 RF 的信任并得到了其稳定的资助，同时还在这一时期与小布拉格展开了第二次竞争：20 世纪 30 年代初期，晶体学家威廉·阿斯特伯里（William Astbury）发现了两种类型的角蛋白纤维图谱，这些图谱揭示了蛋白质分子是有序的 ⑦，而小布拉格和鲍林则分别试图通过建构模型来揭示这种结构。小布拉格、佩鲁茨和肯德鲁三人，密切关注了阿斯特伯里的图谱中对于多肽链旋转轴的暗示 ⑧，构建出了一种具有整数旋转轴的模型，但这一模型对于肽键的处理，却违背了一些有机化学的理论，允许了肽键的自由旋转 ⑨；而鲍林的研究则是从蛋白质的简单分子组成开始入手，经过了从 1937 年到 1948

① 贾德森：《创世的第八天》，第 61 页。
② Chadarevian S, op. cit., p. 63.
③ Ibid., 65.
④ Perutz M, "DNA Helix", Science, 3887 (1969).
⑤ 见沃森：《双螺旋》，第 164–165 页，另见 Crick F, op. cit., p. 92。
⑥ 揭示了镰刀型细胞贫血症的病因正是由于血红蛋白结构的异常。
⑦ 贾德森：《创世的第八天》，第 43 页。
⑧ 也即根据图谱中所显示信息的计算，DNA 螺旋旋转一周的高度为 5.1 埃。See Crick F, op. cit., p. 73.
⑨ Crick F, op. cit., p. 74.

年长达 11 年的研究，鲍林最终确认他在开始时的判断是正确的——阿斯特伯里关于旋转轴的数据有误[①]。1948 年，基于其自身的结构化学知识，鲍林开始着手用纸板建构模型，最终避免了小布拉格团队所犯的错误，于 1951 年提出了正确的 α 螺旋[②]。鲍林的这一方法对于沃森和克里克发现双螺旋意义重大，本文将在下一节对此进行讨论。

三、研究团体的交叉与融合（50 年代）

1. 结构传统与信息传统的汇合

沃森在印第安纳大学期间，一部分是由于对卢瑞亚的噬菌体研究感兴趣，另一部分则由于卢瑞亚与其偶像德尔布吕克相识，他转入了卢瑞亚的实验室并借此成为噬菌体小组的一员。德尔布吕克关于"互补生物学"的想法以及对于生物化学的不信任也在一定程度上影响了沃森[③]，使他能够专注地从遗传学角度思考感兴趣的基因问题。他在博士毕业后去欧洲交流期间，偶然听到了威尔金斯所作的"用 X 射线结晶学研究 DNA 纤维"的报告。当时，威尔金斯受兰德尔之托参会，并在会议报告上展示了他拍摄的 DNA 照片[④]。沃森被这张照片所震撼，并立刻与威尔金斯试着讨论到伦敦与其一起工作的可能性[⑤]。但可惜的是，正如前文所述，当时的威尔金斯关注的是用物理手段研究生命现象或者生物分子，对于遗传学并不了解，也就不太理解沃森的表述[⑥]。然而这次邂逅成了沃森接触结构传统的契机。由于被威尔金斯婉拒，他开始考虑去英国另一个从事 X 射线结晶学研究的实验室——卡文迪许实验室。通过卢瑞亚的联系，最终沃森成功来到了佩鲁茨的小组，其正式课题——纯化并结晶肌红蛋白——非常明确地显示了佩鲁茨小组以蛋白质为核心的研究主题[⑦]。

---

① 贾德森：《创世的第八天》，第 44–45 页。

② Crick F, op. cit., pp. 75–76.

③ Cairns J, Gunther S, Watson J (eds), op. cit., p. 240.

④ Wilkins M, op. cit., pp. 135–137.

⑤ 沃森：《双螺旋》，第 26 页。

⑥ Wilkins M, op. cit., p. 139.

⑦ 莫朗热：《二十世纪生物学的分子革命》，第 81 页。

　　尽管名义上是做蛋白质研究，但沃森一到卡文迪许实验室就与克里克不谋而合，开始了对 DNA 结构的研究。作为一个参与过战争的物理学家，克里克从战争中归来后，受到鲍林和薛定谔等人的影响，最终决定在"生命与非生命的边界"——今天的分子生物学领域进行研究[①]。尽管加入了卡文迪许实验室，但克里克对于实验室当时的研究方法却并不认同[②]。而对于用晶体学研究蛋白质的这种悲观态度，可能也是使他一直留心 DNA 的功能和结构的原因之一，于是沃森与克里克两人决定借鉴鲍林关于 α 螺旋的研究[③]，尝试揭示 DNA 结构。

2. 兰德尔小组与佩鲁茨小组的"领土协定"

　　当时的国王学院正如前文所说，威尔金斯向兰德尔申请一个"助手"，但兰德尔写给富兰克林的信却仿佛在暗示她才是 DNA 项目的负责人，两人之间的争论使威尔金斯在国王学院的 DNA 研究中逐渐边缘化，这加深了他与沃森和克里克二人作为 DNA 研究者之间的交流与沟通。同时，由于受到当时英国文化"公平竞争"（fair play）思想的影响，在兰德尔小组和佩鲁茨小组之间存在着一个潜在的"领土协定"——作为同属于 MRC 的机构，伦敦的兰德尔小组研究 DNA，剑桥的佩鲁茨小组研究蛋白质[④]。毫无疑问，沃森和克里克在一开始对于 DNA 的研究违背了这一协定，但当时他们能做的非常有限，由于没有直接的数据来源，两人只能采用阿斯特伯里在 1938 年的数据，以及与威尔金斯和富兰克林的交流中获得的数据。不过当他们在 1951 年邀请国王学院的研究者来参观他们基于上述数据得出的三链 DNA 模型，并且被后者指出了其错误之后，小布拉格下达了禁令，停止了他们对于 DNA 的研究，并将这一

---

① Wilkins M, op. cit., pp. 33–34.

② 在一次报告中克里克指出，当时英国的晶体学家所有的方法都是在浪费时间，只有一种"同晶置换"（isomorphous replacement）的方法能够奏效，尽管后来克里克被证明是对的，但这件事造成了他与小布拉格在当时的不和。See Crick F, op. cit., pp. 67–68.

③ 谈及从鲍林发现 α 螺旋的启发，克里克认为"我们从鲍林身上学到的是，通过严格细致地构建模型，我们可以大大缩小最终答案的可能性。如果再辅以必要的直接实验证据，也许就足以得出正确的结构"。see Crick F, op. cit., p. 76.

④ See Abir-Am P, "From Multidisciplinary Collaboration to Transnational Objectivity: International Space as Constitutive of Molecular Biology, 1930—1970", p. 167. 另见沃森：《双螺旋》，第 96 页。

研究的主导重新交给国王学院①。可最终，鲍林小组的入场使这两个实验室之间的"绅士条约"被打破②——鲍林在 1952 年开始对 DNA 产生兴趣，通过研究 TMV（Tobacco mosaic virus 烟草花叶病毒）的显微镜图及其核酸衍射照片，以及一些由鲍林小组成员拍摄的效果较差的照片，再结合阿斯特伯里关于 DNA 研究的一些数据，鲍林得出了一个错误的 DNA 三链模型③。

3."最后两步"

鲍林的错误给了沃森和克里克一个机会，因为担心在与鲍林的竞争中第三次落败，小布拉格最终同意沃森和克里克重新开展他们的 DNA 研究工作④。一方面基于国王学院的最新数据——包括富兰克林知名的 51 号照片以及克里克从佩鲁茨那里得到的 MRC 生物物理学委员会的报告⑤，克里克结合自己博士论文相关的研究成果，从这些新数据中得到了双链反向互补的结论⑥；另一方面则是同办公室的杰里米·多诺霍（Jeremy Donohue）纠正了两人在建模过程中使用的错误的碱基构型——多诺霍的论据则是他在加州理工学院跟随鲍林学习的结果⑦。这一纠正使沃森得到了正确的碱基互补原则。基于这些关键进展，沃森和克里克完成了"最后两步"，于 1953 年 4 月提出了 DNA 双螺旋模型，并指出他们"有注意到这些特异的碱基暗示了一种可能的遗传材料复制机制"⑧。同年 5 月，他们的第二篇文章进一步诠释了 DNA 双螺旋结构的遗传学含义，提出了"遗传密码"（the code which carries the genetical information）这一说法⑨，并且很快引发了分子生物学发展的一个高潮——对遗传密码的破译。

---

① 见奥尔比，前引文献，第 407 页，以及沃森：《双螺旋》，第 95 页。

② Abir-Am P, "From Multidisciplinary Collaboration to Transnational Objectivity: International Space as Constitutive of Molecular Biology, 1930—1970", p. 167.

③ 贾德森：《创世的第八天》，第 95–98 页。

④ 莫朗热：《二十世纪生物学的分子革命》，第 83 页。另见沃森：《双螺旋》，第 185 页。

⑤ Perutz M, op. cit.

⑥ 贾德森：《创世的第八天》，第 103–104 页。

⑦ 同⑥，第 107 页。

⑧ Watson J, Crick F, "Molecular Structure of Nucleic Acids: A Structure for Deoxyribose Nucleic Acid", Nature, 4356(1953).

⑨ Watson J, Crick F, "Genetical Implications of the Structure of Deoxyribonucleic Acid", Nature, 4361(1953).

四、尾声与结论

在 DNA 分子结构被揭示之后，一个新的范式形成了，原来分离的两个传统、三个学科以及诸多科学团体的问题、方法和成就等，都在这一个范式中得到了体现。同时，这一结构还提出了一些新的问题，这些问题只有在双螺旋结构作为前提下才能被提出。在沃森与克里克的第二篇文章中，他们使用了"遗传密码"这一说法，尽管可能只是以一种隐喻的方式使用的，但乔治·伽莫夫（George Gamow）却对此严肃对待，并写信给沃森和克里克，在字面意义上开始了"遗传密码"的破译工作[1]。很快，在沃森、克里克、伽莫夫周围，形成了一个以 DNA 双螺旋为范式，以破解遗传密码为核心问题的非正式科学团体——RNA 领带俱乐部（RNA tie club）[2]，诸多分子生物学领域的基础性工作——如遗传密码的破译、mRNA 以及 tRNA 的发现，都与这一团体的成员有着密切的关联。这种关联不仅体现在其成员自身的科学贡献上，比如克里克提出的中心法则（Central Dogma），以及他与悉尼·布伦纳（Sydney Brenner）证明了遗传密码是三联体密码[3]等；还体现在发掘一些"边缘"实验室的试验成果上，比如布伦纳、弗朗索瓦·雅各布（Ursula Jakob）和马修·梅塞尔森（Matthew Meselson）对于雅各布实验的发展[4]，以及约翰·马太（Johann Matthaei）和马歇尔·尼伦伯格（Marshall Nirenberg）关于第一个密码子 UUU 的发现[5]等。同时，哈佛－冷泉港时期的沃森也实现了一个从科学家到科研管理者的转变，改变了噬菌体小组原先"生物体黑箱"的研究方式，推广了在 DNA 双螺旋发现过程中起到关键作用的"以生物化学和分子技术为主的方法"[6]。

回顾全文，本文从 20 世纪 30 年代为推动物理学、化学以及生物学这些学科之间的交叉研究做出了重要努力的几个科学团体开始，考察了其后几十年间受到这些科学团体影响，并为 DNA 双螺旋结构的发现做出一定贡献的诸

[1] Crick F, op. cit., p. 112.
[2] See Watson J, *Genes, Girls, and Gamow,* p. 108. Also see Crick F, op. cit., p. 114.
[3] Crick F, op. cit., pp. 171–174.
[4] Abir-Am P, "From Multidisciplinary Collaboration to Transnational Objectivity: International Space as Constitutive of Molecular Biology, 1930–1970", p. 169.
[5] 莫朗热：《二十世纪生物学的分子革命》，第 102–103 页。
[6] 麦克尔赫尼，前引文献，第 64 页。

多科学团体的发展与交流，这些团体之间的相互作用关系，可以通过图1粗略地进行表示。

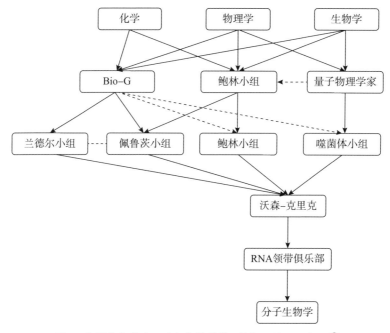

图1 分子生物学建立过程中的科学团体相互关系示意图 ①

结合上图，本文试图回应文章开头莫朗热的观点。正如图1所示，范式转换以及科学共同体更替这一库恩意义上的科学革命的核心过程，在分子生物学的建立过程中并没有发生，实际发生的是科学团体之间的发展、交流与融合。分子生物学的建立正如本文所述的那样，随着当时物理学和化学的发展，以及一些其他因素的影响，这些领域的科学家开始研究生物学问题。同时，随着这些其他学科思想、方法等的引入，最终它们在生物学中开辟了一个新的领域。在该领域中，代表不同传统的科学家团体开始交流、融合，最终发现了一种新的理解生命的工具和途径。但是，这个新领域的诞生并不需要旧领域中出现危机，也并不代表着旧领域的知识需要被放弃和替换，更不意味着新旧领域的学者之间有任何"不可通约"的壁垒。分子生物学的建立和发展，无疑也都处在传统生物学、遗传学以及生物化学等学科提供的一个

① 图中的实线箭头显示了各个科研团体之间在更偏向科学的因素上的继承情况，这些科学因素包括但不限于研究问题、研究方法、研究成果以及研究对象等，而图中的虚线箭头则简单表示了这些科学团体之间通过更偏向社会的因素——如 RF、MRC——间接影响的关系。

框架中，因而，莫朗热教否认当代生物学的"革命性"进展是科学革命的理由无疑也适用于分子生物学自身。实际上，本文认为真正的问题在于，分子生物学的建立所展现的这种"融合－创立"的发展模式，可能已经不再适合用库恩提供的那种"常规－革命"的线性科学发展模式来描述了。在分子生物学建立的过程中，并不存在"库恩损失"，因此分子生物学的建立可以是"革命性的"，但绝不是库恩意义上的"科学革命"。"常规科学－科学革命"的二分法，对于考察分子生物学之类的学科交叉的产物，可能已经不再适用了。

From the Cross of Discipline to Interdiscipline:
An Investigation on the Establishment of Molecular Biology
from the Perspective of Scientific Groups

Du Shaokai

Abstract: Scientific groups play a crucial role in the establishment of molecular biology during which traditional disciplines produce new discipline through interdisciplinary studies. In 1930s, physics, chemistry and biology achieved their intersection by some scientific groups. On this basis, a new generation of scientific groups in 1940s developed two alternatives of molecular biology research—information tradition and structure tradition; Then in 1950s, James Watson and Francis Crick, as the representatives of these two approaches, successfully revealed the DNA double helix model by absorbing and integrating the achievements of previous scientific groups and established a new generation of scientific groups based on this paradigm, which then promoted the further maturity and institutionalization of molecular biology. By examining the establishment of molecular biology from the perspective of scientific groups, it can be found that this process manifest more an integration-creation feature rather than a normal-revolution pattern of scientific development.

Keywords: history of molecular biology; scientific revolution; DNA double helix; scientific group; Interdisciplinary

《至大论》第一卷 ①

克劳狄乌斯·托勒密　著

王哲然　吕　鹏　张　楠② 译

1. 引言

　　在我看来，叙鲁斯，那些真正哲学家的做法是完全恰当的，即把哲学的理论部分与实践部分区分开来。因为即使是实践哲学，在它成为实践之前，也先是理论的，但还是可以看到二者存在很大的不同：事实上，许多人可以不受教育便具备某些道德品质，但却不可能不经过指导便理解宇宙；此外，在第一种情况［即实践哲学］中，人们在实际事务的反复实践中获得最大效益，但在第二种情况［即理论哲学］中，要获得最大的效益则有赖于取得在理论中的进步。因此，我们认为，指导行动（在我们［将要做什么］的实际观念【H5】的冲动下）的恰当方式是，即使是在日常的事务中，也永远牢记要去探究那高贵而有秩序的安排，且将研究聚焦于那些优美的定理，尤其是那些被称为"数学"的内容。亚里士多德极其恰当地将理论哲学又分为三种

---

① 本译文基于图默（G. J. Toomer）的英译本《托勒密的〈至大论〉》（*Ptolemy's Almagest, Princeton University Press*, 1984），同时参考托利弗（R. C. Taliaferro）的英译本《托勒密所著〈至大论〉》（*The Almagest by Ptolemy, Encyclopaedia Britannica*, 1952）与佩里（B. M. Perry）的英文节译本《至大论：天界数学导论》（*The Almagest: Introduction to the Mathematics of Heavens, Green Lion Press*, 2014）译出。方括号【 】为海贝格（J. L. Heiberg）编校的希腊文版《天文学大成》（*Syntaxis Mathematica, Teubner*, 1898）页码。圆括号（ ）与中括号［ ］均沿袭图默译文，其中方括号中的内容为译者图默所加，是对希腊文原文的扩充；而圆括号只是为更好地表达文意。尖括号〈 〉为中译者所加，起补充说明、文通句顺之目的。

② 王哲然，清华大学科学史系副教授；吕鹏，上海交通大学科学史与科学文化研究院副教授；张楠，中国科学技术大学科技史与科技考古系特任副研究员。本章由三人独立翻译、研讨修改，最后由王哲然汇总整理。本翻译工作为国家社科基金重大项目"汉唐时期沿丝路传播的天文学研究"（17ZDA82）阶段性成果。

基本类别：物理学、数学与神学。所有事物的存在都源于质料、形式与运动。这三者中没有任何一个可以在实体中脱离其他二者被观察到：它们只能被设想出来。现在，就宇宙原初运动的第一原因来说，我们可以简单地将其看作一个不可见的静止的神。有关研究这个问题的［理论哲学］分支［可被称之］为"神学"，因为在宇宙最高处的某个地方，这种活动只能被设想，并与可感知的现实完全分离。一个［理论哲学的］分支旨在探究物质以及变动不居的质，诸如"白""温""甜""软"等，被称为"物理学"；这样一类本性［在大多数情况下］存在于有朽物体之中，位于月亮天球之下。一个［理论哲学的］分支确定形式与位置运动所涉及的本性，探究图形、数量、大小、位置和时间等类似之事，则我们可以定义它为"数学"。其对象似乎介于其他两者之间，这首先是因为，无论是否借助感官帮助，它均可以被设想，其次，它是所有存在物的属性，无论是有朽的还是不朽的事物，无一例外：对于那些在其不可分离的形式上永恒变化的事物，它随着它们而变化，而对于具有以太本性的永恒事物，它保持它们的形式不发生改变。

综上所述，我们可以得出结论：理论哲学的前两个分支，与其被称为知识，还不如说是推断：神学是因其完全看不见、摸不着的本性，物理学则是出于质料不稳定且不明确的本性。因此，不要指望哲学家在这些问题上达成一致；只有数学才能为其信徒提供确定且无可撼动的知识，提供严格的方法进路。由于对它的那种证明是通过无可辩驳的方式来进行的，即算术和几何。因此，我们被吸引至理论哲学的这一部分的研究中，在我们有能力探究它的全部内容之前，会特别关注那些涉及神圣的和天体的理论。因为只有这部分涉及对永恒不变【H6】的事物的探究。正因如此，它在自己的领域中也可以成为永恒不变的（这正是知识的固有属性），而这个领域既不模糊也非无序。教学在其他两个［理论哲学分支的］领域亦有建树且毫不逊色。因为它是唯一能够对那静止和分离之间的活动［本性］提供好的推测，从而是帮助神学前进的最好的科学：［它之所以能做到这一点是］因为它熟悉那些存在物的属性，它们一方面是可感知的、运动的和被移动的，另一方面是永恒的和不变的，［我所谓的属性］与运动和对运动的安排有关。就物理学而言，数学贡献甚大。因为几乎物质本质的每一种特殊属性，都可以从其位置运动的特性中显现出来。［因此，人们可以］通过［它是否经历］直线运动或圆周运动，［区分］有朽与不朽，通过［它的运动是］朝向中心还是远离中心，〈区分〉重与轻，被动与主动。至于在实际行动与性格中的美好德行，这门科学最为重要的是能使人看得清楚；从与神性相关的恒常、秩序、对称和平静中，它使追随者爱上这种神性之美，使他们习惯并改造其本性，仿佛达到某种近似的精神状态。

我们力图提升的正是这种对于永恒和不变的思考的热爱，既通过学习这些科学中【H8】的那些已经由具有探索精神的人们所掌握的部分，也通过吾辈之努力尽可能地多做贡献——这些贡献因那些人与我们之间的额外时间而成为可能。我们将尽力记下我们认为迄今为止所发现的一切；尽可能言简意赅，并采取在该领域已经取得进展的那些人所遵循的方法。为保证论述的完整，我们将按适当的顺序，讨论关于天的理论中一切有用的部分，但只讲古人已充分证实的事，以免长篇大论。然而，对于那些［我们的前辈］根本没有谈到的，或是没有发挥出应有作用的论题，我们将竭尽所能加以详细讨论。

2. 关于定理的顺序

在本著作中，我们的第一项任务便是把握整体的地与整体的天的关系。在处理接下来的各个方面时，我们必须首先论述黄道的位置以及我们居住的这部分世界区域，再按顺序论述地平线上的每个［不同］纬度所导致的区别于其他地方的诸种特征。因为如果先把这些问题处理了【H9】，其他问题研究起来就会比较容易。其次，我们必须搞清太阳和月亮的运动，以及伴随这些［运动］而来的现象。因为若是不了解这些事，就不可能彻底地研究诸星的理论。依此路径，我们的最后一项任务是探究诸星的理论，先讨论所谓的"恒星"的天球，然后再讨论诚如其名的五颗"行星"。我们将试图以显而易见的现象和古今可靠的观测结果为出发点和基础，为上述论题提供证明。我们将采用几何学方法证明，把随后的思想结构与这个基础联系起来。

一般的预备性讨论包括以下主题：天的形状是球形的，并像球体一样运动；作为一个整体，大地的形状也是一个可感的球形，在位置方面，它位于天的中间，几乎处于天的中心；在大小和距离方面，它与【H10】恒星天球相比仅为一点；它不存在位置运动。为了便于记忆，我们将简述这些要点。

3. 天像球体一样运动

　　我们有理由假设，古人从以下观察中得到了关于这些主题的最初概念。他们看到太阳、月亮和其他恒星沿着相互平行的圆自东向西被带动，它们仿佛是从大地下方升起，逐渐升到高处，然后继续以类似的方式转动，越来越低，直到坠落到大地之下，仿佛完全消失。经过持续一段时间不见后，重新升起和落下，［他们发现］这些［运动的］周期，以及上升和下降的位置，大体上是固定不变的。

　　使他们产生球体概念的主要原因是恒显星（ever-visible stars）的旋转。它看上去是圆形的，总是围绕一个中心旋转，［所有的〈星〉］都是一样的。这就使那个点必然成为［对他们来说］【H11】天球的极点：那些距离它较近的星在较小的圆上旋转，那些离它较远的星则画出与其距离成比例的更大的圆，直到距离达到了那些看不见的星星为止。在这些情形下，他们还看到，那些在恒显星附近的〈星〉只在短时间不可见，而远离的那些会长时间不可见，同样［与其距离］成比例。结果是，一开始他们完全只是从这样的考虑得出了上述观点；但从那时起，在后来的研究中，他们发现其他一切都与这个观点相符，因为所有现象都与其他已被提出的观点矛盾。

　　因为如果像有些人所认为的那样，假设星的运动是以直线的方式向着无穷远的地方进行，那么又该设想出怎样的方式，使得它们中的每一个看起来每天都从同一个起点开始运动？如果星朝着无穷远的地方运动，它们又该怎么回转？如果它们真的转了回来，又怎么可能不明显呢？［根据这样的假设，］它们的大小必须逐渐减小直至消失。然而事实恰恰相反，它们在消失的那一刻看起来更大，在那一刻，它们好像逐渐被大地表面遮挡和切断（cut off）。

　　又如，假设星从大地升起时被点燃，而当落回大地时又被熄灭，这也是完全荒谬的假设。因为即使我们承认星的大小、数量遵从严格的顺序，它们的间隔、【H12】位置和运动周期也可以通过这种随机偶然的过程恢复；大地的一片区域具有点燃的性质，而另一片区域具有熄灭的性质，或者更确切地说，大地上的一片相同区域，为一部分观察者点燃星，为另一组观察者熄灭星星；对于某些观察者来说，同样的星已经被点燃或熄灭，而对于另一些观察者来说，它们还没有被点燃或熄灭。即使我们承认上述所有这些荒谬的结果，可对于那些既不升起也不落下的恒显星，我们又能说些什么呢？对于并非如此的事实，我们又该给出何种解释？我们当然不会说，对某些观察者来说被点燃和熄灭的星，在其他观察者看来从未经历过这个过程。然而可以明显确认的是，同样的星在［地上的］某些地区升起和落下，但在其他地区却没有。

总之，如果假设这些天体具有球面（spherical）运动之外的任何运动，那么从大地向上测量到它们的距离必然是不同的，无论假设大地本身位于何处，也不管它位于何处。因此，对于同一个观察者来说，星的大小和彼此间的距离在每一次【H13】周转（revolution）的过程中必然会有所不同。因为它们在某一时间的距离必须更大，而在另一时间更小。然而，我们并没有观察到这种变化的发生。它们在地平线上的尺寸明显变大，不是因为距离变近了，而是因为在我们和天体之间存在着潮湿的蒸气（exhalations）环绕着大地，正如放在水中的物体看起来比它们本身要大，而且沉得越低，看起来越大。

下面的思考同样促使我们得出天是球形的这一概念。唯有这种假设可以解释为何日晷的构造能产生正确的结果；此外，天体的运动是所有运动中最无阻碍和最自由的，而最自由的运动又莫过于平面中的圆与立体中的球；类似地，因为在具有相同边界的不同形状中，角越多的［面积或体积］越大，所以圆形大于［所有其他］〈平面〉图形，球体大于［所有其他］立体。

不仅如此，人们还可以从某些物理学的思考中得出这种观念。【H14】例如，在所有物体中，以太的成分最为精微并且彼此最为相似；如果物体的各部分彼此相似，其表面的各部分也就彼此相似；在平面图形中表面各部分彼此相似的只有圆形，在三维面中则是球面。既然以太不是平面而是三维的，那么它便是球形的。同样地，自然用浑圆但各部分彼此不相似〈的东西〉塑造了所有地上的和有朽的物体，用各部分相似和球形〈的东西〉塑造了所有以太的和神圣的物体。因为如果它们是扁平状的或者铁饼状的，那么对于地上不同地方同时观测它们的人来说，它们并不总是呈现出圆形。因此，有理由认为围绕着它们的以太也有相同的本性，即是球形的，并且由于其各部分的相似性，它进行圆周的、均匀的运动。

4. 作为一个整体，地感觉上也是球形的

作为一个整体，地感觉上〈和天一样〉也是球形，可以从以下几种角度来理解。我们可以再次看到，对于地上的每个人来说，太阳、月亮【H15】与其他星在地球上并非同时升起和降落，对于偏东的人来说更早，对于偏西的人来说更晚。因为我们发现，对于［所有观测者来说］同时发生的交食，尤其是月食，观测者记录下的发生时刻并不相同。相反，越偏东的观测者所记录的时刻，总是比越偏西的观测者记录的时刻更晚。我们发现，所记录的小时之间的差异与观测地点之间的距离成比例。因此，人们可以合理地下结论，地球的表面是球形的，因为（当我们把大地视为一个整体时），其均匀弯曲的表面以一种有规则的方式依次切分出每一组观测者［〈所看到〉的天体］。

如果大地是其他任何形状的，那么这种情况都不会发生，这点可从下面的论证看出。如果它是凹面的，那么更偏西的人就会先看到星的升起；如果它是平的，它们对在地上的每个人来说都会同时升落；如果大地是三角形、正方形或任何其他多边形的，通过类似的论证，它们对于生活在同一平面上的所有人都会同时升落。然而很明显，这样的事情并没有发生。它也不可能是圆柱形的，在东西方向具有弯曲的表面，平的面则朝向宇宙的两极【H16】，虽然有人认为这样更为可信。从以下方面可以清楚看出：对于处在圆柱弯曲表面的人而言，没有任何一颗星是恒显的；而对于所有的观测者来说，要么所有的星都会升落，要么那些与两极等距的相同的星永远不可见。事实上，我们越往北走，南方的星消失得越多，北方的星出现得越多。由此可见，地球的曲度（curvature）也以一种有规律的方式，在南北方向上切断［了天体］，并证明了［地］在所有方向上都具有球性（sphericity）。

还有一个需要进一步考虑的因素是，如果我们从任何方向驾船驶向山脉或高地，都会发现它们的大小逐渐增大，就好像从它们先前被淹没的海面上升起一样；而这是由于水面同样具有弯曲的性质。

5. 地球处于天球的中间

一旦掌握了这一点，接下来再考虑地的位置时就会发现，只有当我们【H17】假设地球在天球的中间，像球的中心一样，与之相关的现象才可能会

发生。因为如果不是这样的话，地球就只可能是：

　　a. 不在宇宙的轴线上，但与两极等距，或者

　　b. 在轴线上，但偏向其中一个极点，或者

　　c. 既不在轴线上，也不与两极等距。

　　针对上述三种观点中的第一种，驳斥的论据如下。如果我们想象地被移向某个观测者的天顶（zenith）或天底（nadir），那么，如果他处于直球（*sphaera recta*）位置，他将永远不会经历昼夜平分（equinox），因为地平线总是把天分成地上和地下两个不相等的部分；如果他处于斜球（*sphaera obliqua*）位置 ①，那么同样地，昼夜平分（二分）永远不会发生，[即便〈昼夜平分确实〉发生]，它也不会位于夏至和冬至之间的中间位置，因为这些间隔必然是不相等的。这是由于赤道，这个围绕[每日]运动极点所画全部平行圆中最大的一个，将不再被地平线一分为二。相反，[地平线将平分]一个平行于赤道的圆，要么在其北边，要么在其南边。然而，任何人都会同意，【H18】这些间隔在地球上的每个地方都是相等的，因为[各地]在夏至最长那个白天相较昼夜平分日的白天的增加量等于冬至最短的那个白天相较昼夜平分日的白天的减少量。但另一方面，如果我们设想这个移动方向是观测者的东边或西边，他就会发现在东、西方的地平线上，星的大小和距离不会保持恒定不变，并且从上升到顶点的时间也不会与从顶点到落下的时间相等，而这显然与现象完全不符。

　　对于第二种观点，即假设地球位于偏向两极之一的轴线上，人们则可以进行以下驳斥。若是如此，地平线将把天球分成地上和地下两个不相等的部分，并且无论我们考虑的是〈天球〉的同一个部分在不同地理纬度下的关系，还是同一地理纬度下〈天球〉两个部分之间的关系，皆会随着地理纬度的变化而产生变化。只有在直球处，地平线才能平分球体；在斜球的情况下，较近的极点永远可见，地平线总是使地上的部分变小，地下的部分变大；因此，

---

① "直球"（sphaera recta）与"斜球"（sphaera obliqua）两个拉丁术语是对希腊语"在直立的球体上"（ἐπ' ὀρθῆς τῆς σφαίρας）和"在倾斜的球体上"（ἐπὶ τῆς ἐγκεκλιμένης σφαίρας）的字面翻译，可能源于天球仪的使用。"直球"指天赤道垂直于当地地平线的情况，即观测者位于地球赤道上；"斜球"指天赤道和地平线倾斜的情况，即观测者处于除赤道和极地以外的位置。德国传教士汤若望（Johann Adam Schall von Bell，1592—1666 年）在其《浑天仪说》中将这两个术语分别翻译为"正球"与"斜球"，本文译者认为，在中文语境中，"直球"的译法更为恰当。——译者注

另一个现象是【H19】，黄道大圆将被地平线的平面分成不相等的两个部分。然而很明显，事实并非如此。恰恰相反，在地球上任何时间、任何地点都能看到六个黄道宫，而其余六个则不可见；然而，后者［在一段时间后］变得全部可见，同时其他的则不可见。显然，黄道圈被地平线平分了，因为地平线切出了两个同样的半圆，从而在某个时刻其中一个〈黄道半圆〉完全出现在地上，在另一个时间段内则［完全］在地下。

一般来说，如果地球不是恰好位于［天］赤道之下，而是沿着某一个极点的方向向北或向南挪动，其结果并不能明显被感觉到，即在分点日时，日出时的晷影将不再与日落时的晷影连成一条直线，位于与地平线平行的平面上。然而，这是一个在各个地方都明显可见的现象。

很明显，所列举的第三种观点同样也是不可能的，因为我们针对前面［两种］所提出的异议皆适用于这种情形。

总而言之，如果地球不位于［宇宙的］中间，那么我们在白昼长度的增加或减少中所观察到的整个事物的秩序将从根本上被颠覆。不但如此，月食将不会受限于月亮要位于与太阳径向相对的位置上（无论［发光体］在天的哪一部分）【H20】，因为在它们不是径向对置时，地球会频繁出现在它们之间，但间隔小于半个圆。

6. 地球与天球之比仅为一点

此外，从感官上讲，地球〈的尺寸〉与它相距所谓恒星天球的距离相比，仅为一个点。一个强有力的证据是，在任何指定的时间，恒星的大小和距离在地球任何地方看来都是相等和相同的，因为从不同的纬度观测同一［天界］物体，会发现彼此之间没有丝毫的差异。我们还必须考虑这样一个事实：在地球上任何地方设置的日晷，以及环形天球仪的中心，使用起来都像地球真正的中心一样；也就是说，［到天体的］视觉线以及由它们产生的阴影的路径，与解释这些现象的［数学］假设非常吻合，就像它们实际穿过了地球的真正中心点一样。

另一个明确的迹象表明，通过观测者在地球上任何一点的视觉线所绘制的平面，我们称之为"地平面"，总是平分整个天球。如果地球相对于天体的距离而言具有可感的大小【H21】，那么这种情况就不会发生；在那种情况下，只有通过地球中心绘制的平面才能平分天球，而通过地球表面任何一点的平面总是使地球下方的［天的］部分大于其上方。

7. 地球也不存在任何位置运动

我们可以通过与前面相同的论据来证明，地球不可能在上述方向上存在任何运动，或者说根本不可能离开其所在的中心位置。因为如果它在中心以外的任何位置，那么都会产生同样的现象。因此我认为，一旦从实际现象中清楚地确定地球在宇宙中占据中心位置，并且所有重物都被带向中心，那么对物体向中心运动原因的探索则显得毫无意义。仅凭以下事实，就已经很容易让人产生这种观念［即所有物体都向中心下落］。正如我们所说，地的所有部分都已被证明是球形的，并且位于宇宙的中间，所有具有重量的物体的运动方向和路径（我指的是固有的、［自然的］运动）【H22】总是在任意撞击点与相切的（精确）平面成直角。从这个事实可以看出，如果［这些正在坠落的物体］没有被地球表面所阻挡，就肯定会到达地球本身的中心，到中心的直线也总是与在［其半径］和切线的交点处与地球切面呈直角。

那些认为地球具有如此巨大的重量，没有任何东西支撑却纹丝不动是自相矛盾的人，在我看来犯了一个错误，即仅仅根据自己的经验进行判断，而未考虑到宇宙的特殊性质。我想，一旦他们意识到这个庞大的地球与周围整个［宇宙的］大小相比是一个点的时候，就不会觉得奇怪了。因为当我们以这种方式看待它时，相对最小的事物会完全受制于所有事物中最大的、性质一致的事物，被从各个方向均等地压向一个平衡的位置，这似乎是大有可能的。【H23】因为宇宙就自身而言没有上和下之分，没有人能够在一个球体中设想这样的事情：不同于其中复合物（compound bodies）固有的和自然的运动，〈它们的运动〉是这样的：轻而稀薄的物体向外朝着圆周漂移，但看起来是朝任何观察者的"上方"移动，因为那个叫作"上方"的我们所有人的头顶方向，指向的是圆表面的周围；另一方面，重且致密的物体被带向中间和中心，但看起来是向下的，这是因为对我们所有人来说朝向脚的所谓"下方"的方向，指向的也是地球的中心。正如人们所预料的那样，这些重的物体由于彼此间的相互挤压和抵抗而沉向中心，这些作用在各个方向上都是相等和均匀的。因此，人们也可以看到这是合乎逻辑的，由于地球的总体与落向它

的物体相比是如此之巨大，所以在这些非常小的重量（因为它们从四面八方
撞击它）的冲击下，地球可以保持静止，并在某种程度上承接落在其上的物体。
如果地球与其他重物有一种共同的运动，很明显，与所有的重物相比，它将
由于自身大得多的尺寸而被带着下落得更快【H24】：活着的物体和单个重物
将会被抛在后面，在空中乱飞，而地球本身将很快就完全从天球掉出。但这
种事情光是想想就觉得很荒谬了。

然而，某些人［提出］他们认为更有说服力的观点，同意上述观点是因
为没有任何论据来进行反对，但他们认为如果假设天球保持静止，而地球围
绕［与天］相同的轴线自西向东旋转，每天大约旋转一圈；或者，如果他们
让天和地以任何方式运动，只要如我们所说，是围绕同轴并以这样的方式来
保证其中一个能超过另一个，同样也不会有可以驳斥的证据。然而，他们没
有意识到，尽管在天的现象（celestial phenomena）中也许没有什么可以反驳
这一假设，至少简单来说是这样，但从地上和空气中将发生的事情来说，就
可以知道这种想法是非常荒谬的。让我们向他们让步，承认［为争论起见］
这种不自然的事情可能会发生，即最稀薄和最轻的物质要么根本不运动，要
么以与具有相反性质的物质无差别的方式运动（尽管空气中的物体，［与天
上的相比］不那么稀薄，但显得比地上任何的物体运动得更快）。［让我们承
认］最稠密和最重的物体【H25】具有他们所设想的那种快速和一致的固有
运动（尽管大家都同意，含土元素的物体有时即便在外力的作用下也不容易
被移动）。然而，他们不得不承认，地球的旋转运动必须是与之相关的所有运
动中最剧烈的，因为它在如此短的时间内旋转了一周；其结果是，所有实际
上不站立在地球上的物体会共同呈现出与地球运动相反的运动：无论是云还
是其他飞行或抛掷的物体，都不会向东运动，因为地球向东的运动总是更快
并超过它们，因此所有其他物体运动似乎都是朝着西方和后方进行。但是，
如果说空气以与地球相同的方向和速度被携带着运动，那么空气中的复合物
（compound objects）似乎总是被［地球和空气］的运动甩在后面；或者，如
果这些物体也被裹挟，仿佛与空气融合到一起，那么它们就不会出现任何向
前或向后的运动：它们总是静止不动，既不四处游荡也不改变位置，无论它
们是飞行物还是抛掷物。然而，我们很清楚地看到，它们确实经历了这种运
动【H26】，甚至它们根本不会因为地球的任何运动而有一丁点儿的减速或
加速。

8. 天球具有两种不同的基本运动

将上述假设先作为对特定主题的讨论和后续内容的导论是有必要的。因为这些论述与我们在接下来章节中论证的理论所涉及的现象相符合，从而将被完全证实并得到进一步的证明。（以上对它们的概述已足够了，因为这些论述将符合我们在接下来章节中论证的理论所涉及的现象，从而得到完全的证实并获得进一步的证明。）除这些假设之外，作为进一步的预备性介绍，引入下面的一般概念是合适的，即天〈球〉有两种不同的基本运动（primary motion）。其中一种运动是〈天球〉裹挟一切从东到西的运动：它使它们以一种不变的、均匀的运动沿着彼此平行的圆圈旋转，很明显，它可被描述成球体围绕两极均匀地转动着一切东西。这些圆圈中最大的那个被称为"赤道"，因为这些平行圈中只有它总被地平面（这是一个大圆）平分，而且从感觉上看，因为太阳运转经过其上时会在任何地方都产生昼夜平分。另一种运动是【H27】诸星的天球围绕另一对极点，所做的与第一种运动在感觉上相反的运动。我们之所以这么认为，是出于以下考虑：当我们在任何一天进行一段时间的观察，都将会发现所有天体，无论哪个，只要感官所及，都会在与赤道平行的圆上相似的位置上升、达到顶点，然后落下，这是第一种运动的特点。但是，当我们在一段时间内不间断地连续观察时，很明显，虽然其他星星保持着彼此间的距离，并（在很长一段时间内）保持着出于第一种运动的、从所占据位置升起的那种特殊性质，但是太阳、月亮和行星都存在某些特殊的运动，这些运动确实是复杂且彼此不同的。不过总体而言，它们的大致方向是朝东的，与那些保持彼此间距离的星［的运动］相反，它们看上去是在同一个天球上旋转的。

现在，如果行星的运动也发生在平行于赤道的圆上，也就是说，围绕着产生第一种周转运动的两极，那么给所有行星指定一种单纯的相似的周转运动就足够了，【H28】类似于第一种。因为在这种情况下，可以合理地认为它们所经历的运动是因为各种阻滞所引起的，而并非由于一种方向相反的运动。但事实上，除向东的运动外，它们看上去还不断向［赤道］的南北方向偏移（deviate）。而且，这种偏移的程度不能被解释为一个均匀作用的力将它们推向一侧的结果：从这个角度来看，它是不规则的；但如果被视为在一个倾斜于赤道的圆上［运动］的结果，它就是规则的。因此，我们得到了这样一个圆的概念，它对所有行星来说都是一模一样的，且独属于它们。它被太阳的运动精确定义，并且可以说就是由此所绘制的，但其上也运行着月亮和行星，它们还总是在这附近移动，并且不会随意地超出其两侧的区域之外，这个区域的范围由每个天体决定。既然这也被显示（shown）为一个大圆，因为太阳走到赤道的北边和南边的量相等，而且，正如我们所说，所有行星的向东运动都发生在一个相同的圆上，这就有必要假设，这个完全不同的第二种运动围绕我们所定义的倾斜圆［即黄道］的两极进行，【H29】方向与第一种运动相反。

那么，如果我们设想作一个大圆，通过上述两个圆的极点，（它将必然平分它们每一个，即与赤道和倾斜于它的圆［黄道］都成直角）。黄道上将有四个点：两个产生于与赤道的［交叉］，彼此径向相对，被称为"昼夜平分"点。在其中一个点上，［行星］的运动由南至北，这一点被叫作"春分点"，另一个是"秋分点"。两个［另外的点］则产生于通过两极画出的圆的［交点］，显然，这两个点也将彼此径向相对，它们被叫作"回归点"或"二至"点。在赤道南边的被称为"冬"［至点］，北边的被称为"夏"［至点］。

我们可以想象，第一个基本运动包含了所有其他运动，被描述成由穿过［赤道和黄道］极点画出的大圆所定义，它围绕着赤道的两极从东向西旋转，并携带着其他一切。这两个极点可以说是固定在"子午"圈上，与上述［大］【H30】圆的唯一区别在于，它并不是在黄道所有的位置上都被绘制为穿过黄道的两极。此外，它之所以被称为"子午"，是因为它被认为始终与地平线正交。因为处于这个位置的圆把地球的上下半球各自分成两个相等的部分，并确定了白昼与黑夜的中点。

第二种是被第一种〈运动〉包含且包含了所有行星天球的多重运动（multiple-part motion）。正如我们所说的，它被上述第一种运动所裹挟，但它本身围绕黄道两极以相反方向运动，而〈黄道两极〉也固定在产生第一种运动的圆上，即那个同时穿过［黄道和赤道］极点的圆。自然地，它们［黄道的两极］被它［穿过两极的圆］裹挟，并且在向相反方向进行第二种运动的整个期间，它们总使得那个由［第二种］运动所描述出的黄道大圆相对于赤道保持相同的位置。

9. 关于个别概念的讨论

以上便是我们必须在一般性导论中简要列出的必要预备概念。现在，我们要开始进行个别演示。我们认为应该先去确定前述［黄道与赤道的］极点之间的、沿着通过它们所画的大圆之上的那个弧的大小【H31】。但我们知道，有必要首先解释确定弦长的方法：我们将用几何学的方式一劳永逸地论证这一主题。

10. 论弦的大小

为了使用者的方便，我们接下来将列一个表格，给出它们的数值，将圆周划分为 360 个部分，并将每半度的弧所对应的弦制成表，将其中每一个〈弦〉表示为数值，等于直径被划分为 120 个部分后所相当的部分。［我们之所以采用这一规范］是因为其在算术上很方便，这在实际计算中将是显而易见的。我们将先展示如何用一种简单而快速的方法来计算它们的数值，使用尽可能少的定理，并将其适用于所有情况。这样，我们不仅可以【H32】得到弦值的列表而不加验证，而且也可以通过严格的几何方法计算它们，从而轻松地验证它们。一般而言，我们将在算术计算中采用六十进制，因为［传统的］分数制很笨拙。由于我们总是以良好的近似结果为目标，所以我们将只做乘法和除法，以便获得与感官所能获得的精度相差甚微的结果。

［见图 1］，以 D 点为圆心作半圆 ABG，使直径为 ADG。作 AG 的垂线 DB，相交于点 D。取 DG 的中点 E，连接 EB。作 EZ 使其等于 EB，连接 ZB。

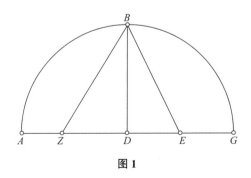

图 1

我说，ZD 是［正］十边形的一条边，而 BZ 是［正］五边形的一条边。

［证明：］因为直线段 DG 在 E 点被平分，且与直线 DZ 相邻。

$$【H33】 GZ \cdot ZD + ED^2 = EZ^2$$

$$但 EZ^2 = BE^2 \ (EB = ZE)$$

$$且 EB^2 = ED^2 + DB^2$$

$$\therefore GZ \cdot ZD + ED^2 = ED^2 + DB^2$$

$$\therefore GZ \cdot ZD = DB^2（共同减去 ED^2）$$

$$\therefore GZ \cdot ZD = DG^2$$

因此 ZG 被 D 点分为中末比。

现在，由于六边形的边与十边形的边，当其同时内接于一个圆内时，构成了同一条直线的中末比，并且既然 GD 是半径，代表六边形的边，DZ 就等于十边形的边。

同样地，当其同时内接于一个圆时，因为五边形的边的平方等于六边形的边与十边形的边的平方之和，在直角三角形 BDZ 中，BZ 的平方等于【H34】BD 与 DZ 的平方之和，其中 BD 是六边形的边，DZ 是十边形的边，因此可以得出，BZ 为五边形的边。

那么，如前所述，我们将圆的直径设为 120 个部分，由上面的结论可知

$$DE = 30^p（DE 是半径的一半）$$

$$且 DE^2 = 900^p;$$

$$BD = 60^p（BD 为半径）$$

$$且 BD^2 = 3600^p$$

$$且 EZ^2 = EB^2 = 4500^p，[DE^2 与 BD^2] 相加$$

$$\therefore EZ \approx 67;4,55^p$$

$$减去 [EZ 中的 DE]，DZ = 37;4,55^p$$

所以十边形的边，对应的角度为 36°，当直径为 120^p 时，弦长为 $37;4,55^p$。

$$又 \because DZ = 37;4,55^p$$

$$DZ^2 = 1375;4,15^p;$$

$$且 DB^2 = 3600^p$$

$$\therefore BZ^2 = DZ^2 + DB^2 = 4975;4,15^p$$

$$\therefore BZ \approx 70;32,3^p 【H35】$$

因此，当直径为 120^p 时，对着 72° 的五边形的边长为 $70;32,3^p$。

显然，对应 60°角且与半径相等的［内接］六边形的边包含 60^p。

同样，由于［内接］正方形的边对应的角为90°，它的平方等于其半径平方的两倍，由于［内接］三角形的边对应的角为120°，其平方等于半径平方的三倍，而半径的平方是3600^p，由此我们可以计算出来

正方形边的平方为7200^p

三角形边的平方为10800^p。

$$\therefore \text{弦 } 90° \approx 84;51,10^p$$
$$\text{弦 } 120° \approx 103;55,23^p$$

其中直径为120^p。

那么，我们可以把上面的弦看作通过上述简单步骤分别确定下来的。显而易见，对于任何一个给定的弦，很容易得到补弧的弦，【H36】因为它们的平方和等于直径的平方。例如，36°的弦为37;4,55^p，它的平方为1375;4,15^p，直径的平方为14400^p，补弧的弦的平方（144°）为二者之差，即13024;55,45^p，因此

$$144° \text{ 的弦} \approx 114;7;37^p$$

类似方法可得到其他的［补弧的］弦。

接下来，我们将展示如何从上述的［弦长］导出其余的单个弦。先需证明一个定理，它对解决手头的问题极为有用。

［见图2］。设一个圆，其中包含一个任意四边形 $ABGD$。连接 AG 和 BD. 我们需要证明

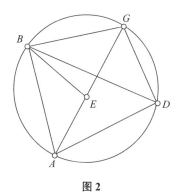

图 2

$$AG \cdot BD = AB \cdot DG + AD \cdot BG$$

［证明：］令 $\angle ABE = \angle DBG$

然后，如果同时加上角 $\angle EBD$,

$$则 \angle ABD = \angle EBG$$

但 $\angle BDA = \angle BGE$，且因为它们对应相同的边【H37】

$$\therefore \triangle ABD \sim \triangle BGE$$

$$\therefore BG : GE = BD : DA$$

$$\therefore BG \cdot AD = BD \cdot GE$$

$$又 \because \angle ABE = \angle DBG,$$

$$且 \angle BAE = \angle BDG,$$

$$\triangle ABE \sim \triangle BGD$$

$$\therefore BA : AE = BD : DG$$

$$\therefore BA \cdot DG = BD \cdot AE$$

$$但有 BG \cdot AD = BD \cdot GE$$

因此，二者相加，$AG \cdot BD = AB \cdot DG + AD \cdot BG$

证毕。

在建立这个预备定理之后，我们作［见图 3］半圆 $ABGD$ 在直径 AD 上，并从 A 画两弦 AB、AG，【H38】以直径为 120^p，它们的尺寸均已知。连接 BG。

我说 BG 长也是已知的。

［证明：］连接 BD, GD。

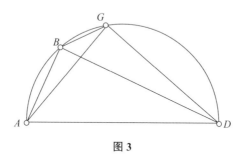

图 3

然后，显然 BD 和 GD 也是已知的，因为它们是［已知弦 AB 和 AG 所对弧的］补［弧］的弦。

现在既然 $ABGD$ 是圆内接四边形，

$$AB \cdot GD + AD \cdot BG = AG \cdot BD$$

但 $AG \cdot BD$ 和 $AB \cdot GD$ 是已知的。

$$\therefore 通过减法 AD \cdot BG 就是已知的。$$

$$且 AD 是直径。$$

因此弦 *BG* 就是已知的。

我们已经知道，如果两个弧和它们对应的弦长是已知的，那么两个弧的差所对的弦也将是已知的。

显然，通过这个定理，我们将能够［在弦表中］填入相当多的弦值，它们导出自单独计算出的弦之间的差值，尤其是 12° 的弦值，因为我们已经得到了 60° 和 72° 的弦值。【H39】

现在让我们考虑求弧的弦的问题，该弧是已知弦的弧的一半。

［见图 4］设 *ABG* 为直径为 *AG* 的半圆。设 *GB* 是已知的弦。*D* 平分弧 *GB*，连接 *AB*、*AD*、*BD*、*DG*，并且从 *D* 引垂线 *DZ* 到 *AG*。

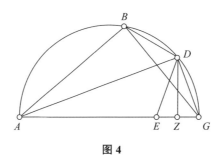

图 4

我说 $ZG = \dfrac{1}{2}(AG - AB)$

［证明：］让 *AE* = *AB*，并连接 *DE*

然后，因为［在 △*ABD*、△*ADE* 中］

AB = *AE*，且 *AD* 是公共的，

AB, *AD* 与 *AE*, *AD* 两对边相等。因此，∠*BAD* = ∠*EAD*

∴底边 *BD* = 底边 *DE*

又 *BD* = *DG*［通过构造得到］

∴ *DG* = *DE*

因此，在等腰 △*DEG* 中，从顶点作垂线 *DZ* 到底边

【H40】 *EZ* = *ZG*

又 *EG* = [*AG* − *AE* =]*AG* − *AB*

∴ $ZG = \dfrac{1}{2}(AG - AB)$

现在，如果已知弧 *BG* 的弦，那么补弦 *AB* 也立刻可得。

因此 *ZG* 也是可知的，即等于 (*AG* − *AB*)。

然而，由于在直角三角形 AGD 中，已作出垂线 DZ，

$$\triangle ADG \sim \triangle DGZ（均有直角）$$

$$\therefore AG : GD = GD : GZ$$

$$\therefore AG \cdot GZ = GD^2$$

而 $AG \cdot GZ$ 是已知。

所以，GD^2 已知，因此弦 GD，它对应于 BG［这个已知弦的弧］的一半的弧，也是已知的。

借助这一定理，大量的弦将通过把先前已确定的弦［的弧］减半而得到，特别是从 $12°$ 的弦得到 $6°$、$3°$、$1\frac{1}{2}°$、$\frac{3}{4}°$。通过计算，我们得到当直径为 120^p，$1\frac{1}{2}°$ 的弦近似地等于 $1;34,15^p$，在相同单位下，【H41】$\frac{3}{4}°$ 的弦近似地等于 $0;47,8^p$。

再者［见图 5］，设圆 $ABGD$，其直径为 AD，圆心为 Z。从 A 出发，连续截取两条给出的弧 AB、BG。加入相对的弦 AB、BG，它们也将是给定的。

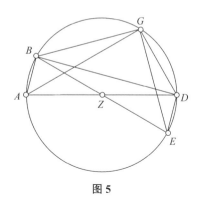

图 5

我说，如果我们连接 AG，则那条［弦］也是给定的。

［证明：］过 B 作直径 BZE，并连接 BD、DG、GE、DE，能够立刻知道，从 BG 可推出 GE，从 AB 可推出 BD 和 DE［均为补弧的弦］。通过与先前相类似的论证，由于 $BGDE$ 是一个圆内接四边形，其中 BD 和 GE 为对角线，对角线的乘积等于对边乘积的和［即 $BD \cdot GE = BG \cdot DE + BE \cdot GD$］。因此，既然（$BD \cdot GE$）和（$BG \cdot DE$）都是给定的，那么（$BE \cdot GD$）也是给定的。然而，$BE$ 也已知，且为直径，因此剩下的 GD 也是给定的，【H42】由此也可得到它的补弧 GA［的弦］。

因此，如果两条弧及其对应的弦是已知的，则根据这个定理，这两条弧之和所对应的弦也将是已知的。

显然，将 $1\frac{1}{2}°$ 的弦与我们已经得到的所有弦相加，然后计算连续的各个弦，我们便能够［在表格中］填入所有［弧的］弦，它们在加倍后可以被 3 整除［即 $1\frac{1}{2}°$ 的倍数］。那么，剩下唯一需要确定的即那些处于 $1\frac{1}{2}°$ 间隔之间的弦，每个间隔中有两个，因为我们的表是以 $\frac{1}{2}°$ 为间隔做成的。因此，如果我们可以找到 $\frac{1}{2}°$ 的弦，那么这将使我们能通过 $1\frac{1}{2}°$ 间隔任意一端的已知弦加减 $\frac{1}{2}°$ 的计算，来完成［表中］所有剩余的中间的那些弦。

现在，如果给定一个弦，例如 $1\frac{1}{2}°$ 的弦，那么无法通过几何方法来找到该弦对应的弧的三分之一弧所对应的弦（如果这是可能的，我们应该立即就能得到 $\frac{1}{2}°$ 的弦）。【H43】所以，我们应该先从 $1\frac{1}{2}°$ 和 $\frac{3}{4}°$ 的弦推导出 $1°$ 的弦。通过建立一个引理，［我们将做到这一点］，虽然这样一般不能精确地确定那些［弦］的大小，但在如此小的数量情况下，能够以一个忽略不计的微小误差来确定它们。

那么，我说如果已知两个不相等的弦，那么较大的与较小的弦之比小于较大弦上的弧与较小弦上的弧之比。

［见图 6］设圆 $ABGD$，其上作两条不相等的弦，较小的 AB 和较大的 BG。

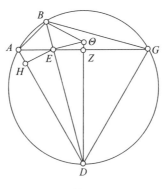

图 6

我说 $GB : BA <$ 弧 $BG :$ 弧 BA

［证明：］使 ∠ *ABG* 被［弦］*BD* 平分．连接 *AEG*、*AD* 和 *GD*。那么，既然 ∠ *ABG* 被弦 *BED* 平分，

$$GD = AD$$

【H44】且 *GE > EA*

因此从 *D* 作垂线 *DZ* 到 *AEG*。

既然 *AD > ED* 且 *ED > DZ*，以 *D* 为圆心作圆，其 *DE* 为半径将截 *AD*，且超出 *DZ*。作其为 *HEΘ*，延长 *DZ* 到 Θ。现在，既然扇形 *DEΘ* 大于三角形 *DEZ*，且三角形 *DEA* 大于扇形 *DEH*，

$$△DEZ : △DEA < 扇形 DEΘ : 扇形 DEH$$

然而 △*DEZ* : △*DEA* = *EZ* : *EA*

且扇形 *DEΘ* : 扇形 *DEH* = ∠ *ZDE* : ∠ *EDA*

$$∴ ZE : EA < ∠ ZDE : ∠ EDA$$

因此，根据合比定理（*componendo*），

$$ZA : EA < ∠ ZDA : ∠ ADE$$

且，将［比的］第一项加倍，

$$GA : AE < ∠ GDA : ∠ EDA$$

然后，根据分比定理（*dividendo*），

$$GE : EA < ∠ GDE : ∠ EDA$$【H45】

然而，*GE* : *AE* = *GB* : *BA*

且 ∠ *GDB* : ∠ *BDA* = 弧 *GB* : 弧 *BA*

$$∴ GB : BA < 弧 GB : 弧 BA$$

在确立这点之后，让我们作圆 *ABG*［见图 7］及其中的两条弦 *AB* 和 *AG*。让我们假设 *AB* 是 $\frac{3}{4}$° 的弦，*AG* 是 1° 的弦。

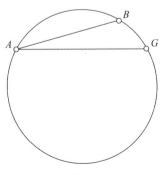

图 7

既然

$$AG : BA < 弧\ AG : 弧\ AB$$

且弧 $AG = \dfrac{4\ 弧\ AB}{3}$

$$GA < \dfrac{4AB}{3}$$

然而，以直径包含 120 个单位的情况下，我们有

$$AB = 0;48,8^{\mathrm{p}}$$

$$\therefore\ GA < 1;2,50^{\mathrm{p}}\ \left(因为\ 1;2,50^{\mathrm{p}} \approx \dfrac{4}{3} \cdot 0;47,8^{\mathrm{p}}\right)$$

【H46】再者，运用相同的图，我们设 AB 为 $1°$ 的弦，AG 为 $1\frac{1}{2}°$ 的弦。通过相同的论证，因为

$$弧\ AG = \dfrac{3\ 弧\ AB}{2}$$

$$GA < \dfrac{3AB}{2}$$

然而，在直径包含 120 个单位的情况下，我们可知

$$AG = 1;34,15^{\mathrm{p}}$$

$$\therefore\ AB > 1;2,50^{\mathrm{p}}\ \left(因为\ 1;34,15 = \dfrac{3}{2} \cdot 1;2,50^{\mathrm{p}}\right)$$

因此，由于 $1°$ 的弦被显示出大于和小于相同的量，我们可以确定，当直径为 120^{p} 时，它的值约为 $1;2,50^{\mathrm{p}}$。根据前面的命题，我们也可以确定 $\frac{1}{2}°$ 的弦长，它的值大约是 $0;31,25^{\mathrm{p}}$。正如我们［在 215 页］所说，剩下的间隔［现在］均可以被填满。例如，在第一个 $\left[1\frac{1}{2}°\right]$ 区间中，我们可以通过使用 $\frac{1}{2}°$ 弦的加法公式，应用于 $1\frac{1}{2}°$ 弦的加法公式来计算 $2°$ 弦，而当使用 $\frac{1}{2}°$ 弦的差值公式应用于 $3°$ 的弦时，就得到 $2\frac{1}{2}°$ 的弦。对于剩下的弦长皆是如此。

如此一来，我认为这便是计算弦长最简便的方法。【H47】但是，正如我所说，为了便于我们可以在各种情况下快速地获得确切的弦值，我们〈将弦值〉列表在下面。它们将被排列在 45 行的区域内，以使外观对称。［每个区域的］第一列将包含以 $\frac{1}{2}°$ 为间隔列出的弧，第二列是当以直径包含 120 个单位时其所对应的弦，第三列是每个间隔中弦的增量的三十分之一。［这最后一列］是为了得到与一［弧］分相应的平均增量，这个值与［每分的］实际增量相差不大。因此，我们可以很容易地计算出与落在［所列的］每半度区间内的分数相对应的弦值。

不难看出，如果我们怀疑表中某一个弦值存在抄写错误，那么我们已经列出的那些定理，将允许我们能够轻松地检验和订正它，要么取有问题的弦的弧的两倍［弧的］弦，要么取与其他已知弦的差，要么取补弧的弦。

〈弦〉表的布局如表 1.1 所列。

11. 弦表【H48–63】

表 1　弦表

弧	弦	六十分之一
½	0 31 25	1 2 50
1	1 2 50	1 2 50
1½	1 34 15	1 2 50
2	2 5 40	1 2 50
2½	2 37 4	1 2 48
⋮		
179	119 59 44	0 0 25
179½	119 59 56	0 0 9
180	120 0 0	0 0 0

12. 论二至点之间的弧【H64】[①]

现在我们已列出弦表，接下来的第一个任务，正如我们所说，就是确定黄道与赤道的倾斜度，即穿过〈黄极与天极两组〉极点的大圆与〈两组〉极点之间所截的弧长之比。显然，该值等于从赤道到任一个至点的距离。该量可以使用下面这件简单的装置通过仪器法直接测定。［见图 C］

我们制作一个合适尺寸的青铜环，转动加工，使其表面的宽度与厚度〈表面和截面呈直角〉恰好相等

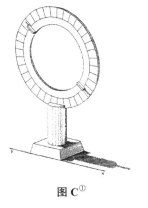

图 C[①]

---

① 此处图片标号遵循图默英译文中的顺序，因图 A 与图 B 在原书导言中，不在翻译范围内，故此处由图 C 开始。

［即具有矩形截面］。我们将其用作一个子午圈，通过将其划分为一个大圆通常的 360°，并将每一度细分为尽可能多的部分，只要［仪器的尺寸］允许。然后，我们用另一个较小的青铜环，将其嵌套在第一个环内，使两者的侧面在同一平面内，而较小的环可以在较大的环内自由旋转，［始终］处于同一平面内做南北运动。在较小的圆环侧面，在两个对径点上，【H65】我们分别固定两个大小相等的小板，它们分别指向彼此和圆环的中心，并且在每个小板的宽边的正中间，我们再固定一个小指针，它们恰好擦过较大的、有刻度的圆环的表面。为了满足所有必要的用途，我们将这个环牢牢固定在一个尺寸适中的支柱上，并将其放置在户外，支柱的底部要位于与地平面没有倾斜的基座上。我们要求环的［侧］面要垂直于水平面，平行于子午面。为了实现这些［需求］中的第一点，在［外环］选定为天顶的点上悬挂一条铅垂线，然后调整支撑部件，使铅垂线指向与［天顶点］径向相对的那个点。第二点的实现则是在支柱下方的平面清晰地标记出一条子午线，然后横向移动圆环，直到可以看到它们的［侧］面与这条线平行。以这种方式设置好仪器后，我们通过在中午转动内环，使下面的板完全被上面的板的影子遮住，【H66】从而观察太阳在南北方向上的运动。在那时，指针的尖端向我们指示出沿子午线测得的、以度数为单位的太阳到天顶的距离。

我们找到了一种更加容易上手的方法来进行这种观察，即用石头或木头制造一个方形坚硬的薄板［见图 D］，而非圆环，令它其中的一个面光滑且和厚的面成直角。我们以靠近其中一个角的一点为圆心，在这个面上绘制出一个象限〈四分之一圆〉，并从圆心向刻画的弧作出围成直角的两条线，构成一个象限。我们像［另一个仪器］一样，把弧分成 90°，并再细分每一度。接下来，选择一条垂直于

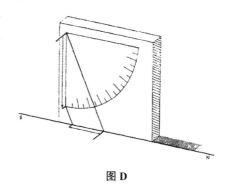

图 D

地平面、朝向南方的直线，在这条线上，我们固定两个圆柱状的小钉子，它们的边与底面呈直角，且底面是正圆形的，加工成大小相等。我们将一个钉子固定在圆心，并使钉子的中心点精确地置于圆心上，将另一个钉子固定在直线下端。然后，我们把板刻字的一面沿【H67】我们在地基面上所画的子午线竖立起来，使之与子午线平行，再用悬挂在两个钉子之间的铅垂线，使它

们之间的线与水平面成直角。若仪器存在不足之处，可再次通过调整下面的细小支撑物加以调整。和之前一样，我们观察正午时分圆心处的钉子所投下的影子。为了更准确地确定影子的位置，我们可以放置一些物品在圆弧上［即阴影穿过圆弧的地方］。标记阴影的中点，我们把四分之一圆的划分作为太阳在南北方向子午线上的位置。

从这类观测，特别是对实际至日前后的观察比较中可以揭示出，在太阳的多次返回中，无论是夏至还是冬至，从［同一］至点到天顶的距离一般都是子午线圆上相同的度数，我们发现最北点和最南点之间的弧，即至日点之间的弧。总是大于 $47\frac{2}{3}°$，小于 $47\frac{3}{4}°$。【H68】由此我们得到的比值，与埃拉托色尼相同，希帕恰斯也使用过。［据此］，二至点之间的弧大约为子午圈长的 $\frac{11}{83}$。

根据上述观察，我们很容易立即得到观察地区的纬度，无论该地点位于何处：我们取两个极值点之间的某一点；这个点位于赤道上；然后我们取这个点到天顶的距离，显然，这和两极到地平线的距离是一样的。

13. 球面证明预备知识

我们的下一项任务是证明〈求〉在赤道两极大圆上被赤道和黄道之间所截出的个别弧的大小。作为预备知识，我们将提出一些简短而实用的定律，这些定理能使我们以最简单和最有条理的方式处理大部分球面定理的证明。

【H69】［见图8］。设两条直线 BE 和 GD，相交于点 Z，让它们与两条直线 AB 和 AG 相交。

我说

$$GA : AE = (GD : DZ) \cdot (ZB : BE)$$

［证明：］过 E 点作 GD 的平行线 EH

那么，因为 GD 与 EH 平行，

$$GA : AE = GD : EH$$

如果将 ZD 加进来［作为辅助项］，

$$GD : EH = (GD : DZ) \cdot (DZ : HE)$$

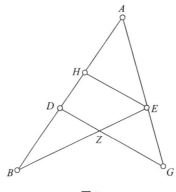

图 8

$$\therefore GA : AE = (GD : DZ) \cdot (DZ : HE)$$
$$但\ DZ : HE = ZB : BE\ (EH\ 平行于\ ZD)$$
$$\therefore GA : AE = (GD : DZ) \cdot (ZB : BE)$$

证毕。

同理，根据分比定理，我们可证明

$$GE : EA = (GZ : DZ) \cdot (DB : BA)$$

［见图 9］过 A 点作一条平行于 EB 的线，延长 GD 与其相交于 H。同理，因为 AH 平行于 EZ，【H70】

$$GE : EA = GZ : ZH$$

然而，如果我们将 ZD 加进来［作为辅助项］，

$$GZ : ZH = (GZ : ZD) \cdot (DZ : ZH)$$

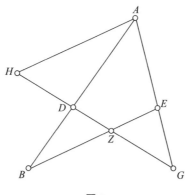

图 9

但是，$DZ : ZH = DB : BA$（作 BA 和 ZH，与相互平行的 AH 和 ZB 相交）。

$$\therefore GZ : ZH = (GZ : DZ) \cdot (DB : BA)$$

$$但是，GZ : ZH = GE : EA$$

$$\therefore GE : EA = (GZ : DZ) \cdot (DB : BA)$$

证毕。

再有［见图 10］，在以 D 为圆心的圆 ABG，在其圆周上任取三个点 A、B、G，使弧 AB 和弧 BG 都小于一个半圆（同样的条件可以理解为适用于我们后续取的所有弧）。作 AG 和 DEB。

我说

$$弧 2AB 的弦 : 弧 2BG 的弦 = AE : EG【H71】$$

［证明：］从点 A、点 G 出发作 DB 的垂线 AZ 和 GH。然后，因为 AZ 平行于 GH，它们与线 AED 相交，

$$AZ : GH = AE : EG$$

$$但 AZ : GH = 弧 2AB 的弦 : 弧 2BG 的弦$$

$$（因为 AZ = \frac{1}{2} 弧 2AB 的弦 且 GH = \frac{1}{2} 弧 2BG 的弦）$$

$$\therefore AE : EG = 弧 2AB 的弦 : 弧 2BG 的弦$$

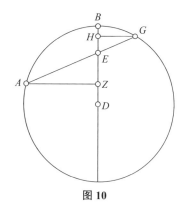

图 10

可立即推出，如果我们已知整个弧 AG 和比（弧 $2AB$ 的弦 : 弧 $2BG$ 的弦），则弧 AB 和弧 BG 将是已知的。

因为，重复该图［见图 11］，连接 AD，从 D 点作垂线 DZ 到 AEG。

【H72】显然，如果弧 AG 已知，弧 AG 的一半对应的 $\angle ADZ$ 将是已知的，整个三角形 ADZ 也是已知的。现在，因为整条弦 AG 是已知的，且（AE : EG）是已知的［因为它等于（弧 $2AB$ 的弦 : 弧 $2BG$ 的弦）］，AE 将是已知的，通过减去［AE 中的 AZ］，ZE 也将已知。因此，因为 DZ 也是已知的，在直角

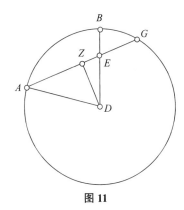

图 11

三角形 *EDZ* 中，∠ *EDZ* 也将已知，同样的还有整个 ∠ *ADB*。所以，弧 *AB*、弧 *BG*［通过相减］，均已知。

证毕。

再有［见图 12］，在以 *D* 为圆心的圆 *ABG* 的圆周上，任取三个点 *A*、*B*、*G*，连接 *DA* 和 *GB*，使它们相交于 *E*。

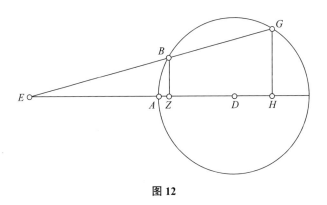

图 12

我说【H73】

弧 2*GA* 的弦：弧 2*AB* 的弦 = *GE*：*BE*

通过和前面的定理相似的论证，如果我们从 *B*、*G* 作垂线 *BZ* 和 *GH* 到 *DA* 上，既然它们平行，

GH：*BZ* = *GE*：*EB*

∴ 弧 2*GA* 的弦：弧 2*AB* 的弦 = *GE*：*EB*

证毕。

同样在这种情况下可以立即得出，如果我们仅知道弧 *GB* 和比（弧 2*GA* 的弦：弧 2*AB* 的弦），弧 *AB* 也将是已知的。

因为，如果我们重复之前的图［见图 13］，连接 *DB*，作 *BG* 的垂线 *DZ*，则∠ *BDZ* 对应于弧 *BG* 的一半，将是已知的。【H74】因此，整个直角三角形 *BDZ* 也将是已知的。现在，既然比值（*GE* ∶ *EB*）和线 *GB* 都是已知的，*EB* 将是已知的，并且因此，通过加法，就有了线 *EBZ*。所以，既然 *DZ* 是已知的，在直角三角形 *EDZ* 中，∠ *EDZ* 已知，并且通过减去［已知的∠ *BDZ*］，∠ *EDB* 也是已知的。因此，弧 *AB* 已知。

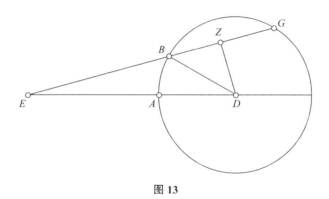

图 13

建立了这些预备定理，让我们在球上作下述大圆上的弧［见图 14］：作与 *AB*、*AG* 相交的 *BE* 和 *GD*，二者交于点 *Z*。让它们小于一个半圆（并且让相同的条件被理解为用于所有的图）。

我说

弧 2*GE* 的弦∶弧 2*EA* 的弦 =

（弧 2*GZ* 的弦∶弧 2*ZD* 的弦）·（弧 2*DB* 的弦∶弧 2*BA* 的弦）

［证明：］让我们取球心 *H*，并由它作圆周与线 *HB, HZ, HE* 交于 *B, Z, E*。连接 *AD* 并延长其至 *HB*，使二者交于 *Θ*。类似地，连接 *DG* 和 *AG*，【H75】使它们交 *HZ, HE* 于点 *K* 和 *L*。

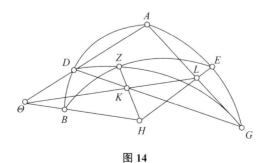

图 14

那么，Θ, K 和 L 将共线，因为它们同时位于两个平面内，即三角形 AGD 所在平面和圆 BZE 所在平面。

作这条线 $[\Theta KL]$。结果是作与两条直线 ΘA 和 GA 相交的两条直线 ΘL 和 GD，二者相交于 K。

$$\therefore GL:LA = (GK:KD)\cdot(D\Theta:\Theta A)$$

但 $GL:LA =$ 弧 $2GE$ 的弦：弧 $2EA$ 的弦

且 $GK:KD =$ 弧 $2GZ$ 的弦：弧 $2ZD$ 的弦

且 $D\Theta:\Theta A =$ 弧 $2DB$ 的弦：弧 $2BA$ 的弦

$\therefore$ 弧 $2GE$ 的弦：弧 $2EA$ 的弦 $=$

（弧 $2GZ$ 的弦：弧 $2ZD$ 的弦）$\cdot$（弧 $2DB$ 的弦：弧 $2BA$ 的弦）【H76】

同理，对应于平面图形中的直线 ［见图 1.8］，可知

弧 $2GA$ 的弦：弧 $2EA$ 的弦 $=$

（弧 $2GD$ 的弦：弧 $2DZ$ 的弦）$\cdot$（弧 $2ZB$ 的弦：弧 $2BE$ 的弦）

证毕。

14. 论赤道与黄道之间的弧

在说明了这一预备定理之后，我们先要证明〈求〉所要确定的弧的值，如下。

［见图 15］设圆 $ABGD$ 通过赤道与黄道的两组极点；使半圆为 AEG 代表赤道，BED 代表黄道，设点 E 为春分时二者的交点，故点 B 为冬至点，点 D 为夏至点。在弧 ABG 上取赤道 AEG 的极点，设为 Z 点。在黄道上截取弧 EH，【H77】设其为 $30°$，过 Z 和 H 作一个大圆上的弧 $ZH\Theta$。显然，我们的问题便是确定 $H\Theta$。（为了避免每次重复说明）我们在这里及在一般情况下，对于所有证明都采用以下不言自明的表述：当我们用"度"或"部分"来表示弧或和弦的大小时，（对于弧）我们指的是大圆的周长为 $360°$ 的那个度数，以及（对于弦长）是指圆的直径包含 120 个部分的那些部分。

现在，由于在图中，交于 H 点的两个大圆的弧 $Z\Theta$ 和 EB，被画成与两个大圆的弧 AZ 和弧 AE 相交，

弧 2*ZA* 的弦∶弧 2*AB* 的弦 =

（弧 2*ΘZ* 的弦∶弧 2*ΘH* 的弦）·（弧 2*HE* 的弦∶弧 2*EB* 的弦）

［梅涅劳斯定理 I］

既然弧 2*ZA* = 180°，所以弧 2*ZA* 的弦 = 120ᵖ,

且弧 2*AB* = 47;42,40°（根据比值 11:83, 这一点我们已达成一致）

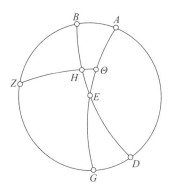

图 15

所以弧 2*AB* 的弦 = 48;31,55ᵖ

【H78】再者，弧 2*HE* = 60°，所以弧 2*HE* 的弦 = 60ᵖ

且弧 2*EB*=180°，所以弧 2*EB* 的弦 = 120ᵖ

弧 2*ZΘ* 的弦∶弧 2*ΘH* 的弦 = (120:48;31.55)/(60 : 120)

= 120:24;15,57

且弧 2*ZΘ* = 180°，所以弧 2*ZΘ* 的弦 = 120ᵖ

∴ 弧 2*ΘH* 的弦 = 24;15.57ᵖ

∴ 弧 2*ΘH* = 23;19,59°

且弧 *ΘH* ≈ 11;40°

再者，设弧 *EH* 为 60°，其他量大小不变，但

弧 2*EH* = 120°，所以弧 2*EH* 的弦 = 103;55,23ᵖ

∴ 弧 2*ZΘ* 的弦∶弧 2*ΘH* 的弦 = (120:48;31,55) / (103;55,23:120)

= 120 : 42;1,48

但弧 2*ZΘ* 的弦 = 120ᵖ

∴ 弧 2*ΘH* 的弦 = 42;1,48ᵖ

弧 2*ΘH* = 41;0,18°

且弧 *ΘH* = 20;30,9°

证毕。

【H79】我们将以同样的方法计算［其他］单个弧的大小，并列出表格，给出四分之一圆的每一个度数的弧提供相对应的上述计算结果。表格如下。

15. 倾角表【H80–81】

表 2　倾角表

黄道上的弧	子午线上的弧
1	0 24 16
2	0 48 31
3	1 12 46
⋮	
89	23 51 6
90	23 51 20

16. 论直球上的上升时间【H82】

我们的下一项任务是展示如何计算赤道上某段弧的大小，它由过赤道两极和黄道上的一个给定点的圆所确定。通过这种方式，我们可以计算出以赤道的时度〈即时角 HA, hour angle〉为标准，黄道的一个已知部分穿过地球上任何一点的子午线和直球的地平线（因为只有在这种情况下，地平线才会穿过赤道两极）所需要的时间。

重复上图［见图 16］。再次设黄道上的弧 EH 是已知的，首先为 30° . 我要找到赤道上的弧 $E\Theta$。

和先前的论证相同，

弧 $2ZB$ 的弦 : 弧 $2BA$ 的弦 = (弧 $2ZH$ 的弦 : 弧 $2H\Theta$ 的弦) . (弧 $2\Theta E$ 的弦 : 弧 $2EA$ 的弦).［梅涅劳斯定理 II］

既然弧 $2ZB$ = 132;17,20° ,

所以弧 $2ZB$ 的弦 = 109;44,53^{p}

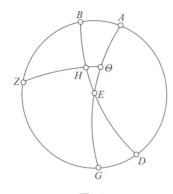

图 16

且弧 $2BA = 47;42,40°$,

所以弧 $2BA$ 的弦 $= 48;31,55^p$【H83】

再者，弧 $2ZH = 156;40,1°$ ［$180° -$ 弧 $2\Theta H$］

所以弧 $2ZH$ 的弦 $= 117;31,15^p$,

且弧 $2H\Theta = 23;19,59°$,

所以弧 $2H\Theta$ 的弦 $= 24;15,57^p$。

∴ 弧 ΘE 的弦 : 弧 $2EA$ 的弦 $= (109;44,53 \cdot 48;31,55)/(117;31,15 \cdot 24;15,57)$

$=54;52,26 : 117;31,15$

$= 56;1,53 : 120$.

既然弧 $2EA = 180°$, 所以弧 $2EA$ 的弦 $= 120°$.

∴ 弧 $2\Theta E$ 的弦 $= 56;1,53^p$

所以弧 $2\Theta E \approx 55:40°$ 且弧 $\Theta E \approx 27;50°$

同样，设弧 EH 为 $60°$ 则其他量保持不变，

既然

弧 $2ZH = 138;59,42°$, ［$180° -$ 弧 $2\Theta H$］

所以弧 $2ZH$ 的弦 $= 112;23,56^p$【H84】

且弧 $2\Theta H = 41;0,18°$

所以弧 $2\Theta H$ 的弦 $= 42;1,48^p$

∴ 弧 $2\Theta E$ 的弦 : 弧 $2EA$ 的弦 $= (109;44,53 \cdot 48;31,55)/(112;23,56 \cdot 42;1,48)$

$= 95;2,40 : 112;23,56$

$= 101;28,20 : 120$

既然弧 $2EA$ 的弦 $= 120^p$

∴ 弧 2*ΘE* 的弦 = 101;28,20ᵖ

∴ 弧 2*ΘE* ≈ 115;28°

∴ 弧 *ΘE* ≈ 57;44°

由此可见，已经表明黄道上的第一个宫，从分点算起，以上述方式［即在直球上］上升，上升时间与赤道的 27;50° 相同；第二个宫的上升时间是 29;54°（因为两条弧的总和就是 57;44°）。显然，第三个宫在直球上的上升时间将与 32;16° 相同（即［57;44° 的］余弧），因为黄道上每一个完整的四分之一圆，升起的时间都与过赤道两极的圆所规定出来的赤道四分之一圆相等。因为黄道的每个 90° 象限与赤道相应象限上升的时间相同，赤道象限由穿过赤道两极的圆圈所定义。

按照上面演示的相同方法，我们计算出与黄道上每 10° 上升时间相同的赤道弧度。（小于 10° 的弧的［真实］上升时间与通过线性插值得出的［10° 弧的上升时间］之间没有显著的差异）。因此，我们也可以把这些数字列出来，以方便计算，如我们所说，【H85】每条弧穿过地球上任意一点的子午线与直球上的地平线所需要的时间。我们从任一分点开始的 10° 弧开始。

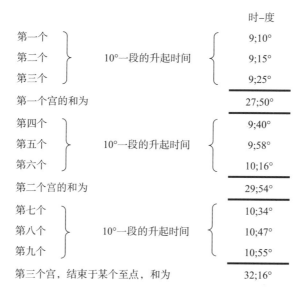

				时–度
第一个	⎫		⎧	9;10°
第二个	⎬	10°一段的升起时间	⎨	9;15°
第三个	⎭		⎩	9;25°
第一个宫的和为				27;50°
第四个	⎫		⎧	9;40°
第五个	⎬	10°一段的升起时间	⎨	9;58°
第六个	⎭		⎩	10;16°
第二个宫的和为				29;54°
第七个	⎫		⎧	10;34°
第八个	⎬	10°一段的升起时间	⎨	10;47°
第九个	⎭		⎩	10;55°
第三个宫，结束于某个至点，和为				32;16°

整个四分之一圆的总和恰好为 90°。

显而易见，其他三个四分之一圆的上升时间的排列也是相同的，因为直球上每个四分之一圆都存在相同的关系，即赤道与地平线并不倾斜［即垂直］。

现　象 ①

阿拉托斯　著

邓　涵　蒋　澈　译 ②

让我们从宙斯开始说起，这位人类从不会闭口不谈的神明。宙斯充盈于所有的道路和人们的集会场所，充盈于大海和港口；在任何情况下，我们都

---

① 索利的阿拉托斯（Ἄρατος ὁ Σολεύς，约公元前 315—约公元前 240 年）是希腊化时代的重要诗人，他用希腊文写成的《现象》（希腊文：Φαινόμενα；拉丁文：*Phaenomena*）是一首以天文和天象为主题的六拍体长诗，总结了西方古代的星座知识，也是中世纪欧洲重要的天文学知识来源。阿拉托斯的生平记述很少。据记载，阿拉托斯曾在雅典学习哲学，受到斯多亚主义的影响。《现象》是他存世的唯一一部完整著作。《现象》全诗共 1154 行：第 1–18 行是全诗的序歌，主题是颂扬宙斯；第 19–461 行描述天空中的各个星座；第 462–757 行讲述日月与星座的运动；第 758–1141 行的主题是各种天气和物候征兆（sign），这一部分和农事关系较大；第 1142–1154 行总结了全诗。《现象》是一首教谕诗（didactic epic），其语言风格摹仿荷马和赫西俄德的古雅诗风，在主题和结构上对赫西俄德的《神谱》和《劳作与时日》多有借鉴。在天文学内容方面，阿拉托斯利用并改写了欧多克斯（Εὔδοξος ὁ Κνίδιος，约公元前 390—约公元前 340 年）的同名天文学著作《现象》。

　　在古代，阿拉托斯的《现象》就十分流行，并数次被译成拉丁文，西塞罗、奥维德、日耳曼尼库斯（Germanicus Julius Caesar，公元前 15 年—公元 19 年）、阿维埃努斯（Postumius Rufius Festus Avienius，4 世纪）都曾翻译过这首诗。其中，除奥维德的译文仅存残句之外，西塞罗、日耳曼尼库斯和阿维埃努斯的拉丁译文都流传至今。这些衍生的拉丁文本多被称为《阿拉提亚》（*Aratea*，意为"阿拉托斯所论诸事"），在中世纪盛期之前作为天文学教学材料被广泛传抄。

　　19 世纪，德国古典学家恩斯特·马斯（Ernst Maass）用近代语文学方法汇校了各种阿拉托斯《现象》希腊文抄本材料，于 1893 年在柏林出版了一个很有影响的校勘本。20 世纪研究阿拉托斯《现象》文本的重要学者有英国 / 新西兰的道格拉斯·基德（Douglas Kidd，1913—2001 年）、法国的让·马丁（Jean Martin，1926—2007 年）、德国的曼弗雷德·埃伦（Manfred Erren，1928—　　），他们分别将《现象》译成英文、法文和德文，其中基德和马丁还提出了自己对希腊文的校勘意见。本译文参照马丁的法译文（Aratos, *Phénomènes*, Les Belles Lettres, 1998 年）及基德的英译文（Aratus, *Phaenomena*, Cambridge University Press, 1997 年）将全诗译为散文体。方括号［　］中的数字标示的是原诗的行号。这里我们依照法译本的原则，在每十行处标出行号的大致位置。诗中的星座多对应着具体的动物或人物形象，为通顺起见，汉译时不将这些形象译为带"座"字的星座名，而是径按希腊文的字面意义译为形象的本体，星座名用尖角括号〈〉在其后注出，如"海怪〈鲸鱼座〉"。星名也按类似的方式处理，将中文天文学表述中习用的中国传统星名注于尖角括号内，如"熊夫〈大角星〉"。

② 邓涵，清华大学科学史系硕士研究生；蒋澈，清华大学科学史系副教授，仲英青年学者。本译文由邓涵依照基德的英译本译出底稿，蒋澈参照古希腊语原文和马丁的法译文修订。本翻译工作为国家社科项目"欧洲中世纪博物学文献研究与译注"（21CSS024）的阶段性成果。

要依靠宙斯。因为我们也是他的孩子，他慈爱地给予人们有用的征兆，他提醒人们注意自己的生计，以唤起他们劳作的热情，他告诉人们何时的土壤最适合耕牛和镢头，以及该在什么时令植树和播种各类种子。[10] 因为是宙斯自己将种种征兆都固定于天空，使它们成为各个独特的星座，并安排了一年中的星辰，给予了人们最明确的时令征兆，以便万物可以顺利生长。这就是为什么人们总是在开始和结束时敬拜宙斯。向你致敬，父亲，伟大的奇迹，人类、您自身和先前世代的伟大的照顾者！向你们致敬，亲切的所有缪斯们！而我向缪斯们祈祷，以求你们讲述星星，请你们一直引导我的歌唱。

无数分散着的繁星，[20] 每天都以同样的方式被天带着转动，永恒持续。然而，轴并不做哪怕一点移动，它只是永远地固定在那里，把地球固定在中心——在所有方向上等距，并使天空本身围绕它旋转。两极在两个方向上终结了天；但其中一个不可见，而对面的北方极点则高踞在大海之上。围绕着它，两只熊〈大熊座与小熊座〉同步旋转，所以它们被称为"大车"（Ἄμαξαι）。它们的头总是朝向对方的髋部，并且它们总是肩部先行，[30] 彼此肩背相对，但以相反的方向运动。如果传说是真的，那么这两只熊是遵照伟大的宙斯的意愿从克里特岛升到天空的，因为当宙斯还是个孩子时，在伊达山（Ἴδη）附近的芳馥的狄刻忒（Δίκτη），它们把他放在一个山洞里，照顾了他一年，而狄刻忒的枯瑞忒斯（Κουρῆτες）则负责蒙骗克洛诺斯（Κρόνος）。人们称其中一只熊为库诺苏拉（Κυνόσουρα，即小熊座），另一只为赫利刻（Ἑλίκη，即大熊座）。亚该亚人（Ἀχαιοί）航海时以赫利刻来确认航向，驾驶船只，而腓尼基人则依据库诺苏拉来渡海。[40] 赫利刻很清楚且容易辨认，一入夜就能看到它显现；库诺苏拉则没那么显眼，但对水手来说却是更好的指引，因为它完全在一个较小的圆圈内旋转：所以西顿人（Σιδόνιοι）靠它航行得最直。在两只熊之间，像河流一样蜿蜒着一个巨大的奇迹——一条巨龙（Δράκων，即天龙座）扭动着，绵长无际；两只熊在它的弧线两侧运动，扼守着深蓝色的海洋。它的尾巴尖端伸向其中一只熊，[50] 又用它弯曲的身体截住另一只熊。它的尾巴尖端与赫利刻〈大熊座〉的头持平，而库诺苏拉〈小熊座〉的头则在它弯曲出的弧线中。弧线绕过它的头，延伸至它的脚，然后又突然折回来。在这条龙〈天龙座〉的头部，没有一颗星星闪耀，但有两颗星星在两鬓处，还有两颗在眼睛处，并且在它们之下有一颗星星占据了这个可怕怪物的下巴尖。它的头是斜的，看起来好像完全倾向赫利刻〈大熊座〉的尾巴尖端：[60]

它的嘴及右鬓与尾巴尖刚好平齐。它的头刚好停靠在星辰下落和升起的会合处。

在它附近，有一个像辛劳做工的人一样的形象在旋转。无人能确切地言明他叫什么，或者他在做什么工作，人们只是将他称作"跪着的人"（Ἐγγόνασιν，即武仙座）。他看上去像是一个屈膝的劳作者。他的双臂自肩膀抬起，向不同的方向伸展着，[70] 他的右脚尖位于弯曲的龙头的中间。

著名的冠冕（Στέφανος，即北冕座）也在那里，狄俄尼索斯（Διόνυσος）把它当作已逝的阿里阿德涅（Ἀριάδνη）的光辉象征，它在辛劳做工的身影的背部下方旋转。

冠冕〈北冕座〉靠近他的背部，但在他的头顶旁边可以看到蛇夫（Ὀφιούχεος，即蛇夫座）的头，从那里看你可以清楚地辨认出整个蛇夫，在他头部之下的肩膀如此之明亮，即使在满月之夜也可以看见。但他的双臂并不同样明亮；[80] 有幽微的光芒贯穿他的两臂；然而双臂也是可见的，因为它们并不暗淡。

这对双臂奋力握住绕过蛇夫腰部的大蛇（Ὄφιος，即巨蛇座）。而蛇夫牢牢站定，始终用双脚踩着巨大的怪物蝎子（Σκορπίος，即天蝎座），正踩在它的眼睛和胸部上。大蛇〈巨蛇座〉在他的双手中扭动，蛇身较短的一段在他的右边，在左边的蛇身高高竖起。大蛇〈巨蛇座〉的下巴尖靠近冠冕〈北冕座〉，但在蛇的弧线下，可以看到巨大的双螯（Χηλαί，即天秤座），[90] 但它们缺少光点，完全不明亮。

在赫利刻〈大熊座〉身后的是熊倌（Ἀρκτοφύλαξ，即牧夫座），他好像在赶熊一般，人们也称他为牧夫（Βοώτης），因为他仿佛在用刺棒触碰着熊车。他全身都很明亮；在他的腰带下方有特别显眼的熊夫星（Ἀρκτοῦρος，即大角星）在旋转。

在牧夫的双脚下，可以看到室女（Παρθένος，即室女座），她的手中拿着一束光芒四射的谷穗（Στάχυς，即角宿一）。也不知她是阿斯特赖俄斯（Ἀστραῖος）——人们说他是星辰最初的父亲——的女儿，还是其他人的女儿，不论如何，愿她一路平安！[100] 然而，人间流传着另一个传说，人们说她曾经真的生活在大地上，与人类见面，也未曾嫌恶过古代男女的部族。尽管她有不朽之身，但她仍然坐在人类中间。人们称她为"狄刻"（即正义女神）：无论是在集市上还是通衢之上，她都会召集年长者，以恳切的语气敦促他们为了人民的利益作出决断。那时人们还不知道痛苦的纠纷、生衅的冲突和战争的祸乱，只是自足地生活着；［110］危险的大海尚远离他们的心灵，也还没有船只从远方为他们带来食粮，而牛、犁和狄刻本人——众民的女王和正当之物的给予者——已经充分地满足了他们的生计。这是在大地还孕育着黄金种族时的事情。但她与白银种族的关联很少，也不愿意有关联，因为她怀念那些古老民族的习俗。尽管如此，她仍然与白银种族同在。傍晚时分，她会从发出响声的群山上下来，孑然独立，不与任何人款款地说话。［120］但当她把人们聚拢在宽阔的山坡时，她就会恶狠狠地出言，斥责他们的恶行，并说即使他们呼唤她，她也不会再来与他们见面了。她说道："你们的黄金祖先留下了多么低劣的一代！而且你们很可能会生出更加败坏的后裔。此后人类之间必有兵燹之乱，也必有流血之祸降临到他们身上。"说着，她向山里走去，只留下众人望着她的背影。当这些人也死去时，［130］青铜种族便诞生了，他们比他们的先人更为恐怖，他们是第一批在通衢大路之上铸就罪恶的刀剑的人们，也是第一批吞食耕牛之肉的人们，于是狄刻怀抱着对这代人的仇恨飞上了天穹，并在那里定居，化身为显眼的牧夫〈牧夫座〉边上的室女〈室女座〉，人们在夜间仍然看得见她。

在她的双肩上方有一颗星星在旋转［在她的右侧：人们又称它为"收葡萄的预告者"（Προτρυγητήρ，即东次将）］[①]，［140］其大小和亮度与大熊尾巴下方的星星相仿。大熊很耀眼，它周围的星星也同样耀眼：一旦你看到了它们，你就不需要什么别的指示了，这些星星美丽而巨大，在它的脚前移动，一颗在肩部伸出的腿前面，一颗在从腰部伸出的腿前面，还有一颗在后膝之下。但所有这些星星都孤立而疏散地旋转着，而且没有名字。熊头的下方是双子（Δίδυμοι，即双子座），肚子下方是巨蟹（Καρκίνος，即巨蟹座），后腿下方则是闪闪发光的狮子（Λέων，即狮子座）。太阳行经彼处时，就是夏天最热的时候。［150］当太阳的路径和狮子〈狮子座〉开始会合时，田地里的谷穗就被收割完毕了。随即，埃特西亚风（ἐτησίαι）[②] 呼啸而来，席卷广阔的海面，对航海来说，适合划桨的季节已经过去。故此我需要宽梁的船只，也愿舵手们能按风向掌好舵桨。

---

① 方括号中的诗行过去被认为是阑入的，实际上可能是西塞罗、日耳曼尼库斯、阿维埃努斯等拉丁译者略去未译。

② 夏季的西北风。

如果你想看御夫（Ἡνίοχος，即御夫座）和御夫的星星，如果母山羊（Αἴγη，即五车二）和它的羊羔们的声名已经远播到你那里——它们经常俯瞰四散在波涛汹涌的大海之上的人们——[160]你就会发现御夫〈御夫座〉的庞大身躯铺展在双子〈双子座〉的左边，而他的头顶向着对面的赫利刻〈大熊座〉旋转。他的左肩上是神圣的山羊〈五车二〉，据说它将自己的乳房献给了宙斯：宙斯的解释者①称它为奥莱尼亚的（Ὠλένιος）山羊。它又大又亮，但它的羊羔们却只在御夫的手腕上闪烁着微弱的光芒。

在御夫的脚边去寻找蹲伏的有角公牛（Ταῦρος，即金牛座）吧。它很容易辨认，因为它的头部非常清晰：人们不需要其他[170]标记就能辨认出牛头，星星本身在旋转时就能很好地勾勒出牛头两侧的轮廓。她们的名字也为人所知：许阿得斯五姐妹（Ὑάδες，即毕宿星团）并非无名。她们沿着公牛〈金牛座〉的脸排布；它的左角尖和相邻御夫〈御夫座〉的右脚被同一颗星星占据，它们行进时被连在一起。尽管它们同时升起，但公牛〈金牛座〉总是先于御夫〈御夫座〉下沉。伊阿西得斯（Ἰασίδης）之子[180]刻甫斯（Κηφεύς，即仙王座）那不幸的家族也不会被遗下不谈：他们的名字也升到了天穹，因为他们与宙斯相近。在库诺苏拉〈小熊座〉身后，刻甫斯〈仙王座〉就像一个伸展双臂的人。从熊的尾巴尖延伸到他的两只脚的距离等于他双脚之间的距离。如果向他的腰带后面看去，就可找到巨龙〈天龙座〉的第一条弧线。

在他的前面旋转着悲惨的卡西俄佩亚（Κασσιέπεια，即仙后座），她并不是很大，在满月之夜尚可显现；[190]有几颗曲折的星星衬托着她，为她勾勒出清晰的轮廓。她的身形就像一把钥匙——这样的钥匙可以用来开一扇从内部被锁住的双开门，好将门闩打开——这就是组成她的分立的星星的外貌。她从娇小的肩膀上伸出双臂：看起来她像是正在为她的女儿悲泣。

安德洛墨达（Ἀνδρομέδα，即仙女座）那痛苦的身影也在那里旋转，在她母亲之下发着光。我不认为你必须环顾整个夜空才能看到她，[200]她的头、两侧的肩膀、脚尖以及她整条腰带都如此清晰。然而，即便在那里她也伸展着双臂，即便在天空中她也被锁链束缚着；她的双臂在那里永远高举并伸展着。

怪物飞马（Ἵππος，即飞马座）固定在她的头上，用它的下腹靠着她：它

---

① 即多多那的塞洛斯人，见荷马《伊利亚特》第16卷的第233–235行。

的肚脐和她头顶上闪耀着同一颗星星。另外三颗星星在马〈飞马座〉的侧面和肩膀上划出了等长的距离；[210]它们美丽而明亮。马〈飞马座〉的头部和它修长的脖颈却不能与之相提并论。但它闪亮的下颌上的最后一颗星星将它的下颌勾勒得如此明显，完全可以与前四颗星星相媲美。但它并没有四条腿；旋转中的神圣飞马〈飞马座〉在肚脐处从中间分成两半。据说，就是这匹马，让赫利孔（Ἑλικών）的高处流出了肥沃的希波刻瑞尼（Ἱπποκρήνη）的神水。赫利孔山顶当时并没有溪流，但飞马踢了它，就在它前脚一踢时，许多水[220]从那里喷涌而出；牧羊人最早把那股水流称为"希波刻瑞尼"（马泉）。水从岩石中涌出，只能在离忒斯比亚（Θεσπιαί）人不远的地方看到；但马〈飞马座〉在宙斯的领地中旋转，它可以在那里被看到。

白羊（Κριός，即白羊座）那行进很快的路径也行经此处，它绕着最长的圆圈运转，却并不落后于库诺苏拉〈大熊座〉。它本身光芒微弱，在月光下观看时星星显得不多，但你仍然可以从安德洛墨达〈仙女座〉的腰带辨认出它：[230]因为它位于她下方不远处。它在浩瀚天穹的中心行进，也就是在双螯〈天秤座〉的尖端和猎户（Ὠρίων，即猎户座）的腰带处旋转。

安德洛墨达〈仙女座〉下方附近还有另一个星座：三角形（Δελτωτός，即三角座）由三条边组成，可以通过等腰的形状来识别它；第三条边比较短，但很容易找到，因为它的星光比其他两条都要明亮。三角形〈三角座〉的星星位于白羊〈白羊座〉的南边一点。在更远、更靠近南边的地方[240]是双鱼（Ἰχθύες，即双鱼座）；但其中一条鱼总是比另一条更突出，当北风降下时，它也更能听到北风的声音。它们的尾部延伸出链条，从两侧连成一条不断的线。一颗美丽的亮星占据了这个位置，人们称它为"天空之结"〈外屏七〉。让安德洛墨达〈仙女座〉的左肩指引你找到靠北的鱼吧，因为它们离得非常近。

安德洛墨达〈仙女座〉的双脚可以指示出她的新郎珀尔修斯（Περσεύς，即英仙座），因为她的双脚永远站在他的肩膀上。[250]他向北奔驰，比其他人物更高。他的右手伸向新娘母亲〈仙后座〉的座椅；他仿佛在追寻着什么，在父亲宙斯的领地里迈开大步奔跑，扬起尘土。

在他的左膝附近，普勒阿得斯七姐妹（Πληιάδες，即昴宿星团）聚集成一团移动。容纳它们的空间并不大，它们每个都很黯淡，单独看很难分辨。在人类的传说中，它们的数量有七个，尽管眼睛可见的只有六个。自我们的口口相传开始，在宙斯[260]那里就没有丢失过任何一颗星星，但这只是传说而已。这七个人的名字分别是阿尔库俄涅（Ἀλκυόνη，即昴宿六）、墨洛珀（Μερόπη，即昴宿五）、刻莱诺（Κελαινώ，即昴宿增九）、厄勒克特拉（Ἠλέκτρη，即昴宿一）、斯忒洛珀（Στερόπη，即昴宿三）、塔宇革忒（Τηϋγέτη，即昴宿二）和尊贵的迈亚（Μαῖα，即昴宿四）。它们都小而微弱，但拜宙斯所赐，它们在晨昏的运行却很有名，因为宙斯准许它们标志夏季、冬季的开始和耕作时节的起始。

这里的龟壳（Χέλυς，即天琴座）也很小；当赫尔墨斯还在摇篮里时，他就挖空了这个龟壳，并决定把它称作里拉琴（Λύρη）。[270]当他把它带到天空时，他将它放在了那位未知人物〈武仙座〉的面前。这个人跪下时，用左膝靠近它，而鸟（Ὄρνις，即天鹅座）的头在与它相对的另一端旋转：里拉琴〈天琴座〉固定在鸟头和膝盖之间。

是的，甚至还有一只斑驳的鸟儿〈天鹅座〉随着宙斯而行，它有些地方朦胧不清，有些地方有虽不很亮，但也不暗淡的星星闪烁着。就像一只在晴天飞行的鸟一样，它乘着微风向另一侧滑翔，[280]右翼尖向刻甫斯〈仙王座〉右手的方向伸展，而在其左翼附近则是奔腾的马〈飞马座〉。

双鱼〈双鱼座〉围绕着马〈飞马座〉，而马在双鱼间跳跃。在马〈飞马座〉头旁边，倒水者（Ὑδροχόος，即水瓶座）伸出右手：他在海羯（Αἰγοκερῆος，即摩羯座）之后升起。海羯〈摩羯座〉位于前方较低的地方，太阳的力量在此折返。在那个月里，不要前往开阔水域，以防被海浪冲走。在白昼里你无法走很远，因为那时白昼过得最快，[290]而如果你害怕夜晚，那么无论你如何呼喊，黎明也不会很快到来。就在太阳与海羯〈摩羯座〉相遇时，可怕的南风就会袭来；这来自宙斯的冰冷对冻僵的水手来说就更加残酷。然而，海水终年在桅杆下汹涌澎湃；我们就像潜水的鸥鸟，常坐在船上凝望大海，将目光投向海滨；但海岸还在很远处被激浪拍打着，只有一块木板能把我们同哈得斯（Ἅιδης，即冥界之神）隔开。

[300]自前一个月在海上经历了很多苦难后，当阳光照到弓弧和持弓者〈射手座〉时，你应该在傍晚上岸，不要继续相信夜晚。那个季节和那个月份的一个征兆就是蝎子〈天蝎座〉在夜幕结束时升起。射手（Τοξευτής，即射手座）实际上是在（蝎子〈天蝎座〉的）尾刺附近拉开大弓；上升的蝎子〈天蝎座〉就在他前方不远处，不久之后他也会升起。这时，库诺苏拉〈大熊座〉的头在夜幕尽头升得很高，黎明前猎户〈猎户座〉会完全落下，[310]而刻甫斯〈仙

王座〉则从手部下落到腰部。

在射手〈射手座〉前方，有一支孤零零的、没有弓的箭（Οἰστός，即天箭座）。鸟〈天鹅座〉在它旁边伸展，更靠近北方。靠近它的另一只鸟在空中飘荡，虽然体型较小，但当夜幕降临时它会从海面升起，带来狂风暴雨，人们称它为老鹰（Ἀητός，即天鹰座）。非常微弱的海豚（Δελφίς，即海豚座）在海羊〈摩羯座〉上方运行，其中心一片朦胧，但有四颗宝石勾勒出它的轮廓，两两平行排列。

这些星星散布于[320]北方和太阳的运行路径之间。但许多其他星星在下方升起，位于南方和太阳的运行路径之间。

猎户〈猎户座〉本身斜倚在公牛〈金牛座〉的截断面上。在晴朗的夜晚，当猎户〈猎户座〉高高在上时，如果有谁的目光错过了他，那么可以确定，当这个人仰望天空时，也就再认不出更醒目的形象了。

他的猎犬（Κύων，即大犬座）也是如此，它两腿站立在猎户〈猎户座〉的背部下方，颜色斑驳，整体并不明亮，当它运行时，腹部区域一片漆黑；但它的[330]下巴尖端嵌着一颗可怕的星星，发出强烈无比的光芒，人们称它为闪熠星（Σείριος，即天狼星）。当闪熠星〈天狼星〉和太阳一起升起时，果树就再不能用薄弱的树叶来遮挡自己了，因为它强烈的光芒可以轻易地刺穿果树的枝叶，把果树分辨出来，它会使一些树更加茁壮，但会妨害其他树蓬勃生长。当它落下时，我们还能听到关于它的说法。它周围的其他星星则更微弱地勾勒出猎犬肢体的轮廓。

在猎户〈猎户座〉的双脚下，野兔（Λαγωός，即天兔座）总在被猎杀：[340]闪熠星〈天狼星〉一直在它身后运行，仿佛在追赶它，并会在它之后升起，也盯着它落下。

靠近猎犬〈大犬座〉尾巴的是被拖行的阿尔戈号（Ἀργώ，即南船座）。它的航向不像正常前行的船只，而是向后转的，就像真正的船只在进港时，水手们要把船尾转过来一样：所有船员一起迅速地向后划水，船尾也就快速地驶向陆地。这艘伊阿宋（Ἰήσων）的阿尔戈号就是这样船尾先行的。它从船头到桅杆都朦胧一片，没有星星，[350]但其余部分都是明亮的。船向前航行时，它的舵桨单独在外，在猎犬〈大犬座〉的后腿下面。

尽管距离很远，但安德洛墨达〈仙女座〉还是受到了向她而来的巨大海怪（Κῆτος，即鲸鱼座）的威胁。因为在她的路径上，她暴露在从色雷斯吹来的北风中，而南风则给她带来了敌对的海怪〈鲸鱼座〉，它位于白羊〈白羊座〉和双鱼〈双鱼座〉的下方，略高于星河（Ποταμός，即波江座）。因为在众神的脚下，[360] 滚动着泪水之河厄里达诺斯（Ἠριδανός）的残余。它延伸至猎户〈猎户座〉左脚下方。用来固定双鱼〈双鱼座〉两端的链子从尾部伸出，共同移动着，并在海怪〈鲸鱼座〉背鳍的后面会合在一起，并在那里变成了一颗靠近海怪〈鲸鱼座〉背鳍端的星星。

其他星星覆盖的面积很小，闪烁着微弱的光芒，在阿尔戈号〈南船座〉的船桨和海怪〈鲸鱼座〉之间旋转，位于灰色野兔〈天兔座〉侧面的下方，[370] 它们没有名字；它们并不像轮廓分明的形象的身体，那些形象一个接一个排成行列，任随岁月流逝，总是沿着相同的路径而运行。在已经不复存在的一代人中，有人观察到了这些星星，为它们构想出了完整的形象，并想出了不同的名称来称呼它们——当然，他不可能命名或识别单独的星星，因为满天的星星太多了，很多星星的亮度和颜色都一样，所有的星星也都在旋转运行；因此，他决定把星星分成几组，[380] 这样不同的星星按固定的顺序排列在一起，代表着不同的形象；于是，人们就可以命名星座了，现在没有一颗星星的升起会令人惊异；也因此，其他闪耀的星星看起来都有清晰的轮廓，而野兔〈天兔座〉下方的那些星星却都非常朦胧，籍籍无名地在它们的路径中运行。

在海羯〈摩羯座〉下方，一条暴露在南风中的鱼旋转着，它的头面向海怪〈鲸鱼座〉，与前两者不同：人们称之为南鱼（Ἰχθὺς Νότιος，即南鱼座）。散落在倒水者〈水瓶座〉[390] 下方的其他星星悬浮在海怪〈鲸鱼座〉和鱼〈南鱼座〉之间的天空中，但它们微弱而无名。在它们附近，一些苍白微弱的星星在旋转，就像从灿烂的倒水者〈水瓶座〉的右手中流下的小小水花。其中有两颗比较明亮的星星，相距不是很远，也不是很近，一颗美丽明亮的星星在倒水者〈水瓶座〉的双脚下方，另一颗则在朦胧的海怪〈鲸鱼座〉的尾巴下面。人们把它们统称为"水"。在射手〈射手座〉下方的其他几颗 [400] 星星，在他的前脚掌下弯成了一个圆环〈南冕座〉。

现在，在巨大怪物蝎子〈天蝎座〉闪耀的尾刺下面，靠近南方处有一个祭坛〈天坛座〉在旋转。虽然它在空中驻留的时间并不长，但也有可能知道它的行迹，它正对着熊夫〈大角星〉升入天空。熊夫〈大角星〉在天上的路径很高，而祭坛〈天坛座〉则会很快下落到西边的海面之下。然而，即使是围绕着祭坛〈天坛座〉的古老纽克斯（Νύξ，即夜神）也会为人类的苦难而悲伤，[410] 她为海上风暴设定了一个重要的征兆：因为她不喜欢遇难的船只，所以她会显示出不同的征兆，以表达她对风暴中受难人类的怜悯。所以但愿不要在云雾缭绕的海上看到这个星座闪耀，它本身无云且明亮，但上面却布满了云浪，秋天的北风把云层堆积起来时常这样挤压着它。纽克斯自己经常显示出这样的征兆来宣告南风的到来，向遇险的水手提供恩惠。[420] 如果他们听从她及时的征兆，迅速把一切东西整备好，那他们遇到的麻烦就轻多了。但如果一阵可怕的狂风出其不意地从高处袭击了船只，吹乱了所有的船帆，有时他们就会被淹没；有时，如果他们的祈祷获得了宙斯的帮助，北方又有闪电，那么尽管历经千辛万苦，他们还是会在船上再次相见。当有这个征兆时，请警惕南风，[430] 直到你看到北风闪烁的闪电。

当半人马（Κένταυρος，即半人马座）的肩部距西方地平线与距东方地平线一样远，且有薄雾笼罩着它，而在它后面，纽克斯又正在光芒四射的祭坛上显出可识别的征兆时，那么你一定要注意这不是南风，而是东风。这个星座位于另外两个星座下方：它的一部分像一个人，位于蝎子〈天蝎座〉下方，而后部的马身则在双螯〈天秤座〉的下方。他看起来好像总是将右手 [440] 伸向圆形的祭坛〈天坛座〉，手中紧紧地握着另一个星座，即祭牲（Θυτήριον，即豺狼座）；我们的先辈就是这样给它命名的。

但还有一个星座掠过地平线：人们称它为长蛇（Ύδρη，即长蛇座）。它就像一个活物，蜿蜒伸展，头部在巨蟹〈巨蟹座〉中部的下方，它弯曲的身子盘绕在狮子〈狮子座〉的身体之下，尾巴则悬挂在半人马〈半人马座〉上方。它身体中间的圆弧上放着一只酒碗（Κρητήρ，即巨爵座），最后一个圆弧上则有一只乌鸦（Κόραξ，即乌鸦座）的形象，看起来好像在啄那个圆弧。[450] 犬前星（Προκύων，即南河三）也在双子〈双子座〉下方闪闪发光。

随着岁月的流逝，可以看到这些形象在自己的时间回返，它们会一直固定在天穹中。但其中还有另外五颗星星与它们全然不同，它们一直在黄道十二宫中循环往复。如此一来，就无法通过观察其他星星来确定它们的方位，因为它们总在变换位置。它们的运转周期很长，当它们在远处相合时，间隔的时间也很长。[460] 我完全没有信心来论说它们：我希望我能充分解释恒星的圆周和它们在天空中的标记。

有四个像轮子一样的圆圈，它们十分有用，若要度量一年的时间，就会特别需要它们。许多星星沿着它们排列，为它们做出标记，在其周边形成了一个紧密的圈环；这些圆圈本身没有宽度，彼此紧密相连，但在大小上则两两相等。

如果在一个晴朗的夜晚，所有明亮的［470］星星都被作为天穹之主的纽克斯展现在人们面前，并且没有一颗星星因满月而黯然失色，而是所有星星都在黑暗中闪闪发光，那么当你观察到天空被一个宽广的圆圈分割开来时，或者站在你身旁的其他人向你指出了那个镶嵌着星星的轮子——人们称之为"牛奶"（Γάλα，即银河）——时，此刻或许一种惊异会闯入你的脑海，其他环绕天空的圆圈的颜色都和它不一样，但四个圆圈中有两个在大小上与它相当，而另两个转动着的圆圈则小得多。

［480］后两个较小的圆圈之一靠近北风的起点。双子〈双子座〉的两个头在这个圆圈上运行，固定在其上的御夫〈御夫座〉的膝盖也在它的上面，其后是珀尔修斯〈英仙座〉的左腿和左肩。它穿过了安德洛墨达〈仙女座〉肘部以上的右臂中间位置；她的手掌位于它的上方，更靠近北方，肘部则向南方倾斜。马〈飞马座〉的蹄子、鸟〈天鹅座〉的头和脖颈，以及蛇夫〈蛇夫座〉明亮的肩膀都绕着这个圆圈的路径而旋转。［490］但室女〈室女座〉向南边多走了一些距离，没有碰到它，这与狮子〈狮子座〉和巨蟹〈巨蟹座〉不同。它们相继穿过圆圈，圆圈切开了前者下方的胸部和腹部，一直到性器处，后者则一直被切到蟹壳的下方，在那里可以十分清楚地看到，就在圆圈两侧的眼睛所经过的地方，它被径直分割开来。如果将圆尽可能精确地分为八个等分的部分来度量，则其中五个部分在大地上方的天空中旋转，另外三个部分在大地的另一面旋转。夏至点就在这个圆圈上。［500］这样一来，这个圆就被固定在北方一侧，穿过巨蟹〈巨蟹座〉。

南方相对的另一个圆圈切过了海羊〈摩羯座〉的中部、倒水者〈水瓶座〉的双脚和海怪〈鲸鱼座〉的尾巴。野兔〈天兔座〉也在圆上，只是在猎犬〈大犬座〉的路径上有它的一小部分，也就是猎犬〈大犬座〉的脚所占据的那一点空间。圆圈上还有阿尔戈号〈南船座〉和半人马〈半人马座〉的巨大脊背，另有蝎子〈天蝎座〉的尾刺，以及光亮的射手〈射手座〉的弓。这里是太阳从晴朗的北风向南而行的最后一个地方，也就是冬至。圆圈八个部分中的三个在大地上方旋转，［510］另外五个在地下旋转。

在这两个圆圈之间，有一个像银色牛奶〈银河〉一样大的圆圈在大地下方被二分。在这个圆圈上有两次昼夜相等的时候，一次在夏末，一次在初春。作为标记的白羊〈白羊座〉和公牛〈金牛座〉的膝盖位于圆上，整个白羊〈白羊座〉沿着圆圈而行，而圈上只能看到公牛的腿弯。圆上有光芒四射的猎户〈猎户座〉的腰带和闪耀的长蛇〈长蛇座〉的弧线，还有微暗的[520]酒碗〈巨爵座〉、乌鸦〈乌鸦座〉、星星不是很多的双螯〈天秤座〉，以及蛇夫〈蛇夫座〉的膝盖。当然也少不了老鹰〈天鹰座〉：宙斯的伟大使者就在它附近翱翔。马〈飞马座〉的头和脖子也沿着这个圆圈运转。

将它们全部固定在中心的轴使这些平行的圆与自身成直角旋转，但第四个圆被倾斜地夹在两条回归线之间，这两条回归线夹住它们相对的两端，而中间的圆则将之从中间切开。一个受过雅典娜的手艺训练的人，[530]也只能将旋转的轮子按这样的形状和大小连接起来，好让它们成为一体①；也正是在天空中，这样的轮子通过倾斜的圆连接在一起，从黎明一直旋转至夜晚。

三个平行的圆圈升起又下落，但在两侧的地平线上，每个圆圈都依次有一个下落和升起的点。然而，在第四个圆圈沿着海洋之水〈地平线〉运转时，正如它从海羯〈摩羯座〉升起〈冬至〉旋转至巨蟹〈巨蟹座〉升起〈夏至〉一样，[540]它上升时所经过的整段弧线等于它在一侧下落时的弧线。就目光所及的距离而论，其六倍长度的线可罩住这个圆，并且每条等长的线截出两个星座。人们称之为黄道圈。

在这个圆圈上有巨蟹〈巨蟹座〉，接下来是狮子〈狮子座〉和室女〈室女座〉，在她之后是双螯〈天秤座〉、蝎子〈天蝎座〉、射手〈射手座〉和海羯〈摩羯座〉，海羯〈摩羯座〉之后是倒水者〈水瓶座〉，之后是双鱼〈双鱼座〉，再之后是白羊〈白羊座〉、公牛〈公牛座〉和双子〈双子座〉。[550]太阳在一年内穿过所有这十二个星座，而当它绕着这个圆圈运行时，所有丰收的季节便会发生。

在大地上方运动的弧线等于沉入海面下方的弧线，每晚总有十二分之六的圆圈下落，同样多的圆圈升起。每个夜晚的长度总是对应于从入夜起在大地上升起的那个半圆。在等待白昼的时候，[560]需要注意这个圆圈的每一段何时上升，因为太阳总是伴随着其中一段升起。如果能直接观看到星座，那就再好不过了；但如果它们被云层挡住，或在升起时被山峦遮蔽，你就必

① 有学者认为，这句诗是《现象》拉丁文译本中的阑入文本。

须为自己找到能指示它们上升的可靠标记。海洋在它的两岸会提供许多这样的标记，在黄道的每一段从下方升起时，海洋就会用这些标记为自己加上冠冕。

当巨蟹〈巨蟹座〉升起时，[570]在海洋两侧旋转的星星并不是最暗弱的，它们有些正落下，有些正从地平线的另一边升起。冠冕〈北冕座〉会下落，鱼〈南鱼座〉也会下落至其背鳍处；下落的冠冕〈北冕座〉有一半可以在天空中看到，而另一半则被世界的边缘遮挡。那倒转的人〈武仙座〉到下腹部的部分还没有落下，但其上半部分却已进入黑夜。巨蟹〈巨蟹座〉把不幸的蛇夫〈蛇夫座〉从其膝盖顺着其肩膀的方向拖向深渊，还把大蛇〈巨蛇座〉拖到了其脖子处。熊倌〈牧夫座〉在地平线的上下都不再那样庞大了，[580]他较小的部分在白昼一侧，较大的部分则已经隐入黑暗。海洋需要黄道上的四段才能接住牧夫〈牧夫座〉的下落。在他晒足了日光、并且随着太阳一道下落的时节，他会在夜晚过半之后才解开他的牛。这些夜晚因其下落较晚而得名。就这样，这些星座落下了，而在它们对面的猎户〈猎户座〉并不失他的光耀，他的腰带和双肩熠熠生辉，他倚仗着他宝剑的威力，沿着另一侧的地平线延伸着，并和那一整条河流〈波江座〉在一起。

[590]狮子〈狮子座〉的到来使得和巨蟹〈巨蟹座〉一起下沉的星座完全落下，老鹰〈天鹰座〉也是如此。跪着的人〈武仙座〉已经部分落下，但他的左手和左脚尚未蜷曲在波涛汹涌的大海之下。升起的有长蛇〈长蛇座〉的头、黯淡的野兔〈天兔座〉、犬前星〈南河三〉和闪耀着的猎犬〈大犬座〉的前脚。室女升起时，也将一些不小的星星送入地下。此时，赫耳墨斯的里拉琴〈天琴座〉、海豚〈海豚座〉和形状优美的箭矢〈天箭座〉会落下。与此同时，鸟〈天鹅座〉从最西边的翼尖到[600]尾巴都被笼罩在黑暗之中，星河〈波江座〉的波涛也是如此；马〈飞马座〉的头和脖子都在下落。长蛇〈长蛇座〉则升起得更多了，一直升到酒碗〈巨爵座〉那里，而在它之前升起的猎犬〈大犬座〉则抬起另外的脚，后面拖着繁星密布的阿尔戈号〈南船座〉的船尾；一旦室女〈室女座〉完全出现在大地之上，阿尔戈号就会横穿大地，并在桅杆处被一分为二。

虽然双螯〈天秤座〉的光芒微弱，但它们的到来也不会在无意中被错过，因为熊夫星〈大角星〉所在的巨大牧夫〈牧夫座〉已经完全升起。[610]整个阿尔戈号〈南船座〉现在也已经完整地升到天上；但长蛇〈长蛇座〉由于在天空中伸展得太长，尾巴还没有出现。双螯〈天秤座〉的右肢只会抬到永远蹲跪在里拉琴〈天琴座〉旁边的神秘之人〈武仙座〉的膝盖处，人们常能看到他在同一天晚上在另一侧的地平线上落下又升起。在双螯〈天秤座〉升起时，只能看到他的腿，[620] 但这个人的身体又在另一个方向上下颠倒，等待着蝎子〈天蝎座〉和射手〈射手座〉的升起。他们会把他拉上来，前者拉上来的是他的腰部和身躯，后者拉上来的是他的左手和头部。就这样，他分成三部分升起。双螯〈天秤座〉的上升还会带着冠冕〈北冕座〉的一半和半人马〈半人马座〉的尾巴尖升起。

这时，马〈飞马座〉在它的头消失之后落下，之前已经离去的鸟〈天鹅座〉的尾尖则在它前面被拖行着。安德洛墨达〈仙女座〉的头也落下了；[630] 阴云密布的南风给她带来了威胁她的海怪〈鲸鱼座〉，但在北风一侧，与海怪〈鲸鱼座〉对峙的刻甫斯〈仙王座〉却用举起的巨臂将它吓退。因此，海怪〈鲸鱼座〉朝着它背鳍的方向落下，而刻甫斯〈仙王座〉则落下了头、手臂和肩膀。

一旦蝎子〈天蝎座〉到来，蜿蜒的河流〈波江座〉就会汇入海洋的碧波，巨大的猎户〈猎户座〉也会逃走。愿阿尔忒弥斯（Ἄρτεμις）垂怜！据先人传说，健壮的猎户〈猎户座〉为俄诺庇翁（Οἰνοπίων）的恩赏而打猎，当他在希俄斯岛（Χίος）用粗壮的棍棒击打野兽时，[640] 他抓住了阿尔忒弥斯的长袍。但她立刻召唤出另一种野兽来对付他，这野兽把岛上的山一分为二：这是一只蝎子，它蜇死了他。尽管猎户的力量更大，但他当面侮辱了阿尔忒弥斯，还是难逃一死。所以人们说，当蝎子〈天蝎座〉出现在地平线上时，猎户〈猎户座〉就会逃向大地的另一边。此外，当它上升时，安德洛墨达〈仙女座〉和海怪〈鲸鱼座〉余下的星星也会完全消失。

那时，刻甫斯〈仙王座〉系着他的腰带 [650] 掠过大地，同时将整个上半身全部浸入大海；然而，他的双脚、双腿和腰部却不能沉入大海——受到两只熊的阻止。悲伤的卡西俄佩亚〈仙后座〉也追随着女儿的身影匆匆而去；她的脚和膝盖不那么体面地翘在宝座之上：她像跳水者一样一头栽下。这是由于她妄图与多里斯（Δωρίς）和潘诺佩亚（Πανόπη）相媲美，结果招致了严厉的厄运。于是，她向地平的一边移动。[660] 但对面的天空升起了冠冕〈北冕座〉的另一半和长蛇〈长蛇座〉的尾端，也升起了半人马〈半人马座〉的身体和头，以及半人马右手所持的祭牲〈豺狼座〉。这动物〈半人马座〉的前足就这样等待着弓的升起。当弓出现时，人蛇〈巨蛇座〉的弧线和蛇夫〈蛇夫座〉的身体会升起；升起的蝎子〈天蝎〉带来了它们的头，并举起蛇夫〈蛇夫座〉的双手和繁星密布的大蛇〈巨蛇座〉的最前端。

至于那跪着的人〈武仙座〉，由于他总是倒立着升起，[670] 所以其他部分也随之从地平线上出现，这包括双腿、腰带、整个胸部和右手侧的肩膀；但他的头和另一只手是随着弓和射手〈射手座〉的升起而上升的。与此同时，赫耳墨斯的里拉琴〈天琴座〉和已经到了胸口的刻甫斯〈仙王座〉也从东边的海洋中升起，这时，巨大猎犬〈大犬座〉的所有星辉在落下，整个猎户〈猎户座〉和被无休止追逐的野兔〈天兔座〉也随之下落。

但在御夫〈御夫座〉那里，羊羔们和奥莱尼亚山羊并没有 [680] 立即离开：它们仍然沿着他巨大的手臂闪耀着，当它们与太阳会合时，它们从他的其他肢体中脱出，引发了风暴；但他的头、另一只手臂和腰部只有在海羯〈摩羯座〉升起时才会落下，而他的整个下半身是与射手〈射手座〉一起落下的。珀尔修斯〈仙王座〉和星光熠熠的阿尔戈号〈南船座〉船尾都已不在天上：珀尔修斯〈仙王座〉除右膝和右脚之外都已落下，船尾也只剩下一点弧线。后者在海羯〈摩羯座〉升起时会完全落下，[690] 此时犬前星〈南河三〉也会落下，其他一些星座则会升起，如鸟〈天鹅座〉、老鹰〈天鹰座〉、有箭羽的箭矢〈天箭座〉的星星，以及南方祭坛〈天坛座〉的圣座。

当马〈飞马座〉旋转着运动到倒水者〈水瓶座〉的腰部时，它的腿和头就抬到了空中。在马〈飞马座〉的对面，星光熠熠的纽克斯先是把半人马座的尾巴向下拉拽，但还吞没不了他的头、宽阔的双肩及胸膛；但她确实拉下了闪耀的长蛇〈长蛇座〉脖颈处的弧线和它头部的星星，留下长长的蛇身在后面；但这部分，[700] 连同半人马〈半人马座〉本身，也会在双鱼〈双鱼座〉升起时被纽克斯完全吞没。随着双鱼座而来的，还有隐藏在晦暗的海羯〈摩羯座〉之下的鱼〈南鱼座〉。但它不是整个出现的，还有一小部分在等待下一个黄道上的宫。同样，当双鱼刚从海洋中浮现出来时，安德洛墨达〈仙女座〉悲伤的双臂、双膝和双肩都分着伸开，一边在前，另一边在后；她右手中的星星是双鱼〈双鱼座〉拉上来的，而左边的星星则是升起的白羊〈白羊座〉拉上来的。当白羊〈白羊座〉升起时，还可以 [710] 看到祭坛〈天坛座〉正在落下，而在另一边的地平线上，珀尔修斯〈仙王座〉的头和双肩在升起。

当公牛〈金牛座〉升起时，御夫〈御夫座〉也没有被留在后面，这是因为他与公牛〈金牛座〉紧紧连在一起。然而，他并没有完全随着它升起，而是双子〈双子座〉将他完全拉起。当天空上的海怪〈鲸鱼座〉的背鳍和尾巴[720]升出地平线时，羊羔们、他的左手以及母山羊和公牛〈金牛座〉一起上升。牧夫〈牧夫座〉此时已经随着四个宫之中的第一个宫而落下，只有他的左手除外，这只手在大熊〈大熊座〉下方旋转。

蛇夫〈蛇夫座〉的两条腿下落到膝盖的位置，这是双子〈双子座〉从对面地平线上升起的可靠征兆。此时海怪〈鲸鱼座〉的任何部分都不再跨越地平线：现在便可以看到它的全貌了。这时，在晴朗的夜晚，海上的水手也可以在等待猎户〈猎户座〉出现的时候，[730]看到河流〈波江座〉在海面上浮现的第一个河弯，以便来看是否有一个征兆能为他预测夜晚或航程的长短。无论在何处，诸神都会向人类言说许多这样的事情。

你可否能看到？——当在西边看到带有细角的月亮时，它便宣告一个月份开始了；当它射出的第一缕光辉足以投下阴影时，这便是一个月的第四天。月亮一半时是第八天，满月时正是月中。当它面向我们不断改变自己的月相时，它会告诉人们这是一个月中的哪一天。

[740]黄道十二宫能够可靠地预告夜晚的界限。但至于大年的时间、耕田的时间和种植的时间，这些都是由宙斯启示的。此外，行船的人也可以通过留意可怕的熊夫星〈大角星〉或其他一些在晨曦和夜幕降临时从海洋上升起的星星，来认出海上有风暴的冬季。

当然，太阳在一年内都会在它行经的大轨道上越过它们，并在不同的时间走到不同的星星处，[750]有时是在它升起的时候，有时是在它落下的时候，因此不同的星星看管着不同的日子。你也知道所有这些事情。现在一切都处于和谐之中：辉煌灿烂的太阳的十九个周期，夜晚转动起来的所有事物——从猎户〈猎户座〉的腰带到他的边沿，还有他凶猛的猎犬〈大犬座〉——以及在波塞冬和宙斯本人的领地能看到的星星都给人们带来明确清晰的征兆。

因此，要努力学习这些事物。如果你要靠船度日，[760]就要留心找出冬季烈风或海上风暴的所有征兆。这种努力是微不足道的，但对于时刻保持警惕的人来说，审慎会带来巨大的好处：他自己会更安全，而且当附近的风暴袭来时，还能通过建议来帮助他人。一个人常常在风平浪静的夜晚因害怕黎明时的海面而保护自己的船：可有时坏天气会在第三天到来，有时又会在第五天，有时还会不期而至。宙斯没有向我们人类赐予一切事物的知识，还有很多事物［770］是隐藏着的——如果宙斯愿意，他会给我们这些事物的征兆；他必然会公开地护佑人类，在各处显露自己，也在各处显露他的征兆。

月亮会告诉你一些事情，比如在满月前后时，或者当它满月时。太阳的升起也会告诉你其他的事情，或者在夜晚降临时它也会发出警告。还有其他一些关于昼夜的征兆是你可以从其他地方了解到的。

先观察月亮两边的两个角。不同的夜晚会给它披上不同的光辉。［780］不同时间的月弧也会生出不同的形状，有时在第三天，有时在第四天；这些形状可以告诉你正在开始的这个月份会怎样。如果月亮在第三天时细长清澈，这是好天气的征兆；如果月亮细长血红，则是有风的征兆；如果新月较粗，角也较模糊，且第三天后的第四天光线较弱，则可能是南风让它模糊的，或者是即将下雨。但如果在第三天时，月亮的两个角既没有向前倾斜，也没有向后倾斜，［790］而是在某一边构成垂直的曲线，那么当晚之后就会刮起西风。但如果它在第四天也同样直立，那么它便训示人们有风暴正在汇聚；如果上面的那个角向前倾斜，则会刮北风；如果向后倾斜，则会刮南风。但是，如果整个月面在第三天围住了它，整体发红，那么它肯定是风暴的征兆；颜色越红，就意味着风暴越猛烈。

要观察满月和前后的两半，［800］无论它是刚刚出现的新月还是又返回到新月的形状。要根据月亮的颜色来判断每个月的天气：如果它色泽清透，你可以推断天气晴朗；如果发红，则预示即将刮风；如果有斑驳的黑点，要小心下雨。但是，并不是一个月之中的所有日子都会有征兆：出现在第三天和第四天的征兆在弦月之前有效，弦月时的征兆在月中前有效，月中后的征兆在下个弦月前有效；接下来是从月末起算的倒数第四天［810］，然后是下个月的第三天。

光晕可能环绕着整个月亮——有可能是三个、两个或一个——一个光晕可以预示有风或风平浪静：如果光晕破碎就会有风；如果光晕逐渐消失则会风平浪静；两个光晕环绕着月亮则预示着有风暴；三个光晕会带来更猛烈的风暴，且如果光晕越暗，那么风暴就越大，如果光晕破碎，则风暴会比光晕黑暗时更大。这些就是你可以从月亮上了解到的关于月份的征兆。

要注意在它路径两端的太阳：［820］太阳在地平线上落下和升起时都有十分可靠的征兆。如果你需要一个好天气，但愿它的圆盘在刚刚照耀大地时不会有任何斑驳的痕迹，但愿它是完全纯净的！如果给耕牛卸轭时它也同样清明，在黄昏时毫无遮蔽地发出柔和的光芒，那么接下来的黎明仍然会有好天气；但如果它在运转的过程中呈现出有空洞的样子，或者它分散的光线中 [830] 有一些射向南方，有一些射向北方，而中心却又非常明亮，那就不是这样了：那时它也许在经历下雨或刮风。

如果太阳的光束允许的话，要看一下太阳本身——直视太阳是最好的——看看它是否泛着红晕，它被云朵笼罩的地方常会变红；或者看看它是否发黑：发黑是雨水即将到来的征兆，发红则是有风的预兆。如果它身上红黑兼具，那么它既会带来雨水，也会带来风。

[840] 如果在太阳升起或落下时，它的光线汇聚成一束，或者如果它在从晚到早或从早到晚运行时有云层密布在其上，那么这几天很可能会有瓢泼大雨。当轻薄的云朵先升起，而太阳自己升起却光线不足时，不要忽视会下雨。但是，如果太阳刚升起时，它的日盘变得很大，好像融化了一般，[850] 在上升时先展开，然后又变小，那么它会在晴朗的天气中运行；如果它在冬季落下时变成赭石色，则也是如此。

但是如果白天下过雨，就要仔细观察雨后的云彩。如果面向落日的方向看，有发黑的云遮住了它，而云朵两侧的光线在它移动时从中央分开，那么第二天你还需要避雨；如果太阳在万里无云的天空坠入西边的水中，而附近的云朵在太阳落下时和落下后都发红，[860] 那么你就完全没有必要害怕明天或夜里下雨；但如果在太阳离开天空时，它的光线看上去突然就要消失，就像当月亮直接位于地球和太阳之间时，月亮遮蔽了光线，光线就会减弱一样，那么你就应当担心下雨。

当黎明前太阳迟迟不升起，且有红云出现在各处时，田地在这一天不会得不到浇灌。同样，当太阳仍在地平线以下，[870] 它的光线在黎明前先太阳而出来，但又显得朦胧时，不要忽视即将到来的雨或风；如果这些光线出现的地方越暗，则这越有可能是下雨的征兆；如果光线上只有轻微的晦暗，就像薄雾经常带来的那样，那么笼罩它的云雾预示着有风即将到来。靠近太阳的深色光晕也并不预示着好天气：它们距离太阳越近，或越是黑暗，那么就越是预示着糟糕的天气。如果有两个深色光晕，那么风暴就更可怕。

[880] 当太阳升起或落下时，要观察它那些被称为幻日（παρήλια）的云彩是在南方还是在北方发红，或是在两边都发红，不要粗心或薄弱地观察。

因为当这些云同时在两侧靠近地平线的地方夹住太阳时，宙斯白天而降的风暴便无法阻挡了。如果只有北边的云发光，就会带来北风，如果是南边的云发光，就会带来南风，或者可能有一场急雨即将到来。[890]尤其要留意在西方的征兆，因为来自西方的类似征兆总是可以固定不变地加以解释。

还要观察驴槽云（Φάτνη，即鬼宿星团）：它就像北边的一抹薄雾，在巨蟹〈巨蟹座〉的前方。在它的两侧有两颗微弱闪烁的星星，它们相距既不很远，也不很近，估计只有一肘那么远；一颗在北边，另一颗在南边。这两颗星星被称作"驴"，它们之间就是"驴槽"。如果晴空万里时，[900]它突然完全消失，它两侧的星星又靠近在一起可以看到，那么就会有难得一见的大雨倾泻在田地上。如果驴槽变暗，两头驴子待在原位，那这就是下雨的征兆。如果驴槽北边的那颗星星光芒微弱，似有薄雾，而南边的那颗星星明亮闪耀，那就预示着会有南风；如果两颗星星的明暗程度相反，那你就一定要留心北风。

风的征兆也可以是汹涌的大海和隆隆作响的海滩、[910]晴朗天气中海角的回声，以及山峦顶峰的呼啸。同样，当有鹭不规则地从海上飞向陆地，并重复发出尖叫声时，它的移动就意味着海上有风正在涌动。有时，当海燕在晴朗的天气里飞翔时，它们也会成群结队地逆风前行。从海浪处盘旋而上的野鸭或海鸥常常在陆地上拍打翅膀，[920]或者有云朵在山顶上延伸。

在此之前，白蓟（λευκὴ ἀκάνθη）年老时蓬松的绒毛一直是风的征兆，它大量漂浮在静谧海面的前后各处。夏天雷电的方向，也是你应当注意起风的方向。在黑夜里，当流星相继出现，而其后的尾迹又很明亮时，就预示着会有与这些星星同向而来的狂风；如果其他一些星星射向与前者相反的方向，[930]而其他星星又从天上各处而来时，那么就要小心来自四面八方的风，这样的风特别难以捉摸，它们刮风的方式也会让人难以判断。

当闪电出现在东方和南方，也出现在西方和北方时，海上的水手就得担心自己要被大海和宙斯的雨水两面夹击：因为下雨时，周遭会出现许多闪电。在雨水来临之前，常常会出现像羊毛絮一样的云，[940]或者有双彩虹环绕着广阔的天空，又或者某颗星星有暗色的光晕。

湖鸟或海鸟常常不知疲倦地扎到水里；或者燕子绕着湖面长时间盘旋，用肚子撞击湖水，荡起涟漪；或者对水蛇来说只是一种恩惠的可怜苗裔——蝌蚪的父亲们在水中比平时更响亮地呱呱吟唱；或者单独一只呕唠哩公

（ὀλολυγών）[①]在清晨聒噪；再或是冬季即将到来时的吵闹乌鸦在海角的顶上 [950] 把脚插进土里，或把头深深浸入河水里，或完全跳进去，在水边声嘶力竭地发出沙哑的叫声。

在天降甘霖之前，牛群也会抬头仰望天空，轻嗅空气；蚂蚁会匆忙地把洞里的卵都搬出来；人们会看到千足虫成群结队地爬上墙壁，那些被人们称为"黑土之心"的蚯蚓也在四处爬行。[960] 家禽们——公鸡的后代——则仔细地梳理羽毛，大声咯咯地叫着，声音像落雨点一样。有时，聚伙出现并像鹰一样尖啸的成群渡鸦和结队寒鸦也是宙斯降下雨水的征兆。如果有雨的话，渡鸦还会用叫声模仿天上汇聚起来的雨滴，或者低沉地嘎嘎叫两声，然后长啸一声，急促地抖动翅膀。[970] 还有住在人家里的家鸭和寒鸦会拍打着翅膀飞到屋檐下，或者鹭发出尖锐的叫声飞向大海。

如果你要防雨，不要忽视这些征兆：苍蝇比往常更爱咬人且嗜血；在潮湿的夜晚，蘑菇在灯芯上生长；在冬季，灯火有时无法稳定地燃烧，有时火花会像气泡 [980] 一样从灯上飞溅；灯火上有闪烁的光芒；在夏日晴朗的天空中，来自岛屿的鸟儿成群结队地飞翔。你也不要忽视架在火上的锅或三脚鼎下有比往常更多的火花，不要忽视木炭燃烧的灰烬中出现像小米粒一样发光的斑点。如果你在担心下雨，那么你就要留意这些征兆。

如果淡淡的薄雾沿着高山的山脚漫延，并且峰顶 [990] 清晰可见，那么你会遇到好天气。当在海平面上看到没有升得很高的低云像岩石一样压在那里时，你也会遇到好天气。天气好时，要注意坏天气的征兆；而坏天气来临时，又要注意平静天气的征兆。特别是要好好看驴槽云，巨蟹在旋转时一旦清除掉下面的雾气，驴槽云就会消失；因为当坏天气结束时，它就会被清理掉。

此外，稳定的灯火和猫头鹰 [1000] 轻柔的叫声，也是坏天气消退的征兆。同样，乌鸦的叫声在黄昏时分也会轻微变调，孤独的渡鸦会先叫两声，然后是一连串响亮急促的鸣叫，当它们打算休憩时，几只乌鸦会成群结队，声音嘹亮。可以感觉到它们很开心：它们的叫声像有旋律一样，而且它们经常绕着树叶或树本身歌唱，它们就在这些树上休憩，并会在回家时拍打翅膀。[1010] 在天空晴朗之前，鹤群会确定一条不加改易的航线，然后在晴朗的天气里头也不回地飞翔。

---

① 一种未知的动物，其名称来自动词 ὀλολύζειν "发出噪声"，有人推测是一种猫头鹰或其他鸟类，还有人推测是一种树蛙。

如果星星的亮光变暗，却没有任何密集的云层遮挡它们，也没有其他黑暗或月光干扰它们，它们只是突然变得暗淡无光，那么不要把这当作天气平静的征兆，而是要警惕坏天气的来临；当有一些云朵聚在一处，而另一些云朵向它们靠拢时，[1020]无论是越过它们还是落后于它们，也都要警惕坏天气。

如果鹅群在觅食地吵吵嚷嚷，这也是坏天气的一个重要征兆，同样可作为征兆的还有：高龄有人类寿数九倍的乌鸦在夜间啼叫，寒鸦在傍晚叽叽喳喳，燕雀在黎明鸣叫，各种鸟儿逃离大海，戴菊或知更鸟潜入深洞，成群的寒鸦在晚上从富饶的觅食地飞到晚间的休憩地。此外，当坏天气来临时，嗡嗡叫的蜜蜂不再去收集蜂蜡，[1030]而是在原地忙着采蜜和筑巢；天上排着长队的鹤群也不再保持稳定的航道，而是盘旋着返回家园。

如果风平浪静时，蛛网轻飘，灯火微弱，或者如果风和日丽时，火和灯都很难点燃，这时便要小心坏天气。为什么我要告诉你人类可以找到的所有征兆呢？即使堵结的污浊灰烬，也能让你预知下雪，同样，[1040]当像小米粒一样的斑点在靠近燃烧灯芯的地方围成一圈时，你也能预知下雪；而如果看到活木炭自己在火中发光，而它的中心像冒出微弱的薄雾一样，那这就是冰雹的征兆。

结满果实的冬青栎和暗色乳香树（μέλαιναι σχῖνοι）也不能忽视，农夫总是不停地四处观望，以免夏天从手中溜走。如果冬青栎不断结出大量橡果，人们会说坏天气将持续下去。但愿它们不会被重负压倒，[1050]也愿田地里的谷穗能远离干旱！乳香树会孕育三次，结果三次，每次生长都会带来耕种的征兆。人们把耕种的季节分为三茬，即中间一茬和两端的两茬：它的第一次结果标志着第一茬的耕种，第二次结果标志着中间的耕种，最后一次结果标志着最后一茬的耕种。如果乳香树果实收成好，耕作也会获得最多的谷物；如果果实收成差，耕作的收获也会少；如果果实收成中等，耕作的收成也就中等。[1060]同样，海葱（σκίλλα）的茎上可开花三次，这也是相应收成的征兆：农民在乳香树果实上观察到的所有征兆，也都能在海葱的白花中找到。

如果无数黄蜂在秋天成群结队，甚至在普勒阿得斯七姐妹〈昴宿星团〉落下之前就已四处聚集，人们就能知道坏天气即将来临——只要黄蜂一有如此的征兆，旋风就会产生。在母猪、母羊和母山羊从交配中归来，[1070]且已经从雄性那里得到一切之后，如果它们又再三进行交配，它们就会如黄蜂一样预示着漫长的坏天气。但是，如果母山羊、母猪和母羊的交配时间比较晚，为取暖发愁的穷人就会很高兴，因为野兽这样交配预示着有好天气的一年。

守时的农夫看到鹤群按时到来会很高兴，不守时的农夫看到鹤群来得比较晚也会同样高兴，因为坏天气会与鹤群同时到来，当鹤群成群地来得很早时，坏天气也来得很早；[1080]而当鹤群稀稀落落地不成群出现，且来得较晚时，迟来的农耕也会受益于冬季的延后。如果牛羊在硕果累累的秋季之后刨地，并顶着北风前行，那么普勒阿得斯七姐妹〈昴宿星团〉落下时就会带来一个严酷的冬季。

但愿它们不要挖得太多，因为如果挖得太多，就会有一个漫长的严冬，这是种植和农夫的敌人。但愿丰沛的积雪覆盖住广袤的田地，并在幼苗尚未长高时就盖住它们，[1090]这样每个人就可以等着享受丰收了。但愿天上的星星总是一成不变，不要出现一颗、两颗或更多的星星有彗星的毛发：因为许多彗星是一年干旱的征兆。

大陆上的农夫如果看到成群的鸟在夏季到来时从岛屿上飞来，在田中肆虐，便会很不高兴。他非常担心自己的收成，生怕谷穗会因为干旱而变成空穗和秕糠。但牧人对数量适中的鸟儿却很高兴，[1100]因为他盼望着此后一年会有充足的牛奶。因此，我们这些苦苦挣扎的凡人虽以不同的方式谋生；但所有人都愿意识别这些就在我们身边的征兆，并为日后而接受它们。

牧人能从羊群那里预知坏天气的到来：比如羊群比往常更匆忙地跑向牧场；或羊群中的一些羊，有时是公羊，有时是羔羊，以用角抵牾为乐；或它们时不时扬起腿来，小羊扬起四条腿，长出角的羊扬起两条腿；[1110]再或者，牧人把它们从羊群中赶出来，又在傍晚时把不情愿回去的它们赶回家，尽管扔了像雨点一般的石子逼催着它们，但它们还是左一处右一处地啃着青草。

农夫和牧人从牛身上能预知坏天气的到来：当牛用舌头舔着前蹄，或卧在自己的右侧腹上睡觉时，经验丰富的农夫就会预知耕地要推迟了。此外，如果母牛和牛犊在卸轭并结群回牛棚时不断低鸣，很不情愿地离开草场，[1120]那么这是因为它们从征兆中知道，明天它们如果不忍受坏天气就会吃不饱。

如果山羊忙着吃带刺的冬青栎树叶，或者母猪发疯般地在褥草上打滚，那么这并不是好天气的征兆。此外，如果一只孤狼长声嚎叫，或者它对农夫不太警惕，来到人的房屋，好像在寻求靠近人的庇护所一样，并在那里找地方睡觉，那么在三天之内会有坏天气。同样，根据另一些征兆，也可以知道［1130］当天或第二天，甚至第三天早上将会有风、寒冷或雨水。

甚至老鼠也没有被早先的人们忽视，它们在天气好的时候会发出比平时更多的吱吱声，并像跳舞一样蹦蹦跳跳，狗也同样没有被忽视：狗在预感到坏天气来临时会用两只前爪刨洞，而上述的老鼠在这种时候也能预知坏天气。当坏天气即将来临时，螃蟹会从水中爬上陆地。［1140］老鼠也是如此，当下雨的征兆出现时，它们就会在光天化日之下用爪子翻动自己的褥草，因为它们想要睡觉。

不要轻视这些事物。观察一个又一个征兆总是好的。如果有两种征兆相一致，那这预示便可得到确证；而如果有第三个征兆，你就可以确信无疑了。你应该在一年之中一直检查并比较这些征兆，看在星星升起或落下的时候，这一天是否如征兆所预示的那样。在月末的倒数四天和一个月刚开始的头四天观察征兆总是特别可靠的：［1150］这两段日子是月份交汇的界限，但只看这八个夜晚的天空却容易出错，这是因为天空中缺少明亮的月亮。你要在一年内一直仔细观察所有这些征兆，这样你就不会对天上的事物做出草率的判断。

巴黎皇家科学院章程（1699 年）①

姚大志② 译

国王陛下希望继续表达他对皇家科学院的眷顾，特制定了本条例，并希望得到严格遵守。

第一条

皇家科学院（Académie royale des sciences）将始终处于国王的保护之下，国王陛下委派国务秘书（Secrétaires d'État）传达国王的命令。

第二条

科学院（Académie）完全由四类院士（académiciens）组成：荣誉院士（les honoraires）、领薪院士（les pensionnaires）、准院士（les associés）和学生（les élèves）；第一类由 10 人组成，其他三类各由 20 人组成；只有经国王陛下选定或批准，才能被接收成为这四类中的任何一类人员。

---

① 巴黎皇家科学院成立于 1666 年。它与伦敦皇家学会共同构成了现代国立科学院的源头。与后者不同，巴黎皇家科学院引领了实体性国立科学院的发展。此类机构不仅是院士们的荣誉性学术组织，而且是国立科研机构。俄罗斯科学院、中国科学院等组织机构就属于这类机构的传统。在整个 18 世纪，巴黎皇家科学院因其杰出的院士群体和卓越的科研成果，推动法国稳步发展成为世界科学中心。之所以能取得这样的成功，与该机构在 1699 年的改革密不可分。此次改革涉及多个方面，相当一部分成果集中体现在由法国国王路易十四 1699 年 1 月 26 日在凡尔赛签发的《巴黎皇家科学院章程》(*Règlement ordonné par le Roi pour l'Académie royale des sciences*, Versailles, 26 janvier 1699) 当中。该章程具有历史开创性，包含 50 项条款，内容主要涉及如下几个部分：1. 机构的性质；2. 院士的构成、增补院士的流程和标准；3. 皇家科学院的主要活动、科研组织方式、行为规范；4. 院士的工作职责、工作方式；5. 皇家科学院的对外联络、信息收集传播、实验成果验证、出版物审查、新技术发明审查；6. 院士的权利；7. 皇家科学院院长、终身秘书、司库的任命、职责和权利；8. 院士的薪酬和奖金、对研究和实验的资助。该章程为巴黎皇家科学院在 18 世纪的崛起奠定了制度基础，也为近代西方国立科学院的建制化发展指出了方向。

  《巴黎皇家科学院章程（1699 年）》原件藏于法国国家档案馆（Archives nationales），编号 O1 43, f03 34–40。后收录于 *Institut de France: Lois, statuts et règlements concernant les anciennes académies et l'institut de 1635 à 1889*. Paris: Imp. Nationale. 1889，参见第 LXXXIV–XCII 页，本文据此版本翻译。

② 姚大志，中国科学院自然科学史研究所研究员。

第三条

荣誉院士都是本国臣民（regnicoles）[1]，并且因他们在数学或物理学方面的才智而值得推崇，其中一人将担任院长，他们不能成为领薪院士。

第四条

所有领薪院士都将在巴黎工作：3 位几何学家、3 位天文学家、3 位力学家、3 位解剖学家、3 位化学家、3 位植物学家、1 位秘书和 1 位司库。如果他们当中有人接受某项地方任命或任务，赴巴黎以外地方居住，他的位置将被填补，处理流程与去世相似。

第五条

准院士人数相同；其中 12 人只能是本国臣民，2 位专注于几何学，2 位专注于天文学，2 位专注于力学，2 位专注于解剖学，2 位专注于化学，2 位专注于植物学；其他 8 人可以是外国人，可专注于他们更加爱好和更具天赋的科学领域。[2]

第六条

所有学生都将在巴黎学习，每个人所专注的科学门类，与其跟随的领薪院士所从事的专业一致；如果他们受雇其他地区，赴巴黎以外地方居住，他们的位置将被填补，处理方式与因死亡而空缺的位置一样。

第七条

为填补荣誉院士的席位，例会（assemblée）[3]将根据多数票原则选出值得尊敬的人士，并将其推荐给国王陛下以获审批。

第八条

为了填补领薪院士的位置，科学院将选出三人，其中至少两人是准院士或学生，他们将被推荐给国王陛下，以便国王陛下从中选择一人。

第九条

为填补准院士的位置，科学院将选出两人，其中至少一人应来自学生，他们将被推荐给国王陛下，以便国王陛下从中选择一人。

---

① "régnicole" 是一个已废弃的法律术语，用来指一个王国的所有自然居民，与侨民（aubain）或外国人（étranger）相对。——本文注释均为译者注

② 说明可在不同科学领域当中做出选择，显示出具有一定自主性。

③ 关于院士例会或会议（assemblée）的规定，见第十六条、第十七条、第二十三条等条款。

第十条

为了填补学生的空缺，每位领薪院士都可以选择一人，并将其提交给院士团体（la Compagnie），团体将对其进行审议；如果获得多数票通过，则将其推荐给国王陛下。

第十一条

担任上述任何一类院士的人士，均须品行端正，公认正直，否则不得向陛下推荐。

第十二条

隶属于任何宗教团体（ordre de religion）^①的正式成员，不得以同样方式受到推荐，除非是填补荣誉院士的席位。

第十三条

任何人被推荐给国王陛下以填补领薪院士或准院士的位置，必须有重要的出版物、广受好评的课程、某种由他发明的机器，或者某项特别的发现。

第十四条

获得推荐填补领薪院士或准院士位置的人士，必须至少年满 25 岁。

第十五条

获得推荐填补学生位置的人士，必须至少年满 20 岁。

第十六条

科学院例会将于每星期的星期三和星期六在国王图书馆举行；如果这两天是节假日，会议将提前一天举行。

第十七条

上述例会的开会时间至少为两小时，也就是三小时至五小时。

第十八条

科学院的假期从 9 月 8 日开始，至 11 月 11 日结束；复活节双周、圣灵降临节一周、圣诞节至三王节期间照常开放。

第十九条

院士们将出席所有集会日，同时，除节假日外，未经国王陛下明确许可，任何领薪院士不得因私缺席超过两个月。

---

① "ordre"一词在宗教上意味着天主教或新教团体或派别组织，可用于指称修会、兄弟会、耶稣会（l'ordre des jésuites）等，可泛指天主教或基督教。

第二十条

经验表明，由整个科学院共同开展研究的工作存在太多弊端，因此，每位院士都将选择某个特定主题开展研究，并通过在大会上的发言，努力用他的智慧（lumières）①启发科学院的全体成员，并从他们的意见中受益。

第二十一条

每年年初，每位常驻院士（resident academician）都必须以书面形式向团体报告其打算从事的主要工作；其他院士也将受邀就其计划作出类似报告。②

第二十二条

虽然每位院士都必须主要研究他所专长的特定科学的问题，但所有人都应将其研究范围扩大到一切可能有用或令人好奇的问题，涉及数学的各个分支、技艺（arts）③的不同操作、与博物学可能有关的所有方面，或者在某种程度上属于物理学的问题。

第二十三条

在每次例会上，至少须有两名领薪院士依次就其科学发表一些意见。④对于准院士，他们将总是可以自由地用同样的方式提出自己的意见；现场出席的每一位院士，无论是荣誉院士、领薪院士，还是准院士，都将能够按照其科学的顺序⑤，对已提出的主题发表评论；但是学生只有在院长邀请时方可发言。

第二十四条

院士们在例会上提出的所有意见都将在当天以书面形式提交给秘书，以备不时之需。

第二十五条

如有可能，每一位院士报告的实验（les expériences）都将由他在例会上

---

① "lumière"的本意是光，转义为照亮思想等的光辉，在18世纪意味着智慧、知识和理性。18世纪被后世称为"启蒙世纪"（le siècle des Lumières），即被光照亮的、理性的时代。而正文中的智慧（lumières）来自科学家，这象征了理性源自科学。一般认为，稍晚登上历史舞台的启蒙运动与近代科学的崛起具有紧密关联。

② 这里将院士区分为两类，即常驻院士和非常驻院士。

③ 在17世纪、18世纪，"art"一词同时有技术和艺术的含义，这里主要指技术。

④ 文中的"意见"对应于法语"observation"一词。后者的含义指个人提出的意见或评论，同时也指观察或观测，常常用于描述观察结果、观测行为、观察报告等。近代科学建立在观察和实验基础上，而科学见解或评论与科学观察紧密相关。

⑤ 按"科学的顺序"（l'ordre de leur science）可能指按学科的排序。

进行验证，或者，至少在少数院士在场的情况下私下验证。[1]

第二十六条

科学院将非常谨慎地确保，在一些学者持不同意见时，他们不使用任何蔑视或诋毁对方的词语，无论是在其演讲，还是其文字作品中；同时，即使他们与某些学者提出的任何看法进行斗争，学院也会敦促他们谨慎地表达。

第二十七条

科学院将注意与不同的学者保持联系，无论他们是来自巴黎和王国各省，还是来自外国，以便及时了解数学或物理学方面的任何新情况；在选举填补院士位置[2]时，科学院将优先考虑在这种联系方面最优秀的学者。

第二十八条

科学院将指定一名院士阅读在法国或其他地方出版的重要的物理学或数学著作；被指定阅读这些著作的人将向团体报告，但不对这些著作提出批评，只是指出是否存在有益的观点。

第二十九条

科学院将重复已在其他地方完成的重要实验，并在其记录簿（ses registres）中记录自己的实验与上述实验之间的一致或不同之处。

第三十条

科学院将审查院士们提交的已出版作品；只有在例会上全文宣读之后，或至少在团体指定的审查人员进行审查并提交报告之后，学院才会予以认可；如果没有得到科学院批准，任何院士都不得在其计划印刷的作品中使用院士头衔。

第三十一条

如果国王下令，科学院将对所有向国王陛下申请特权[3]的机器进行审查。它将证明这些机器是否新颖实用，同时获批的机器发明者将被要求提交一个

---

[1] "experience" 一词包含经验和实验的意义，文本中主要指实验。

[2] 这里讨论的重点不是选举院士，而应该是填补预留的院士位置。

[3] 特权（privilège）在波旁王朝时期指一种属于法国国王的权利，由国王赋予或让渡给提出申请的个人。个人被授予特权在实际效果上与获得专利相似。但特权与专利在内涵上有根本差异。专利是属于个人的自然权利，而特权不是。

模型。[1]

第三十二条

荣誉院士、领薪院士和准院士享有表决权，仅当表决涉及科学问题时。

第三十三条

只有荣誉院士和领薪院士享有表决权，仅当表决涉及科学院的选举或与科学院有关的事务时；上述审议表决将通过投票方式进行。

第三十四条

非科学院成员不得参加或获准参加常规例会，除非秘书邀请他们报告某个新发现或新发明。

第三十五条

所有人可以进入公开会议[2]会场。公开会议每年举行两次，一次在圣马丁节后的第一天，另一次在复活节后的第一天。[3]

第三十六条

院长将与荣誉院士一起坐在会议桌的上首；领薪院士将坐在会议桌的两侧；准院士将坐在会议桌的下首，而学生将分别坐在其所属院士的后面。

第三十七条

院长应认真确保科学院的每次会议和所有相关事务都遵守良好的秩序；他应向国王陛下或国王委托照管科学院的国务秘书准确报告有关情况。

第三十八条

在所有会议上，院长将审议各种事项，按照会议座次，听取团体中有发言权者的意见，并以多数票通过决议。[4]

---

[1] 对新技术发明的审查在 18 世纪成为巴黎皇家科学院的一项重要工作。文中的"提交"对应法语词汇是"Laisser"，在这里是"留下"的意思，也就是说科学院不退还提交审查的发明，或者不需要申请审查者另外交付一个新发明。

[2] 在第三十四、第三十五条，皇家科学院的会议（assemblées）被明确区分为两类，一类是对内的常规例会（assemblées ordinaires），另一类是对外开放的公开会议（assemblées publiques）。文中出现"assemblée"一词，如果主要指第一类会议时，则翻译为"例会"。

[3] 圣马丁节是在每年 11 月 1 日，复活节是在每年过春分月圆后的第一个礼拜日。两个节日大约相隔半年。

[4] 文中"拥有发言权"（ont voix）和"多数表决"（la pluralité des voix）的表达都涉及"voix"一词。而"通过决议"（prononcera les résolutions）的表达使用了"prononcer"一词，说明需公开对与会者宣布。如果翻译为英文，则为"pass resolutions"，字面上已经没有现场公开宣布的含义。

第三十九条

院长将由国王陛下在每年 1 月 1 日任命；虽然他需要每年重新任命，但只要国王陛下愿意，他可以继续担任院长；如果由于身体不适或工作需要，他不能出席某些会议，国王陛下将同时任命另一名院士在上述院长缺席时主持会议。

第四十条

秘书应准确收集团体的提议、讨论、审查和决议的所有实质内容，将其记录在与每个集会日相关的记录簿中，并将被宣读的论文插入其中。每年 12 月底，他都应向公众提供一份记录簿的摘录，或一份关于科学院最重要事件的合理记录。

第四十一条

与科学院有关的记录簿、证书和文件将始终由秘书保管。由院长编制新的清单后，它们将及时移交给秘书；每年 12 月，院长将根据全年增补的内容，对上述清单进行核对并补充。

第四十二条

秘书将终身任职；当秘书因病或其他重要原因不能出席会议时，他将指定他认为合适的一位院士，代替他保管记录簿。

第四十三条

司库将保管属于科学院的所有书籍、家具、仪器、机器或其他藏品；在他就职时，院长将清点这些物品并移交给他；每年 12 月，院长将核对相关清单，根据全年增加的物品进行补充。

第四十四条

当学者们要求查看司库保管的任何物品时，他都将认真向他们展示；但如果没有科学院的书面指令，他不得允许他们将这些物品带出保管室。

第四十五条

司库将终身任职；如果因为某种合法障碍，司库无法履行其全部职责时，他将任命某位院士以代替他履行。

第四十六条

为了方便出版由院士们创作的各种作品，国王陛下允许科学院选择一家书商，国王将根据这一选择结果，授予该书商必要的特权，以便印刷和发行获得科学院批准的院士的作品。

第四十七条

为了鼓励院士们继续工作，国王陛下将根据他们的工作价值，继续向他们支付普通年金（les pensions ordinaire），甚至是特别奖金（gratifications extraordinaires）。

第四十八条

为了帮助学者们开展研究，并为他们完善其科学提供便利，国王将持续提供必要的费用，以便每一位院士能够进行各种实验和研究。

第四十九条

为了奖励出席科学院会议的人员，国王陛下将在每次会议上向所有出席会议的常驻院士发放出勤奖励。

第五十条

国王陛下希望本条例在下次例会时被宣读，并将其列入记录簿，以便按照条例的形式和内容严格遵守；如果有任何院士违反本条例的任何部分，国王陛下将下令根据具体情况予以处罚。

签订于一六九九年一月二十六日，凡尔赛

签字：路易

再往下是：菲利波。

论 重 力 ①

艾萨克·牛顿 著

高 洋 ② 译

以两种方法来研究诸液体与固体在液体之中的重力与平衡的科学是适宜的。在适于用数学科学处理的程度之内，我有理由在很大程度上将其从物理考虑中抽象出来。并且，出于这一理由，我已开始着手从抽象原理出发以几何学方式严格地来证明它的单独命题，那些抽象原理是为学生们所充分熟悉的。由于就其可被应用于澄清自然哲学中的许多现象而言，这一学说可能被认为以某种方式与自然哲学有亲缘关系，并且除此之外，为了使其有用性能够尤其明了，并使其原理的确定性可能得到确认，我也将很愿意以实验来充分地说明这些命题。尽管如此，这是以附注的方式来处理的，这种更为自由的讨论方式不可与前面那种通过引理、命题和推论来处理的方式相混淆。

这门科学由以得到论证的基础，或是特定语词的定义，或是无人否认的公理及公设。我将直接处理这些问题。

定 义

"量""持续"（duratio）及"空间"这些术语已为人所熟知，以至于不能再由其他语词来定义。

定义 1. 处所（Locus）是某物所完全填充的一部分空间。

---

① 牛顿手稿《论重力》（*De Gravitatione et aequipondio fluidorum*）编号 MS. Add. 4003，Portsmouth Collection，剑桥大学图书馆藏。原文为拉丁文，无标题，通行的名称《论重力》是取第一段头两个词为全文命名。该手稿写作时间不详，学界较为认可的观点认为《论重力》创作于 1684 年或 1685 年，与《自然哲学的数学原理》属于同一创作时期。全文载于 *Unpublished Scientific Papers of Isaac Newton*, ed. A. Rupert Hall & Marie Boas Hall, Cambridge: Cambridge University Press, 1962, pp. 90–121，后附英文翻译，载于第 121–156 页。一个改进的英文译本载于 Isaac Newton, *Philosophical Writings*, ed. Andrew Janiak, Cambridge: Cambridge University Press, 2014, pp. 26–58。本译文主要依据拉丁文本及 Janiak（2014）的英译本译出。正文方括号【 】中的文字是英译本所加的补充性字词，圆括号（ ）内为牛顿手稿中原有的词句。

② 高洋，西北大学科学史高等研究院讲师。

定义 2. 物体是填充处所的东西。

定义 3. 静止是保持在同一个处所。

定义 4. 运动是处所的变动。

注：我说一个物体填充处所，也就是说，它将处所填充得如此之完全，以至于它完全排斥同类事物或其他物体，就好像它是一种不可入的存在物。尽管如此，处所可以被称为空间的一部分，而一物完全进入了它；但是由于这里只考虑物体，而不考虑可入的事物，我更偏好将【处所】定义为一物所填充的那部分空间。

此外，由于在此并不打算将物体作为一种被赋予可感性质的物理实体来研究，而是仅仅就其为有广延的、可运动的和不可入的来研究，我并没有以一种哲学的方式来定义它，但是将可感性质抽象掉之后（这一点哲学家们也会抽象掉，并将其指派给心灵，把它看作由物体的运动所激起的种种思想方式，除非是我搞错了），仅仅假设了位移所需要的那些特性。[1]因此不同于物理的物体，你可以用这样的方式来理解抽象图形，它与几何学家在将运动指派给它们时的思考方式相同，正如欧几里得在其《几何原本》第一章命题 4与命题 8之处所做的那样。并且，在第十一章的第十个定义之处就应当这样做，因为它被错误地包含在定义之中，但应该与命题一起得到证明，除非它可能是被当作一条公理。

另外，我将运动定义为处所的变动，因为运动（motus）、迁移（transitio）、平移（translatio）、移动（migratio）等似乎是同义词。如果你愿意的话，就让运动作为一个物体从处所到处所的迁移或平移吧。

对于静止，当我在这些定义中假设空间是与物体相区分的，并且当我确定运动是相对于那个空间的诸部分，而不是相对于邻近物体的位置（positio）之时，为了防止这被看作对笛卡尔主义者的无敌反对，我将尽力破除他的幻想。

我可以将他的学说总结于以下三个命题中：

（1）就事物的真理来说，每一个物体只拥有一种真正的运动（《哲学原理》[2]，II，28、31、32），它可被定义为物质的一部分或一个物体相对于

---

① 对于本文中经常出现的几种表示"性质"的词，统一译名如下：affectio 译为"属性"，attributum 译为"品性"，accidens 译为"偶性"，proprietas 译为"特性"，qualitas 译为"性质"，natura 译为"本性"。——译注

② 即笛卡尔的《哲学原理》（*Principia Philosophiae*），下文简称《原理》。——译注

紧紧与其相接触的那些物体的邻近的平移，并且相对于其他物体的邻近来说，它被看作静止。（《原理》，Ⅱ，25；Ⅲ，28）

（2）根据这一定义而在其真正的运动中迁移的物体，不仅可以被理解为一些物质粒子，或由相对静止的诸部分构成的一个物体，而且可以被理解为所有那些同时被迁移的东西，虽然这当然会包括许多拥有不同相对运动的部分（《原理》，Ⅱ，25）。

（3）除这种每一物体所特有的运动之外，每一物体都可以通过参与（participatio）而产生无数其他运动（或就其是拥有其他运动的其他物体的部分而言）（《原理》，Ⅱ，31），尽管如此，这些运动并非哲学意义上的运动，也不是依理性而言（Ⅲ，29）及根据事物真理（Ⅱ，25；Ⅲ，28）来理解的运动，而只是错误的和根据常识（Ⅱ，24、25、28、31；Ⅲ，29）来理解的运动。他似乎将那种运动描述为一种行动（actio），任何一种物体都通过它而从一处移动到另一处。

正如他构造了两种运动，即真正的和派生的，他也指派了这些运动由之而进行的两种处所，它们就是紧紧围绕在四周的物体表面（Ⅱ，15），以及处于任何其他物体之中的位置（Ⅱ，13；Ⅲ，29）。

确实，不仅它的荒谬后果使我们相信这种学说是多么混乱和与理性不一致，而且笛卡尔似乎出于自相矛盾而承认了这一事实。因为他说，正确地和从哲学意义上讲，地球与其他行星并不运动，并且那些声称它们由于有相对于恒星的移动而在运动的人的言谈并无道理，而仅仅是在以庸常的方式说话。（Ⅲ，26、27、28、29）然而后来他赋予地球与诸行星一种退离太阳的趋势，好像在退离一个它们绕之作圆周运动的中心，通过这种趋势它们被平衡于自身与太阳的距离之上，正如旋转的涡旋所造成的相似趋势一样（Ⅲ，140）。这又怎么办呢？这种趋势是应当从（根据笛卡尔）行星的真实和哲学的静止之中导出呢，还是应该从【它们的】庸常的和非哲学的运动中导出呢？但是笛卡尔又进一步说，一颗彗星刚刚进入涡旋时具有较小的退离太阳的趋势，并在恒星之中保持一个位置而不屈从于涡旋的冲力，但是相对于涡旋来说，它被从与其相接触的以太的邻近移开，因此哲学地说是绕着太阳旋转的，在此之后，根据严格的哲学意义来说，涡旋的物质载着彗星与之一起并使其成为静止（Ⅲ，119–120）。所以，这位哲学家并非自相一致，他将刚刚拒斥过的庸常运动作为哲学的基础，现在又将那种运动拒斥为不合于任何东西，而之前，根据事物的本性，只有它被称为真正的和哲学的运动。并且由于彗星围绕太阳的旋转在他的哲学意义上并不引起一种退离中心的趋势，而一种常识意义上的旋转可以引起这种趋势，常识意义上的运动就当然应该被承认，而不是哲学意义上的。

其次，他在这种情况下似乎是自相矛盾的：他假定根据事物的本性每一个物体都对应着一个严格的运动；然而，他又断定运动是我们想象力的一种产物，并将其定义为相对于物体邻近的平移，这些物体并不静止，而只是看上去处于静止，即使它们可能实际上是在运动，正如Ⅱ，29–30 中更加详细解释的那样。通过这些，他意在躲避有关物体的相互平移的那些困难，也就是说，为什么说一个物体在运动而不是另一个物体，以及为什么河流中的一只小船在不改变相对于河岸的位置时被称为静止的（Ⅱ，15）。但是如此一来矛盾就会很明显，设想某人将涡旋的物质看作是静止的，并且哲学地讲，地球也同时是静止的；再设想与此同时，又有一人看到涡旋中同样的那些物质是在作圆周运动，并且哲学地讲，地球并不是静止的。以同样的方式，海上的一艘船将同时运动和不动；而且在不取运动的较松散的庸常意义的情况下就是这样，根据这种庸常意义，每一个物体都拥有无数的运动，而在其哲学意义中，他说，根据它，每一个物体中只有一种运动，这种运动真正属于它，且符合事物的本性而不是我们的想象。

再次，他在这种情况下似乎不是自相一致的：他根据事物的真理设定了一种对应于每一个物体的单一运动，然而（Ⅱ，31）又设定了无数的运动，它们真正存在于每一个物体之中。因为在任何物体中真正存在的运动事实上就是自然运动，并因此是哲学意义上的运动，且符合事物的真理，尽管他可能会争论说它们只是庸常意义上的运动。再加上这一点，即当一整个事物移动时，所有构成整体和一同平移的部分都确实是静止的，除非确实承认它们通过参与整体的运动而运动，并且根据事物的真理，它们确实拥有无数的运动。

但是除此之外，我们可以从其结论中看出笛卡尔的这一教义有多么荒谬。第一，正是由于他狂热地争辩说地球并不运动，因它并未从与其相接触的以太的邻近移开，所以从这同样一些原则中可以推出，当坚硬物体的内部粒子并未从直接接触的粒子的邻近移开时，它们在严格意义上并不具有运动，而只是通过参与外部粒子的运动而运动。不如说，这所呈现的是外部粒子的内部部分并不根据一种真实的运动而运动，因为它们并未从内部部分的邻近处移开，我只能提议说只有每一物体的外部表面以一种真实的运动而运动，而整个的内部实质，也就是整个物体，都是通过参与外部表面的运动而运动。因此，运动的根本定义是错误的，它把仅仅适合于表面的东西赋予物体，并且否认任何物体中能够存在更为真实的运动。

第二，如果我们只考察Ⅱ，25，每一个物体都不是有一个单一的真实运动，而是有无数个，如果它们被称为是在真实地和依照事物真理而运动，通过后者，整体真实地运动着。这是因为对于那种他定义了其运动的物体，他将其理解为一切同时移动的东西，然而这种东西可能包括一些部分，这些部分在自身之中有其他的运动：【例如】一个涡旋与其所有的行星，或一艘浮在海上的船与其载着的所有东西，或一个行走在一艘船上的人与他所携带的东西，或一座钟的齿轮与组成它的金属粒子。因为除非你认为整个聚合体的运动并非被设定为真实运动，且并非依照事物真理而属于那些部分，否则就必须承认钟的齿轮、行走的人、漂浮的船以及涡旋的所有这些运动都真正地并在哲学意义上说存在于齿轮、人、船及涡旋的粒子之中。

从这两种结论中似乎可以进一步看出，没有一种运动可以被认为比其他运动更为真正、绝对和真实，而所有的运动——不管是相对于邻近的物体还是遥远的物体——都是同等哲学的；再不能想象比这更荒谬的事了。因为除非承认任何物体都有一种单一的物理运动，并且它其余那些相对于其他物体的关系和位置的改变都只是外在的指派，否则就会导致地球（举个例子）由于一种相对于恒星的运动努力退离太阳的中心，并由于一种相对于土星及承载它的以太天球的较少运动而较少地努力退离，而相对于木星及引起它运转的旋转以太来说这种退离的努力还要少，相对于火星及其以太天球来说又要更少，而相对于其他那些尽管并不承载行星，但离地球的周年轨道更近的以太物质的轨道来说，它就更要少得多；并且相对于它自身的轨道来说，它确实也就没有努力了，因为它在其中并不运动。由于所有这些努力与非努力不能绝对地同时发生，倒不如说只有地球的自然运动与绝对运动同时发生了，它由于这种运动而努力退离太阳，并且因为这种运动，它相对于外部物体的平移都只是外在的指派。

第三，从笛卡尔的教义中可以得出，运动在没有力的作用之处也能够产生。例如，如果上帝突然使我们涡旋的旋转停止，而同时不向地球施加任何能够使它停止的力，笛卡尔就会说地球在一种哲学意义上运动着——由于其相对于紧密接触的流体的邻近的平移——然而此前他却说它是静止的，在相同的哲学意义上。

第四，从同一学说中还可以得出上帝本身也无法在某些物体中创造运动，即使他以最大的力推动它们。例如，如果上帝用任何极大的力推动恒星天以及造物的所有最遥远的部分，以使其绕地球旋转（假设它们具有一种周日运动）：然而根据笛卡尔的观点，在这种情况下只有地球才能被真正地认为是在运动，而不是天空（Ⅲ，38），就如同在下面两种情况中一样：不管是他以极大的力使天空由东向西转动，还是以一个较小的力使地球沿相反方向转动。但是谁会假设地球的诸部分努力退离其中心，仅仅是由于一种施加于天空之上的力呢？或者如此推理不是更合适吗：当一个施加于诸天之上的力使它们努力退离导致如此的漩涡的中心时，它们就因此是唯一真实地和绝对地运动着的物体；并且当一个施加于地球上的力使它的各部分努力退离导致如此的旋涡的中心时，它因此也是唯一真实地和绝对地运动着的物体，尽管在这两种情况下这些物体都存在着相同的相对运动。这样，物理的与绝对的运动就要通过不同于平移的考虑来指派，这样的平移仅仅是一种外部的指派。

第五，物体不通过物理运动而改变其相对距离及位置，这似乎是与理性相矛盾的；但是笛卡尔却说地球与其他行星以及恒星真实说来是静止的，然而它们的相对位置却在改变。

第六，另一方面，似乎同样与理性相矛盾的是，对于具有同样相对位置的几个物体来说，其中一个具有物理运动，而其他物体则是静止的。但是如果上帝使任何行星静止，并持续地使它相对于恒星保持着同样的位置，难道笛卡尔不会说，尽管恒星并不运动，行星现在却由于一种相对于涡旋物质的平移而物理地运动着吗？

第七，我要问，以何种理由可以说任何物体在真实地运动，它从其他物体的邻近移过，而这些物体并不被看作是静止的，或更精确地说，当它们不能被看作是静止的。例如，就接近周边的那些物质相对于环绕着的涡旋中的其他相似物质的邻近的平移来说，我们自己的涡旋以何种方式可被认为是在作圆周运动，因为环绕着的涡旋中的物质不能被看作是静止的，并且这不仅是相对于我们的涡旋，而且就那些涡旋相对于彼此并非静止来说【也是这样】。因为如果这位哲学家的平移所参照的不是涡旋中以数表达的有形体的粒子，而是涡旋存在于其中的一般空间（正如他称呼它的那样），那么我们就终于达成一致了，因为他承认运动应当参照空间，就其与物体相区分而言。

最后，为了使这一立场的荒谬性得到完全的揭示，我认为此外还可以得出一个运动的物体既没有确定的速度，也没有确定的运动轨迹。并且更糟的是，运动中无阻力的物体的速度不能被认为是不变的，它的运动在其中完成的轨迹也不能被认为是一条直线。相反，根本就不会有运动，因为不存在一种不具有特定速度和确定性的运动。

但是为了使这一点清楚，首要的是揭示出，根据笛卡尔的观点，当一特定运动结束时，不可能为处于运动开始的物体指派一个处所；我们不知道物体是从何处开始运动的。理由是，根据笛卡尔的观点，不参照环绕着的物体的位置，处所就不能被定义或指派，而某些运动完成之后，环绕着的物体的位置已经不在它原来的地方了。例如，如果现在要找到木星一年前所在的处所，我要问，笛卡尔主义哲学家能够以何种步骤来描述它？不能通过流体物质的粒子的位置这一方法，因为一年以来这些粒子的位置已经极大地改变了。也不能借助太阳与恒星的位置来描述它，因为精细物质通过涡旋的两极朝向中央恒星的流入（Ⅲ，104），以及涡旋的波动（114）、膨胀（111）以及吸收，以及其他更为真实的原因，例如，太阳与恒星围绕自身中心的旋转，黑子的生成，以及穿越天空的彗星轨迹，这些会使星辰的大小与位置发生如此大的改变，以至于不适合在仅几英里误差内确定所找的处所；借助它们，那个处所会更不容易被准确描述和决定，正如几何学要求它被描述的那样。确实，世界上没有物体在时间的进程中不改变其相对位置，也没有物体不在笛卡尔意义上运动：也就是说，那些既不是从相接触物体的邻近移开，也不是其他如此移动着的物体的一部分的物体。因此，不存在这样一个基础，我们可以现在从它出发而指派一个处于过去的处所，或说这样一个处所还能在自然中被发现。因为根据笛卡尔的学说，处所除了围绕着的物体的表面或处于其他一些更远的物体之中的位置，就什么都不是了；那些物体保持同样的位置时，他由之得到对单个处所的指派，而当那些物体的方位改变后，如果这一处所还存在在自然中，（根据他的学说）这是不可能的。所以，像对待木星一年前的位置这一问题那样推理，这一点是很清楚的，即如果有人追随笛卡尔的学说，那么甚至是上帝本人也不能精确地和以几何方式确定任何移动物体过去的位置，因为现在事物已经处于一个新的状态，根据这些物体已改变的位置，那个处所已经不存在于自然中了。

现在，由于不可能找出一个运动开始的处所——也就是所穿越的空间的起始点——因为这个处所在运动完成后就已经不存在了，那段被穿越的空间没有起始，也就不能有长度；而由于速度依赖于在给定时间内经过的长度，因此这一运动的物体也就不能有速度，正如我开头想说明的那样。此外，对于所经过的空间的起点所说的也应被理解为与一切途经的处所相关，因此并没有空间被经过，也就没有确定的运动，这是我第二个论点。结果不容置疑，笛卡尔式的运动并不是运动，因为它没有速度，没有确定性，也不拥有所穿越的空间或距离。因此，处所及由此而来的位移的定义要参照某种无运动的存在物，比如单纯的广延或就其被视为确实与物体相分离而言的空间，这是必然的。笛卡尔主义哲学家可能更愿意允许这一点，如果他注意到笛卡尔本人也有一个与物体相区分的广延的观念，他通过称其为一般的（generica）（Ⅱ，10、12、18）而希望将其与形体性的广延区分开来。还有涡旋的旋转，他从中推出了以太退离中心的力，以及因此他整个的机械论哲学，都隐含地涉及了一般广延。

此外，由于笛卡尔在Ⅱ，4与11处似乎已经证明了物体与广延毫无差别，将硬度、颜色、重量、冷热以及物体可以缺少的一切其他性质抽象掉，以至于最后只余下它在长度、宽度、深度上的广延，因此只有这些属于它的本质。鉴于这一点已被很多人认为得到了证明，而这在我看来是相信这一观点的唯一理由，为防止任何有关运动本性的疑虑留存下来，我将通过解释广延与物体是什么以及它们如何异于对方来回应这一论证。因为将实体划分为思想的与广延的【存在物】或准确地说划分为思想与广延，这一区分是笛卡尔哲学的主要基础，他争辩说人们可以比知道数学证明还要更准确无疑地知道这一点：我认为最重要的就是在广延问题上推翻【那种哲学】，以便为机械科学奠定更为真确的基础。

可能现在人们预计我要将广延定义为实体，或偶性，或什么也不是的别的。但并非如此，因为它有其自身专属的存在方式，这种方式既不合于实体，也不合于偶性。它不是实体：一方面，因为它自身并不是绝对的，而似乎可以说是上帝的一种流溢效果，以及每一种存在物的一种属性；另一方面，因为它并不处于那些表示实体的特定的属性之中，亦即作用（actio），比如心灵中的思想及物体中的运动。因为尽管哲学家们并不将实体定义为一种能对事物有所作为的存在物，然而每个人都对实体默认了这一点，这依据的是这一事实，即他们会乐意允许广延像物体一样作为实体，仅当它能够运动并分享物体的行为的时候。相反，如果物体既不能运动，也不能在无论何种心灵中激起任何感觉或知觉，他们基本上不会允许将物体作为实体。此外，由于我们可以清楚地构想广延没有任何主体而存在，正如我们可以想象世界之外的空间或无任何物体的处所一样，并且我们相信【广延】存在于一切我们想象那里没有物体的地方，而且我们不能相信如果上帝要毁灭一个物体，它就会随之一同消灭，由此可知【广延】并不作为一种内在于某些主体的偶性而存在。因此它不是一个偶性。它更不能被称为虚无，因为它是某种比一个偶性更多的东西，并且更接近于实体的本性。不存在虚无的观念，虚无也没有任何特性，但是通过抽象掉一个物体的倾向与特性，以至于只留下空间在长、宽、深方面的统一的和无限的延展，我们有着对于广延的一个非常清楚的观念。另外，它的许多特性都与这一观念相关；我将逐一列举这些特性，不仅展示它是某种东西，而且还要展示它是什么。

1. 在所有的方向上，空间可被区分为部分，它们的共同边界我们通常称为表面；这些表面在所有的方向上可被区分为部分，其共同边界我们通常称为线；并且这些线又可在所有的方向上被区分为部分，我们称之为点。因此表面不具有深度，线不具有宽度，点不具有维度，除非你认为毗邻的空间相互穿透，其深度与它们之间的表面深度相同，即我已经称为二者的边界或共同界限的东西；同理适用于线与点。另外，空间处处都与空间相连续，且广延处处都紧接着广延，因此到处都有连续部分的共同边界；也就是说，到处都有作为固体在这一边或那一边的边界的表面；到处都有表面的各部分在那里互相接触的线；到处都有线的连续部分在那里相连接的点。因此到处都存在着一切种类的图形，到处都有球体、立方体、三角形、直线，到处都有圆形、椭圆形、抛物线形以及一切其他种类的图形，还有一切形状与大小的图形，即使它们并未被看到。因为画出任何物质形体的轮廓相对于空间来说都不是对那一形体的一种新的生产，而仅仅是对它的一种形体性再现，这样之前在空间中不可感的东西现在就出现于感官之前。于是我们就相信任何球体曾经穿越的所有那些空间都是球形的，一个瞬间一个瞬间地渐次移动，尽管那个球体的可感轨迹已经不在那里了。我们坚定地相信在球体占据它之前空间就是球形的，因此它能够包含那一球体；所以由于到处都有能够正好容纳任何物质性球体的空间，很明显空间到处都是球形的。其他形体也是一样的。同理，我们在清水中看不到物质性的形状，尽管其中有许多这样的东西，仅仅在其部分中置入一些颜色就会使它们以多种方式呈现。虽然如此，如果置入颜色，它并不会构成物质性的形状，而只是使它们变得可见。

2. 空间在一切方向上都是无限延伸的。因为我们不能在任何地方想象任何界限，而同时却并不想象有空间超越于它。因此所有的直线、抛物面、双曲面，以及所有的圆锥、柱体以及其他同类的形体都会延续到无限，而不在任何地方受限，即使它们在此处及彼处被种种延伸的线与面穿越，并与其在各方向上构成形体的部分。这样你就确实有了一个无限的实例，想象任一个三角形，它的底与一边处于静止，另一边绕着它与底相交的那一点在三角形所在的平面上旋转，这样这个三角形就在顶点处逐步打开，同时心里要留意两边相交的那一点，如果它们被延长到那么远的话：很明显所有这些点都位于固定的那一边所处的直线上，并且随着移动的一边的转动，它们总是会变得越来越远，直到两边变得平行而不能在任何地方相交。现在我要问，两边相交的最后一点的距离是什么？它当然比任何可指派的距离都要大，或者准确地说没有哪个点是最后一个，因此所有那些交点所处的直线实际上比有限要大。而且也不能说这只是想象中的无限，而不是事实上的；因为如果一个三角形被实际画出来了，它的边就事实上总是指向某些共同点，在那里如果画出了线那么两者就会相交，因此总是存在这样一个现实的点，在那里所作出的两边会相交，尽管它可被想象为落在物理宇宙的边界之外。因此由所有这些点所画出的线将会是真实的，虽然它延伸至超越一切距离之外。

如果有人现在反驳说我们不能想象广延是无限的，我同意。但是同时我要争辩说我们能够理解它。我们能够想象一个较大的广延，然后是一个更大的广延，但是我们理解存在着一个比我们所能想象的任何广延都更大的广延。顺便说一句，这里理解的机能与想象是清楚地区分开的。

如果有人进一步说我们并不理解一个无限的存在物是什么，除了通过否定一个有限存在物的界限，并且这是一种否定的和错误的构想，我表示反对。因为界限或边界是较大的实在或实存在有限的存在物中的限制或否定，并且我们越少构想一物被界限限制，我们所觉察的赋予它的东西就越多，也就是说，我们越会肯定地构想它。因此通过否定一切界限，这种构想的肯定程度达到了最大化。"终止"（finis）相对于知觉来说是一个否定的词，于是"无限"

（infinitas），由于它是对一个否定（也就是终止）的否定，就会成为相对于我们的知觉与理解力来说最为肯定的一个词，尽管从语法上看它似乎是否定的。另外【同时】许多长度上无限的面的确定及有限的量都被几何学家们准确地知晓了。因此我能够肯定地和准确地确定许多具有无限长度和宽度的立体的固定的量，并将它们与给予的有限立体相比较。但是这些在此处是不相干的。

如果笛卡尔现在要说，广延不是无限的而是无定限的，他应该得到语法学家的修正。因为"无定限"这一词永远不应被用于那些实际存在的东西之上，而总是指向一种未来的可能性，仅仅表示某种尚未确定和限定的东西。因此在上帝下达任何有关世界创造的敕命之前（假如他未曾命令过），物质的量、恒星的数目以及一切其他事物都是无定限的；一旦世界被创造，它们就被确定了。所以物质是无定限地可分的，但它总是或者有限或者无限被分割的（Ⅰ，26；Ⅱ，34）。因此一条无定限的线是一条其未来长度尚不确定的线；因为确实那实际存在的将不再被确定，而是或者有，或者没有边界，所以不是有限的就是无限的。笛卡尔也不能反驳说，就其与我们的关系来说，他把空间看作是无定限的；也就是说，我们只是不知道它的界限，而且并不肯定地知道它没有界限（Ⅰ，27）。这是因为尽管我们是无知的存在物，至少上帝会理解并不存在界限，不是仅仅无定限的，而是确实的和确定的，而且因为尽管我们否定地想象它超越了一切界限，然而我们肯定地并最为确实地理解它就是如此。但是我看出了笛卡尔所恐惧的东西，即如果他要把空间想象为无限的，它可能会因无限性的完满性而成为上帝。但是这不可能，因为除非被赋予完美的事物，否则无限性就不是完满性。无限的智力、力量、幸福等是完满性的顶点；但是无限的无知、无能、悲惨等是不完满性的顶点；而广延的无限性就其对于广延之物来说是完满的。

3. 空间的部分是不动的。如果它们运动，那么只能是这样：或者每一部分的运动都是一种相对于其他相接触部分的邻近的平移，像笛卡尔对物体的运动所作的定义那样，而这已经被充分地证明为荒谬；或者它是一种从空间移出又移入空间的平移，也就是移出其自身，除非人们可能认为两个空间，一个运动的和一个不动的，是处处重合的。另外，空间的不动性可由持续给出最好的例证。因为正如持续的部分由其次序而被独特化，因而（例如）如果昨天与今天的处所互换并成为两者中的后来者，它就会失去它的独特性，并且不再是昨天，而是今天；因此空间的部分是由其位置而被独特化的，这样，如果任意两部分交换位置，它们将同时改变其独特性，并且每一个都会以数的形式转化为另一个。持续与空间的部分要被理解为与它们确实所是的那样相同，这只是由于它们互相之间的次序与位置；除那种因此不能变动的次序与位置之外，它们也没有任何独特性的原则。

4. 空间是一个存在物仅仅作为一个存在物的属性。不以某种方式与空间相关的某物或不存在，或不能存在。上帝无处不在，被造的心灵处于某处，物体则处于它所占据的空间中；任何既不是无处不在又不在任何地方的东西都不存在。因此可知，空间是第一个存在的存在物的一种流溢效果，因为如果设定了无论什么存在物，那么空间也就被设定了。同样的断定也适用于持续：因为二者当然都是一个存在物的属性或品性，根据它们，任何事物的存在的量都被独特化到这一程度，即其在场与持存都被明确说明了。因此上帝存在的量相对于持续来说是永恒，而相对于他临在于其中的空间来说则是无限；一个被造物的存在的量相对于持续来说，与从其实存开始以来的持续一样大，而相对于其在场的尺寸而言，它与它所处于其中的空间一样大。

此外，为了防止任何人因这一理由将上帝想象为像一个物体一样，具有广延并由可分的部分组成，应当知道空间本身并不是实际可分的，并且任何存在物都有一种自身独有的处于空间中的方式。因此持续与空间的关系就跟物体与空间的关系有很大不同。因为我们并不将不同的持续赋予空间的不同部分，而是说所有的部分都同时持续着。持续的时刻在罗马与在伦敦是一样的，在地球上与在恒星上是一样的，在普天之下都是一样的。正如我们理解任何持续的时刻都分散于所有空间之中那样，就其存在方式而言，无须任何关于它的部分的概念，因此心灵也能够根据它的种类分散于空间之中，而不需要任何其部分的概念，这也就不再是自相矛盾的了。

5. 物体的位置、距离及位移都应参照于空间的诸部分。这从以上列举的空间特性 1 与 4 中可以看出，并且如果你能理解在粒子之间散有许多虚空，或如果你留意到了我先前有关运动的讨论，那么这一点就更加明显了。对于这一点可能要补充的是，在空间中不存在任何种类的能够妨碍、协助或以任何方式改变物体运动的力。因此抛射体会以匀速运动划出直线，除非它们遇到了来自其他某些地方的阻碍。这一点稍后详谈。

6. 最后，空间在持续上是永恒的，在本性上是不动的，因为它是一个永恒和不动的存在物的流溢效果。如果空间曾经并不存在，上帝在那时将不在任何地方；因此他或者后来创造了空间（他并不在那里在场），或者，同样使理性反感的是，他创造了自身的无处不在。接下来，尽管我们可能能够想象空间中没有任何东西，然而我们不能想象空间不存在，正如我们不能想象持续不存在一样，即使可能假设没有任何东西持存。这从超越世界的空间就可明显看出，我们必须假设这些空间存在（因为我们将世界想象为有限的），虽然它们既没有由上帝启示给我们，也没能通过知觉而得知，而且它们的存在也不依赖于世界之内空间的存在。但是人们通常相信这些空间什么也不是；然而它们实际上是空间。尽管空间内可能没有物体，它在其自身之中却不是一种虚无；存在着某种东西，因为存在着空间，尽管再没有别的了。然而事实上必须承认的是，空间在没有世界的地方并不比有世界的地方少些，除非你可能会说当上帝在这个空间中创造了世界的时候，他同时也创造了空间本身，或者如果上帝后来要毁灭这一空间中的世界，他也将毁灭其中的空间。无论任何东西，如果它在一个空间中比在另一个空间中有更多的实在，那么它就属于物体，而不是属于空间；同样的事情将会显得更明白，如果我们将那种幼稚和空洞的偏见置于一旁，根据这种偏见，广延内在物体之中，就像一个偶性在一个主体之中一样，没有前者，后者就不能实际存在。

现在既然已经描述过了广延，余下要做的就是对物体的本性给出一个解释。无论如何，对于这一点，解释必然会变得更加不确定，因为它不是必然存在的，而是依靠了神圣的意志，因为对我们来说神圣力量的界限几乎是不可知的，也就是说，物质是只能以一种方式被创造，还是有数种方式，通过它们，类似于物体的不同存在物能够被创造出来。并且，无论这一点看起来多么难以置信，即上帝能够创造类似于物体的存在物，它们展示出物体所有的行为并显现出物体所有的现象，然而在本质的和形而上学的构造上却不是物体；由于对这种物质没有清晰明确的知觉，我并不敢断言相反的意见为真，因此我不愿意正面地说物体的本质是什么，而是将描述某一特定种类的存在物，它在各方面都与物体相似，并且我们不能否认其创造在上帝的能力之内，因此我们几乎不能说它不是物体。

由于每个人都意识到他能凭意愿移动他的身体，并且进一步相信其他人也有仅凭思想而相似地移动其身体的相同能力，因此不能否认上帝拥有凭意愿移动物体的自由力量，他的思想机能要无限地更为伟大和迅速。基于同样的原因，必须同意上帝仅凭思考与意愿的行为就能防止一个物体穿透任何被特定界限所界定的空间。

如果他要运用这种力量，并使某些突出于地球之上的空间，比如一座山或任何其他物体，变成物体无法穿透的，并因此阻挡或反射光线以及一切侵入的事物，我们从感觉（它构成了我们在这件事上唯一的判断）的证据出发不将这一空间考虑为真正的物体似乎就是不可能的；因为凭它的不可入性来看，它应当被看作可触的；凭它对光线的反射来看，它应当被看作可见的、不透明的和有颜色的；当敲击它的时候它会产生回响，因为邻近的空气会被这一击振动。

这样，我们可以假设有空的空间四散在世界的各处，由特定的界限所界定，因神圣之力而恰好变成物体无法穿透的，并且从假说出发，很明显它将阻挡物体的运动，并可能反弹它们，它还将承担一个有形体的粒子的所有特性，除它将被看作不动的这一点以外。如果我们要假设那种不可入性并不总是保持在空间的相同部分，而是可以根据特定法则移来移去，然而那一不可入空间的量与形状仍保持不变，那么物体就没有什么特性是它不拥有的了。它会拥有形状，是可触的及可移动的，能够反弹和被反弹，并与任何其他微粒一样构成事物结构的一部分，并且我看不出为什么它不能同等地在我们的心灵之上施加影响，并反过来接受影响，因为它除神圣心灵在一特定量的空间之中产生的效果之外什么都不是。因为上帝当然能够通过他自身的意愿来刺激我们的知觉，并由此将这种力量应用于他意愿的效果之上。

以同样的方式，如果几个这样的空间对于物体和彼此来说都是不可穿透的，它们都将保持着微粒的变迁性并显现出同样的现象。因此，如果这整个世界都由这些东西构成，它似乎很难说是被不同的东西所占据。所以这些存在物将或者是物体，或者非常类似于物体。如果它们是物体，那么我们可以将物体定义为全能的上帝赋予了特定条件的广延的确定的量。这些条件是：（1）它们是可移动的，因此我并不说它们是绝对不可移动的空间的数量部分（partes numericas），而只是能够从空间移到空间的确定的量；（2）两个这类事物不能在任何地方相重合，也就是说，它们会是不可入的，因此相遇阻隔了它们的相互运动，并且它们根据特定定律被反弹；（3）它们能在被造的心灵中激发感官和想象力的各种知觉，并反过来被它们移动，这并不奇怪，因为对它们起源的描述就是基于此的。

此外，注意到以下一些有关已经解释过的事情的要点将会是有帮助的。

1. 对于这些存在物的实存来说，我们并无必要假设一些不可知的实体存在，作为主体，它们之中可以有一种内在的实体形式；广延以及一种神圣意愿的行为就足够了。广延取代了实体性主体的处所，物体的形式由神圣意愿保存于其中；神圣意愿的那种产物是物体的形式或形式因，它指明了物体于其中被制造的空间的每个维度。

2. 这些存在物将不会比物体更不真实，也并非（我要说）更不能被称为实体。因为无论何种我们相信存在于物体中的现实性都是凭着它们的现象和可感性质而被赋予的。因此，由于它们能够接受所有这类的性质并能够相似地展现出所有这些现象，我们就判断这些存在物也一样是真实的，如果它们会以这种方式存在的话。它们也将不会比实体更少些什么，因为它们会类似地持存，并仅通过上帝来取得偶性。

3. 在广延与其被印入的形式之间有一个类比，它与亚里士多德主义者在原初物质与实体形式之间设定的类比几乎相同，即他们说同样的物质能够采取所有的形式，并从其形式那里借用数量性的物体的名称。因此我设定，任何形式都可以被移过任何空间，并且无论在何处都指同样的物体。

4. 尽管如此，它们并不相同，因为广延（由于它【包括了】"什么"以及"如何构成"和"多少"）比原初物质具有更多的实在性，又因为它能够以与我指派给物体的形式相同的方式被理解。因为如果在这一构想中有任何困难，它并不处于上帝授予空间的形式之中，而是处于他授予形式的方式之中。但是那将不被看作一个困难，因为就我们移动我们身体的方式而言也会产生同样的问题，然而我们确信我们能够移动它们。如果那对于我们来说是已知的，通过相似的推理我们也会知道上帝如何移动物体，并将它们从一块由给定形状所围住的特定空间中逐出，而且防止被逐出的物体或其他任何东西能够重新进入它，也就是说，使那一空间变得不可入并取得物体的形式。

5. 这样，我已经从我们移动我们身体的机能中推导出了对于这种形体性本性的一个描述，于是所有关于这一构想的困难都可以最终归结于此；另外，上帝也可以看上去（对我们最内在的意识来说）单凭意愿的行为创造了这个世界，正如我们仅凭一种意愿的行为移动我们的身体一样；此外，我似乎可以表明神圣机能与我们自己的机能之间的类比可被证明为比哲学家之前所理解的要更显著。我们是按照上帝的形象所造，《圣经》可以作证。并且，如果他在赋予我们的机能中以与他的其他品性相同的程度仿造了创造的能力，他的形象会在我们之中更加明显；这也不是一个反驳，即我们自己是被造物，因此这种品性的一个份额不能被平等地赋予我们。因为如果凭这个原因，创造的心灵的力量并不在任何被创造心灵的机能中描画出来，然而被创造心灵（由于它是上帝的形象）的本性远比身体更为高贵，以至于它可能会卓越地（eminenter）包含【身体】于自身之中。另外，在移动的物体中我们什么都不创造，也什么都不能创造，只是模仿创造的力量。因为我们不能使任何空间对于物体来说变得不可穿透，而只是移动物体；并且也不是任何选择的物体我们都能移动，而只是我们自己的身体，我们统一于其上，并不是凭我们自己的意志，而是凭神圣的构造；我们也不能任意移动身体，只能根据那些上帝施于我们之上的法则来移动。尽管如此，如果任何人更愿意将我们这种能力称为那种使上帝成为创世主的能力的有限和低级阶段的话，这从神圣力量中所取走的，并不比属于我们的有限程度的智力从他的智力那里所取走的更多，特别是因为我们并不是通过一种特有的和独立的力量来移动我们的身体，而是依靠上帝施于我们之上的法则。确实，如果有人会认为这是可能的，即上帝可以创造某些如此完美的理智造物，以至于它能够与神圣相符，接着又创造低等级的造物，我承认这并不会对神圣力量构成贬损，它设定了一种无限伟大的力量，通过它，造物不仅能被直接创造出来，还可以通过其他中介造物被创造出来。所以某些人可能会更喜欢设定一个由上帝创造的世界灵魂，他将赋予限定的空间形体特性的法则加之于其上，而不是相信这一功能是由上帝直接实行的。当然，世界不应被称为那一灵魂的造物，而只是上帝的造物，他通过以这样一种本性来构造那种灵魂，即世界必然地【从其中】流溢而出，从而创造了世界。但是我看不出为什么上帝自己不直接在空间中添上物体，既然我们已经区分了物体的形式因与神圣意愿的行为，因为它【物体】如果是意愿的行为或任何并非那一行为在空间中造成的效果，且该效果与行为的差异甚至不比它与笛卡尔空间或与根据普通概念而来的物体的实体之间的差异更小，就会引起矛盾；只要我们假定它们是被创造的，也就是说，它们借意愿而得以实存，或者它们是神圣理性的存在物。

最后，我所描述的物体观念的有用性是被这一事实引出的，即它明显地包含了形而上学的主要真理，并完全确证和解释了它们。因为我们不能既设定这种物体，又不同时设定上帝存在，并在空的空间里从虚无中创造了万物，且它们是与被造的心灵相区分的存在物，但能够与心灵结合。说吧，如果你能的话，现在通行的哪一种观点澄清了这些真理中的任何一条，或者是并不与它们全部相反，并且导致了晦涩难解。如果我们与笛卡尔一同认为广延就是物体，我们难道不是公开提供了一条通往无神论的道路吗，不仅因为广延不是被造的，而是已经永恒存在的，而且因为我们有一个与上帝毫无关系的关于它的观念，这样在某些情况下即使假设上帝不存在，我们也可能构想广延。他的哲学之中心灵与物体的区分也是不可理解的，除非我们同时说心灵丝毫没有广延，因此并不实体性地处于任何广延之中，也就是说，不在任何地方存在；这似乎与我们说它不存在是一样的，或至少使它与身体的联合变得完全不可理解和不可能。另外，如果思维实体与广延实体间的区分是合法的和完全的，上帝就并未卓越地将广延包含于他自身之中，因此也不能创造它；而上帝与广延将成为两个分离的、完全的、绝对的实体，并且意义相同。但是相反，如果广延是被卓越地包含于上帝或最高的思维存在物之中，广延的观念就当然会被卓越地包含于思维的观念之中，从而这些观念之间的区别就不存在了，以至于二者可以适用于同一个被造的实体，也就是说，一个物体也可以思考，一个思维存在物也可以有广延。但是如果我们采纳普通的物体观念（或者不如说缺乏它），根据它，在物体之中寓有某些他们称之为实体的不可理解的实在，物体所有的性质都内在于其中，这（除它的不可理解性之外）与笛卡尔主义者的观点所面临的问题是相同的，因为它不能被理解，它与心灵实体之间的区别也就不可能被理解了。因为从实体形式或实体的品性之处划出的区分是不够的：如果单纯的实体之间并不具有一种本质性的区别，同样的实体形式或品性就能够既合于心灵，又合于身体，并轮流呈现它们，如果不是同时的话。因此如果我们不理解去除品性后的实体的区别，我们就不能有意识地断定心灵与身体具有实质性的区别。或者如果它们确实不同，我们也不能找到它们联合的任何基础。此外，他们在概念上（尽管较少在语词上）赋予这种被看作无性质和形式的存在物的有形实体的实在性，并不比他们赋予从其品性中抽象出来的上帝的实体的实在性更少。当简单地设想时，他们以同样的方式构想二者；或者他们根本就不构想它们，而是在某种对一不可知实在的共同理解中将二者搞混了。因此无神论者必定将只属于神圣者之物归于有形实体，也就不奇怪了。确实，我们无论如何举目四望，也几乎再找不到其他支持无神论的理由了，除了这种观念，即物体在某种程度上在自身之中有一种完全、绝对和独立的实在，几乎我们所有的人都由于疏忽而习惯于从小在我们的心灵中拥有【这一观念】（除非我搞错了），因此我们仅仅是在字面上将物体称为被造的和依赖性的。而且我相信这种偏见解释了为什么实体这同一个词在学院中被同义地用于上帝和他的造物之上，以及当哲学家试图形成一个依赖于上帝的事物的独立观念时，他们在形成物体的观念时所依靠和漫谈的是什么。这是因为，任何不能独立于上帝存在的东西，当然都不能独立于上帝的观念而被真正地理解。上帝维系着他的造物，一点也不比它们维系着它们的偶性更少，所以被造的实体，不管你是考虑它的依赖程度还是它的实在程度，都处于上帝与偶性的中间地位。因此它的观念也同样包含了上帝的概念，正如偶性的观念包含了被造实体的概念。所以它在自身之中应该没有别的实在，而只有一种派生的和不完全的实在。这样，刚提到的那种偏见就必须被置于一边，并且实体性的实在将被归于这些种类的品性，它们本身是真实和可知的事物，并且不需要内在于一个主体之中，而不是归于那些我们不能构想其为依赖性的、更不能形成任何它的观念的主体。这一点我们可以毫不费力地做到，如果（除上文阐释过的物体观念外）我们考虑到，当想象真空时我们能够构想空间存在而没有任何主体。因此某些实体性实在符合这一点。但是如果，此外，部分的移动性（如笛卡尔所假设的那样）应当被包含在真空的观念之中，每个人都会愿意承认它是一种有形实体。以同样的方式，如果我们对那种品性或力量有一种观念的话，通过这种力量，上帝单独凭借他意愿的行为就能够创造存在物，我们就应该马上将那种品性构想为无须任何实体性主体而自我持存的，并且【由此构想为】包含了他其余的品性。但是由于我们不能形成这种品性的一个观念，甚至也不能形成关于我们用来移动身体的特有力量的观念，要谈论什么是心灵可能的实体基础就是轻率的。

关于物体的本性就说这么多：通过解释，我断定我已充分证明了我所阐释的这样一种创造最明显不过是上帝的事功，并且如果这个世界不是从那种创造中被构建的，至少另外一个非常相似于它的世界可以被构建出来。由于从它们的特性和本性来看这些材料之间没有差别，而差别只在上帝创造这一个和另一个的方法之中，物体与广延的区分肯定在这里才变得明显。因为广延是永恒的、无限的、非受造的、完全均匀的、完全不动的，也不能造成物体中运动的变化或心灵中思想的改变；而物体则在每一方面都正相反，至少如果上帝并不乐意总是和到处创造它。因为我不敢否认上帝拥有那种力量。如果任何人有其他想法，让他说说他能够在哪里创造原初物质，而创造的力量又是在何处由上帝授予的。或者如果那种力量没有起始，但是他永恒地拥有他现在所有的同样的东西，那么他本可以自永恒起就创造了。因为同样也可以说，上帝之中从来就没有一种创造的无能，或者他总是有创造的力量并且本可以创造，并且他总是可以创造物质。以同样的方式，或者可以指派一个空间，其中物质不能从一开始就被创造出来，或者必须承认上帝本来能够将它创造在任何地方。

另外，为了我能够更简洁地回应笛卡尔的论证：让我们从物体中抽象出（如他所要求的）重性、坚硬性以及一切可感性质，从而除属于其本质的东西外什么也没有留下。留下的会只有广延吗？当然不是。因为我们也可以拒斥那种机能或力量，通过它，它们【性质】刺激思维之物的知觉。由于在思维的观念和广延的观念之间存在着如此巨大的差别，以至于【它们之间】存在着任何联系或关系的基础这一点并不明显，除那种由神圣力量所引起的之外，物体上述的能力能够在保留广延的情况下被拒斥，但是在保留其形体本性的情况下就不行。很明显，能够由自然原因导致的物体之中的变化只是偶然的，它们并不表示实体真正被改变了。但是如果导致了任何超越自然原因的变化，它就不仅仅是偶然的，而且会根本影响到实体。根据那种证明的意思，物体中只有那些能够被自然之力剥除和减损的东西才会被拒斥。但要是有人反对说，不与心灵结合的物体也不能直接在心灵中引起知觉，并且由于存在着不与心灵结合的物体，就可以推出这种力量对它们来说不是本质性的。应当提到的是，这里指的并不是一种确实的联合，而只是物体通过自然之力达到这样一种联合的能力。大脑的部分，特别是心灵与之结合的那些更为精细的部分，都处于一种连续的流动之中，新的东西接续着那些逝去的，从这一事实出发，明显可见那种能力是处于所有物体之中的。无论你考虑的是神圣行为还是有形自然，移去这一个就相当于移去那另一个机能，物体通过它而得以从一个到另一个传递相互作用，也就是说，将物体还原为空的空间。

尽管如此，正如水对穿过它的固态物体的运动的阻力比水银要小，空气的阻力比水又要小得多，并且以太空间的阻力甚至比充满空气的空间还要小，如果我们撇开物体路程上的每一种阻力，我们也必须完全彻底地撇开【介质的】形体本性。以同样的方式，如果那种精细物质被剥除了一切对小球运动的阻力，我就不会再相信它是精细物质了，而相信它是散于各处的真空。因此如果有任何诸如此类的气体或以太空间，它对彗星或任何其他抛射物都不产生任何阻力，我就相信它完全是空的。因为一种有形的流体不阻碍穿过它的物体的运动，这是不可能的，假设（如我先前假设的那样）它并非与物体按照相同的速度运动（Ⅱ，书信 96 致梅森）。①

尽管如此，很明显只有在空间与物体互相不同的时候，才可以将每一种力从空间中移除；因此在证明它们并非不同之前，不能否认每一种力都可被移除，以免因循环论证而引入错误。

但是为了不留下任何疑问，应当从先前讨论过的东西中发现自然中存在着空的空间。因为如果以太是一种完全没有空洞的有形流体，无论它的部分被分解的如何精细，它还是会像任何其他流体一样致密，并且它会对过往物体的运动产生并非更小的惯性力；实际上，如果抛射体是多孔的，就会产生大的多的惯性力，因为那样的话以太就会进入它内部的小孔，并且不仅对抗和阻碍它全部的外表面，而且还阻碍所有内部部分的表面。由于以太的阻力与水银的阻力相比是如此之小，以至于万倍或十万倍地小于后者，所以就有更多的理由认为以太空间可以说绝大部分是空的，并散于以太粒子之间。同样的结论也可从这些流体的不同重力中猜想得出，因为沉重物体的下降及摆的振荡显示出这些与它们的密度，或同等空间中所包含的物质的量成比例。但这里不是讨论这些的地方。

这样你就看到了这种笛卡尔式的论证是如何谬误和不可靠，因为当物体的偶性被拒斥之后，余下的并不只是广延，像他所假设的那样，而是还有那些能力，通过它们，偶性能够借助各种物体的方式而在心灵中激起知觉。如果我们进一步拒斥这些能力以及每一种运动的力量，以至于仅剩下一种均匀空间的确切构想，笛卡尔还会从这一广延中编造出任何涡旋、任何世界吗？当然不会，除非他首先祈求于上帝，只有上帝才能在那些空间中制造新的物体（或通过将那些能力归还给有形自然，正如我上文解释的那样）。因此在前文中我正确地将有形自然指派给了那些已经列举出来的能力。

---

① 牛顿指的可能是笛卡尔于 1639 年 1 月 9 日写给梅森的信，在这封信中，笛卡尔讨论了物体穿过各种介质的运动。该信原文见 *Oeuvres de Descartes*, ed. Charles Adam and Paul Tannery, Paris: Vrin, 1996, vol. II: 479–492。——译注

因此最后，由于空间本身并不就是物体，而只是物体在其中存在和运动的处所，我认为我关于位移所作的规定已经被充分确证了。我也看不出这一事务中还有什么可探求的，除了可能还要警告那些对此不满意的人，即在说到空间之时，我将其部分定义为充满物体的处所，他们应当将其理解为笛卡尔式的一般空间，其中单独考虑的空间或笛卡尔式的物体都被移除了，因此他们在我们的定义中将几乎找不到什么可反驳的东西。

我已经离题够远了，让我们回到主题上来。

定义 5. 力（vis）是运动与静止的因果性原理。它或者是一种外在的力，这种力产生、摧毁或在其他方面改变某些物体之中的受迫运动，或者它是一种内在的原则，存在的运动或静止通过它而保存于一个物体之中，也是借助它，任何存在物都努力延续它自身的状态并抵抗阻力。

定义 6. 努力（conatus）是被阻抗的力，或就其是被阻抗的而言的那种力。

定义 7. 冲力（impetus）是那种就其被印入一事物之上而言的力。

定义 8. 惯性（inertia）是一个物体内部的力，它防止物体的状态被一种外在所施加的力轻易改变。

定义 9. 压力（pressio）是相接触的部分互相穿透其空间（dimensiones）的努力。因为如果它们能够【互相】穿透，压力就会消失。并且压力只在相接触的部分间存在，它们接着又施压于其他与它们接触的物体，直到压力被传递到任何物体的最遥远的部分，无论这些物体是硬的、软的还是流体的。依靠一个接触点或接触面而产生的运动的传递就是基于这一行为。

定义 10. 重力（gravitas）是一个物体中强迫它下降的力。然而，这里的下降不仅意味着一种朝向地球中心的运动，而且也朝向任何地点或区域，或甚至远离任何地点。以这种方式，如果绕太阳旋转的以太退离其中心的努力被当作重力的话，就退离太阳而言，以太可被称为在下降。因此通过类比，与重力或努力的方向直接相对的那一平面应被称为水平的。另外，这些力量的量，即运动、力、努力、冲力、惯性、压力及重力，可以以双重方式来计算：也就是说，或者是根据它的内涵度（intensio），或者是根据它的外延度（extensio）。

定义 11. 以上所提到的任何力量的内涵度是其质的程度。

定义 12. 其外延度是它在其中发挥作用的空间或时间的量。

定义 13. 其绝对的量是它的内涵度与外延度的乘积。因此，如果内涵度的量是 2，外延度的量是 3，将二者相乘你就会得到绝对的量 6。

此外，通过个别的力量来描述这些定义将会是有帮助的。这样，当物体在相同时间内所经过的空间较多或较少时，运动或者是更剧烈的，或者是更弛缓的，出于那种理由，一个物体也通常被称为运动地更加迅速或更加缓慢。再则，就被移动的物体是更大的或更小的来说，或就其扩散至一个较大或较小的物体来说，运动就是或多或少延伸的。运动的绝对的量是由运动物体的速度和尺度结合而成的。因此当力、努力、冲力或惯性在同一个或相等同的物体中更大时，它们就变得更为剧烈；而在更大的物体中它们就更为广大，它们的绝对的量则从二者中得来。因此压力的内涵度与表面区域上的压力的增加成比例。其外延度与被压的表面成比例。绝对的量来自压力的内涵度及受压表面的量。因此，最后，重力的内涵度与物体的特定重力成比例；其外延度与重物的大小成比例，而绝对地说重力的量就是特定重力与承受重力的物体的质量之积。谁如果无法清楚地区分这些，他就必然会陷入许多与力学科学相关的错误之中。

另外，这些力量的量可能有时会根据持续时间来计算；出于这种理由就会有一种绝对的量，它是内涵度、外延度和持续时间的积。以这种方式，如果一个【大小为】2 的物体以 3 为速度运动了时间 4，整个运动［的绝对的量］就是 $2 \times 3 \times 4$ 或 24。

定义 14. 速度（velocitas）是运动的剧烈度，缓慢（tarditas）是其弛缓度。

定义 15. 当物体的惯性更大时，它们就更致密，当其惯性较弱时，它们就更为稀疏。

以上提到的其余力量没有名字。

尽管如此，应当注意的是，如果像笛卡尔或伊壁鸠鲁一样，我们假设稀薄化与浓缩化是以释放或压缩海绵的那种方式完成的，也就是说，通过孔洞的膨胀与收缩，这些孔洞或者充满某些非常精细的物质，或者空无一物，那么我们就应该根据其部分及其孔洞的量而估计整个物体的大小，像在定义 15 中那样；这样人们就会认为惯性由于孔洞的增加而减小，由于其缩小而增加，就好像那些孔洞与部分之间存在某种比例，这些孔洞对改变不造成任何惯性阻力，它们与真正有形部分的混合物造成了所有不同程度的惯性。

但是为了你能将这种组合物构想为一个均匀一致的物体，可假设它的部分被无限地分割，并在孔洞中到处播散，以至于在整个组合物中连最小的广延粒子都具有一种无限分割的部分与孔洞的绝对完美的混合。当然，这样的推理适合于数学家来沉思；抑或如果你更喜欢逍遥派的方式：在物理学中事物似乎是以不同的方式被把握的。

定义 16. 弹性体是一种能够被压力压缩或被压入一个更窄小的空间的界限之间的物体；非弹性体则是不能被那种力压缩的物体。

定义 17. 坚硬体是其部分不会屈服于压力的物体。

定义 18. 流体是其部分会屈服于巨大压力的物体。另外，当液体静止于平衡中时，将流体驱向任何方向的压力（不管这些只是被施于外表面之上，还是由重力的行为或其他任何原因施于内在部分之上）被称作等强的（aequipollere）。如果压力被施于某一个方向上而不是同时朝向所有的方向，就会达到这一情形。

定义 19. 包含着液体的规定物体表面的界限（比如木头或玻璃），或包含着某些内部部分的规定同样液体的外部部分的表面的界限，构成了液体的容器。

无论如何，在这些定义中，我指的仅仅是绝对的坚硬体或流体，由于最小粒子的无数形状、运动及连接，人不能以数学方式对部分如此的物体进行推理。因此我假定一种流体不由坚硬的粒子构成，但它是这样一种东西，即它不含有那些并非同样是流体的微小部分或粒子。此外，由于这里并不考察流体性的物理原因，我并不将其部分规定为彼此推动，而只是说它们能够运动，也就是说，将其规定为存在于各处并互相分开，以至于尽管它们可被假定为相接触并相对于彼此静止，但是它们并非好像黏在一起一样紧密地结合，而是可以通过任何挤压力而被区分开，并且如果它们相对运动，就可以像改变运动状态一样轻易地改变静止状态。实际上，我假定坚硬物体的部分不仅互相接触并保持相对静止，而且它们也如此坚定牢固地黏合着，并如此联合在一起——就好像由胶水结合的那样——以至于它们中没有一个能够在这种情况下被移动，即所有其他部分都并不随之被拖着走；或者不如说一个坚硬体并不是由聚集在一处的部分组成的，而是一个单独不可分的和均匀的物体，它最为坚定地保持着它的形状，而流体则在所有点上都是均匀分割的。

这样我就已经使这些定义符合于数学的推理，而不是物理事物，这遵循的是那些几何学家的方式，他们并不使其形状的定义符合于物理事物的不规则性。正因为物理事物的尺度最好由其几何学来决定——比如通过平面几何来确定一块地的尺寸，尽管一块地并不是一个真正的平面；以及通过球体的学说来确定地球的尺寸，尽管地球并不是精确的球形——所以物理流体和固体的特性最好通过这种数学学说来认识，尽管它们可能既不是绝对的也不是均匀的流体或固体，如我在这里所定义的一样。

关于非弹性流体的命题
公　理

1. 相似的结论来自相似的公设。
2. 相接触的物体同等地彼此挤压。

命题 1. 对于各向受到相同内涵度挤压的非沉降流体（Fluidi non gravitantis）而言，其各部分同等地（或以同等内涵度）彼此挤压。

命题 2. 并且，挤压不会导致部分之间的运动。

对二者的证明

让我们先假设该液体被容纳于以 K 为中心的球形边界 AB 中，并被其均匀挤压［见图 1］。其任意一小部分 CGEH 都被约束于同样以 K 为中心的 CD 与 EF 两球面以及以 K 为顶点的圆锥体表面 GKH 之间。显然，CGEH 不可能以任何方式接近中心 K，因为球面 CD 与 EF 之间的一切物质将以同样的原因从各处接近同一个中心，①从而将穿透球面 EF 所容纳的液体所占据的空间。②CGEH 也不能在任何方向朝圆周 AB 后退，因为根据同样的原因，CD

---

① 公理 1。
② 与定义矛盾。

与 EF 之间圈层的全部液体也会类似地后退，^①从而将穿透球面 AB 与 CD 之间液体所占据的空间。^②它也不能向侧面被挤压出去，比如朝向 H，因为如果我们想象另一个小部分 Hγ，它在各个方向受限于同样的球面和一个相似的圆锥体表面，并与 GH 接触于 H，那么这个部分 Hγ 会以同样的原因朝向 H 被挤压出去，^③从而凭借相接触部分的彼此接近而造成一种空间的穿透。^④因此，由于压力，液体 CGEH 的任何部分都不能超越其界限。所以一切部分都保持在平衡状态。这是我想先证明的。

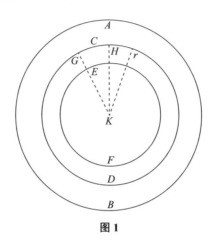

图 1

我也发现，一切部分都同等地彼此挤压，并且外表面被挤压的压力内涵度相同。要证明这一点，想象 PSQR 是先前所说液体 AB 的一部分，它容纳于相似的球面部分 PRQ 与 PSQ 中，且它对内表面 PSQ 的挤压程度与对外表面 PRQ 的相同［见图 2］。因为我已证明液体的这一部分保持在平衡状态，所以压力在它两个表面上产生的效果相同，因此其压力相等。^{⑤，⑥}

这样，因为在液体 AB 的任何一处都可以划定像 PSQ 这样的球面，且后者可以与任何其他给定的表面接触于任意点，由此可知，沿表面的部分的压力内涵度与施加于液体外表面的压力相等，无论该部分位于何处。这是我想证明的第二点。

---

① 公理 1。
② 与定义矛盾。
③ 公理 1。
④ 与定义矛盾。
⑤ 公理。
⑥ 定义。

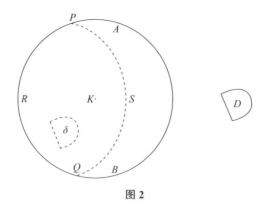

图 2

此外，由于此论证的效力乃是基于面 PRQ 与 PSQ 的相等，为了防止表面看来出现某种不一致，即一个面在液体之中，另一个面则是外表面的一部分，如此想象便是有助益的：整个球 AB 是一较之体积更大且大小程度不定的液体的一部分，球 AB 被包含在这一液体中，就像在容器中一样，而且它处处受压，正如其部分 PRQS 被另一部分 PABQS 施压于面 PSQ 之上。因为只要设想挤压处处相等，球 AB 受压的方式便不重要。

那么，既然这些在一液体球中已得到证明，我最后要说，液体 D 的所有部分（以任何方式受约束都可以，并在各方向以同样的内涵度被挤压）都以同等方式彼此挤压，且不会因挤压而被迫相对运动。因为，令 AB 为一个体积更大、大小不定的液体球，它以同样的内涵度被挤压；又令 δ 为它的某个部分，且 δ 与 D 等同并相似。根据以上所证明的，可得这一部分 δ 在各方向以相等的内涵度被挤压，且压力的内涵度与球 AB 的相等，亦即（根据假设）与挤压液体 D 的压力内涵度相等。因此，相似且等同的液体 D 与 δ 的挤压程度便相等；所以其后果将相等。[①]但是球 AB 的所有部分[②]（从而也包括涵纳于其中的液体 δ 的所有部分）都同等地彼此挤压，且这种压力并不导致部分之间的相对运动。据此，同样的论断对液体 D 也为真。[③]证毕。

推论 1. 一液体的内部各部分彼此挤压，其内涵度与该液体在外表面受挤压的内涵度相等。

推论 2. 如果压力的内涵度并非处处相等，那么液体将不会保持在平

---

① 公理。

② 根据以上所证。

③ 公理。

衡状态。由于它保持在平衡状态是因为压力处处一致，如果压力在某处增加，那么它便会在那里居于支配地位，致使液体退出那一区域。①

推论3. 如果在一液体中压力没有导致运动，那么压力的内涵度处处相等。因为如果它们并不相等，那么支配性的压力将导致运动。②

推论4. 一液体挤压任何约束它的东西，其内涵度与该液体被任何约束它的东西挤压的内涵度相等，反之亦然。由于液体的各部分当然是与之接触的部分的约束边界，并以同等的内涵度彼此挤压，设想先前所说的液体是一更大液体的部分，或与这样的部分相似且等同，并以相似的方式被挤压，这个论断便是显然的。③

推论5. 一液体在各处挤压它所有的约束边界，如果这些边界能够承受所施加的压力，其内涵度是该液体自身在任意一处受挤压的内涵度。因为若非如此，它便不会在各处以相同的内涵度受挤压。④根据这一假定，它会屈从于更大的压力。⑤因此，它或者会被压缩，或者会在压力较小之处突破约束。⑥

注　释

我提出的所有这些命题所涉及的液体不是被容纳于坚硬而无弹性的容器中，而是处于柔软和极有弹性的边界中（例如，处于同质的外部液体的内部表面中），以便我能够更清楚地证明其平衡仅仅由各方向同等程度的压力导致。但是，一旦一种液体被相等的压力置于平衡之中，那么无论你想象它被包含于无弹性的还是柔软的边界中，都是一样的。

---

① 定义。
② 推论2。
③ 公理。
④ 推论4。
⑤ 推论2。
⑥ 与假设相反。

读《哥白尼问题》

吴国盛 [1]

2020 年 7 月，广西师范大学出版社的编辑寄来他们新出版的《哥白尼问题——占星预言、怀疑主义与天体秩序》(*The Copernican Question: Prognostication, Skepticism, and Celestial Order*) 一书，希望我写一篇书评推介一下。当我收到这本 100 万字、1258 页、分上下两册的大部头译著，心情亦喜亦忧，读完之后亦是如此。

高兴的是，近几年国内出版界开始不断推出西方科学史的译著，甚至是大部头译著，这既是有利于提高全体中国人科学理解水平的善举，也是对科技史学科特别是西方科技史学科的极大支持。担忧的是，这些专业性较强的科学史著作的译者多数没有科学史学科的专业背景，难免会出错。2020 年上半年，我惊喜地发现中信出版社出版了英国科学史家戴维·伍顿 (David Wootton，1952—) 的《科学的诞生：科学革命新史》(*The Invention of Science: A New History of the Scientific Revolution*)，读完之后，果然发现里面有不少错误，尽管译者有较好的翻译经验，整体的翻译水平不错。

这本《哥白尼问题》部头更大、专业性更强，我其实是很担心会有多少中国读者能够认真读完。西方研究哥白尼的人众多，貌似一个小产业，讨论的问题具体细致，没有背景的中国读者往往会感觉"莫名其妙"。这本书很有颠覆性，以此前哥白尼研究界广泛忽视的占星术为主要线索，通过原始文献的征引和分析，来重新讲述哥白尼的故事，一来涉及 15–17 世纪众多的天文学家 / 占星学家的生平和著述的细节，二来涉及近一个世纪以来西方哥白尼研究者们的著作和观点，有较高的阅读难度。

中国的哥白尼研究尚处于起步阶段，原著翻译和重要研究著作的翻译都还远远没有到位。加上这一本，目前哥白尼研究的重要译著一共有四本：

---

[1] 吴国盛，清华大学科学史系系主任、教授。

1. 库恩《哥白尼革命——西方思想发展中的行星天文学》，吴国盛、张东林、李立译，北京大学出版社2002年首版，2020年再版。

2. 金格里奇《无人读过的书——哥白尼〈天体运行论〉追寻记》，王今、徐国强译，三联书店2008年出版。

3. 哥白尼《天球运行论》，张卜天译，商务印书馆2014年出版。

4. 韦斯特曼《哥白尼问题——占星预言、怀疑主义与天体秩序》，霍文利、蔡玉斌译，朱孝远审校，广西师范大学出版社2020年出版。

可以说，直到库恩的哥白尼著作引进中国，有些基本术语才进行了学理意义上的斟酌。最重要的进展是，由商务印书馆出版的张卜天译本，把沿用了半个多世纪的《天体运行论》改译成《天球运行论》。《哥白尼问题》的译者明显参考了张卜天和我的译本，这是令人欣慰的。

从某种意义上说，这本《哥白尼问题》是库恩那本《哥白尼革命》的更新换代版。由于原著篇幅过于庞大，我怀疑不少读者即使咬着牙读完了全书，还是不明白所谓"哥白尼问题"是个什么问题，下面先简单介绍一下全书的大意。

20世纪四五十年代，以柯瓦雷（Alexandre Koyre，1892—1964年）为代表的科学史家开创了科学思想史的研究纲领，把科学的历史看成是观念的演变史，而且把欧洲16世纪、17世纪的科学巨变描绘成一场"科学革命"，创造了影响深远的科学革命叙事模式。库恩虽然有把科学思想史向着科学社会史扩展的明确趋势，但从某种意义上讲，他继承了科学思想史的纲领，而且巩固了"科学革命"叙事模式。

20世纪80年代以来，西方科学史界有一个整体的编史学转型，更加注重回到原始语境、更加反对辉格史观，把宏大叙事尽量消解到更微观、更具体的社会运作之中。以夏平和谢弗的《利维坦和空气泵——霍布斯、玻意耳与实验生活》（1986）为代表，把科学事实的确立和科学话语的构成置于具体的历史情境之中。夏平在《科学革命》（1996）一书中，甚至彻底否定"科学革命"的叙事方式，认为根本就不存在这种"革命"，有的只是渐进的、多维度的变化。

加州大学圣迭戈分校历史系教授罗伯特·韦斯特曼（Robert Westman，1941—　）的《哥白尼问题》是这种编史学在哥白尼研究领域的集中体现。这部中文长达100万字的鸿篇巨制，采纳人类学方法，深入调查从哥白尼到牛顿200多年间数十位相关人物的著作、言论、社会关系和社交网络。他认为理解哥白尼日心说的提出和接受，必须考虑占星术这一条线索。此前的哥白尼研究者们都或多或少忽视了占星术在15世纪、16世纪和17世纪的重要性，因而必然无法充分理解哥白尼的故事。

韦斯特曼认为，1496年皮科·米兰多拉（Pico della Mirandola，1463—1494年）《驳占星预言》在博洛尼亚的出版，是一个重要的历史事件。在这部于皮科去世两年之后出版的著作中，皮科系统地驳斥了占星术，认为它"动摇信仰、鼓吹迷信、宣扬偶像崇拜、招致不幸和悲剧"。（具有讽刺意味的是，皮科被占星家预言1494年会死，果然应验。）皮科提出的最重要论据是，占星术引以为基础的天文学存在着根本上的不确定性：黄道十二宫完全是人为定义的，它们的边界是不清晰的，不同时代的天文学家对此没有达成一致；回归年的长度也没有确定的数值；无法精确确定太阳进入某个星座的时间；对占星至关重要的行星秩序在托勒密体系里完全是不确定的，太阳、金星和水星离地球的远近，几乎是人言人殊。韦斯特曼认为，引发哥白尼用日心说代替地心说的深层原因，是回应皮科的挑战。所谓"哥白尼问题"，就是通过重排行星秩序（特别是太阳、水星和金星的秩序），回应皮科（基于对行星秩序的质疑和否定）对占星术的批判。

韦斯特曼认为，20世纪的哥白尼叙事，包括库恩在内，都掩盖了占星术这条线索，都回避了这个所谓的"哥白尼问题"。可是，众所周知，在哥白尼的作品中从来没有看到与占星术有关的文字。此前的学者正因此而断定哥白尼是那个年代拒绝占星术的一股清流。韦斯特曼认为，哥白尼之所以没有在《天球运行论》中谈及占星术，那是因为遵循自托勒密以来严格区分天文学和占星术的写作传统。实际上，在博洛尼亚求学时期，通过诺瓦拉，哥白尼已经非常熟悉占星圈子的动向。哥白尼真正的学生和传人雷蒂库斯是相信并且从事占星术的，《天球运行论》书名中的"revolution"（运转）显示了与占星术的联系，因为"之前从未有过天文学作者将revolution概念与天球相结合"。

传统的哥白尼研究不仅忽视了占星术这条主线，而且把哥白尼的故事叙述得过于"辉格"。实际上，整个16世纪甚至17世纪都根本不存在"支持哥白尼"和"反对哥白尼"两军对垒的清晰阵营，甚至连"哥白尼学说"这种分类概念也没有（这个概念19世纪才出现）。因此，根本就不存在"哥白尼革命"这种整体性的概念。在韦斯特曼看来，库恩没有注意到，他所谓的哥白尼主义者实际上是高度异质的天文学学者，既拥有不同的哲学理念、宗教信仰和占星传统，又各自与王公贵族、教廷教会、大学等权力阶层进行非常不同的复杂互动和博弈。比如，同是所谓的哥白尼主义者，伽利略和开普勒之间始终关系复杂微妙，有时相互支持，有时钩心斗角。再比如，17世纪并不是所有接受开普勒椭圆理论的人都接受地球运动理论。实际上，通过牛顿物理学的成功而被人们接受的日心说，已经既不是哥白尼的日心说，也不是伽利略或开普勒的日心说。

何谓"哥白尼问题"？我理解，作者是把哥白尼为了回应皮科对占星术的严厉驳斥而重新制定行星模型、排定行星秩序，看成是哥白尼留给后人的一个问题。哥白尼之后形形色色的人，本着自己的不同旨趣回应或回避哥白尼的问题。经过250年的艰辛历程，直到牛顿力学大获全胜，哥白尼随之胜出。

这本书的主题大体就是如此。欢迎不畏艰难、勇于啃硬骨头的读者去阅读原书。应该说，在注重史料和一手文献方面，作者为我们做出了榜样。

在感谢广西师大出版社出版这部大部头的哥白尼研究专著之后，我下面要说一说这个译本的问题。我想，我指出问题，只是表明我的确是严肃认真地读完了这本书，并且希望下次重印重版的时候改正错误。如下提出的问题，也可能不是错误，仅供译者和出版社参考。

我当然没有一句句对照检查，只是在阅读译本过程中感觉特别不顺时，才查对一下原文。基本上，中文读不懂的地方，都是译文出了问题。如下发现的问题肯定只是一小部分：

1. 全书没有译者前言或后记，没有交代翻译起因，没有说明译者分工。这是令人遗憾的。

2. 令人吃惊的是，书中所有的脚注都没有翻译，直接把英文原文印出来。这就好像是一本书里居然有一章完全没有翻译，有点糊弄读者。这个应该是编辑的责任。或许是为了赶时间，来不及翻译了？

3. 6页倒1行，realist宜译成哲学界已经约定俗成的"实在论的"，而不是"现实性的"。

4. 13页倒1–3行，译文说第谷在1580年代已经捕捉到恒星视差这种现象，说伽利略1610年之后取得了更好的进展，这肯定是错的，因为恒星视差要到 1838 年才由白塞尔发现，第谷和伽利略都不可能发现恒星视差，应该是意识到恒星视差问题。查原文，此处的意思应该是：至于测量恒星视差或行星视差问题，在 1580 年代的第谷之前似乎还没有被任何人把握和理解，更乐观地说，要到 1610 年之后的伽利略（才正视这个问题）。

5. 18 页倒 6–7 行，"反现实主义"宜为"反实在论"。

6. 19 页倒 1 行，同上。

7. 32 页第 2 行，"向日历"应为"像日历"。

8. 37 页倒 7 行，"行为者"应为"行动者"。科学史和科学哲学界把 ANT 通常译成"行动者网络理论"，这里的 agent 一般译成"行动者"。

9. 42 页倒 2 行，族系相似性，一般译为"家族相似性"，来自维特根斯坦的哲学术语。

10. 59 页第 1 行，*Almagest* 一般译为《至大论》，*Mathematical Syntaxis* 一般译为《数学汇编》。

11. 73 页，表格没有译成中文。

12. 81 页第 5 行，virtue 在本书中有时译成"功德"，有时译成"德性"，都不贴切，建议译成"效能"。699 页第 2 段最后一行也有此问题。

13. 91 页倒 3 行，Hermes Trismegistus 应译为"三重伟大的赫尔墨斯"而不是"赫尔墨斯·特利斯墨吉斯忒斯"，525 页再次出现，不再多说。

14. 94 页第 3 行，revolution 宜译成"运行"，以与中文标题相对应，或者译成"运转"，以加强这个词"转"的意思，同时又能关联到书名中的"运行"。290 页第 3 段第 1 行，译成"运行"较好。

15. 178 页倒 4–5 行，Robert Boyle 宜译成"波意耳"或"波义耳"，而不是新创译名"博伊尔"，此译名后面如 1 041 页、1 082 页还有多次出现，不再重复。

16. 270 页第 9 行，violent motion 应译成"受迫运动"，而不是"剧烈运动"。这是一个亚里士多德物理学的概念，与"自然运动"（natural motion）相对。这个错译在中文著作中非常常见，因为一般的英汉词典没有收录这个义项。

17. 331 页第 2 段倒 3 行，"来自西班牙马拉加"应译成"马拉盖"，此处原文是 Marahga，在今伊朗境内，不知译者为何乱添加"来自西班牙"

五字。马拉盖天文台建于 1259 年，是当时世界上规模最大的天文台。

18. 387 页第 6 行，History of Animals 宜译成"动物志"，此处 history 不是"历史"的意思。

19. 398 页倒 1 行，1451 年，应为 1541 年。

20. 421 页第 2 段倒 4 行，四处分数漏掉。正确的应该是：土星冷（ $107\frac{11}{64}$ ，或者说 $\frac{19}{4}$ 的立方数）而干（ $12\frac{1}{4}$ ，或者是 $\frac{7}{2}$ 的平方数）。

21. 421 页第 2 段倒 1 行，两处分数漏掉。正确的译法是：太阳年（ $365\frac{1}{4}$ ）和太阴年（ $354\frac{1}{4}$ ）。

22. 449 页第 6 行，亚里士多德，漏了一个"德"字。

23. 482 页第 2 段第 3 行、第 5 行、第 6 行，三次出现的"等分圆"原文是 equant，应译为"偏心匀速点"。本书之前多次出现都正确翻译，从这里开始，这个词就开始译得乱七八糟，有可能是换了译者的缘故。

24. 499 页第 3 段最后一句译得莫名其妙："哥白尼的作品出版后隔了两代人（大约 30 年），对于无法比较的范例之间的根本转变，甚至是两种相对立的'宇宙学'之间明显的竞争，库恩的理解中并没有'哥白尼式天体运行'。为什么呢？"应该是："哥白尼著作出版两代人（30 年吧）之后，并没有库恩意义上的——范式之间不可通约的激进转变，甚至两个敌对'宇宙论'之间的显著的争斗——'哥白尼革命'。为什么没有呢？"

25. 499 页第 4 段第 1 行，"运行的概念"，应该是"革命的概念"。revolution 在哥白尼研究的语境中是双关语，一方面是指天球的"转动"，另一方面是指"革命"。

26. 520 页图 41 注，Uraniborg 通译"天堡"。

27. 544 页第 6 行，"非等分"和"等分"，其实就是 equantless 和 equant，应分别译成"无偏心匀速点的"和"偏心匀速点"。

28. 547 页第 1–2 行，"他画的月亮天球的直径与金星的直径相等，并且与火星相切"，应译为"他画的月亮天球的直径与金星天球的直径相等，并且与火星天球相切"。

29. 555 页第 5 行，"亚里士多德提出前提"，应为"亚里士多德提出的前提"。

30. 557 页第 1 段和第 2 段，原文并没有分段。此类分段情况不少，未能一一查对。

31. 558 页第 1 行,"亚里士多德认为,上帝在天空中创造了一个特殊区域"有误,因为亚里士多德不可能提到上帝创世的思想。应为"罗斯林现在提出了一个反对亚里士多德的精致观点,即上帝在天空中创造了一个特殊区域"。

32. 577 页第 3–4 行,"梅斯特林已出版的作品中对占星学的沉默态度使得克里斯托弗·克拉维乌斯在反对历法方面也采取了相似的立场",应为"梅斯特林已出版的作品中对占星学的沉默态度,使得他处在与他在历法问题上著名的反对者克里斯托弗·克拉维乌斯相近的立场上"。

33. 583 页倒 2 行,"这也时",应为"这也是"。

34. 590 页倒 2 段,《羽翼或阶梯》向前参考了哥白尼翻译的《完整表述》,应为"《羽翼或阶梯》向前引用了转译哥白尼学说的《完整表述》"。《完整表述》不是哥白尼的作品,而是迪格斯转述哥白尼学说的作品。

35. 614 页第 2 段第 1 行,"第谷对一位记者随口发表了评论"。应该是"第谷对一位通信者随口发表了评论"。那时还没有记者,correspondent 是通信者。

36. 619 页倒 6 行,"天体的",应为"天球的"。

37. 627 页第 2 段第 6–7 行,"而且众所周知,托勒密直到 12 世纪中期才开始撰写《行星假说》"。一看就是外行人翻译的。查原文,应该是"而且我们今天知道,直到 12 世纪中期人们还不知道《行星假说》的作者是托勒密"。

38. 645 页第 1 段和第 2 段原文并未分段,看起来原文换页的地方,中译本都做了分段。

39. 645 页第 2 段第 1 行,"太阳与固定恒星",应为"太阳与恒星"。恒星本来就是固定的意思。646 页第 1 行也有同样问题。

40. 671 页 1–2 行,"等径轨道模型"应为"同心本轮","等径模型"应为"偏心匀速点装置"而不是什么想当然的"轨道半径相等"。此句完全译错,不知所云。应为"普雷托里乌斯的确呈现了哥白尼假说的一些优势,但是这涉及人们熟悉的维滕堡风格,即用同心本轮模型来代替偏心匀速点装置,但让地球保持静止"。

41. 689 页第 1 行,"梅斯特林对天文学不感兴趣",应为"梅斯特林对占星术不感兴趣"。

42. 696 页倒 1 行和 697 页第 1 行，"宇宙学"均应译成"宇宙志"，cosmography 不是宇宙学，意思与今日"地理学"相近。

43. 704 页第 2 段第 5 行，"运动的"，应为"运动"。

44. 725 页第 2 段第 4 行，此处"林奈"建议译成"林纳乌斯"，否则容易与著名的瑞典博物学家林奈弄混。

45. 743 页第 1 行，"开普勒采用柏拉图的等径模型"，应为"开普勒采用托勒密的偏心匀速点"。

46. 787 页倒 3 行，"磁体能够在一定距离上发挥作用"，宜译为"磁体能够超距作用"。

47. 836 页倒 5 行，"伽利略直到 1632 年的《关于新星的对话》才公开批判洛伦齐尼"，应为"伽利略直到 1632 年著名的《对话》才公开批判洛伦齐尼"，这里的《对话》，当然是指"关于两大世界体系的对话"。"关于新星"完全是译者擅自添加的。

48. 898 页倒 10 行，"托勒密等分体系"，应为"托勒密偏心匀速点体系"。

49. 918 页第 6 行，"等分"，应为"偏心匀速点"。

50. 922 页第 2 行，"克莱奥迈季斯"，其实就是托勒密的名，书末译名总表里，托勒密的名是译成"克劳迪厄斯"。

51. 923 页第 2 行，"一般科学"应为"常规科学"，这是库恩科学哲学的专门术语。

52. 937 页倒 5 行，"萨格雷对此多有着浓厚"审校不严谨，应为"萨格雷多对此有着浓厚"。

53. 941 页倒 1 行至 942 页第 1 行，译者多此一举加了一个译者按，却是错误的。伽利略信中说，恒星［没有望远镜就不可能观察到］。译者按说："这里伽利略错误地把行星认为是恒星。"实际上，伽利略在望远镜下面看到的是木星的卫星，所以，他是错误地把木星的卫星（而不是行星）误以为是恒星。

54. 943 页的旁码 445 应该是 444，下一页的旁码 444 应该是 445。

55. 953 页倒 4–5 行，译者再次加了一个错误的注，说"伽利略发现的实际上为行星或卫星，不完全是恒星，因而译成固定星"。实际上，伽利略望远镜除发现可以运动的木星的卫星外，其余发现的都是恒星。他的望远镜不可能发现新行星。

56. 957 页第 2 段倒 6 行，译者加了一个注，说明伽利略发现的"四个新的行星""实为卫星"，完全没有必要。倒 5 行本段最后一句："这些新行星围绕着另一个像金星和水星一样的大星体运动，而其他已知的行星却总是围绕着太阳运动。"错误。应为"这些新行星围绕着另外非常大的星体运动，就像金星和水星以及也许还有其他已知行星那样绕太阳运动。"

57. 972 页第 5 行，"他反对道"，应改为"第谷反对道"。在译文的上下文里，这个"他"是指伽利略而不是第谷。

58. 995 页倒 4 行，"局部运动"应为"位置运动"，local motion 不能译成"局部运动"。这也是亚里士多德物理学的专门词汇。这个错译在中文著作中也非常常见，因为一般的英汉词典没有收录这个义项。1022 页引文倒 1 行、1046 页第 2 行也有此问题。不一一赘述。

59. 995 页倒 3 行，"剧烈运动"应为"受迫运动"。

60. 997 页中间标题，"事实上的见证"，应为"虚拟目击"，说的是 1006 页开普勒并没有亲眼看到伽利略的望远镜里的景象，但还是作了目击证人，是为"虚拟目击"（virtual witnessing）。

61. 997 页第 2 段第 3 行，"这些指责都没有跨越到支持哥白尼天体秩序理论的程度"，不明其意，应该是"任何反对者都没有超出这些谴责而对哥白尼天体秩序的地位提出更广泛的主张"。

62. 1009 页第 11 行，"天体假象，而非大气真实现象"，此处"而非"应为"但是"。

63. 1010 页旁码，473 应为 474。

64. 1010 页倒 4 行，"很不思议"漏掉一个字，应为"很不可思议"。

65. 1020 页第 2 段第 3 行，"位伽利略"，应为"为伽利略"。

66. 1027 页第 2 段第 3 行，"罗马诺学院"，应为"罗马学院"，就是耶稣会设在罗马的学院。后面 1029 页、1032 页等几处都如此。

67. 1090 页倒 4 行，"牛顿像复位时期的大部分学者一样"，应为"牛顿像复辟时期的大部分学者一样"，Restoration 指英国王政复辟时期。

我提出以上这些问题，并不是挑剔译者。我深知学术翻译之不易，也对译者们在没有多大现实好处的情况下译出了如此大部头的哥白尼研究专著表示敬佩，提出问题只是为了改正和优化版本。总的来看，本书似乎前半部分（头两部分）译文质量较好，有的地方用文言文译拉丁文，美轮美奂，颇有功底。后半部分毛病较多，低级错误较多。概念术语统一方面，编辑大概也要负一些责任。

作为一项技术哲学的技能哲学

——评姚大志《身体与技术：德雷福斯技术现象学思想研究》①

刘　铮②

摘　要：姚大志的《身体与技术》通过重构德雷福斯技能习得理论并追溯该理论所得以建立的身体现象学基础，不仅成功地把德雷福斯打造成一位技术现象学家，而且也阐明了技能哲学应该作为未来技术哲学研究的重要内容。因此，《身体与技术》的理论创新点表现在：明确身体作为技术哲学的研究对象；区分"情境"与"世界"，凝合具体运动与抽象运动的关系；揭橥技能习得理论的内在异质性等方面。然而，姚大志混淆了"前反思"和"非反思"这两种具身行为的基本方式，也进而混淆了"日常的具身行为"与"特定的具身技能行为"之间的区别，仅把特定的具身技能行为看作"置身其中"的直觉主义行为，是理论的误置；而且，姚大志对德雷福斯技能习得理论之内在异质性的分析仍然有待商榷。在指出本书不足和尚待推进的研究问题的基础上，本文最后提出从技能习得视角来探讨人工智能与人类增强的交互问题域将成为未来技术哲学研究的新增长点。

关键词：姚大志；德雷福斯；技能习得；身体与技术

中国科学院自然科学史研究所姚大志研究员的新著《身体与技术：德雷福斯技术现象学思想研究》（中国科学技术出版社 2020 年出版，以下简称《身体与技术》）以身体与技术的多维关系为线索，通过追溯休伯特·德雷福斯（Hubert L. Dreyfus）技能习得理论的身体现象学基础，指出该理论所蕴含的学理价值和内在张力，为作为技术哲学的技能哲学研究开辟了道路。

---

① 基金项目：国家社科基金青年项目"'身联网'技术的哲学问题研究"（21CZX019）。

② 刘铮，1989 年生，男，山东高密人，博士，上海交通大学副教授，主要研究方向：技术哲学，E-mail：liuzheng1119@sjtu.edu.cn。

国内学界的德雷福斯研究基本上限定在对他的"技能习得模型"的解读和他对人工智能之批判思路的刻画、赓续与反思上，而鲜见从思想渊源的维度把他重构成一位技术现象学家的研究。究其原因，在笔者看来，无非有两点：其一，当代技术哲学研究作为一项子学科，发展时间较短，研究范式尚不够成熟，且长期为"经验转向"（empirical turn）的研究范式和基本框架所限定，研究主题多涉及技术人工物的设计、功能发挥和社会效用等层面，错失了对技术的更深层次、更本源意义的追问；其二，以现象学为基本方法的技术哲学研究更多地继承了唐·伊德（Don Ihde）发展起来的"后现象学"（postphenomenology）框架，把技术当成是调节人的身体经验和社会伦理效用的"中介"（mediation），实际上仍然忽视了身体的源发性，亦没有很好地面对技术的本源问题。

因此，姚大志的《身体与技术》最鲜明的创新意义就在于揭橥德雷福斯之立论所建立的思想渊源和理论前提，即梅洛-庞蒂的身体现象学，使我们得以追根溯源、条分缕析，进而明确德雷福斯思想理论之基本洞见。

从本书的谋篇布局来看，姚大志分别从理论出发点、技术现象学理论和技术现象学应用三个部分来勾画德雷福斯的基本学理样貌。在姚大志看来，若研究身体与技术的关系，就不能离开"技能"（skill）的维度，身体的技能性恰恰构成了身体与世界的源初的关联。德雷福斯的技能习得理论也恰恰建立在梅洛-庞蒂的身体现象学的学理大厦之上，德雷福斯通过"身体图式"（body schema）、"意向弧"（intentional arc）和"最佳把握"（optimal grip）等概念来为具身行为、工具理论和技能习得过程等研究主题打下根基。

因此，德雷福斯式技术哲学的最鲜明特色就在于对身体技能的强调，从身体的技能理论出发来看待具体的技术哲学问题（比如人工智能、在线教育等），也就构成了德雷福斯技术现象学最基本的学术特色。

综合来看，笔者认为姚大志此书的理论创新点有以下几点，现分别作出评述。

一、明确身体作为技术哲学的研究对象

在《身体与技术》的第一章，姚大志追溯了德雷福斯对"具身性"（embodiment）概念的三种解释，指出身体乃是理解德雷福斯技术哲学的关键

锁钥。因此，身体不仅是具有确定形状和内在能力的、具有普遍稳定性的身体（"具身性"的第一层含义），而且也是不断习得技能的身体（"具身性"的第二层含义），同时也是通过所习得的技能和所操持的工具"投射"出一个文化世界的身体，使身体不断地处在由身体技能和身体所操持的工具所共同打造的"文化世界"中（"具身性"的第三层含义）[①]。由此，身体视域不仅成为理解技能习得过程的关键，也是我们理解身体与外在技术物不断打交道的出发点，德雷福斯技术哲学的核心要义也就全部孕育在"具身性"的概念之中。

因此，人正是通过身体来认识、打造和使用外物，也正是通过身体来使自身与外物和世界相互耦合。身体的意义就在于通过技能的习得和习惯的养成来构造人与外物以及世界的关系。姚大志通过追溯德雷福斯具身性理论的梅洛 - 庞蒂渊源，指出身体应该作为技术哲学的研究对象。[②] 身体作为技术哲学的研究对象就在于揭示出身体不仅是外在技术物得以对人施加影响的基本场域，而且身体也能够通过其运动意向性不断把外物和世界纳入自身的知觉场中，成为身体的组成部分，进而得以形成新的身体技能和身体习惯，打造属于身体自身的文化世界。

二、区分"情境"与"世界"，凝合具体运动与抽象运动

姚大志的理论工作不仅在于通过身体视域来理顺德雷福斯技术哲学的基本脉络，而且也能够在此基础上对德雷福斯理论的内在张力展开探查与批评。

在第二章中，姚大志引入了德雷福斯与罗丹 - 罗路（Komarine Romdenh-Romluc）关于具身行为理论之间的争论，前者认为具身主体在从具体运动向抽象运动转换的过程中，无须脱离主体所沉浸其中的具体情境就能完成；而后者则认为，具身主体要想实现任务的转换，必须先从具体的情境中完全脱离出来，然后才能转向新的可能的任务。比如说，我现在正在办公室写作（具体运动），这时我同事走进办公室问我最近的教学科研情况，就我同事的询问我需要转换情境并做出回答（抽象运动）。按照德雷福斯的看法，此时我无须停止我正在写作这件事就能够自如地回答同事的询问，但按照罗丹 - 罗路的

① 姚大志：《身体与技术：德雷福斯身体现象学思想研究》，北京，中国科学技术出版社，2020 年，第 15–17 页。
② 同上，第 32 页。

看法，此时我必然需要停止我的写作，然后才能回答同事的询问。那么，如何看待德雷福斯和罗丹–罗路不同方案之间的差异？德雷福斯意义上的具身主体在具体情境当中的完全沉浸是否必然与罗丹–罗路意义上的抽象运动方案不相容？

面对这一问题，姚大志的解决方案具有启发意义。姚大志通过引入梅洛–庞蒂的身体现象学，认为不论是具体运动还是抽象运动，都是建立在身体意向性这一基础之上的，从而，抽象运动和具体运动一样，并不是一种表象主义和理性主义的运动，而恰恰是主体在世界中的运动。因此，在姚大志看来，德雷福斯之所以仍然把抽象运动看作表象主义和理性主义的运动而加以拒斥，乃是因为他混淆了"情境"与"世界"之间的区别。[①] 现象学强调主体在世界之中，恰恰说明了"世界"是具身主体得以存在的总体视域或总体背景，而"情境"（不管是主体正在沉浸其中的具体情境还是主体将要转换进入的抽象情境）则是建立在作为总体视域或总体背景的"世界"的基础上。所以，从具体运动向抽象运动的转化，只不过是情境发生了变迁，主体一如既往地在世界之中，而不是脱离世界进行情境的转换。因此，通过区分"情境"与"世界"，使具体运动和抽象运动都建立在身体意向性这一基础上，德雷福斯和罗丹–罗路关于具身行为理论的不同进路也就在身体现象学的理论框架之内重新获得了解释与整合。

三、揭橥技能习得理论内部的异质性

众所周知，德雷福斯的技能习得理论分为新手（novice）、高级初学者（advanced beginner）、胜任（competence）、熟练（proficiency）和专家（expertise）这五个阶段[②]。按照德雷福斯的分析，人习得技能的过程先要通过表象主义和概念主义的方式来认识工具及其操作规则，在熟识工具的基本操作规则的基础上，人得以把规则和具体的操作情境结合起来，不断地深化技能习得程度，最终达到熟练阶段和专家阶段。在德雷福斯看来，当技能习得达到熟练阶段和专家阶段时，人就不再去思考工具的具体操作规则（即摒弃

---

① 姚大志，前引文献，第 54 页。
② H. Dreyfus & S. Dreyfus, *Mind over Machine: the Power of Human Intuitive Expertise in the Era of the Computer.* New York: the Free Press, 1986.

了表象主义和概念主义），而是能够根据使用情境的不同对他们所使用的工具进行非反思式的直觉回应。

在姚大志看来，技能习得五阶段可以进一步划分为两大阶段[①]，前三个阶段是以表象主义和概念主义的方式对技能规则进行脱离具体情境的学习，与后两个阶段通过直觉和经验对特定的使用情境进行非反思回应完全不同。在此意义上，从第三阶段到第四阶段的跃迁也就涉及以反思（表象主义和概念主义）的方式向非反思直觉回应方式的转变问题，似乎第三阶段和第四阶段是完全不同的。因此，在姚大志看来，德雷福斯技能习得的两大阶段面临着一种学习过程的断裂。

姚大志进而认为，技能习得过程的断裂与该理论所运用的身体现象学理论资源相关。按照梅洛－庞蒂的思路，从反思的认知习得模式到非反思的直觉回应模式之转变的关键涉及身体习惯的养成，身体一旦获得操持外在器物的习惯，身体图式也就相应地获得了操持这一外在器物的"肌肉记忆"，从而也就实现了格式塔的整体转换。

由此，德雷福斯技能习得理论的前三阶段和后两阶段之间确实存在一种跨越，但这种跨越是一种学习过程的断裂还是理论预设前提不同所导致的内部异质性？如果按照德雷福斯的思路，在人习得技能的过程中，"明显既能置身其中，又能持有超然立场"[②]。这就意味着，在技能习得的前三个阶段，表象主义和直觉行为观可以共存。或者更明了地说，德雷福斯与麦克道尔之间的论战使德雷福斯意识到以表象主义和概念主义为主要特征的技能习得阶段（新手、高级初学者、胜任三阶段）亦包含着某种置身其中的情境化特征，而以非反思的直觉回应为主要特征的技能习得阶段（熟练、专家两阶段）亦包含某种弱反思结构。因而，在德雷福斯那里，技能习得的五个阶段其实都可以在身体现象学的基本理论框架中得到统一。也就是说，不论是表象主义和概念主义的行为观还是"置身其中"的直觉主义行为观，其实都奠基在身体的运动意向性的基础之上。这样一来，德雷福斯技能习得五阶段论似乎构成了一个完整的，而非断裂的体系。

但恰恰在这里，姚大志指出，如果按照德雷福斯的思路，用身体意向性

---

① 姚大志，前引文献，第 115 页。

② H. Dreyfus, "Detachment, Involvement, and Rationality: Are we Essentially Rational Animals?", *Human Affairs*, 17(2007): 101–109.

来统合技能习得的前三个阶段和后两个阶段，就会使德雷福斯对人工智能之哲学前提的批判成为无效的。之所以会这样，是因为如果技能习得的五个阶段都以运动意向性为基础，那么不论是前三个阶段还是后两个阶段都是具身的行为（只不过前三个阶段可以看成是生疏的具身行为，后两个阶段可以看成是熟稔的具身行为），又由于符号主义人工智能无法在真正意义上模拟一副具有运动意向性的身体，它所模拟的行为也就是非具身的行为。由此一来，我们也就无法把人工智能所模拟的非具身行为纳入作为具身行为的技能习得过程中加以考察，这就显示出了德雷福斯技能习得理论的内在矛盾性和异质性。[①]

除上述理论创新点外，在笔者看来，姚大志《身体与技术》一书也存在着一些值得商榷之处。以下简要列举并分析之。

四、"置身其中"的直觉主义行为必然是主体习得特定技能之后的熟练行为吗？

在《身体与技术》一书中，姚大志赓续德雷福斯，并借助梅洛–庞蒂的身体现象学来讨论两种行为观，即以表象主义和概念主义为特征的、超然的、分析的行为观和在习得技能之后"置身其中"的直觉主义行为观。在对"置身其中"的直觉主义行为观的理解中，姚大志认为该行为"最典型的表现是主体习得运动技能之后的熟练行为。由于梅洛–庞蒂在《知觉现象学》中只讨论了这种行为模式，某种程度上它甚至可以被视为具身行为的唯一标准模式"[②]。他进一步指出，"梅洛–庞蒂给出了一系列类似盲人使用拐杖的案例。这些案例主要指向了技能习得之后的人类本真生存状态"[③]。

我们暂且不论梅洛–庞蒂在《知觉现象学》中是否只讨论了"置身其中"的行为模式，这里至少涉及两个问题值得商榷：（1）"置身其中"的行为模式是否一定要建立在人对特定技能习得的基础上才能获得，或者说，通过习得技能而实现的"置身其中"的直觉主义行为观是具身行为的唯一标准模式吗？（2）梅洛–庞蒂给出的盲人使用拐杖等案例是否涉及特定技能的习得，或者说，

---

① 姚大志，前引文献，第120页。
② 同①，第81页。
③ 同上，第107页。

拐杖对盲人知觉的延展效应是否与特定的技能习得相关?

就问题（1）而言，姚大志和德雷福斯一样，其实都在某种程度上继承了表象主义和直觉主义两种行为观的对立框架，表象主义以分析的和超然的态度来认识外在事物及其规则，而直觉主义则以非反思的方式来把握事物及其规则，仿佛只有在特定的技能被熟练掌握之后，人对事物及其规则的把握才能从反思和分析的行为模式过渡到完全依靠直觉回应的非反思行为模式。但是，在笔者看来，德雷福斯和姚大志恰恰混淆了"前反思"（pre-reflective）和"非反思"（un-reflective）这两种具身行为的基本方式，也进而混淆了"日常的具身行为"与"特定的具身技能行为"之间的区别。笔者认为，"前反思"与具身主体当下的知觉体验行为相关联（比如，我无须经过反思，就知道我当下正在经历疼痛的体验），反映的是一种在反思行为之前的自身觉知维度，即"前反思的自身觉知"（pre-reflective self consciousness）；而只有"非反思"才与特定的技能习得行为相关联。根据德雷福斯的理论，只有当人熟练地掌握了某些具身技能时，才能够不假思索地投入到具身行为当中去，从而以一种非认知的方式来"回应"物之"邀请"。然而，物之"邀请"并不必然先需要特定技能的习得，我们同样能够对物的某种"邀请"不假思索地作出"回应"。比如，一个苹果不断地"邀请"我来吃，我无须先习得某些特定的技能后才能够不假思索、自如地吃，实际上，苹果对我来说随手就拿来吃了；此时，这种"随手拿来"意味着无须事先习得某些特定技能，因而"随手拿来"所体现的乃是基于身体的需求和身体的运动意向性的前反思自身觉知，而非在习得了某些特定技能之后的非反思具身技能行为。因而，身体的操练技能（如打篮球、踢足球等）与身体的运动感觉能力（sensorimotor skills）之间的区别就在于，后者不需要习得特定的技能也能够依身体自身的运动能力以一种不加反思的方式来"回应"事物。这里的"不反思"不是德雷福斯意义上的建立在技能习得基础上的"非反思"，而是前反思的自身觉知。

正如德索萨（Nigel DeSouza）所认为的那样，身体的感觉运动能力乃是身体技能习得的基础，身体的前反思自身觉知也是身体的自我反思觉知的个体发生的条件（ontogenetic condition）。[①] 因此，不论是以表象主义和概念主义为基本特征的超然的和分析的行为观，还是在技能习得的基础上建立的非

---

① N. DeSouza, "Pre-Reflective Ethical Know-How", *Ethical Theory and Moral Practice*, 16(2013): 279–294.

反思式的直觉主义的行为观，其实都奠基在作为源初具身行为的前反思自身觉知的维度之上，德雷福斯和姚大志恰恰错失了身体的前反思自身觉知维度，从而使他们只把非反思的具身技能行为看作具身行为的唯一标准模式。

通过上述分析，我们也就能够很好地回答问题（2）。在《知觉现象学》中，梅洛－庞蒂通过一系列的例子来说明身体图式通过外物对身体知觉经验的延展效应。除老人拄拐的例子外，梅洛－庞蒂还列举了其他一些例子，比如，妇女不用实际观测帽子上的羽饰就能够直接感觉到戴在自己头上的帽子羽饰的"具体位置"，从而与可能破坏羽饰的物体保持一段"安全"距离①。在上述例子中，身体内含着朝向世界运动的空间框架，身体对物体的空间知觉包含着关于身体情境性的固有感受（proprioceptive）和运动感觉（kinaesthetic）信息，因而能够前反思地通过自身的知觉"把握"物体在空间中的位置，身体知觉因而源始地有一种"定位"功能，身体能够从容地协调物体与身体在世界中的动态关系。

因此，不论老人拄拐的例子还是妇女帽子羽饰的例子，其实都不涉及特定技能的习得过程。②我们不能说人对拐杖的使用需要经过艰苦的技能习得过程之后才能自如地使用拐杖（除非这根拐杖被设计得非常复杂）；我们也不能说戴帽子这一技能需要不断练习加以掌握之后我们才能自如地戴上帽子。事实上，只要我们有需求，我们会随手抄起拐杖来使用，我们也会随手拿起帽子戴在头上。因而，在日常生活中，身体图式在物体之中的知觉延展效应未必与特定的技能习得相关，而更多的是一种建立在前反思自身觉知维度上的日常具身行为。

五、技能习得理论是否真的存在异质性？

按照姚大志的看法，如果德雷福斯从身体意向性的维度来统一技能习得五阶段论，也就使得这五阶段的行为皆为具身技能行为（只不过前三个阶段

---

① M. Merleau-Ponty, *Phenomenology of Perception*, trans. Donald Landes, London: Routledge, 2012, p. 144.

② 虽然从广义上说，对拐杖的使用和戴帽子这样的行为也需要习得，但这种"习得"其实难以按照德雷福斯五阶段论进行分析，而更多的是处在社会环境中的人在与物体打交道的过程中通过"潜移默化"的方式"习得"的。因而在笔者看来，这些具身行为仍然属于前反思自身觉知的范畴。

为生疏的具身技能行为，后两个阶段为熟稔的具身技能行为），虽然在某种程度上解决了从技能习得的胜任阶段到熟练阶段的断裂问题，却也导致德雷福斯从技能习得角度对符号主义人工智能非具身主义的批判难以成立[1]。从而，在姚大志看来，德雷福斯的技能习得五阶段论就会呈现出一种理论内部的异质性。

但这种理论内部的异质性是否真的存在？在笔者看来，德雷福斯对符号主义人工智能的批判与他用身体的运动意向性来统一技能习得五阶段论之间并不矛盾。这是因为，德雷福斯的技能习得五阶段论所针对的是现象身体的技能习得过程及其具身技能效应，并不直接牵扯关于人工智能的问题，人工智能问题可以看成是从技能习得理论中衍生出来的次问题域。这就意味着，由于符号主义人工智能无法真正拥有一副现象身体，自然就无法模拟现象身体的具身行为，符号主义人工智能也就不会遵循从不熟练行为到熟练行为的技能习得过程。正因如此，德雷福斯从技能习得角度对符号主义人工智能的反思和批判是类比和对照意义上的，其意义在于点出了符号主义人工智能的根本局限性，从而揭示出通过符号主义的哲学前提去设计人工智能注定会失败。这使得符号主义人工智能的非具身行为至多只能对应于人类技能习得过程中的胜任阶段。因此，在笔者看来，德雷福斯并不是要把对人工智能的研究囊括进人的技能习得五阶段论的框架中，而是把技能习得五阶段论当作反思人工智能哲学预设的基本参照系。正是在这个意义上，德雷福斯技能习得的五阶段论与他通过该理论对符号主义人工智能展开批判之间并不存在理论内部的异质性。

六、尚需继续推进的问题研究域

德雷福斯技能习得五阶段论的提出作为一种有效的方法论，有助于我们分析当前人工智能和在线教育等现实的技术哲学问题。因为这些现实的技术哲学问题往往都与人的身体技能行为相关。因此，在《身体与技术》的第五章和第六章中，姚大志主要阐发了德雷福斯对符号主义人工智能和在线教育之局限性的批判。

---

[1]　姚大志，前引文献，第 122 页。

由于德雷福斯技能习得五阶段论是建立在身体现象学基础之上的，他对符号主义人工智能的主要批判也是从人工智能所预设的符号主义哲学前提出发的。经典人工智能由于无法在真正意义上构造一个由运动意向性所支配的身体，因而该人工智能所模拟的行为无法超出胜任阶段，即经典人工智能所模拟的行为无法达到熟练和专家阶段。在此意义上，建立在符号主义哲学框架之下的人工智能体注定会失败。但是，如果以身体现象学为基本哲学前提构造人工智能体是否可行？姚大志主要援引了弗里曼的神经动力学来展开分析，并进而认为随着具有初级意向弧的人工动物的出现，从技术的维度构造一个拥有人类智能的机器人也就成为可以畅想的[①]。

但这里仍然需要进一步探讨研究的问题域大致有二：（1）如果弗里曼的神经动力学和梅洛－庞蒂的身体现象学具有理论内在的同构性，那么我们离打造出来一个拥有人类智能的人工智能体的距离究竟还有多远？（2）按照德雷福斯对经典人工智能的批评意见，由于我们难以通过完全机械的方式去打造一副拥有基本意向弧的机械化身体，那么我们是否可以借助现成的物理肉身来实现对人工智能体的建构？比如，近期马斯克的"脑机接口"实验所表明的恰恰是把芯片直接植入猪脑中，从而得以实现调节和增强猪脑功能的目的。那么未来对人工智能体的构建工作是否会与神经生物学和脑科学的研究成果充分融合，使得研究人员不再去执着于通过完全机械的方式去打造一副身体，而是通过现有的身体来实现人机深度交融的"赛博格"（cyborg）？而这种人机深度交融的赛博格似乎并不与德雷福斯的技能习得五阶段论相悖，也就是说，一旦这样的"赛博格"被打造出来，它的行为不但可以达到胜任阶段，而且亦可以进一步达到熟练和专家阶段。

在笔者看来，上述问题是可以从身体现象学和技能习得理论出发进一步探讨的重大现实问题。

七、结语：德雷福斯技能哲学的意义及其未来发展方向

姚大志《身体与技术》一书，以身体和技术的关系为线索，通过对德雷福斯技能习得理论的重新阐发，不仅指明了技能习得理论所赖以奠基的身体

---

① 姚大志，前引文献，第160页。

现象学基础，而且也指明了身体的技能性乃是沟通身体与世界的最本源的连接纽带。身体的技能性不仅与身体操作工具的实践相关，而且身体也正是通过技能与外物相互耦合，共同构造了在世界之中的具身行为。

因此，德雷福斯技能哲学的重要意义就在于，一方面从存在论层面确立了身体的技能在具身主体认知他者与世界之中居于核心地位，从而依据身体的技能性构造出身体与世界之间的知觉连接；另一方面从方法论层面揭示当代新兴科技的一系列理论预设谬误，进而从身体技能发展的维度对人工智能和在线教育等议题进行身体现象学式的学理分析，甄定前沿科技的根本局限性，具有重大的现实意义。

因此，就像姚大志在本书中所指出的那样，德雷福斯的技能哲学应该作为当代技术哲学研究的重要分支来看待，这一独特视角有助于我们从基本的学理层面厘清身体与技术的多维关系，并进而探究当代前沿科技所导致的一系列深刻的哲学和伦理学问题，这也应当成为未来技术哲学研究所关注的重要发展方向。随着当代科技的加速融合趋势，我们也有理由相信，从技能习得视角来探讨人工智能与人类增强的交互问题域亦将成为未来技术哲学研究的新增长点。

Philosophy of Skill as a sort of Philosophy of Technology: A Critical Review on Yao Dazhi's *Body and Technics: A Study of Hubert Dreyfus' Phenomenology of Technology*

Liu Zheng

Abstract: Yao Dazhi's *Body and Technics* innovatively reconstructs Dreyfus' theory of skill acquisition and traces the bodily phenomenological foundation upon which the theory was established. This work not only successfully positions Dreyfus as a phenomenologist of technology but also clarifies that the philosophy of skill should be a critical component of future philosophy of technology. The theoretical innovation of the book is manifested in several aspects: it clarifies the body as a research subject in philosophy of technology, distinguishes "context" and "world" to consolidate the relationship between concrete movement and abstract movement, and reveals the inherent heterogeneity within the theory of skill acquisition. However, Yao Dazhi blurs the distinction between "pre-reflection" and "non-reflection," as well as between "everyday embodied behavior" and "specific embodied skilled behavior," considering only the latter as intuitive behavior that is "immersed within," which is a misplacement in theory. Furthermore, Yao Dazhi's analysis of internal heterogeneity in Dreyfus' skill acquisition theory remains to be debated. Recognizing the limitations of this book and the issues that need further investigation, it concludes that exploring the interaction domain between artificial intelligence and human enhancement from the perspective of skill acquisition will become a new growth area in the research of philosophy of technology.

Keywords: Yao Dazhi; Hubert Dreyfus; Skill Acquisition; Body and Technics

张卜天主译"科学史译丛"

由张卜天教授一人独自翻译、商务印书馆自 2016 年陆续推出的"科学史译丛"迄今已经出版了 21 本，其中部分著作是之前由湖南科学技术出版社出版的"科学源流译丛"的重版。它侧重西方科学思想史、关注现代性（起源与反思）话题，偶尔也涉足神秘学传统、反观中国道术，既重视科学思想史经典，又引介科学与宗教等新锐观点，是一套颇具张卜天教授个人品位和特色的西方科学史译丛。

第 1 辑（蓝皮本）6 本，商务印书馆 2016 年出版

李约瑟《文明的滴定：东西方的科学与社会》

Joseph Needham, *The Grand Titration: Science and Society in East and West*, 1969

本书是李约瑟（Joseph Needham，1900—1995）8 篇论文的结集，代表了他 1944—1966 年有关中国古代科技史研究的精华。完整表述了"李约瑟问题"的论文《东西方的科学与社会》也收入其中，并且作为本书的副标题。中国科学院自然科学史研究所前所长、国际科技史学会前任主席刘钝为此书作序。全书共 319 页。

亚历山大·柯瓦雷《牛顿研究》

Alexander Koyre, *Newtonian Studies*, 1965

本书是柯瓦雷（Alexander Koyre，1892—1964）去世前编就、去世后出版的一部科学思想史名作，由《牛顿综合的意义》《牛顿科学思想中的概念与经验》《牛顿与笛卡尔》《牛顿、伽利略和柏拉图》《一封未发表的胡克致牛顿的信》《牛顿的"哲学思考的规则"》和《引力、牛顿与科茨》7 篇论文组成，生动演示了柯瓦雷独特的"概念分析"方法。最后还附录了吉利斯皮为《科

学传记辞典》撰写的"柯瓦雷"词条。全书共 453 页。

彼得·哈里森《科学与宗教的领地》

Peter Harrison, *The Territories of Science and Religion*, 2015

彼得·哈里森（Peter Harrison，1955— ）曾任牛津大学科学与宗教教授，现任昆士兰大学高等人文研究院院长，研究领域集中在现代早期的哲学、科学和宗教思想史，是研究科学与宗教的国际权威学者。本书是他于 2011 年在爱丁堡大学发表的吉福德演讲的修订稿。本书独创地把"宗教"概念的演变史与科学思想史结合起来，描述了一幅基督教与科学密切互动的复杂历史画面。作者认为，科学和宗教起初都是指个体的内在品质或德性，到了 16 世纪才逐渐成为命题式的信念系统，而把宗教当成科学的对立面，则是一种 19 世纪下半叶才形成的科学观。为翻译这本书，译者与作者之间通了二百多封电邮。作者感念译者的认真和细心，特别为中译本作序。全书共 6 章，388 页。

伯纳德·科恩《新物理学的诞生》

I. Bernard Cohen, *The Birth of a New Physics*, 1960, 1985

伯纳德·科恩（I. Bernard Cohen，1914—2003）是萨顿的博士生，曾任哈佛大学科学史系教授、系主任，1974 年萨顿奖得主。本书 1960 年首版，讲述了从哥白尼、伽利略、开普勒到牛顿，新物理学逐步战胜亚里士多德的旧物理学，取得最终胜利的故事。正如作者自己强调的，这不是一部科学革命的完整故事。它忽略了笛卡尔、惠更斯和胡克的工作，也没有完整叙述先导性的天文学革命。在 1985 年修订版里，改变了对伽利略的某些传统说法（按照柯瓦雷，伽利略描述的只是思想实验，实际上并没有真的做实验），而主张伽利略的确是一位实验大师。此外还补充了 16 个附录，补充刷新了 25 年来科学史界的相关研究。全书共 7 章，283 页。

伯纳德·科恩《自然科学与社会科学的互动》

I. Bernard Cohen, *Interactions: Some Contacts between the Natural Sciences and the Social Sciences*, 1994

伯纳德·科恩是一位高产的科学史家，研究领域包括富兰克林、牛顿、牛顿《原理》、哈维、科学革命、计算机史以及社会科学史。本书主要讨论近 300 年来社会科学家如何应用自然科学的概念、原理、理论或方法，以及社会科学对自然科学特别是生物科学和物理科学的影响。全书共三章。第一章"对自然科学与社会科学互动的分析",第二章"科学革命与社会科学",第三章"社会科学、自然科学与公共政策"。最后是"关于'社会科学'与'自然科学'的注释",回顾了这两个术语的历史变迁。全书共 257 页。

亚历山大·柯瓦雷《从封闭世界到无限宇宙》

Alexander Koyre, *From the Closed World to the Infinite Universe*, 1957

本书是由柯瓦雷 1953 年在约翰·霍普金斯大学医学史研究所发表的讲演扩充而成,讲述了从库萨的尼古拉到牛顿现代科学世界观的根本变化,把他在《伽利略研究》中已经确立的科学革命两大主题做了更加全面、更加生动的阐释:Cosmos(和谐整体的宇宙)的解体、空间的几何化(无限化),是科学革命的经典之作。全书共 12 章,350 页。最后还附录了吉利斯皮为《科学传记辞典》撰写的"柯瓦雷"词条。

第 2 辑(红皮本)6 本,商务印书馆 2018—2019 年出版

乌特·哈内赫拉夫《西方神秘学指津》

Wouter Hanegraaff, *Western Esotericism: A Guide for the Perplexed*, 2013

乌特·哈内赫拉夫(Wouter Hanegraaff,1961—)是阿姆斯特丹大学的赫尔墨斯主义哲学和相关思潮史教授,是西方神秘学领域的权威学者。本书是西方神秘学的入门读物。所谓神秘学,实际上是自启蒙运动以来未成为主流、被边缘化的"被拒知识",是指基督教的标准宗教传统、理性哲学和现代科学之外的另一个维度。全书共 9 章,257 页。

劳伦斯·普林西比《炼金术的秘密》

Lawrence Principe, *The Secrets of Alchemy*, 2013

劳伦斯·普林西比(Lawrence Principe,1962—)是约翰斯·霍普金斯大学科学技术史系和化学系双聘讲席教授,是现代早期化学史和炼金术史的国际权威学者。本书是一部简明扼要的炼金术史,把繁复多样的炼金术史料和线索整理得条理分明,是一部优秀的炼金术史入门读物。全书共 7 章,346 页。

埃德温·伯特《近代物理科学的形而上学基础》

Edwin Arthur Burtt, *The Metaphysical Foundations of Modern Physical Science, A Historical and Critical Essay*, 1924, 1931

埃德温·伯特（Edwin Burtt，1892—1989）是美国哲学史家和科学思想史家。本书是他在哥伦比亚大学的博士论文《牛顿爵士的形而上学：论近代科学的形而上学基础》的修订版，首版于1924年。1931年出版的第二版全部重写了结论章，其余未动。本书是科学思想史研究纲领的早期代表作，把"自然的数学化"看成现代科学革命的核心主题，描画了哥白尼、开普勒、伽利略、笛卡尔、霍布斯、摩尔、巴罗、吉尔伯特、玻义耳直到牛顿的科学革命群英谱，是科学革命的经典叙事。全书共8章，360页。

爱德华·戴克斯特豪斯《世界图景的机械化》

Eduard Jan Dijksterhuis, *The Mechanization of the World Picture*, 1950, 1956, 1961

爱德华·戴克斯特豪斯（Eduard Dijksterhuis，1892—1965）是荷兰科学史家、荷兰皇家科学院院士，曾任乌特勒支大学和莱顿大学教授，1962年获得萨顿奖章。"科学革命"概念的三位缔造者之一（其他两位是同年出生的柯瓦雷和伯特）。

本书1950年以荷兰文首版，曾获得1952年荷兰国家文学奖霍夫特奖；1956年译成德文，1961年译成英文，本译本参考荷兰本和德文本，从英文本译出。作者以机械论观念和自然的数学化为线索，对自古希腊到牛顿的数理科学的思想发展做了脉络鲜明、深入细致的描述，是科学革命前史的经典叙事。全书共五部分，17章，中译本共782页，堪称鸿篇巨制。

戴维·林德伯格《西方科学的起源》

David Lindberg, *The Beginnings of Western Science: The European Scientific Tradition in Philosophical, Religious, and Institutional Context, Prehistory to A.D. 1450*, 1992, 2007

戴维·林德伯格（David Lindberg，1935—2015）曾任威斯康星大学麦迪逊分校科学史教授，1999年萨顿奖得主，是中世纪科学史的权威学者。本书首版于1992年，2007年第二版。原本是为大学生写作的古代和中世纪科学史教科书，第二版加重了伊斯兰科学、拜占庭科学和两河领域科学的分量，也加入了炼金术和占星术的内容。正如副标题所说，本书是考虑了宗教、哲学和制度背景的 1450 年前的欧洲科学史。本书第一版曾经有一个中译本，这是第二版的第一个中译本。全书共 14 章，607 页。

彼得·哈里森《圣经、新教与自然科学的兴起》

Peter Harrison, *The Bible, Protestantism, and the Rise of Natural Science*, 1988

关于新教对于现代科学兴起的影响，哈里森的《科学与宗教的领地》未讲得很详细，本书以及《人的堕落与科学的基础》讲得更为细致。本书认为，新教以"字面的"方式来阐释《圣经》，告别了中世纪的象征世界观，为"科学地"研究自然和用技术开发自然创造了条件。全书除导言和结语之外共 6 章，420 页。

第 3 辑（绿皮本）6 本，商务印书馆 2019—2020 年出版

玛格丽特·奥斯勒《重构世界》

Margaret Osler, *Reconfiguring the World: Nature, God, and Human Understanding from the Middle Ages to Early Modern Europe*, 2001

玛格丽特·奥斯勒（Margaret Osler，1942—2010）曾任加拿大卡尔加里大学历史系教授，是著名科学史家韦斯特福尔在印第安纳大学的博士毕业生，1987—1990 年担任加拿大科学史与科学哲学学会主席，是库恩之后的下一代科学史家的代表。在本书关于现代早期的科学史叙事中，她在柯瓦雷的科学思想史纲领之外，添加了炼金术和占星术传统以及自然志传统，在保留传统的科学革命叙事的同时做了扩展处理。全书共 8 章，239 页。

弗洛里斯·科恩《世界的重新创造：现代科学是如何产生的》

Floris Cohen, *Heerschepping van de wereld*, 2007; *Die zweite Erschaffung der Welt*, 2010; *The Rise of Modern Science Explained: A Comparative History*, 2015

弗洛里斯·科恩（Floris Cohen，1946—　）是荷兰科学史家，曾任国际科学史权威期刊 *Isis* 的主编，对科学革命的起源问题有系统而全面的研究。本书是他之后出版的《现代科学如何产生：四种文明，一次 17 世纪的突破》（*How Modern Science Came into the World. Four Civilizations, One 17*th *Century*

Breakthrough，2010）的先导性通俗版。书中认为，欧洲历史上出现过三种主导性的自然认识形式：雅典模式（自然哲学）、亚历山大模式（数学）、文艺复兴模式（实验），现代科学革命正是在此三种模式为基础的六种革命性转变中诞生的。本书以荷兰文首版于 2007 年，2010 年出版德译本，2015 年出版英译本。本书根据德译本译出，共 7 章，311 页。

卡斯滕·哈里斯《无限与视角》

Karsten Harries, *Infinity and Perspective*, 2001

卡斯滕·哈里斯（Karsten Harries，1937—　）是耶鲁大学哲学系教授，主要研究艺术哲学、建筑哲学和现代早期哲学。本书将哲学史、科学思想史、神学史和艺术史熔为一炉，给出了现代思想的一种独特叙事视角。作者认为，现代科学只是现代性的成果之一，而现代性本身植根于基督教文化关于上帝无限性的自我反思和自我超越。全书分三部分，共 17 章，467 页。

彼得·哈里森《人的堕落与科学的基础》

Peter Harrison, *The Fall of Man and the Foundations of Science*, 2007

这是"科学史译丛"中哈里森的第三部著作，主要阐释基督教原罪观对现代科学兴起的影响。由于亚当堕落，人类丧失了原本拥有的认知能力和掌握的可靠知识。教父奥古斯丁最早强调这种因堕落原罪而带来的人性的败坏和理智的局限性。现代早期奥古斯丁主义思想的复兴，引发了对原罪后果的重新评估以及重建知识的种种方案。人工仪器的使用、干预性实验的采纳，都与此神学相关。现代实验科学的诞生并不是重新认识了人类的理性力量，而是意识到了人类理智的缺陷和局限。全书共 5 章，424 页。

爱德华·格兰特《近代科学在中世纪的基础》

Edward Grant, *The Foundations of Modern Science in the Middle Ages, Their Religious, Institutional, and Intellectual Contexts*, 1996

爱德华·格兰特（Edward Grant，1926—2020），中世纪科学史权威学者，美国印第安纳大学科学史与科学哲学系创办人，1992 年萨顿奖得主。本书通过翔实的考察和分析，揭示了中世纪并非一团漆黑，相反，现代科学得以发生的种种条件、前提和基础都已经在中世纪晚期准备完毕。全书共 8 章，是 1971 年为《剑桥科学史丛书》写作的《中世纪的物理科学》一书的更新换代版。

1971 年的著作基本延续柯瓦雷的革命论纲领，本书也并非简单回到迪昂的连续论纲领，正如副标题所指示的，注重宗教、制度和思想的背景是本书的特色。全书共 8 章，338 页。

理查德·韦斯特福尔《近代科学的建构》

Richard Westfall, *The Construction of Modern Science: Mechanisms and Mechanics*, 1977

理查德·韦斯特福尔（Richard Westfall，1924—1996）生前是印第安纳大学科学史与科学哲学系教授，1985 年获萨顿奖，是权威著作牛顿传记《永不停息：艾萨克·牛顿传》的作者。本书是关于现代早期科学革命的本科生教科书，原属于"剑桥科学史丛书"中的一本，是科学思想史学派第二代的代表作之一。作者强调 17 世纪科学革命由柏拉图主义—毕达哥拉斯主义传统和机械论哲学两大主题所主导，而现代科学就是在这两种并非总能协调一致的主题的变奏中建立起来的。全书共 8 章，200 页。

第 4 辑（褐皮本）3 本，商务印书馆 2021—2023 年出版

杰弗里·劳埃德《希腊科学》

Geoffrey Lloyd, *Early Greek Science: Thales to Aristotle*, 1970

Geoffrey Lloyd, *Greek Science after Aristotle*, 1973

杰弗里·劳埃德（Geoffrey Lloyd，1933—　）是英国剑桥大学古代哲学与古代科学教授，是国际权威的希腊科学史专家，1987 年萨顿奖得主。本书是他早期两部著作《早期希腊科学：从泰勒斯到亚里士多德》（1970）和《亚里士多德之后的希腊科学》（1973）的合译本。本文要言不繁、简明扼要，对从泰勒斯到公元 2 世纪后希腊科学之衰落的历史做了条理分明的描述。作者本人为此合译本作序。全书共 369 页。

弗洛里斯·科恩《科学革命的编史学研究》

Floris Cohen, *The Scientific Revolution: A Historiographical Inquiry*, 1994

弗洛里斯·科恩（Floris Cohen，1946—　）荷兰科学史家，曾任莱顿布尔哈夫博物馆馆长、特温特大学科学史教授，国际科学史权威刊物 *Isis* 杂志

主编。本书对近一个世纪以来关于科学革命的种种编史观点做了系统、细致的梳理。全书分三部分：第一部分"定义科学革命的实质"、第二部分"寻找科学革命的原因"、第三部分"总结和结论：真理的盛宴"。全书共 969 页，是一部鸿篇巨制。

保罗·罗西《现代科学的诞生》

Paolo Rossi, *La nascita della scienza moderna in Europa*, 1997

Paolo Rossi, *The Birth of Modern Science*, 2001

保罗·罗西（Paolo Rossi，1923—2012）是意大利科学史家，曾任佛罗伦萨大学哲学史系主任、意大利哲学学会主席、意大利科学史学会主席，1985 年获萨顿奖。他重视魔法传统和技术传统在科学革命中的地位，是对经典科学革命叙事的重大修正。本书通俗而又比较全面地展现了作者的科学革命叙事。本译本初稿译自英译本，但经与德译本对照发现很不忠实，最终由蒋澈对照意大利文校订完成。全书共 17 章，390 页。

（吴国盛）

吴国盛主编 "科学博物馆学丛书"

由吴国盛教授主编，北京师范大学出版社 2019 年和 2021 年推出的 "科学博物馆学丛书"，共出版 6 本。关注不同类型的科学博物馆，特别是自然博物馆、科学工业博物馆、科学中心三种博物馆类型的历史由来、社会背景、组织结构、展教功能、管理运营等。

皮特·莫里斯《国家的科学：伦敦科学博物馆的历史透视》

Peter J.T. Morris (ed.), *Science for the Nation: Perspectives on the History of the Science Museum,* 2010

皮特·莫里斯（Peter J. T. Morris，1956—　　）是研究现代有机化学和化学工业历史的科学史家，伦敦科学博物馆研究项目负责人，伦敦大学学院科学与技术研究系荣誉研究员。全书共 13 章，主要讲述了伦敦科学博物馆的百年历史，可划分为三部分内容：科学博物馆的历史事件（1–8 章）、展览本质的改变（9–10 章）以及藏品的发展（11–12 章），第 13 章叙述了世界范围内科学博物馆的竞争性、协作性和创造性。此外补充了科学博物馆临时展览（1912—1988 年）、高级职员表（1893—2000 年）和观众数量（1909—2012 年）的数据。

彼得·弗格《新博物馆学》

Peter Vergo, *The New Museology,* 1989

彼得·弗格（Peter Vergo）是埃塞克斯大学艺术史系荣休教授，是研究现代俄罗斯、德国和奥地利艺术的权威学者。本书是一本学术论文集，包括博物馆藏品的价值和意义，博物馆的历史和评价，博物馆与社会、法律、教育和政治的关系，以及博物馆参观者的体验等主题。全书分为 8 章，分别是 "博物馆、艺术品及其意义" "知识的对象：博物馆的历史回顾" "沉默的对象" "主题公园和时光机" "教育、娱乐与政治：国际大展的教训" "论在新的国度生活" "参观者在博物馆的体验" "作为一种文化现象的博物馆参观" "博物馆与文化财产"。

蒂姆·考尔顿《动手型展览：管理互动博物馆与科学中心》

Tim Caulton, *Hands-on Exhibitions: Managing Interactive Museums and Science Centres,* 1998

蒂姆·考尔顿（Tim Caulton，1953— ）依托英国动手型博物馆与科学中心众多的一手研究和数据，认为动手型博物馆与科学中心成功的关键在于展品的设计、评估、运营、市场、财务与人力资源管理等方面。本书分为9章，分别是"动手型展览""教育学语境""展品开发""财务""市场""运营管理""人力资源管理""教育项目与特别活动管理""动手型展览的未来"。

埃娃·戴维松与安德斯·雅各布松《解读科学中心与博物馆中的互动：走向社会文化视角》

Eva Davidson and Anders Jacobson, *Understanding Interactions at Science Centers and Museums,* 2011

埃娃·戴维松（Eva Davidson）和安德斯·雅各布松（Anders Jacobson）均是瑞典马尔默大学科学、数学和社会系的副教授。本书讨论"参观科技中心或博物馆后，观众的学习如何产生"这一问题。全书分为11章，第一部分（1–4章）探讨研究及展品开发所持理论和方法取向、工作人员对观众学习的态度、观众从展品中获得的体验及学习收获。第二部分（5–7章）探索了在瑞典自然博物馆中实习教师对立体微缩模型关注的差异如何影响学习走向。第三部分（8–11章）关注学校组织的实地参观，讨论如何利用展品为学生学习提供帮助。

斯特拉·巴特勒《科学技术博物馆》

Stella Butler, *Science and Technology Museums,* 1992

斯特拉·巴特勒（Stella Butler），伦敦大学学院科学史荣誉研究员，曾任利兹大学的大学图书管理员和布罗德顿收藏馆的负责人。本书考察了欧洲和北美科学技术博物馆的发展历程，探讨了科学技术博物馆如何专业地将科学技术知识呈现给公众。全书分为7章，分别是"科学技术的展示""制造的丰碑""世界各地的博物馆""文化遗产现象""特殊的课堂""知识的框架"和"新世纪的挑战"。

斯万特·林德奎斯特《现代科学的博物馆》

Svante Lindqvist, *Museums of Modern Science: Nobel Symposium 112,* 2000

斯万特·林德奎斯特（Svante Lindqvist，1948—　），瑞典技术史家，曾任诺贝尔博物馆首任馆长。本书是 1999 年 5 月在瑞典皇家科学院召开的"现代科学博物馆专题研讨会"的论文文集，主要探讨如何通过博物馆向广大公众呈现和传播现代科学，汇聚了英、美、法、德等国家科学博物馆的经验。全书分为四个部分，分别是"话题：如何说明现代科学、如何让它触及那些对此漠不关心的人""复杂性的层级：肤浅与令人生畏之间的中间道路""视觉系的博物馆：新技术的挑战"和"争议性的科学议题：既不要申辩式的美化，也不要科学大战"。

（刘年凯）

埃杰顿著《乔托的几何学遗产：科学革命前夕的美术与科学》

Samuel Y. Edgerton, *The Heritage of Giotto's Geometry:*
Art and Science on the Eve of the Scientific Revolution,
Cornell University Press, 1991

小塞缪尔·Y. 埃杰顿　著　杨贤宗　张　茜　译

商务印书馆 2018 年出版，304 页

本书作者小塞缪尔·Y. 埃杰顿（Samuel Y. Edgerton，1926—2021）是当代透视法研究领域的权威。他博士毕业于宾夕法尼亚大学，后执教于威廉姆斯学院，任阿莫斯·劳伦斯艺术讲席教授。本书是埃杰顿的代表作之一，1992 年荣获美国历史学会颁发的霍华德·R. 马拉罗奖。他的相关研究著作还包括《线性透视法的文艺复兴再发现》（*The Renaissance Rediscovery of Linear Perspective*，1975）以及《镜子、窗户和望远镜：文艺复兴线性透视法如何改变了我们的宇宙视野》（*The Mirror, the Window, and the Telescope: How Renaissance Linear Perspective Changed Our Vision of the Universe*，2009）。

本书旨在对近代科学革命的原因提供一种艺术史视角的回答。亚历山大·柯瓦雷曾将科学革命概括为两个密切相关、互为补充的特征，即和谐有序宇宙的瓦解和空间的几何化。而埃杰顿则更进一步指出空间的几何化率先在视觉艺术中实现，视觉艺术革命为科学革命奠定了基础。在序言部分，作者批评了相对主义观点，坚持认为透视法符合人类的视觉生理和心理感知方式，是一种超越文化的精确复制现象世界的理性方法。它与欧几里得几何学一样，是现代科学得以产生的思想工具和前置条件。作者认为，这一解释同时构成了对李约瑟问题的回答：古代中国人未能发展出几何透视法，使得他们不仅无法自发地产生现代科学，甚至无法理解和吸收传教士所带来的新科学知识。

全书从结构上可分为三部分。第一章至第三章构成第一部分，追溯了透视画法形成前的历史。第一章回溯中世纪平面化的艺术风格；第二章分析阿西西圣方济各圣殿的壁画飞檐边饰中体现出的早期空间表现手法；第三章解

读利波·利皮的画作《圣母报领》，认为该画受到了罗杰尔·培根的种相播殖理论的影响。第四、五章构成第二部分，讨论透视画法在机械学、建筑学和解剖学制图中的应用，表明透视法与新兴的印刷术相结合，创造出全新的视觉化知识传播方式。第六章至第八章构成第三部分，论述透视法所带来的视觉认知革命的意义。第六章分析拉斐尔的《圣典辩论》，指出这幅创作于1509年的名作已经体现出天界空间与地界空间的统一；第七章表明正是由于深谙透视原理，伽利略才得以正确解析望远镜下的月亮影像；第八章通过对《远西奇器图说》的分析，表明缺乏透视法洗礼的中国学者和工匠，已无法理解西方的技术图像，东西方在科技上的差距由此拉大。

这是一部视野开阔、野心勃勃的著作，它不拘泥于讲解透视法几何技术的流变本身，而是将注意力放在了那些应用透视法的艺术和科学图像上，注重分析这些图像如何塑造了现代早期欧洲独特的心理定向。然而，和任何采用单一要素解释科学革命成因或回答李约瑟问题的企图一样，本书的论点也存在过度简化之嫌。显然，视觉革命构成了科学革命的重要前提和组成部分，这一论题已被越来越多的艺术史家和科学史家所重视。近年来重要的成果还包括马丁·肯普著《艺术的科学：从布鲁内莱斯基到修拉西方艺术中的光学主题》(*The Science of Art: Optical Themes in Western Art from Brunelleschi to Seurat*，1990）以及勒菲弗尔所编文集《绘制机器：1400—1700》(*Picturing Machines 1400–1700*，2004）等。

（王哲然）

楠川幸子著《为自然书籍制图：16 世纪人体解剖和医用植物书籍中的图像、文本和论证》

Sachiko Kusukawa, *Picturing the Book of Nature: Image, Text, and Argument in Sixteenth-Century Human Anatomy and Medical Botany*, University of Chicago Press, 2012

楠川幸子　著　王彦之　译

浙江大学出版社 2021 年出版，378 页

　　楠川幸子（Sachiko Kusukawa）是剑桥大学三一学院科学历史和哲学研究员，研究方向侧重于科学史、文化史、思想史以及书籍史。她关注现代早期（1500—1720）科学知识生产过程中的观察、描述和图像实践。2012 年，她在芝加哥大学出版社出版了她对 16 世纪药用植物学与人体解剖学书籍中的图像研究成果——*Picturing the book of nature: Image, Text, and Argument in Sixteenth-Century Human Anatomy and Medical Botany*。该书在 2014 年荣获美国科学史学会辉瑞奖（Pfizer Award）。2021 年，浙江大学出版社启真馆出版了该书的中译本《为自然书籍制图：16 世纪人体解剖和医用植物书籍中的图像、文本和论证》。

　　我们往往习惯于将同年出版的安德烈·维萨里（Andreas Vesalius）的《人体的构造》（*De Humani Corporis Fabrica*，1543）与尼古拉·哥白尼（Nicolaus Copernicus）的《天球运行论》（*De revolutionibus orbium coelestium*，1543）放在一起，示意一个新时代的开始。在本书中，楠川幸子独辟蹊径地将《人体的构造》与莱昂哈特·富克斯（Leonhart Fuchs）的《植物史论》(*De Historia Stirpium*，1542）并置，讨论印刷书籍中的图像在文艺复兴时期科学知识的形成和确立中发挥的作用。自 1976 年科学史家马丁·路德维奇（Martin J.S. Rudwick）发表文章讨论地质科学中的视觉语言后，科学史界对视觉文化的关注越来越多，但更多是从内史和观念史的角度出发，关注图像对知识的表征。

楠川幸子的研究为科学史上对图像的哲学地位的理解带来了某种意义上的修正。她的研究表明，尽管图像是视觉的，但并不意味着对观察对象的精准描绘。

全书分为三部分。第一部分"印刷图画"，楠川幸子先从文艺复兴时期支配印刷书籍的技术、工匠、出版商的商业考虑以及出版管控限制出发，全方位呈现当时图像进入书籍得以印刷的基本前提。这有助于读者更充分地理解富克斯、维萨里等人坚持使用图像背后需要的决心与代价。第二部分"为药用植物绘图"，作者重点对比了富克斯的《植物史论》与康拉德·格斯纳（Conrad Gessner）未能出版的《植物史》（*Historia Plantarum*），关注他们在使用图像时态度和方法上的差异。富克斯试图用完整无缺的图像来展现植物的所有偶性，以此捍卫偶性的不可分离。相比之下，格斯纳将图像作为调查研究植物的手段，一种纸片札记。他认为图像是研究自然、理解上帝手作最好的方式。第三部分"为人体解剖学绘图"，作者指出，维萨里用《人体的构造》中的图画表现出规范的身体、目的论的方法，同时还用比较性的插图树立自己的知识权威。这两部分看似分属两个学科，但其中讨论到的中世纪作者都将图画看作理解自然的核心，明确阐述了图画对构成自然知识的实用性。楠川幸子认为，书籍中的图文设计从根本上体现的是学者们对于采用何种方式在印刷书籍中呈现知识的想象，更关键的是影响着学者们建立论证乃至研究方法的方式。作者将之称为追求学问过程中的"视觉论证"。楠川幸子通过翔实的史料信息阐明，无论是富克斯、格斯纳还是维萨里，都在依据自己的学术标准，使用图像来"科学化"自己的知识，捍卫自己的知识权威性。更有意思的是，这种"视觉论证"方式本身是非常多元的，即使是同一个作者，在不同的语境中运用图画的方式也是不尽相同的。富克斯在《植物史论》的不同译本及版本中会根据受众与市场改变文本与图像的编排方式。使用图像成为一种有趣的多样化的视觉试验。

本书的翻译整体上流畅明快。译本相较于原著的一个突出优点在于采用了随文脚注的形式，这对读者理解作者的论证无疑更为友好，也为相关领域的研究者提供了充实的文献资料。

（柳紫陌）

伍顿著《科学的诞生：科学革命新史》

David Wootton, *The Invention of Science: A New History of the Scientific Revoluion, Harper, an imprint of HarperCollinsPublishers*, 2015

戴维·伍顿　著　刘国伟　译

中信出版社 2018 年出版，871 页

作者戴维·伍顿（David Wootton，1952—　　）是英国约克大学历史系教授，专业方向是现代早期思想史和文化史，著作有《泡罗·萨尔皮：文艺复兴与启蒙运动之间》（1983）、《坏医学：希波克拉底以来害人的医生》（2006）、《伽利略：天空守望者》（2010）等。本书译者似乎是英文专业出身，译文流畅，但缺少科学史和科学哲学背景，所以从人名、书名到专业术语，错误不少。原书名包含的"科学被发明出来"这个关键意思没有翻译出来。编辑方面也有不少别字漏字，最糟糕的是，改变了原书每章注释单独排序检索的格式，采用全书注释统一编号，使得全书整体丧失了注释和文献的检索功能。

本书是一部反潮流的科学革命史作品。"科学革命"的概念由伯特（Erwin Burtt，1892—1989）和柯瓦雷（Alexander Koyre，1892—1964）等人发明，由巴特菲尔德（Herbert Butterfield，1900—1979）推广普及，被库恩（Thomas Kuhn，1922—1996）复数化。由他们所代表的"科学革命"派的编史思想是：重视现代早期的观念变革，但低估了新证据和新实验。科学革命编史纲领的主要缺陷是，无法解释科学革命为何没有更早发生。

1980 年以来，科学革命的概念遭遇挑战。以夏平、谢弗、达斯顿和帕克为代表的新一代科学史家，运用科学知识社会学的立场方法，全面消解"科学革命"概念。他们的新编史纲领体现在林德伯克和南博斯主编的 8 卷本《剑桥科学史》（2002—2020）以及莱特曼主编的《科学史指南》（2016）之中。

本书作者在一个新的层面重新捍卫"科学革命"概念，重新恢复"辉格史"的意义，恢复科学知识的积累性和进步性的思想。作者认为，无论如何，牛顿的科学要比亚里士多德更好，科学革命之后的科学知识更加可靠；诸如印

刷机和玻璃等新技术可逆转地改变了一切。但与旧的科学革命派不同，作者认为不存在哥白尼革命（与库恩的"哥白尼革命"相对），导致日心说取胜的原因是新星的发现、水晶天球观念的抛弃以及伽利略望远镜下面的天空发现，而不是观念革命；科学革命的背后是技术革命；数学化的背后是复式簿记缺席、透视画法、制图学和弹道学等应用技术；光学仪器在科学革命时期扮演关键角色；印刷术创造了"事实"观念以及"事实"文化，从而创造了基于"事实"的现代科学；可重复的实验也是科学文化的重要推手；工业革命并不独立于科学革命，而是受益于科学革命。这些思想都让人耳目一新。

引言包括"现代心灵"（中译本译成现代思维，不确）和"科学革命的观念"（中译本译成科学革命的思想，不确）等两章。第一部分"天与地"，包括"发明发现""行星地球"等两章；第二部分"看即相信"，包括"世界的数学化""格列佛的世界"等两章；第三部分"制造知识"，包括"事实""实验""法则""假说 / 理论""证据与判断"等五章；第四部分"现代的诞生"，包括"机器""世界的祛魅"和"知识就是力量"等三章；结语部分"科学的发明"，包括"对自然的蔑视""这些后现代的日子"和"我知道什么"等三章。

（吴国盛）

德里著《牛顿手稿漂流史》*

Sarah Dry, *The Newton Papers: The Strange and*
True Odyssey of Isaac Newton's Manus, Oxford University Press, 2014

萨拉·德里 著 王哲然 译

湖南科学技术出版社 2022 年出版，325 页

牛顿一生勤于著述，不过生前只出版过《原理》和《光学》等少数著作，身后则留下千万词左右的杂乱手稿，涉及力学、数学、光学、神学、炼金术等多个领域。对于牛顿手稿的保存和流传历史，学界过去仅知大概情形和零散细节，而萨拉·德里（Sarah Dry）的《牛顿手稿漂流史》（*The Newton Papers*，Oxford University Press，2014；湖南科学技术出版社，2022）首次提供了一个连贯完整的叙事。作者通过查询档案、了解手稿现状、采访在世当事人以及牛顿研究者，条分缕析，集中再现了手稿在众多亲属、收藏者、科学家和学者手中被隐藏、遗忘、买卖、转赠和研究的详细过程。就此而言，该书也具有一定史料价值。在将史实诉诸文字之时，作者经常采用侦探小说笔法，读来颇有吸引力。

从全书结构来看，《牛顿手稿》犹如一出历史舞台剧，以"序幕"始，以"尾声"终，正文 14 章，演绎了手稿近三百年的"奥德赛"之旅，可按时间大致分为四幕：前期收藏（1–6 章，1727—1872 年）、手稿分家（7–8 章，1872—1936 年）、拍卖流散（9–12 章，1936—1950 年）和"牛顿产业"（13–14 章，1950 年迄今）。

在序幕中，读者看到著名经济学家约翰·凯恩斯于 1936 年 7 月 13 日下午从后门"溜进"伦敦苏富比拍卖行的身影，那里正在"不温不火"地拍卖一大批鲜为人知的牛顿手稿。紧接着进入第一幕，舞台切换为 1727 年 3 月 20 日牛顿去世于伦敦寓所的场景。由于牛顿没有直系后代，这批手稿便经由他的外甥女婿而为朴茨茅斯家族继承收藏，鲜有学者能够问津。第二幕把读者

---

* 本文作者万兆元和何琼辉曾就该书撰写过长篇书评《牛顿手稿的"奥德赛"之旅》，刊于《自然辩证法通讯》2023 年第 11 期。本文基于前文删减而成，并已得到该刊物的许可。

带回到牛顿曾经学习和工作过的剑桥大学。1872 年，朴茨茅斯家族将牛顿的"科学"手稿捐给剑桥大学，而将"非科学"手稿继续留在家族庄园，牛顿手稿从此分家。第三幕聚焦苏富比拍卖，在这里牛顿手稿被廉价拍卖，从此流散世界各地。凯恩斯收购了绝大部分炼金术手稿，后捐给剑桥大学国王学院；大部分神学论文则由爱因斯坦的朋友、拉比文学专家亚胡达购得，后为以色列国家图书馆收藏。苏富比拍卖正式揭示了牛顿的炼金术兴趣和非正统神学思想，对后来的牛顿研究产生了巨大影响。在第四幕中，随着科学史学科的兴起和发展，牛顿研究蔚然成风，甚至被称为"牛顿产业"。到了网络数字时代，"牛顿项目"（Newton Project）致力于整理、转录牛顿所有手稿和著作，最终推出网络版《牛顿全集》，让分散世界各处的牛顿手稿在网上再聚首。

与手稿的历史境遇交织在一起的是牛顿形象的历史变迁，这是本书浓墨重彩的另一笔。《牛顿手稿》出版后很快获得西方学界好评，《自然》《爱西斯》等近十家期刊和报纸发表了书评，给予肯定和推介。由王哲然博士翻译的中译本译笔简练流畅，可读性强。

通过本书，读者不仅能够了解牛顿手稿跌宕起伏的流传历史，而且会认识到这位伟大科学家思想的丰富性和复杂性，进而思考有关科学家的理性、道德和信仰的问题。读者如有进一步探究兴趣，不妨转向牛顿项目网站 [①]、剑桥数字图书馆 [②] 和以色列国家数字图书馆 [③]，一睹牛顿手稿的真容（转录稿与扫描版），从古朴的字里行间感受牛顿的思维过程和工作状态。毕竟，"手稿本身的魅力是无法取代的"！

（万兆元　何琼辉）

---

① http://www.newtonproject.ox.ac.uk/.

② https://cudl.lib.cam.ac.uk/collections/newton.

③ https://www.nli.org.il/en.

哈克尼斯著《珍宝宫：伊丽莎白时代的伦敦与科学革命》

Deborah E. Harkness, *The Jewel House:*
Elizabethan London and the Scientific Revolution,
Yale University Press, 2007

德博拉·哈克尼斯 著 张志敏 姚利芬 译
上海交通大学出版社 2017 年出版，414 页

作者德博拉·哈克尼斯（Deborah E. Harkness，1965—   ）博士毕业于加州大学戴维斯分校，目前是美国南加州大学教授。她的研究兴趣集中于现代早期欧洲特别是英国科技史与医学史，在本书之前，曾出版过一部学术著作《约翰·迪伊与天使的对话：哈巴拉、炼金术与自然的终结》（*John Dee's Conversations with Angels: Cabala, Alchemy and the End of Nature*，1999 ）。她的另一个身份是畅销小说作家，其系列魔幻小说"万灵三部曲"已翻译为多国语言并被搬上银幕。事实上，哈克尼斯出色的讲故事的能力和细腻的笔触在本书中已展露无遗。她从微观史视角，通过六个典型案例，刻画出十几位科学实践者的鲜活形象，将读者带入了伊丽莎白时代伦敦科学活动的"视野、声音、气味和个性之中"。

全书正文共分六章，每章聚焦一个历史片段。第一章关注聚集在莱姆街的博物学学者，他们彼此交换意见，并同大陆学者密切通信，使得该街区成为彼时知名的博物学中心。第二章讲述了德国外科医生鲁斯伍林与伦敦当地的巴伯外科艺学行会之间的冲突，说明了当时的实践者如何利用图书出版构建专家圈子。第三章将目光转向了实践数学领域，数学在航海、建筑、商业、战争等领域作用日益得到重视，得到市民阶层的大力支持，并催生出大批数学教育家和仪器制造商。第四章探讨国家政策与技术发展之间的关系，伊丽莎白女王及其廷臣本希望利用王权特许的专利认证扶持新技术的发展，但政策上的摇摆和相关法律的缺失，最终导致一系列大型科学项目的破产。第五

章基于对克莱门特·德雷帕笔记的解读，这位因欠债而服刑 13 年的伦敦商人留下了 15 本笔记，涉及医药学、采矿业和化学，折射出一位普通伦敦市民研究自然的方法与态度。第六章聚焦于休·普拉特，他是一位精力旺盛的知识收集者，将伦敦城内各类新奇的发明和实验汇集于自己的著作《技艺与自然的珍宝宫》中。与重视草根科学文化和街头知识的普拉特不同，同时代且同为律师的弗朗西斯·培根则认为，科学应该产生于等级分明、秩序井然的学院环境之中，掌握在出身名门的精英绅士手中。皇家学会无疑是培根科学理想的实现之地，它所产生的另一后果是让我们遗忘了所罗门宫之外的那个更为热闹、喧嚣、充满活力的珍宝宫。

专业的科学史研究者应认真阅读本书的最后一部分"尾声：现代早期科学的民族志"。哈克尼斯在此简要回顾了自 20 世纪初以来不断深入的科学革命研究，并对自己工作的方法和定位加以辩护。在她看来，"科学革命"固然是有益的概念工具，但同时也会限制历史学家的视野，使他们在预先命名和设定好的范围内寻求解答。她采用了人类学中的多点民族志（multisited ethnography）方法，即围绕潜在目标进行非目的性的研究，在接纳偶然性和混乱性的过程中发现有价值的研究目标。为此，她调查了 1800 位伊丽莎白一世时期的英国人，搜集了印本图书、手稿、专利登记簿、政府文件、外交信函等多方位的历史材料，从而与其研究对象建立起亲密关系，并能够对他们进行深度描写。凭借新颖的研究策略与扎实的史料支撑，本书在近年来有关科学革命的研究中独树一帜，令人耳目一新。正如作者所强调的，科学革命的故事应该包括牛顿，也应该包括那些更为平凡的人物；牛顿不仅站在巨人的肩膀上，也站在那些卑微平凡的当地实践者的肩膀上。

（王哲然）

李猛著《班克斯的帝国博物学》

上海交通大学出版社 2019 年出版，301 页

作者李猛现于北京师范大学哲学学院从事博物学史、科技伦理、科技与社会等方向的研究，此前曾在厦门大学工作。本书是在作者博士论文（于2014 年在北京大学哲学系答辩）的基础上修订而成的，属于上海交通大学出版社的"博物学文化丛书"，是该丛书中少有的中国学者原创专著，是近年来国内西方博物学史研究的代表，因此特别值得关注。

约瑟夫·班克斯（Joseph Banks，1743—1820）是重要的英国博物学家，曾主导了全球范围内诸多博物学考察活动，长期担任英国皇家学会主席，是这一时期极有影响力的科学活动组织者。本书作者对班克斯的研究也集中于他在组织博物学活动中发挥的作用，而非班克斯的个人理论探索。作者的分析总框架是"帝国博物学"，在这个概念所主导的史料分析中，他特别关注博物学与近代英国的诸多机构组织的关联，以及博物学在近代殖民扩张中的作用。本书绪论和第一章简述了关于"帝国博物学"的学术史主要脉络和 18世纪、19 世纪英国博物学的一些背景，特别提出皇家学会内部存在数理实验科学与博物学两种科学文化，在这一分野下，这一时期的英国博物学渗透着极强的实用旨趣。第二章"班克斯的帝国博物学之路"对班克斯生平提供了传记性的概说，同时对班克斯的宗教观予以注意——这一宗教观不仅只产生于班克斯的私人理念，也来自班克斯作为皇家学会主席应在科学与宗教之间取得平衡的需要。第三章"班克斯帝国博物学的空间逻辑与认知特性"讨论班克斯的自然秩序思想及博物馆、博物画等博物学实践手段。第四章"班克斯的帝国博物学网络"描述了这一网络的构成和互动方式，作者关于"小科学时代的大科学"的提法当能引起科学史家的兴趣。第五章"班克斯帝国博物学实作的民族国家属性"特别关注了班克斯的植物移植和动物引进活动。第六章"中英两国博物学交流的指挥者"是很有特色的一章，能够部分补充范发迪关于近代在华英国博物学家的研究工作。第七章"班克斯式科学"探讨英国科学在班克斯担任皇家学会主席期间的发展模式，构成了本书的总结部分。

在材料方面，本书的优长之处是利用了尼尔·钱伯斯（Neil Chambers）编辑的《约瑟夫·班克斯爵士科学通信集（1765—1820）》（*The Scientific Correspondence of Sir Joseph Banks, 1765—1820*）与《约瑟夫·班克斯爵士印度洋与太平洋通信集（1765—1820）》（*The Indian and Pacific Correspondence of Sir Joseph Banks, 1768—1820*）。在作者写作本书初稿时，这些通信刚刚被集中地整理和刊布，因此，有一些历史材料得以首次被介绍给国内学界，这是本书一个很值得注意的贡献。不过，由于班克斯在当时英国的地位和他本人的工作习惯，他留下的文字材料（书信、文稿、日志、会议记录）数量极为庞大，任何一位学者都无法巨细靡遗地使用。在本书作者所开辟的研究可能性之上，国内博物学史研究共同体当能认识到这批材料的价值，开展进一步的深入工作。

对于有意进一步了解班克斯博物学工作的中国读者来说，可以阅读的还有近年来的两部译著：帕特里夏·法拉（Patricia Fara）的《性、植物学与帝国：林奈与班克斯》（李猛译，商务印书馆 2016 年出版）和克里斯蒂娜·哈里森（Christina Harrison）的《约瑟夫·班克斯在植物王国的探险故事》（燕子译，中国科学技术出版社 2023 年出版）。前者是一部短小但评价很高的博物学史研究著作；后者比较通俗，但图片材料丰富，利用了邱园中与班克斯有关的许多实物。

（蒋　澈）

佩西等著《世界文明中的技术》

Arnold Pacey & Francesca Bray.

Technology in World Civilization: A Thousand-Year History,
MIT Press, 2021

阿诺德·佩西　白馥兰　著　朱峒樾　译

中信出版社 2023 年出版，438 页

　　《世界文明中的技术》初版创作于 20 世纪 80 年代，作者阿诺德·佩西（Arnold Pacey）是英国物理学家、农业工程师、历史学家、技术哲学家。基于前沿科技进展以及相伴而生的新问题，佩西在三十年后邀请英国科技史学家白馥兰（Francesca Bray）共同进行修订，新版于 2021 年面世，2023 年推出中文版。

　　本书概述了自公元 1000 年起、横跨千年的世界技术发展传播史。根据修订版前言可知这场讨论围绕着三个关键概念展开：技术对话（technological dialogue）、环境制约（environmental constraints）、工业革命（industrial revolution）。相较于初版，作者在进一步阐述技术对话这一核心概念的基础上，增加了对环境局限性的思考，并关注了自 20 世纪末以来石油化工、航空航天和电子科技等方面的进展，认为这些领域的发展构成了新式的工业革命。

　　作者关注世界各地不同文化中的技术发展，大量篇幅聚焦于早期亚洲的科技发展状况，对美洲与非洲的特色技术也予以高度评价，打破了欧洲中心主义的科学技术史书写模式，因此多数研究者与评论者将本书作为全球史观视角下的技术史代表著作。同时，本书对于环境史与后殖民主义历史研究也颇具启发。

　　在本书中，"技术对话"贯穿始终，用以描述不同民族和社群面对陌生技术时的反应。某个地区的人接触新技术时，往往会改动该技术的原始设计，或者做出进一步的创新。这一概念在当下看来似乎有些老生常谈，但其中仍有两点值得思考。其一是技术对话的时间性：不能将技术对话局限在空间层面的理解上，如本土技术和外来技术的对话，技术对话也蕴含着时间属性，

即在技术的迭代中，传统技术与新技术（也包括改良技术）之间如何认识、对话并产生创新，从这个角度出发，也有助于读者理解为什么很多新技术在初始阶段很难被接受。其二是技术对话的综合性：技术对话同时也是知识对话和信息对话，代表了一种创造性的交流，因此相较于技术传播、技术扩散、技术转移等概念，技术对话这一概念更具综合性，它与技术进步紧密相连，正是技术理念的交流沟通，为技术进步创造了更多条件和更大可能。

本书时间跨度很大，所涉及地理范围广阔，未免有行文零落之嫌，然而细读之下仍可发现章节间的前后呼应，以及同一技术在不同时空范围内的联系网络。以染色技术为例（见第 144、168、286 页等处），尽管难以将其归结为某一时段或某一国家的代表性技术，很容易被忽视，然而在不同章节的描述中，依然可见其发展演化的轨迹——在 16 世纪的印度手工作坊中、在 18 世纪的法国实验室中、在 19 世纪末的德国化工厂中，此类隐含的线索需要认真探索，相信读者也会从中体验到阅读的乐趣。

除丰富翔实的文献资料外，作者的研究也得益于博物馆藏品，以及去工厂车间参观的经历，因此论证更加充分生动。书中提及的苏颂水运仪象台、各类早期纺织机以及波斯星盘，目前清华大学科学博物馆已开展相关研究，对于科学仪器史以及科学物质文化领域的研究者而言，本书也具有一定的参考价值。

（陈雪扬）

高晞等主编《本草环球记：5 世纪以来全球市场上的贸易与健康知识生产》

中华书局 2023 年出版，405 页

本书是由复旦大学历史学系高晞教授与英国华威大学历史系何安娜（Anne Gerritsen）教授主编的一部文集，其基本主题是从全球史视角考察药物知识的生产与流通。除一篇导言性的序言"本草的全球环游足迹"之外，共收录了 16 篇文章，绝大多数系 2018 年 4 月复旦大学、华威大学、上海中医药大学主办的"贸易为健康的驱动力：近现代以来的世界贸易与医药产品国际学术研讨会"上的会议论文。文章的供稿者既有研究全球史的历史学家，也包括中医药研究的专家，呈现了很好的跨学科视野。文集中有大约半数的文章的原文用西文撰写，收录进本书时被译成了中文。由于文集题材的史料特征，在翻译的过程中，译者和校者处理了诸多名物和中西文献问题，译文整体看来流畅可读，可称是对国内学界的一项可喜贡献。

本书的第一个重要特点是编者和作者的思路。在医学史本身和中西交通史研究中，对药物的历史考察历来得到关注。近年来，全球史视角也为这一研究领域提供了诸多新议题，并且一个富有生气的学术共同体也围绕这些议题汇聚起来，这部文集的作者及其研究工作充分展示了这一共同体的视野和关切。本书的这组文章许多是对药材的个案性研究，但这些研究绝非以局域的"中国"为视野，而是努力刻画这些药材及有关知识的跨区域流动——这种流动常常也跨越了不同的文明传统。这一研究取向的前提是把"流动"视为研究对象的最主要面向，不假定药物在特定时空、区域的存在及其知识表现可以被切割为独立的、自治的、静态的历史实体。对于新关注这种历史叙事的读者而言，在阅读本书前，可以这样理解本书中这一组研究的历史图景：如果图绘一幅药物及其知识构成的全球网络，这种网络的样貌并非一些"实"的节点加上连接它们的"虚线"，而是一幅翻转过来的图景——诸多节点之间的连线恰恰是需要得到细致探究的粗重"实线"，而节点本身不是可自足存在的实体，它更像是不同连线交织所构成的"结"。本书许多论文的贡献正在于对这些"连线"结构的刻画，一些主题下的分析与史料阐释尤其具有趣味，例如，以印度洋为中心的多种药物流动史、耶稣会同药材贸易的关系等。

本书的第二个重要特点是对这种流动过程中的"跨越边界"现象开展了富有意义的研究。这里的所谓"边界"并非只是地理意义上的区域边界，更主要的是认知和心态意义上的边界。许多作者的提问方式都聚焦于"作为……的"某一药物，同样得到关注的还有异域药物所带来的文化想象及其情感后果。这也使得本书中的论文超越于单纯的考证工作，提示出相当的史学研究深度。

本书所收录文章篇名与作者为："阿魏的欧亚大陆之旅（400—1800）"（梁其姿　陈明）、"'中国根'的知识考古——16世纪欧洲医生视阈下的异域新药"（高晞）、"从泻药到水果派——大黄的漫漫全球路"（何安娜）、"何为大黄？——基于边疆民族史与全球史的考察"（林日杖）、"丁香之结——从香药文化到香料战争"（徐冠勉）、"摩鹿加群岛上的市集——郎弗安斯《安汶本草》中的医药商品"（埃丝特·海伦娜·阿伦斯）、"耶稣会士的药方和收据——耶稣会与欧洲异域本草的引入"（萨米尔·布迈丁）、"探寻异国情调——近代早期俄罗斯的外来本草与世界观"（克莱尔·格里芬）、"在中国推销北美人参——一个18世纪中叶的全球投机泡沫"（拉胡尔·马科维茨）、"从药理学角度审视古代本草记载中的药效毒理问题"（王家葵）、"贩卖健康——20世纪前期中日民间营养药品知识初探"（刘士永）、"'国药'或'代用西药'？——战时国产药物的制造与研究"（皮国立）、"从南洋到中国——'虎标万金油'王国的建立"（罗婉娴）、"商业文化下凉茶史新'传说'的透视"（郑洪）、"魔弹在台湾——1950年代台湾抗生素药品的进口、管制与流通"（张淑卿）、"中国宗教文本中的本草——利用分析型数字训诂（Critical Digital Philology）建立早期汉语文本的知识分布模型"（徐源、周英杰）。

（蒋　澈）

张钫著《草木花实敷：
明代植物图像寻芳》

广西科学技术出版社 2021 年出版，299 页

2021 年，张钫博士出版了《草木花实敷：明代植物图像寻芳》一书。她具有生物学专业背景，博士阶段进入中国科学院自然科学史研究所后主攻生物学史研究。本书正是在她的博士学位论文基础上修改加工而来。

她将目光聚焦于明代本草、农书、园艺著作与植物谱录中形制各异的植物图像，以探讨植物知识的生产。作者认为，植物图像作为知识的重要载体，不仅蕴含着大量植物知识，也反映出图像制作与流通过程中的参与者对植物的认知程度，更直接体现了植物知识发展水平。从传统的植物学史研究视角看，明代的植物文化是在宋代基础上蓬勃发展的。在成熟的版刻技术及绘画艺术催生下，大量包含丰富图像的植物著作得以出版。而作者从图像的制作与流通入手，力图勾勒出明代植物图像所呈现的多元化基本图景，进而去探究产生这样图景的原因。

全书一共分为五章，依据研究对象可划分为三部分。前三章为第一部分，主要关注明代本草书籍中图像的基本模式及图文关系，主要包括《本草纲目》《本草原始》《救荒本草》和《图像本草蒙筌》等经典著作。第四章为第二部分，讨论专业画者的彩绘植物图像的特点。第五章为第三部分，考察"不入农史之流"的花卉谱录和花卉图像。这三大类图像有精细者亦有粗糙者，有全株图亦有局部图，有以图为主者亦有以文为主者。作者梳理下来发现，尽管明代的植物图像各有特色，甚至出现了结构图与剖面图这样的创新图式，但根本的绘图理念还是受传统"名物"思想影响，没有发生革新。直接取"象"于自然的原创性图像极少，大部分图像是在前人所制的图像基础上复制、转绘而来。

至于产生上述多元化状况的原因，作者认为这是由于图像制作与流通过程中的不同参与群体在植物知识、绘画艺术与版刻技术三个维度的水平差异决定的。学者士人最初在本草、农书、园艺著作中绘制图像是为了辨识植物。他们掌握的植物知识固然丰富，但不一定拥有高超的画技。从画者的角度看，

明代宫廷中的画家往往更注重绘画的表现形式，并不关心植物的真实状态。在明代窳败的学风环境之下，由于草木知识的匮乏，很多图像都是凭借于画者想象，出现了很多知识性的错误。刻工对版刻图像的效果呈现至关重要，但他们又不擅长于植物知识和绘画，在刻板过程中难免产生错误。士人、画者与刻工，三者在植物知识、绘画知识等层面是互不相涉的。这种知识的隔离与断裂，使得明代植物图像难以突破，也无法推动植物知识的进步。

这本书是广西科学技术出版社"中国传统博物学研究文丛"的首部作品，装帧雅致古朴，书中精选了 197 张明代植物图像，带领读者一起踏入明代视觉文化的花径中寻芳。

（柳紫陌）

斯诺登著《流行病与社会：
从黑死病开始的瘟疫史》

Frank M. Snowden, *Epidemics and Society:*
*From the Black Death to the Presen*t, Yale University Press, 2019

弗兰克·M. 斯诺登　著　季珊珊　程　旋　译

中央编译出版社 2022 年出版，531 页

　　自美国史学大家威廉·麦克尼尔 1976 年出版《瘟疫与人》（*Plagues and Peoples*）以来，国外有关传染病与人类社会的历史研究和大众读物几乎成为一个文化产业，在产出数量上几乎可以说汗牛充栋。随着 2020 年新冠疫情的全球大流行，国内越来越多的研究者和读者开始关注历史上流行病对人类社会的影响，坊间更是引进了一大批质量良莠不齐的西方传染病史翻译作品，《流行病与社会》则是其中为数不多的具有较高学术水准和阅读体验的著作。

　　作者弗兰克·M. 斯诺登（Frank M. Snowden，1946—　）是美国耶鲁大学历史系荣休教授，专长为意大利近代史和医学史。除这本《流行病与社会》之外，他的著作还有《意大利南部暴力和大庄园：1900—1922 年的阿普利亚》（1984）、《1919—1922 年托斯卡纳的法西斯革命》（1989）、《霍乱时期的那不勒斯》（1995）和《征服疟疾：1900—1962 年的意大利》（2006）等。斯诺登教授从 1990 年以来长期从事医疗社会史与疾病史的研究和教学，是这一领域的领军学者之一。他的《征服疟疾》更是获得过美国历史协会最佳意大利史著作"海伦与霍华德·R. 马拉罗奖"（The Helen and Howard R. Marraro Prize）和美国医学史协会最佳医学史著作"威廉·H. 韦尔奇奖章"（William H.Welch Medal）。

　　本书源于作者在耶鲁大学开设的一门本科生课程《1600 年以来西方社会的流行病》。这门课程的初衷是为了帮助不同学科的本科生从历史学和跨学科的角度来理解、应对 SARS 等 21 世纪的新发流行病。耶鲁大学面向全球的公开课程计划全程录制了这门课 2010 年的课堂教学内容（https://oyc.yale.edu/history/hist-234），获得了来自世界各地观众的广泛好评和建议。作者由此对

课程讲义进行了大幅度的修订，在 2019 年出版了本书的英文原版。

本书有着明确的中心论点"对于理解社会发展而言，流行病与经济危机、战争、革命和人口变化同样重要"。围绕这个论点，作者大体上按照时间顺序，对鼠疫、天花、黄热病、霍乱、肺结核、疟疾、艾滋病、SARS 和埃博拉等对人类社会、科学和文化领域有着重要影响的流行病加以论述。为了帮助读者从知识背景中理解这些传染病，作者在章节安排中也加入了另一条线索，即西方医学理论和公共卫生的发展历程。与一些同类作品完全建立在二手文献基础上不同，斯诺登教授在一些章节，特别是与霍乱和疟疾有关的部分，还使用了自己的研究和一手文献。本书虽然源自大学课程讲义，但正如作者所说，并不是作为教材来写的。全书的结构和内容经过了精心的设计，使得研究者和普通读者都能从中获益。

在导论之后，第 2 章介绍体液医学，接下来的第 3–5 章主要在体液论背景中讨论鼠疫的流行与应对；第 6–7 章是天花的历史与爱德华·詹纳牛痘接种；第 8–9 章的主题是"战争与疾病"，分别讨论了黄热病和痢疾 / 斑疹伤寒对海地革命和拿破仑远征俄国的影响；第 10–12 章分析了欧洲医学思想和实践在 19 世纪的三个主要新发展，即巴黎医学学派、公共卫生运动和细菌致病理论；而第 13–16 章对霍乱、肺结核和第三次鼠疫大流行的论述则是在这些背景中展开的；之后的章节主要以 20 世纪中后期的传染病为主：第 17 章疟疾、第 18 章脊髓灰质炎和第 19–20 章艾滋病及其在美国的影响。全书最后两章关注的是 1990 年以来以 SARS 和埃博拉为代表的各种新发疾病与再发疾病。作者在新版序言里介绍了他对新冠疫情全球大流行的看法，呼吁进一步加强国际卫生合作。

（沈宇斌）

哈蒙德著《流行病与现代世界》

Mitchell L. Hammond, *Epidemics and the Modern World,*
University of Toronto Press, 2020

米切尔·L.哈蒙德 著 饶 辉 张 颖 译
重庆出版社 2023 年出版，498 页

作者米切尔·L.哈蒙德（Mitchell L. Hammond，1967——），现任加拿大西安大略大学（Western University）历史系助理教授，出版本书的时候执教于加拿大维多利亚大学历史系，专长为近代早期欧洲与德国的社会史与医疗史。本书是作者在维多利亚大学长期从事疾病史教学和研究的成果。2020 年英文原著出版之后，被很多大学选为世界疾病史的课程教材，并在《美国历史评论》等多家重要学术期刊上受到较高的评价。

在 2020 年新冠疫情全球大流行的影响下，对有关流行病如何影响现代世界的大学通识教育的需求有了显著增加。国内一些科学史同行也希望借助这个机会，开设相关的课程，但是面临的一个首要问题是缺少合适的入门参考和教科书。这类课程以往常用的教材是牛津大学医学史教授马克·哈里森 2004 年出版的《疾病与现代世界》（*Disease and the Modern World, 1500 to the Present Day*）。该书学术质量很高，但只有 280 页，很难单独支撑起一学期的课程教学，而且尚未有中译本。近年来广受好评的弗兰克·M.斯诺登的《流行病与社会》虽然有中译本，篇幅、结构和内容也较为合理，但只关注了欧美地区，缺少全球的视野。相比之下，2023 年出版的《流行病与现代世界》中译本可能是目前市面上最适合的教材之一。

本书署名的译者有两位，但实际上是有十几个人集体参与翻译和校对。翻译团队具有英语、医学和公共卫生的背景，但是没有科学史和医学史的训练，导致在一些人名、地名、书名和机构名称的翻译上有不少错误。中译本最大的问题是把原书的注释、史料出处、术语解释、推荐书目和索引部分全部删去，导致读者无法进一步延伸阅读和参考。

与同类著作相比，本书有着非常鲜明的特色。全书采取了"疾病传记"

模式，正文 11 章分别讨论了黑死病、梅毒、天花、黄热病、霍乱、结核病、牛瘟、1918 年大流感、疟疾、脊髓灰质炎和艾滋病对现代世界的影响。每一章都运用最新的科学观点和知识对该疾病进行概述，之后按照时间顺序介绍该疾病在世界范围内的流行情况，而不仅仅局限于西方地区，并且会由此深入讨论某一特定的世界历史主题。例如，黑死病与现代国家、霍乱与工业革命以及牛瘟与帝国主义等。本书在每一章都有 2 页左右"科学聚焦"专题内容，介绍与该疾病相关的科学概念和技术。例如，肺结核一章中的"微生物学和医学中的染色"技术和疟疾一章中的"抗生素和耐药性"。更为重要的是，作者有着丰富的教学经验，在每一章正文结束之后都精选了 5 篇左右的原始史料和一些思考题来帮助读者解读这些史料。全书各章都提供了与该疾病相关的历史地图、表格、数据和图片，可谓图文并茂。通过这些精心的设计，本书不仅有益于医疗疾病史的教学，也非常适合一般读者乃至研究者进行阅读、参考。

（沈宇斌）

陈学仁著《龙王之怒：1931 年长江水灾》

Chris Courtney, *The Nature of Disaster in China:*
The 1931 Yangzi River Flood, Cambridge University Press, 2018

陈学仁　著　耿　金　译

上海人民出版社 2023 年出版，376 页

本书是 2023 年 4 月由云南大学副教授耿金所翻译的英国杜伦大学历史系副教授陈学仁（Chris Courtney）的著作，该书从环境史的角度切入，以翔实的史料尽可能地还原 1931 年洪灾的全貌，让读者从多维度理解灾害所带来的各方面影响。本书总共分为六章，包含介绍洪水发生的成因、洪水所引发的自然的变化、以及不同群体在洪水发生前后所运用的知识和采取的措施。

在本书中，作者使用了"致灾机制"这一概念，即作者试图考虑所有有助于将自然风险转化为灾害的基本因素，包括环境和人为因素，这使我们发现灾害的产生并不是突然的，而是经过了长期和短期多种因素的影响。1931 年长江水灾所发生的时期是一个特殊的时期，政治上的动荡、经济上全球性大萧条的影响以及文化上不同知识体系的碰撞使得这场灾害有了多种研究的角度。因此，作者在研究中强调了重新构建对灾害时间性的理解，考虑到不同的时间和地理尺度所能产生的影响。这样的方法先考虑到了现代性。在民国时期中国追求现代化的过程中，灾害的影响并不会随着现代化的加强而削弱，相反，现代化与城市化带来了新的致灾机制，并在一些情况下加剧了灾害的破坏性。而洪水自身就是一种功能失调的现代性，它摧毁了城市及乡村的现代设施，代表了工程技术在一定程度上的失败，但它也迫使人们采用更现代的手段来应对，并对城市化的发展产生影响。

本书作者的另外一个贡献在于他呼吁从幸存者的视角去考虑自然灾害，即除我们常常讨论的外界救灾措施外，还要考虑到幸存者是如何自救的，这实际上让我们对灾害以及相关的知识有了更清晰的认识。作者在文章中提到了民族气象学这一概念，其从属于民间信仰的一部分，受地域的影响很大，包含了普通民众对于自然灾害的理解，也涉及政治精英将灾害与国家的统治

联系起来。因此，当传统知识与现代科学知识在民国时期交汇时，作者的论述让我们认识到不同阶层基于知识的行为在灾害的环境下实际上受到了政治、经济等因素的制约。此外，这种视角也挑战了过往对于1931年洪灾的认知。食物的匮乏并不是受灾人口所面临的最主要挑战，因为人们长期积累的关于自然的知识以及各类组织进行的有限的救助都有助于缓解其影响。相反，对于疾病认识的欠缺以及应对的滞后才是真正的问题。这种视角的采用以及对知识的分析为未来灾害史的研究提供了更多的思路。

在本书最后两章，作者对不同群体的考察也让我们了解到了这场洪灾背后的诸多矛盾，如民众与政府的信任危机、难民与救灾机构的冲突、中美两国政府在经济利益上的问题等，这在很大程度上说明了政治问题对灾害所造成的深远影响，也进一步启发了民国史研究对于政治因素的分析。

（刘　骁）

何涓著《近代中国化学教科书研究》

广西科学技术出版社 2023 年出版，327 页

长久以来对教科书的研究并未受到科学史家的关注，直到 20 世纪末，随着科学知识社会学（Sociology of Scientific Knowledge，SSK）的兴起，人们发现教科书的编制和演变对反映学科形成、学制变迁、科学知识全球传播、优先权之争和重审科学革命等方面有诸多意义。何涓的这本专著以中学化学教科书为着眼点，从教科书知识体系构建的角度，系统考察了 1932 年以前出版的 32 本中学化学教科书，对中国近代化学教育的本土化建构过程进行了颇有开拓性的探究。

一般对教科书的历史研究，多从教育学、课程论视角出发，本书作者则从科学史的研究方法切入，尤其关注化学教科书之间的承袭关系及其与全球范围内化学教科书的渊源关系，通过探讨我国近代化学知识体系的形成，勾勒出中国近代在化学教育领域虚心向国外同行学习，并逐步自立的蹒跚学步过程。全书分为三个部分。首先，介绍化学教科书在西方和日本的发展概况；其次，综述中国近代中学化学教科书的概况；最后，对不同学制下具有代表性的化学教科书进行具体分析。

书中始终贯穿于作者对近代化学教材体系变迁的思考，而这也是自 19 世纪以来化学教育家们关注的重点。19 世纪初，随着新发现元素的增多，准确记忆化学知识成为难点，如何对元素进行恰当分类并把与之相关的化合物知识更好地传递给学生，成为化学教科书编撰者非常关心的问题。可以说化学教科书知识体系的构建就与元素分类问题密切相关。本书主要讨论无机化学知识体系的构建，其中尤其关注近代中国化学教育家们对元素及其化合物知识的组织和讲述方式的考量。

在对 32 本中学化学教科书整体分析考察的基础上，作者选取了知名度高、销量大的四本教科书作为重点研究对象。可以看出，作者选取这四个样本是有典型时代特征上的考虑的，因为这四本书的出版时间恰好以点带面地覆盖了连续变迁的三种学制施行的时期：

　　一、虞和钦《中学化学教科书》（1906年初版）对应于"癸卯学制"时期，当时也正是中日甲午战争之后、中华民国成立之前中国从欧美转向日本学习科学的时期；

　　二、王季烈的《共和国教科书化学》（1913年初版）和王兼善的《民国新教科书化学》（1913年初版）对应于"壬子癸丑学制"时期（1912—1922年），这是中华民国成立时颁布的第一个学制，当时教育部规定"凡教科书可任人编辑，但必须经教育部审定后，各地才能选用"，标志着化学教科书开始走上探索自编的道路；

　　三、郑贞文的《现代初中教科书化学》则对应于"壬戌学制"时期（1922—1932年），此时期注重培养科学精神、科学方法、科学兴趣，且重视科学史的讲授，代表着化学教科书的本土化开始逐步成型。

　　本书向读者呈现了一个视野广阔而又细致入微的近代化学教科书发展历程。一方面作者将中国化学教科书的发展放在全球视野中，考察国际大环境对中国化学教育的影响。另一方面又注重分析教科书知识层面之外编译者的个人背景、不同时期编译者队伍的组成变动情况，试图从中寻找到中国"五四"以来学习西方，引入"赛先生"开启民智的一个侧面，以及中国在近代追求科学教育自主性的一个源头。书中列举了许多生动的例证，如：为便于理解而使用辰砂、绿矾等中国俗名描述化合物；在介绍石油的性质时还提到中国石油产地的情况；面对自主编书的难题，王季烈不再遵从外国教科书中先介绍空气和水的顺序，而是先讨论"化学变化之最易见者"——燃烧。这都显示出中国学者在解决化学译名这类技术性问题的同时，也充分发挥创造性，注重化学知识的本土化，体现了那一代学者虚心好学、勤于思考、勇于创新的宝贵品质。

　　20世纪初作为中国现代新知识、新文化的奠基时期，本土教科书的发展实际上是作为具有自主意识的新教育制度的产物之一，现代科技知识的本土化过程离不开诸如国立编译馆、医学名词审查会、商务印书馆等一系列官方和民间机构的努力，本书在"合力"方面的探论稍显薄弱。

　　这项研究的价值，也许并不在于为我们今天中小学化学教科书编撰提供一个历史性的参考，而是从精神层面对当今中国科技自立自强有所启示。因为，我们今天诸多科学门类和领域，仍然需要从"学步"到"跟跑"，从"跟跑"

到"并跑"，从"并跑"到"领先"。从这本书中我们能比较清晰地看到我国科学界中抱有超越期望的最初的学步"先行者"们可敬的身影。正如作者在引言中所说：本书"选取几种有代表性的教科书进行剖析，尽量展现当时国人编写教科书的实况和种种努力，从而对科学举步维艰的特殊时代中国知识分子借编译教科书来实现教育救国梦想之作为给予更多的理解"。

（杨　辰）